华东山区特色中药材规范化栽培

程科军　吕群丹　李西文　程文亮　主编

科学出版社

北京

内 容 简 介

本书是华东山区特色中药材规范化栽培的技术总结。全书共 26 章，分两大部分：第一部分为总论，介绍华东自然地理特点、华东山区中药材产业发展现状和特色中药材规范化栽培模式；第二部分为分论，共 25 章，分别介绍浙贝母、灵芝等 25 种华东山区特色中药材的发展概况和规范化栽培技术。本书内容翔实、科学实用，收载技术成熟、有效、简便，区域适宜性高，具有较高的应用参考价值。

本书可作为中医药教学、科研用书，可供从事中药材栽培生产技术人员及中药生产企业、药品监督管理等部门从业人员参考使用。

图书在版编目（CIP）数据

华东山区特色中药材规范化栽培 / 程科军等主编. -- 北京：科学出版社，2025.1. -- ISBN 978-7-03-079253-2

Ⅰ. S567

中国国家版本馆 CIP 数据核字第 20247EF383 号

责任编辑：杨 震 杨新改 / 责任校对：杜子昂
责任印制：徐晓晨 / 封面设计：东方人华

科学出版社 出版
北京东黄城根北街 16 号
邮政编码：100717
http://www.sciencep.com
北京厚诚则铭印刷科技有限公司印刷
科学出版社发行 各地新华书店经销

*

2025 年 1 月第 一 版　开本：787×1092　1/16
2025 年 1 月第一次印刷　印张：19 1/2
字数：446 000
定价：150.00 元
（如有印装质量问题，我社负责调换）

《华东山区特色中药材规范化栽培》编委会

主　编　程科军　吕群丹　李西文　程文亮

副主编　方　洁　潘俊杰　周君美　陈军华　蒋　俊　何伯伟
　　　　　汪洲涛　邢丙聪　朱　波

编　委　（按姓氏笔画排序）
　　　　　于大德　马方芳　王苗苗　王松琳　叶发宝　邢真伟
　　　　　成　伟　刘考铧　李青秀　吴志鹏　吴金水　吴剑锋
　　　　　张　娟　张欣伟　张敬斐　陈　辉　邵清松　范飞军
　　　　　林晓丹　姚　宏　徐　伟　陶正明　黄　芳　黄泽豪
　　　　　梅建平　章　攀　章道周　蒋燕锋　程　骏　蓝　岚

前　言

中药材是中医药事业传承和发展的物质基础，是具有战略意义的宝贵资源。随着市场需求量的逐年增加，中药材大面积、高密度反复种植引起的连作障碍、病虫害等问题频发。种植过程中化肥、农药和植物生长调节剂等投入品滥用，造成中药材农药及重金属等有害元素残留量超标、药材指标成分含量下降等问题。药材品质的下降直接影响了其临床使用的有效性与安全性。中药材无序生产、农药化肥不规范使用和质量标准缺失等问题，已严重制约中药材产业的健康发展。采用标准化、规范化的中药材栽培技术，生产安全、优质的中药材，势在必行。

华东地区以低山丘陵为主，湖泊密集，气候温暖而湿润，冬温夏热，四季分明，自然生态资源优越，野生药材分布广且储量大，栽培药材质优量多，是我国重要的优质药材道地产区。该地区也是我国社会经济最具活力、开放程度最高、创新能力最强的区域之一，是"一带一路"和长江经济带的重要交汇点。区域内中药材产业已成为中医药大健康产业发展的重要支撑和脱贫攻坚的重要抓手，在乡村振兴中发挥着巨大作用。特色中药材规范化栽培已成为区域内中药材产业高质量发展的重点路径和必然要求。

我们通过查阅大量文献资料，结合多年实际栽培经验，编著了本书。全书收载了浙贝母、灵芝、铁皮石斛等25种在华东地区具有代表性的特色中药材，内容涵盖了植物基原、形态特征、生长习性、植物资源分布与药材主产区、成分与功效以及规范化栽培技术等，药材种类和研究内容体现华东区域特征，便于该地区科技工作者在实际工作中参考使用。

本书在编写过程中，得到了多位领导、专家和友好人士的鼎力支持，得到了丽水市农林科学研究院、浙江中医药大学、中国中医科学院中药研究所等单位的热情帮助，得到了国家"浙八味"道地药材优势特色产业集群建设项目的工作支持，在此表示衷心感谢！

限于我们的水平和经验，书中难免存在不足之处，恳请读者批评指正。

编　者
2024年12月

目 录

第〇章 总论 ··· 1
　第一节 华东自然地理特点 ··· 1
　第二节 华东山区中药材产业发展现状 ·· 5
　第三节 华东山区特色中药材规范化栽培模式 ································ 11
　第四节 浙江丽水特色中药材规范化栽培模式 ································ 16
　参考文献 ·· 25

第一章 浙贝母 ·· 27
　第一节 浙贝母概况 ·· 27
　第二节 浙贝母规范化栽培模式 ··· 29
　参考文献 ·· 47

第二章 灵芝 ··· 49
　第一节 灵芝概况 ··· 49
　第二节 灵芝规范化栽培模式 ··· 50
　参考文献 ·· 60

第三章 铁皮石斛 ··· 61
　第一节 铁皮石斛概况 ··· 61
　第二节 铁皮石斛规范化栽培模式 ··· 62
　参考文献 ·· 70

第四章 覆盆子 ·· 71
　第一节 覆盆子概况 ·· 71
　第二节 覆盆子规范化栽培模式 ··· 72
　参考文献 ·· 78

第五章 白芍（芍药） ·· 79
　第一节 白芍（芍药）概况 ··· 79
　第二节 白芍（芍药）规范化栽培模式 ··· 80
　参考文献 ·· 90

第六章 延胡索（元胡） ··· 92
　第一节 延胡索（元胡）概况 ··· 92
　第二节 延胡索（元胡）规范化栽培模式 ····································· 93
　参考文献 ··· 110

第七章 百合 ··· 111

第一节　百合概况 111
　　第二节　百合规范化栽培模式 113
　　参考文献 126
第八章　前胡 127
　　第一节　前胡概况 127
　　第二节　前胡规范化栽培模式 129
　　参考文献 133
第九章　三叶青 134
　　第一节　三叶青概况 134
　　第二节　三叶青规范化栽培模式 135
　　参考文献 139
第十章　麦冬 140
　　第一节　麦冬概况 140
　　第二节　麦冬规范化栽培模式 141
　　参考文献 147
第十一章　乌药 148
　　第一节　乌药概况 148
　　第二节　乌药规范化栽培模式 149
　　参考文献 152
第十二章　栀子 154
　　第一节　栀子概况 154
　　第二节　栀子规范化栽培模式 155
　　参考文献 159
第十三章　黄精 160
　　第一节　黄精概况 160
　　第二节　黄精规范化栽培模式 161
　　参考文献 168
第十四章　食凉茶 169
　　第一节　食凉茶概况 169
　　第二节　食凉茶规范化栽培模式 170
　　参考文献 173
第十五章　白及 174
　　第一节　白及概况 174
　　第二节　白及规范化栽培模式 175
　　参考文献 185
第十六章　米仁（薏苡） 186
　　第一节　米仁（薏苡）概况 186
　　第二节　米仁（薏苡）规范化栽培模式 187

参考文献 ··· 198
第十七章　菊米 ·· 199
　第一节　菊米概况 ··· 199
　第二节　菊米规范化栽培模式 ··· 200
　　参考文献 ··· 205
第十八章　西红花 ··· 206
　第一节　西红花概况 ··· 206
　第二节　西红花规范化栽培模式 ··· 207
　　参考文献 ··· 214
第十九章　菊花 ·· 215
　第一节　菊花概况 ··· 215
　第二节　菊花规范化栽培模式 ··· 217
　　参考文献 ··· 235
第二十章　温郁金 ··· 236
　第一节　温郁金概况 ··· 236
　第二节　温郁金规范化栽培模式 ··· 237
　　参考文献 ··· 250
第二十一章　华重楼 ··· 251
　第一节　华重楼概况 ··· 251
　第二节　华重楼规范化栽培模式 ··· 252
　　参考文献 ··· 259
第二十二章　莲子 ··· 260
　第一节　莲子概况 ··· 260
　第二节　莲子规范化栽培模式 ··· 261
　　参考文献 ··· 280
第二十三章　青钱柳 ··· 282
　第一节　青钱柳概况 ··· 282
　第二节　青钱柳规范化栽培模式 ··· 283
　　参考文献 ··· 287
第二十四章　小香勾 ··· 288
　第一节　小香勾概况 ··· 288
　第二节　小香勾规范化栽培模式 ··· 289
　　参考文献 ··· 291
第二十五章　金线莲 ··· 292
　第一节　金线莲概况 ··· 292
　第二节　金线莲规范化栽培模式 ··· 293
　　参考文献 ··· 300

第〇章 总 论

华东地区[①]是中国经济发达、人口密集的地区，位于北纬22°～35°，东经108°～123°，总面积约为61.5万km²。全区地势特征总体为西、南部高峻，东、北部低平；海拔超过1000 m的山峰主要集中在南部和西部。全区（皖、苏两省的淮河—苏北灌溉总渠一线以北除外）处于亚热带湿润季风气候带。

华东地区以低山丘陵为主，湖泊密集，气候温暖而湿润，冬温夏热，四季分明，分布有大量药用植物。全区自然生态资源优越，野生药材面广量大，栽培药材质优量多，是我国重要的优质药材道地产区。华东地区是目前我国社会经济最具活力、开放程度最高、创新能力最强的区域之一，是"一带一路"和长江经济带的重要交汇点。该区域在药材规范化栽培等生态产品价值转化方面取得了长足进步，体现了中药材产业高质量发展的现代理念。中药材规范化栽培在此区域得到了快速发展，成为脱贫攻坚的主要抓手，在乡村振兴中发挥了巨大作用。

第一节 华东自然地理特点

一、华东自然地理条件概况

（一）华东地貌特征

华东地理地貌以低山丘陵为主（其中，浙江省"七山一水二分田"，江苏省"七山二水一分田"，安徽省"八山一水一分田"，江西省"六山三水一分田"，福建省"八山一水一分田"），北有东西排列的江淮低山丘陵，南有东西毗连的江南丘陵、浙闽丘陵和东西面的南岭山地，南北丘陵土地之间为东西横贯的长江中下游平原。

江淮低山丘陵为秦岭向东延伸的部分，是长江、淮河的分水岭。山势较低，大部分为海拔500 m以下的低丘。西段大山地势较高，海拔可达1000 m左右，个别山峰可超过1500 m，如位于安徽的大别山最高峰——白马尖海拔1777 m。

江南丘陵位于雪峰山以东，武夷山—仙霞岭以西，南岭山地以北，长江下游平原以南的区域。全区主要由北东—南西走向中低山组成，平均海拔1000～1500 m，如位于皖南的九华山主峰1342 m，黄山光明顶1860 m，位于浙西的天目山1506 m等。

浙闽丘陵是指武夷山、仙霞岭、会稽山一线以东，浙江和福建沿海地区的丘陵。武夷山主峰黄岗山高2160.80 m，东侧一列由戴云山、博平岭、洞宫山、括苍山和天台山所组成，

[①] 本书中所提及华东地区，仅涉及浙江省、江苏省、安徽省、江西省和福建省。

平均海拔800 m左右，较高的山峰达1200～1500 m以上，洞宫山主峰（百山祖）高1857 m，戴云山主峰为1856 m。

江南丘陵和浙闽丘陵这二列西南—东北的山岭的存在成功拦阻了北方南下的冷空气，而对海上回流来的变性极地大陆气团的进入比较有利。所以这里冬季气温常高于同纬度的江南丘陵，成为中国常绿阔叶林的主要分布地区。我国的一些国家级和省级常绿阔叶林生态系统保护区都建在这里。

南岭山地包括江南、湖南与广东、广西交界处以及广西东北的丘陵盆地。山岭海拔一般在1000 m左右，最高峰达2100 m。本区只有一小部分属于南岭山地。南岭是长江和珠江的分水岭，也是典型的常绿阔叶林和过渡常绿阔叶林之间的过渡带，前者分布于山岭上，后者沿河谷、山间盆地向北延伸。

（二）华东气候特征

华东地区为亚热带季风型气候，冬凉夏热，四季分明，降水充沛，但雨量的季节性分配并不均匀。全年有两个主要雨季，第一个雨季在春末夏初，一般在5月初开始，月底结束，此期雨量占全年30%左右。第二个雨季是在9月份，是台风侵袭最频繁的时期，台风带来的降雨量多，强度大，此期降水量约占全年降水量的13%～16%。在两个主要雨季之间的7～8月份，雨量较小，由于此期蒸发量大，是植物生长中的干旱时期。

华东地区年平均温度为14～20℃，北部及沿海较低，南部及内陆较高。北面的淮阳山地势较低矮而破碎，屏障作用弱，冬半年常受南下冷空气影响，最低气温可降至0℃以下，长江以南多在-12～-6℃之间，南岭山地也可达-6～-2℃，冬季气温与世界同纬度其他地区相比较低。但夏季气温普遍较高，最热月（7月）平均气温为28℃左右，有些地区超29℃，5～9月常出现高于35℃的酷热天气。7～8月因受副热带高压控制，晴天多，日照时间长，高温出现的频率大，绝对高温有时可超出40℃。该区有7～8个月的月平均温度≥15℃，有4个月的月平均温度≥24.5℃，无霜期大都在230～250 d以上，南部无霜期长达325 d。

华东地区年降水量约为800～2000 mm，由东南向西北递减，南岭山地降水量约为1400～2000 mm，浙闽丘陵年降水量为1200～1800 mm，江南丘陵1500 mm左右，长江中下游平原为1000～1200 mm，江淮丘陵在1000 mm左右。地形对降水具有显著影响，一般山地多于平原，如安徽黄山和屯溪，两地相距很近，而黄山的降水量（2263.9 mm）比屯溪的降水量（1507.8 mm）多大约700 mm；而迎风坡又多于背风坡，如武夷山的迎风坡是全区降水量最多的地区，年降水量超过2000 mm。

（三）华东土壤特征

华东地区的土壤主要为红壤、黄壤、黄棕壤和水稻土。

红壤多分布在500～900 m以下低山丘陵。整个剖面呈酸性至强酸性反应（pH 4.0～5.5）。表层有机质含量差异大，一般较低，在有森林植被的情况下可达4%～6%，森林被破坏后，有机质含量迅速下降，仅为1%～2%，土壤侵蚀比较严重的地方，则不到1%。由于盐基大量淋失，钙、镁、钾、钠、磷含量很少，有效磷含量约为0.06%，有些地方甚至无速效磷。

黄壤多分布于海拔600～800 m以上的山地，酸性强。由于黄壤所在地气候较红壤湿润，成土过程中黄化作用明显，在森林覆盖下，土壤有机质含量较高，一般可达5%～10%，钙、镁、磷含量也很低。

黄棕壤集中分布在江苏、安徽长江两岸的低山丘陵地区；在亚热带南部山地的垂直谱中，往往出现于黄壤带以上。

水稻土（发育于各种自然土壤之上，经过人为水耕熟化、淹水种稻而形成的耕作土壤）是人为耕种活动的产物，分布范围辽阔，遍及全区。

二、华东自然地理特点

（一）浙江省地理特征

浙江省，简称"浙"，地处中国东南沿海，长江三角洲南翼，地跨东经118°～123°，北纬27°～31°；东临东海，北与上海市、江苏省接壤，南接福建省，西与安徽省、江西省相连。浙江省陆域面积10.55万 km²，海域面积26万 km²。

该省地势由西南向东北倾斜，大致可分为浙北平原、浙西丘陵、浙东丘陵、中部金衢盆地、浙南山地、东南沿海平原及滨海岛屿等六个地形区，西部和南部的海拔较高，天目山、天台山、四明山、雁荡山几大山系贯穿全省，海拔一般在200～1000 m，全省最高峰是西南部的黄茅尖（1929 m）。浙江省地形复杂，为多山的省份，山地和丘陵占70.4%，平原和盆地占23.2%，河流和湖泊占6.4%，耕地面积仅208.17万 hm²，故有"七山一水二分田"之说。浙江省最大的河流钱塘江，因江流曲折，称之江，又称浙江，省以江名。浙江省是中国岛屿最多的省份，海岸线总长居全国首位。

浙江省地处亚热带中部，属季风性湿润气候，气温适中，四季分明，光照充足，雨量丰沛。年平均气温在15～18℃之间，年日照时数在1100～2200 h之间，年均降水量在1100～2000 mm之间。1月、7月分别为全年气温最低和最高的月份，5月、6月为集中降雨期。因受海洋和东南亚季风影响，浙江冬夏盛行风向有显著变化，降水有明显的季节变化，气候资源配置多样。同时受西风带和东风带天气系统的双重影响，气象灾害繁多，是中国受台风、暴雨、干旱、寒潮、大风、冰雹、冻害、龙卷风等灾害影响较为严重的地区之一。

（二）江苏省地理特征

江苏省，简称"苏"，地处中国大陆东部沿海地区中部，长江、淮河下游，东濒黄海，北接山东，西连安徽，东南与上海、浙江接壤，是长江三角洲地区的重要组成部分。地跨东经116°～121°，北纬30°～35°。陆域面积10.72万 km²，海域面积3.75万 km²。

江苏地貌包含平原、山地和丘陵三种类型。其中平原面积占比86.9%，丘陵面积占比11.54%，山地面积占比1.56%。全省93.89%的陆地面积处于0°～2°的平坡地中。连云港云台山玉女峰是全省最高峰，海拔624.4 m。江苏跨江滨海，湖泊众多，水网密布，海陆相邻，水域面积占16.9%。长江横穿东西433 km，大运河纵贯南北757 km。面积50 km²以上的湖泊15个，面积超过1000 km²的太湖、洪泽湖分别为全国第三、四大淡水湖。

江苏属东亚季风气候区，处在亚热带和暖温带的气候过渡地带。江苏省地势平坦，一一般以淮河、苏北灌溉总渠一线为界。该线以北地区属暖温带湿润、半湿润季风气候；该线以南地区属亚热带湿润季风气候。江苏省气候总体呈现四季分明、季风显著、冬冷夏热、春温多变、秋高气爽、雨热同季、雨量充沛、降水集中、梅雨显著、光热充沛、气象灾害多发等特点。

（三）安徽省地理特征

安徽省，简称"皖"，地处中国华东地区，地理位置介于东经 114°54′～119°37′，北纬 29°41′～34°38′之间；地处长江、淮河中下游，长江三角洲腹地，居中靠东、沿江通海，东连江苏省，西接湖北省、河南省，东南接浙江省，南邻江西省，北靠山东省，东西宽约 450 km，南北长约 570 km；总面积 14.01 万 km^2，土地面积 13.94 万 km^2。

安徽省平原、台地（岗地）、丘陵、山地等类型齐全，可将全省分成淮河平原区、江淮台地丘陵区、皖西丘陵山地区、沿江平原区、皖南丘陵山地五个地貌区，分别占全省面积的 30.48%、17.56%、9.99%、24.91%和 16.70%。安徽有天目—白际、黄山和九华山，三大山脉之间为新安江、水阳江、青弋江谷地，地势由山地核心向谷地渐次下降，分别由中山、低山、丘陵、台地和平原组成层状地貌格局。山地多呈北东向和近东西向展布，其中最高峰为黄山莲花峰，海拔 1873 m。山间大小盆地镶嵌其间，其中以休歙盆地为最大。

安徽省在气候上属暖温带与亚热带的过渡地区。在淮河以北属暖温带半湿润季风气候，淮河以南属亚热带湿润季风气候。其主要特点是：季风明显，四季分明，春暖多变，夏雨集中，秋高气爽，冬季寒冷。安徽又地处中纬度地带，随季风的递转，降水发生明显季节变化，是季风气候明显的区域之一。全年无霜期 200～250 d，10℃活动积温在 4600～5300℃左右。年平均气温为 14～17℃，1 月平均气温-1～-4℃，7 月平均气温 28～29℃。全年平均降水量在 773～1670 mm，有南多北少、山区多、平原丘陵少的特点，夏季降水丰沛，占年降水量的 40%～60%。

（四）江西省地理特征

江西省，简称"赣"，位于长江中下游南岸，处东经 113°34′18″～118°28′56″与北纬 24°29′14″～30°4′43″之间，东邻浙江省、福建省，南连广东省，西挨湖南省，北毗长江共接湖北省、安徽省，为长三角、珠三角、海峡西岸的中心腹地。全省总面积 16.69 万 km^2。

江西常态地貌类型以山地、丘陵为主，山地占全省面积的 36%，丘陵占 42%，平原占 12%，水域占 10%。东、西、南三面环山地，中部丘陵和河谷平原交错分布，北部则为鄱阳湖平原。赣中南以丘陵为主，海拔一般 200 m，接近边缘山地部分的高丘，海拔约 300～500 m；其相对高度除南部在百米以上外，一般仅 50～80 m。丘陵之中，间夹有盆地，多沿河作带状延伸，较大的有吉泰盆地、赣州盆地。山地大多分布于省界边缘，主要有东北部的怀玉山，东部沿赣闽省界延伸的武夷山脉，南部的大庾岭和九连山，西北与西部的幕阜山脉、九岭山和罗霄山脉（包括武功山、万洋山、诸广山）等，成为江西与邻省的界山和分水岭。山脉走向以东北—西南向为主体，控制着省内主要水系和盆地的发育。黄岗山（2160.80 m，福建省和江西省的界山）为省内最高点，同时也是华东地区第一高峰。

江西省的气候属亚热带温暖湿润季风气候，年均温约在 16.3～25℃之间。赣东北、赣西北山区与鄱阳湖平原，年均温为16.3～17.5℃，赣南盆地则为19.0～25℃。夏季较长，7月均温，除省界周围山区在26.9～28.0℃外，南北差异很小，都在28.0～29.8℃。极端最高温几乎都在40℃以上，成为长江中下游最热地区之一。冬季较短，1月均温，赣北鄱阳湖平原为3.6～5.0℃，赣南盆地为6.2～8.5℃。全省冬暖夏热，无霜期长达240～307 d。日均温稳定超过10℃的持续期为240～270 d，活动积温为5000～6000℃。

江西为中国多雨省份之一。年降水量1341～1943 mm。地区分布上是南多北少，东多西少；山地多，盆地少。庐山、武夷山、怀玉山和九岭山一带是全省4个多雨区，年均降水量1700～1943 mm。德安是少雨区，年均降水量1341 mm。降水季节分配不均，其中4～6月约占42%～53%，降水的年际变化也很大，多雨与少雨年份相差几近一倍，二者是导致江西旱涝灾害频繁发生的原因之一。

（五）福建省地理特征

福建省，简称"闽"，位于东经115°50′～120°43′，北纬23°31′～28°18′之间；地处中国东南部、东海之滨，东隔台湾海峡，与台湾省相望，东北与浙江省毗邻，西北横贯武夷山脉与江西省交界，西南与广东省相连，连接长江三角洲和珠江三角洲。全省陆域面积12.14万 km²，海域面积13.63万 km²。

福建地形以山地丘陵为主，由西、中两列大山带构成福建地形的骨架。两列大山带均呈东北—西南走向，与海岸平行。福建省内峰岭耸峙，丘陵连绵，河谷、盆地穿插其间，山地、丘陵占全省总面积的80%以上，素有"八山一水一分田"之称。地势总体上西北高东南低，横断面略呈马鞍形。因受新华夏构造的控制，在西部和中部形成北东向斜贯全省的闽西大山带和闽中大山带。闽西大山带长530多千米，平均海拔1000多米，是闽赣两省水系的分水岭。山带北高南低，有不少1500 m以上的山峰，主峰黄岗山，海拔2160.80 m，是中国东南沿海诸省的最高峰。以两大山带的主要山脉为脊干，分别向各个方向延伸出许多支脉，形成纵横交错的峰岭。山地外侧与沿海地带，则广泛分布着丘陵。它们或森列于河谷两侧，或环峙于盆地四周，或屹立于海岸岬角、滨海平原，或错落于巍峨群山之间。两大山带之间为互不贯通的河谷、盆地，东部沿海为丘陵、台地和滨海平原。

福建气候属亚热带海洋性季风气候，温暖湿润。福建靠近北回归线，受季风环流和地形的影响，全省70%的区域≥10℃的积温在5000～7600℃之间，雨量充沛，光照充足，年平均气温17～21℃，平均降雨量1400～2000 mm，是中国雨量最丰富的省份之一，气候条件优越，适宜多种作物生长。

第二节 华东山区中药材产业发展现状

一、浙江省中药材产业发展现状

（一）浙江省中药材资源概况

浙江素有"东南药用植物宝库"之称，是全国中药材重点产区之一，拥有国内唯一以野生药用植物种质资源为主要保护对象的大盘山国家级自然保护区，全省共有中药材资源2300多种，蕴藏量100多万吨，中药材资源总量和道地药材种数均位于全国前列，其中野生变家种成功并扩大种植的品种有100多种。

（二）浙江省特色及优势药材品种

《浙江道地药材目录》（第一批）共44个，包括有"浙八味"（浙贝母、延胡索、杭白菊、浙白术、浙麦冬、玄参、温郁金、杭白芍）和"新浙八味"（铁皮石斛、衢枳壳、乌药、三叶青、覆盆子、浙前胡、灵芝、西红花）等。其中浙贝母种植面积为5.23万亩，约占全国总量的90%；杭白菊种植面积5.4万亩，约占全国总量的50%；铁皮石斛种植面积为5.5万亩，约占全国总量的70%；灵芝种植面积4.5万亩，占全国总量的30%。

"建德西红花""武义铁皮石斛""龙泉灵芝"等19个产品获得国家农产品地理标志登记保护，26个产品获国家地理标志证明商标，"磐五味"商标获驰名商标保护。全省各地积极培育"新磐五味""温州六大名药材""衢六味""丽九味""淳六味""武七味""婺八味"等区域公共品牌。龙泉灵芝、武义灵芝、龙泉灵芝孢子粉在"2022中国灵芝区域品牌价值榜单"中，品牌价值分别为30.4亿元、14.60亿元、14.49亿元。

（三）浙江省中药材产业发展概况

中药材产业被列为浙江十大历史经典产业和浙江省十大农业主导产业。2023年全省中药材种植面积为90.50万亩，总产量为27.54万吨，总产值为80.77亿元，每亩产值8924.86元。中药材出口额2.7亿元人民币，同比增长15.4%，进口1.4亿元人民币，同比增长163.8%。全省新老"浙八味"种植面积47.77万亩，总产量8.17万吨，总产值53.84亿元。"浙八味"面积萎缩，产值总体稳定；"新浙八味"种植面积达27.61万亩，总产量为1.92万吨，总产值37.16亿元。2022年山区26县种植面积达61.20万亩，产值42.13亿元。建成磐安县新渥镇、淳安县临岐镇、武义县白姆乡、象山县贤库镇等4个省级以上中药材特色强镇。打造了乐清铁皮石斛、龙泉灵芝等一批产业集聚区，创建了73个省级"道地药园"示范基地。

2022年中药产业实现工业总产值234.7亿元，同比增长11.4%，其中中成药全年工业总产值179.6亿元，同比增长7.7%，中药饮片工业总产值55.1亿元，同比增长25.4%，配方颗粒饮片产值6.9亿元。康恩贝、永宁药业、万邦德制药、佐力药业、维康药业5家企业入选全国中药企业百强榜，7家中药企业成功上市。江南药镇市场总交易额达50.5亿元，临岐中药材特色小镇市场总交易额达3.5亿元。打造了121个中医药文化养生旅游示范基地。2021年组织实施国家"浙八味"道地药材优势特色产业集群项目，经两年实施，集群内全产业链总产值达134.30亿元，比实施前增长15.78%。中医药产业平台不断发展壮大，磐安江南药镇、中医药特色街区、中医药健康旅游示范基地等产业融合载体发展迅速，乌镇互联网国医馆开创国内互联网国医馆先河，省属国企省中医药健康产业集团成立运营。

二、江苏省中药材产业发展现状

（一）江苏省中药材资源概况

据第四次全国中药资源普查工作结果显示，江苏省中药资源种类2421种，其中药用植物1965种、药用动物390种、药用矿物66种，药用植物种类占比超过81%。

江苏省各县（市、区）之间中药资源种类及规模差异较大，种类自西南向东北有逐渐减少趋势，西南区域丘陵地中药资源种类比较丰富，而西北和东部区域中药资源种类偏少。江苏中药资源区分为宁镇扬低山丘陵道地药材区、太湖平原"四小"药材区、沿海平原滩涂野生及家种药材区等5个一级区和宜溧低山丘陵区、宁镇茅山丘陵区、江北丘陵区等14个二级区。

（二）江苏省特色及优势药材品种

江苏省中药材种植（养殖）品种涉及菊花、芡实、银杏、薄荷、浙贝母、栀子、茅苍术、蟾酥、水蛭、海螵蛸等86种，每年生产面积约32万亩。

"中国药材之乡"射阳县洋马镇盛产菊花，其药用菊花种植及加工已有60多年历史。全镇菊花种植面积约3万亩，带动周边地区种植20万亩以上。该镇拥有全国最大的药用菊花生产基地，药用菊花产量占全国市场的50%以上，"洋马菊花"获国家地理标志保护产品称号。

白首乌在滨海县由野生耳叶牛皮消逐步驯化为当地栽培种，其种植历史已有200余年。滨海县白首乌常年种植面积在3万亩左右，全国白首乌产量的95%出自滨海县。"滨海白首乌"目前已注册国家地理标志证明商标，并获国家地理标志保护产品、国家农产品地理标志保护，是全国首乌行业唯一获国家三项地理标志区域公用品牌保护的地方特色产品。

（三）江苏省中药材产业发展概况

江苏省是中医药大省，中药材生产历史悠久，资源丰富，潜力巨大，是农业结构调整和农民增收的重要特色产业。目前，江苏省中药材栽培面积超30万亩，其中菊花11.7万亩，主要分布在盐城的亭湖区和射阳县；瓜蒌7.4万亩，主要分布在射阳、阜宁、涟水和宿豫；何首乌1.6万亩，主要分布在盐城滨海县。近年来，江苏省不断优化中药材产业相关标准体系，提高中药材领域标准供给质量。江苏省盐城射阳县（白菊花）、泰州泰兴市（银杏）、徐州丰县（牛蒡）、邳州市（银杏）、南京六合区（珍珠）等国家级农业标准化示范区，运用标准化试点示范项目成功经验，充分发挥示范引领和辐射带动作用，为全面推动实施道地药材标准化生产奠定了良好基础。苏州工业园区、泰州医药高新技术产业开发区、南京生物医药谷等14个园区进入国家生物医药产业园区综合竞争力排名前50强，连续4年位居全国首位，带动江苏生物医药总产值保持全国第一，约占全国生物医药总产值的1/6。

江苏省近年来以省级园艺作物标准园创建为抓手，将药用植物标准园创建纳入省级标准园创建范围，带动药材产地按标生产、规范管理，药材标准化生产水平提升。在药材生产基地开展有机肥替代化肥行动，减少化肥用量，开展物理防治、生物防治等绿色防控技术，减少农药用量，药材绿色化生产水平提升。2021~2023年累计创建7个药用植物标准园，其中淮安市盱眙县有2家标准园生产规模在千亩以上，对促进周边地区中药材产业化发展具有明显的推动作用。

江苏省生物医药产业规模全国领先、创新能力优势明显、骨干企业竞争力强、区域特色集群初步形成。2022年，全省持有《药品生产许可证》的企业共4000多家，其中药品生产企业500多家，有77家中药规上企业实现营业收入341.2亿元。第三届中国中药品牌建设大会发布了2022年度中药行业品牌，江苏上榜颇多，其中扬子江药业集团江苏龙凤堂中药有限公司、苏州市天灵中药饮片有限公司、苏州红冠庄国药股份有限公司等3家入榜中药饮片品牌企业，江苏康缘药业股份有限公司入榜中药上市公司TOP30，天力士医药集团股份有限公司、苏中药业集团股份有限公司、江苏康缘药业股份有限公司、金陵药业集团有限公司、精华制药集团股份有限公司、扬子江药业集团江苏龙凤堂中药有限公司等6家入榜中成药企业100强名单。

三、安徽省中药材产业发展现状

（一）安徽省中药材资源概况

安徽省中药材资源达3578种，其中植物类药材2904种，动物类药材526种，矿物类药材92种，其他类56种。全省现有商品药材3000余种，常用大宗药材300余种。野生药材以皖南低山丘陵和大别山区较多，栽培药材较集中于淮北平原区，以亳州、阜阳区域为最多。

（二）安徽省特色及优势药材品种

霍山石斛、灵芝、亳白芍、黄精、茯苓、宣木瓜、菊花、牡丹皮、断血流、桔梗等药材为"十大皖药"，主要药材还有白芷、白术、半夏、秋石、辛夷、贝母（皖贝母）、苍术、栝楼、天花粉、厚朴、菘蓝（板蓝根、大青叶）、蕲蛇、蜈蚣、鳖甲等30多种。

霍山石斛、滁州贡菊、金寨灵芝、金寨茯苓、旌德灵芝、九华黄精获批国家地理标志商标，"金玉牌滁菊"被评为"中国名牌产品"。霍山石斛、霍山灵芝、亳白芍、九华黄精、滁菊、黄山贡菊、铜陵凤丹皮、李兴桔梗、金寨茯苓、金寨天麻等品种被评为国家地理标志保护产品，产品年产值达45.39亿元。霍山石斛连续4年跻身国家地理标志产品区域品牌价值百强榜，亳丹皮进入2020年中国区域品牌（地理标志产品）价值评价百强榜。

（三）安徽省中药材产业发展概况

全省中药材种植约90万亩，"十大皖药"12万亩以上。形成了以亳州、阜阳为重点的皖北家种中药材种植生产区域，以六安、安庆为重点的皖西大别山特色中药材生产区域，以黄山、宣城、池州、芜湖、铜陵等地为重点的皖南山区中药材生产区域。亳州市种植面积约15万亩，宣城市种植面积10万亩左右。六安市中药材种植面积约3万亩，特色药材如天麻、茯苓、杜仲、厚朴、灵芝等；黄山市发展药材种植面积2万多亩，主要有黄山贡菊、半夏、蕲蛇等。产量1000 t以上有板蓝根、丹参、白术、桔梗、牡丹皮、白芍、茯苓、栝楼、葛根、夏枯草、活血藤、香附子、虎杖、莪术等。

中国（亳州）中药材交易中心是国内最大中药材交易市场，占地400余亩，建筑面积24万 m²，摊位6000个，固定门店1000家；每天上市品种达2600余种，日上市量达6000 t；日客流量近6万人；国内大多数植物药材品种价格基本取决于亳州市场价格。亳州市集聚了200多家中药生产企业，是全国最大的中药饮片生产基地之一。

四、江西省中药材产业发展现状

（一）江西省中药材资源概况

江西是我国中药产业强省，也是中药资源大省，中药资源种类多、分布广、蕴藏量大，是华东山区中药资源种类最丰富地区之一。根据2012~2021年在江西省进行的第四次全国中药资源普查结果显示，江西省共发现药用植物有3115种，其中重点品种349种。

（二）江西省特色及优势药材品种

2020年，江西全省中药材种植面积突破300万亩，其中规模化种植药材品种达100余种：白莲种植面积达30万亩以上，枳壳种植面积超过3万亩，厚朴、杜仲、艾叶、龙脑樟、芡实等品种种植面积均超2万亩，万亩以上种植规模的有栀子、吴茱萸、草珊瑚、芍药、水半夏、金丝皇菊、灯心草等品种，5000亩以上种植规模有车前子、覆盆子、瓜蒌、石菖蒲、粉防己、蔓荆子、黄精、泽泻、百合、金银花、青钱柳等。

江西为栀子、茱萸子、车前子、枳壳"三子一壳"道地药材品种主产区，包括樟树、临川、新干、修水、南城等11个重点县，种植面积分别为24万亩、4.7万亩、1.9万亩、15万亩，"三子一壳"在全国占有较大市场份额。樟树吴茱萸、樟树黄栀子、清江枳壳、余干芡实、德兴覆盆子、横峰葛先后成功获得国家地理标志产品。

（三）江西省中药材产业发展概况

历史上，江西省形成了"四医"（南康医学、赣中医学、盱江医学、婺源医学）、"两帮"（樟树帮和建昌帮）、"一都"（樟树药都）的中医药文化及产业格局。其中，盱江医学为我国四大医学之一，樟树帮与建昌帮占据中国四大传统中药炮制技术的半壁江山，同时樟树也是四大药都之一。全省中药材种植面积达334万亩，中药行业规上企业数量已超160家，年销售额过亿元的中药品种41个。江西省中药工业主营业务收入、占比均居全国前列。

江西省资源禀赋优越，产业体系完备，是全国为数不多具备中医药种植、制造、流通完整产业体系的省份。

江西省在已有的中医药资源优势下，大力发展中药材种植产业，推动道地特色及大宗药材种植的规模化生产，如宜春市、上饶市、抚州市、九江市、吉安市、赣州市等基地的大规模种植。中药材种植逐渐成为发展农村经济的特色产业，江西省各级政府也对发展道地特色中药材产业给予了大力扶持，推动中药材种植的规模化、规范化生产，积极建设成为我国中医药产业强省。

江西樟树市是我国著名的药都，是历史上出名的药材集散地，距今已有1700多年的历史。樟树以其特有的药材生产、加工、炮制和经营闻名遐迩，自古以来就有"药不到樟树不齐，药不过樟树不灵"之誉，是我国著名的"南国药都"。樟树中药材专业市场是江西唯一的中药材市场，位于樟树市福城工业园内，是江南最大的药材集散地。市场占地面积400余亩，有1500多个店面铺位，现有16个省（市）、72个县（市）的近500家经营户常年入驻该市场。市场内日经营品种1000多个，药材交易辐射全国21个省（市）和港澳台地区，以及东南亚地区，年交易额约30亿元。

五、福建省中药材产业发展现状

（一）福建省中药材资源概况

福建植物种类达5000多种，常见药用植物2024种。野生动物资源有835种。在20世纪90年代末的中药资源普查中发现，福建药材品种有2678种，收入《福建省中药资源名录》的有2468种。

（二）福建省特色及优势药材品种

福建特色药材有建莲子、建泽泻、太子参、青黛、厚朴、黄栀子、乌梅、葛根、薏苡仁、穿心莲、金线莲、巴戟天、铁皮石斛、枇杷叶、黄精、灵芝、绞股蓝、栝楼、绿衣枳实、陈皮、使君子、桂圆肉、银耳、金边地鳖虫、蕲蛇、金钱白花蛇、海螺蛸、海金沙等。其中，厚朴、太子参等种植面积、产量居全国第一；"柘荣太子参"被认定为中国驰名商标，南靖"和溪巴戟天"、"漳浦穿心莲"、"明溪金线莲"、连城"冠豸山铁皮石斛"等通过了农业农村部农产品地理标志产品认证，形成一批具有福建特色的中药材品牌。

福建省中药材产业协会于2016年1月正式评选出了"福九味"药材品种：建莲子、太子参、金线莲、铁皮石斛、薏苡仁、巴戟天、黄精、灵芝、绞股蓝。这9种中药材品种为福建特色的道地药材，是福建重点推广的主导品种，通过宣传推广"福九味"品牌，塑造福建省中药材产业的整体形象，以整体组团形式推动"福九味"等中药材产业的快速发展。发展的闽产药材"福九味"列入了中共福建省委、福建人民政府《"健康福建2030"行动规划》，通过打造闽产药材"福九味"品牌，提升闽产中药材在全国的影响力，提高了经济效益和社会效益。

（三）福建省中药材产业发展概况

2022年全省中药材种植面积约92.3万亩，农业产值约78亿元，中药工业产值150.6亿元，中药材全产业链超过591亿元；以闽产药材"福九味"为代表享誉中药材行业，种植面积占全省41%左右，农业产值占63%，"福九味"中药材生产已形成了区域特色。其他闽产特色药材仙草、七叶一枝花、玫瑰茄、青黛（马蓝）、黄栀子、春砂仁、厚朴等稳定发展，其中太子参、建莲子、黄栀子、金线莲等特色品种在种植规模、产量上居全国前列，已形成了柘荣太子参、建宁莲子、浦城薏苡仁、南靖金线莲、福鼎黄栀子等特色产业区域发展集聚，福建中药材种植业处于稳步发展的态势。

2022年福建中药规模以上企业56家，中药产值150.6亿元，中药材种植企业、中药材专业合社、家庭农场及种植大户共有1万多家。其中漳州片仔癀药业、厦门中药厂、厦门金日制药进入全国中药企业50强，省内中药龙头企业的研发团队逐步形成。片仔癀、八宝丹、痛血康为国家中药保密处方，新癀片、麝香正骨酊、胃得安等为全国独家品种，此外，熊胆粉（胶囊）、太子参等也都是福建省特色优势中药产品。片仔癀、新癀片和八宝丹为该省中成药重要出口品种，在我国港澳台地区以及东南亚国家均享有较高的知名度，其中片仔癀已连续十多年位居我国中成药单一品种出口第一名。

第三节　华东山区特色中药材规范化栽培模式

一、华东现行中药材规范化栽培模式

华东为亚热带季风型气候，冬凉夏热，四季分明，降水充沛但季节分配不均。本区域优势道地药材品种主要有浙贝母、温郁金、白芍、杭白芷、浙白术、杭麦冬、台乌药、宣木瓜、牡丹皮、江枳壳、江栀子、江香薷、茅苍术、苏芡实、建泽泻、建莲子、东银花、山茱萸、茯苓、灵芝、铁皮石斛、菊花、前胡、木瓜、天花粉、薄荷、元胡、玄参、车前子、丹参、百合、青皮、覆盆子、瓜蒌等。根据此区域的气候特点和当地道地药材品种及产业发展情况，因地制宜地形成了一些特色中药材规范化栽培模式，见表0.1。

表0.1　华东现行特色中药材规范化栽培模式（截至2024年10月）

规范化栽培模式名称	区域	标准情况
浙贝母绿色生产技术规范	浙江省	已制定浙江省地方标准（DB33/T 532—2020）
温郁金生产技术规程	浙江省	已制定浙江省地方标准（DB33/T 654—2016）
杭白芍生产技术规程	浙江省	已制定浙江省地方标准（DB33/T 637—2022）
亳白芍栽培技术规程	安徽省	已制定安徽省地方标准（DB34/T 231—2014）
中药材栽培技术规程　白芷	安徽省	已制定安徽省地方标准（DB34/T 4119—2022）
红壤坡地白芷种植技术规程	江西省	已制定江西省地方标准（DB36/T 1261—2020）
白术生产技术规程	浙江省	已制定浙江省地方标准（DB33/T 381—2024）
白术栽培种植技术规程	安徽省	已制定安徽省地方标准（DB34/T 1477—2011）
白术采收与初加工技术规范	安徽省	已制定安徽省地方标准（DB34/T 1900—2013）
浙麦冬生产技术规程	浙江省	已制定浙江省地方标准（DB33/T 950—2014）
宣木瓜优质丰产技术	安徽省	已制定安徽省地方标准（DB34/T 283—2002）

续表

规范化栽培模式名称	区域	标准情况
中药材栽培技术规程 牡丹皮	安徽省	已制定安徽省地方标准（DB34/T 4114—2022）
牡丹种苗繁育技术规程	安徽省	已制定安徽省地方标准（DB34/T 2779—2016）
栀子规范化生产技术规程	江西省	已制定江西省地方标准（DB36/T 425—2024）
广昌泽泻生产技术规程	江西省	已制定江西省地方标准（DB36/T 546—2018）
泽泻生产技术规程	福建省	已制定福建省地方标准（DB35/T 1775—2018）
茯苓规范化生产技术规程	江西省	已制定江西省地方标准（DB36/T 1852—2023）
松蔸栽培茯苓技术规范	福建省	已制定福建省地方标准（DB35/T 1595—2016）
茯苓种植技术规程	安徽省	已制定安徽省地方标准（DB34/T 2550—2015）
灵芝仿野生栽培技术规程	江西省	已制定江西省地方标准（DB36/T 791—2023）
"杉木-铁皮石斛-草珊瑚-灵芝"林药复合种植技术规程	江西省	已制定江西省地方标准（DB36/T 1825—2023）
灵芝菌种生产技术规程	江西省	已制定江西省地方标准（DB36/T 1800—2023）
林下灵芝野外嫁接栽培技术规程	江西省	已制定江西省地方标准（DB36/T 1776—2023）
灵芝栽培技术规范	福建省	已制定福建省地方标准（DB35/T 163.3—2017）
灵芝生产技术规程	江苏省	已制定江苏省地方标准（DB32/T 798—2017）
段木灵芝生产技术规范	浙江省	已制定浙江省地方标准（DB33/T 985—2015）
菌草栽培灵芝技术规范	福建省	已制定福建省地方标准（DB35/T 1484—2014）
灵芝栽培技术规程	安徽省	已制定安徽省地方标准（DB34/T 2008—2013）
灵芝袋料栽培技术规程	江苏省	已制定江苏省地方标准（DB32/T 1864—2011）
灵芝生产技术规程	江苏省	已制定江苏省地方标准（DB32/T 798—2005）
铁皮石斛种植技术规程	江苏省	已制定江苏省地方标准（DB32/T 2737—2015）
铁皮石斛无菌播种生产技术规程	江苏省	已制定江苏省地方标准（DB32/T 2736—2015）
铁皮石斛种苗繁殖技术规程	安徽省	已制定安徽省地方标准（DB34/T 1770—2012）
铁皮石斛生产技术规程	浙江省	已制定浙江省地方标准（DB33/T 635—2021）
铁皮石斛种苗生产技术规程	江西省	已制定江西省地方标准（DB36/T 1556—2021）
铁皮石斛崖壁栽培技术规程	江西省	已制定江西省地方标准（DB36/T 1555—2021）
铁皮石斛林下生态栽培技术规程	江西省	已制定江西省地方标准（DB36/T 1554—2021）
铁皮石斛大棚栽培技术规程	江西省	已制定江西省地方标准（DB36/T 1553—2021）
铁皮石斛栽培技术规范	福建省	已制定福建省地方标准（DB35/T 1996—2021）
菊花病虫害综合防控技术规程	安徽省	已制定安徽省地方标准（DB34/T 4213—2022）
饮用菊花与绿肥间套作栽培技术规程	江西省	已制定江西省地方标准（DB36/T 1464—2021）
菊花脱毒种苗生产技术规程	江苏省	已制定江苏省地方标准（DB32/T 3115—2016）
前胡绿色生产技术规程	浙江省	已制定浙江省地方标准（DB33/T 2280—2020）
宁前胡栽培技术规程	安徽省	已制定安徽省地方标准（DB34/T 2062—2014）
中药材栽培技术规程 天花粉	安徽省	已制定安徽省地方标准（DB34/T 3814—2021）

续表

规范化栽培模式名称	区域	标准情况
薄荷栽培技术规程	安徽省	已制定安徽省地方标准（DB34/T 2780—2016）
元胡栽培及采集后初加工技术规程	江苏省	已制定江苏省地方标准（DB32/T 4495—2023）
元胡栽培技术规程	安徽省	已制定安徽省地方标准（DB34/T 3845—2021）
玄参生产技术规程	浙江省	已制定浙江省地方标准（B33/T 487—2023）
中药材栽培技术规程　玄参	安徽省	已制定安徽省地方标准（DB34/T 3815—2021）
车前子规范化生产技术规程	江西省	已制定江西省地方标准（DB36/T 1762—2023）
丹参栽培技术规程	安徽省	已制定安徽省地方标准（DB34/T 460—2017）
观、食兼用百合生产技术规程	江苏省	已制定江苏省地方标准（DB32/T 4676—2024）
卷丹百合生产技术规程	安徽省	已制定安徽省地方标准（DB34/T 3217—2018）
红壤旱地百合套种木薯生产技术规程	江西省	已制定江西省地方标准（DB36/T 1115—2019）
绿色食品　龙牙百合生产技术规程	江西省	已制定江西省地方标准（DB36/T 444—2018）
龙牙百合鳞片快速繁育种球生产技术规程	江西省	已制定江西省地方标准（DB36/T 437—2018）
食用百合生产技术规程	安徽省	已制定安徽省地方标准（DB34/T 2659—2016）
宜兴百合生产技术规程	江苏省	已制定江苏省地方标准（DB32/T 1690—2010）
掌叶覆盆子栽培技术规程	安徽省	已制定安徽省地方标准（DB34/T 3843—2021）
华东覆盆子育苗技术规程	江西省	已制定江西省地方标准（DB36/T 1269—2020）
覆盆子规范化生产技术规程	江西省	已制定江西省地方标准（DB36/T 1268—2020）
掌叶覆盆子生产技术规程	浙江省	已制定浙江省地方标准（DB33/T 2076—2017）
金银花生产技术规程	浙江省	已制定浙江省地方标准（DB33/T 655—2016）
莲藕-慈姑复种栽培技术规程	江苏省	已制定江苏省地方标准（DB32/T 3232—2017）
茭白-慈姑套作栽培技术规程	江苏省	已制定江苏省地方标准（DB32/T 2422—2013）
青花菜-慈姑轮作栽培技术规程	江苏省	已制定江苏省地方标准（DB32/T 3933—2020）
"西瓜-秋茭白-夏茭白-慈姑" 2年4熟水旱轮作设施高效栽培技术规程	江苏省	已制定江苏省地方标准（DB32/T 3369—2018）
牛蒡-鲜食玉米周年轮作技术规程	江苏省	已制定江苏省地方标准（DB32/T 4237—2022）
多花黄精生产技术规程	浙江省	已制定浙江省地方标准（DB33/T 2087—2017）
毛竹林套种多花黄精栽培技术规程	浙江省	已制定浙江省地方标准（DB33/T 2006—2016）
多花黄精种子育苗技术规程	安徽省	已制定安徽省地方标准（DB34/T 3015—2022）
多花黄精栽培技术规程	安徽省	已制定安徽省地方标准（DB34/T 2420—2015）
多花黄精栽培技术规程	福建省	已制定福建省地方标准（DB35/T 1437—2014）
多花黄精规范化种植技术规程	江西省	已制定江西省地方标准（DB36/T 1270—2020）
水苏林下栽培技术规程	安徽省	已制定安徽省地方标准（DB34/T 3844—2021）
穿心莲优质高产生产技术规程	安徽省	已制定安徽省地方标准（DB34/T 1512—2011）
霍山石斛原生态种植技术规程	安徽省	已制定安徽省地方标准（DB34/T 3043—2017）
皖西山区仿野生林参复合经营技术规范	安徽省	已制定安徽省地方标准（DB34/T 3973—2021）

续表

规范化栽培模式名称	区域	标准情况
毛竹白及复合经营技术规程	安徽省	已制定安徽省地方标准（DB34/T 2641—2016）
刺槐芍药复合经营技术规程	安徽省	已制定安徽省地方标准（DB34/T 3848—2021）
灵芝仿野生栽培技术规程	江西省	已制定江西省地方标准（DB36/T 791—2014）
春、夏两季山药套种技术规程	江西省	已制定江西省地方标准（DB36/T 1305—2020）
红壤旱地百合套种木薯生产技术规程	江西省	已制定江西省地方标准（DB36/T 1115—2019）
平卧菊三七林下种植技术规程	江西省	已制定江西省地方标准（DB36/T 961—2017）
草珊瑚林下栽培技术规程	福建省	已制定福建省地方标准（DB35/T 1347—2013）
华重楼林下栽培技术规程	江西省	已制定江西省地方标准（DB36/T 1168—2019）
华重楼栽培技术规范	福建省	已制定福建省地方标准（DB35/T 1769—2018）
毛竹白及复合经营技术规程	安徽省	已制定安徽省地方标准（DB34/T 2641—2016）
白及栽培技术规程	安徽省	已制定安徽省地方标准（DB34/T 3842—2021）
林下套种菌药生产技术规程 第5部分：白及	浙江省	已制定浙江省地方标准（DB33/T 2558.5—2022）
三叶青栽培技术规范	浙江省	已制定浙江省地方标准（DB33/T 2407—2021）
三叶青栽培技术规程	福建省	已制定福建省地方标准（DB35/T 2099—2022）
怀玉山三叶青栽培技术规程	江西省	已制定江西省地方标准（DB36/T 1014—2018）
薏苡种植技术规程	浙江省	已制定浙江省地方标准（DB33/T 858—2012）
薏苡品种提纯复壮技术规程	安徽省	已制定安徽省地方标准（DB34/T 3336—2019）
薏苡栽培技术规程	安徽省	已制定安徽省地方标准（DB34/T 2775—2016）
薏苡栽培技术规程	福建省	已制定福建省地方标准（DB35/T 1917—2020）
皇菊栽培技术规程	安徽省	已制定安徽省地方标准（DB34/T 2857—2017）
青钱柳叶用林培育技术规程	江苏省	已制定江苏省地方标准（DB32/T 3807—2020）
青钱柳叶用林培育技术规程	安徽省	已制定安徽省地方标准（DB34/T 4263—2022）
青钱柳扦插育苗技术规程	江西省	已制定江西省地方标准（DB36/T 1259—2020）
前胡绿色生产技术规程	浙江省	已制定浙江省地方标准（DB33/T 2280—2020）

二、华东山区特色中药材规范化栽培模式

华东山区适合发展中药材间套作或轮作生态种植，在长期生产实践中形成了有区域特色的规范化栽培模式。主要有浙贝母、泽泻、白芍、苍术、丹参等药粮套作轮作种植模式，灵芝、三叶青、黄精、华重楼林下种植模式，铁皮石斛附树种植模式等。本节选取5种代表性的规范化栽培模式进行具体描述。

（一）浙贝母-水稻轮作栽培模式

浙贝母主产于浙江磐安、丽水及相邻地区，是连作障碍较严重的药用植物，连作田块

土传病害严重影响浙贝母产量，轮作可有效减轻浙贝母土传病害，缓解连作障碍。浙贝母与水稻轮作可平衡土壤养分，减少化肥农药的使用，降低生产成本，具有较好的经济效益和生态效益。种植过程中，水稻优选单季杂交稻，待10月份水稻收割期，水稻产生的秸秆可成为贝母生产的覆盖物，防止肥水流失，使浙贝母产量明显提高，产值增加1倍左右。建议该地区将水稻作为浙贝母轮作的首选作物加以推广应用。这种轮作栽培模式可借鉴到丹参-红薯、前胡-半夏等中药材生态种植。

（二）泽泻-莲田套作或轮作栽培模式

泽泻主产于福建、江西、四川、广西、广东等地，主要来源于栽培资源，其中，以产于福建的建泽泻、四川的川泽泻最为道地。水稻与泽泻轮作模式是泽泻最主要的生态种植方式，但其生态价值要低于莲与泽泻轮作或套作模式。因此，在泽泻和莲产区，建议实施莲与泽泻轮作或套作模式，以获得较高的生态效益和经济效益。另外，莲田套种泽泻是一种水生立体共生种植模式，以莲与泽泻的互补互利关系为基础，进行合理种植，建立合理的群体结构，构建良性循环生态系统，充分发挥综合效益的生态种植模式。该套作模式可以充分利用光能、热量资源和土壤肥力，具有较好的生态效益。泽泻与莲轮作模式可以有效减缓泽泻长期种植导致的连作障碍，减少化肥和农药的使用，降低土壤污染率，提高泽泻药材产量和质量。

据调查，采用莲田套种泽泻方式比单独种植莲、泽泻品种，每亩可增收5000元左右。以上这种间套作种植模式可借鉴到白芍-大豆、麦冬-玉米、苍术-玉米、菊花-柑橘等中药材生态种植。

（三）铁皮石斛附树种植模式

铁皮石斛附树种植模式是将铁皮石斛放置在原始森林树木、原木边材上的栽培，因其在仿野生环境下种植，减少了农药的使用量，可保证药材质量。该种植模式与设施栽培模式相比，兼顾铁皮石斛野生资源保护和经济效益，同时具有前期投入小、不占用耕地、产品质量高、价格高等特点，对于提高林业利用率和综合效益以及保护生态环境具有十分重要的意义。目前，铁皮石斛附树生态种植技术适合于秦岭、淮河以南的安徽、浙江等地的多山多林地区。值得注意的是，种植过程中栽培环境要温暖、湿润、通风、透气，自然遮阳率一般要达到50%~70%。对于附生树种，铁皮石斛在香樟、杨梅、枫杨、黄檀木、梨板栗、松树、红豆杉、杉木、柏树上均能生长良好。

（四）毛竹林下套种多花黄精复合经营模式

多花黄精耐寒，主要分布于浙江、安徽、福建、江西、江苏等地。其适宜生境为阴湿的林下、灌丛或草坡，在灌木干燥地区生长不良。毛竹林下套种多花黄精是林下套种中药材较为成功的模式之一。许多毛竹主产区，尤其是竹产业发达的浙江、福建等省份，普遍存在着一些影响竹业可持续发展的共性问题：毛竹林生态系统脆弱，立地生产力衰退，竹林产品质量下降，区域生态环境恶化等。而且随着劳动力、农业生产资料成本等的不断上升，毛竹林经济效益提高越趋困难，甚至存在下降趋势等，这严重影响到竹农经营毛竹林的积极性，毛竹材用林经营面积不断增大，甚至一些交通不便或缺乏劳动力的竹区毛竹林弃管现象越趋严重。多花黄精喜温暖湿润环境，常生于山地林下、灌丛或山坡的半阴处，是毛竹林下植被的常见种，具有可持续经营特点，是实行毛竹林下高效复合经营的优良植物材料。毛竹-多花黄精复合经营模式可以在改善林地土壤质量的同时，收获林下种植的多花黄精，增加竹农收入。与大田种植相比，毛竹林下套种多花黄精无须人工遮阴，既不占用农田，又利于林地资源的高效利用，而且毛竹林下种植多花黄精病虫害明显减少，大幅度减少了农药的使用，节约人工成本，综合效益显著。目前，毛竹-多花黄精复合经营模式在浙江、安徽、福建、江西等多山多林地区均有大面积的生产，建立了多花黄精良好农业规范（good agricultural practice，GAP）种植基地和毛竹林下多花黄精人工抚育基地，极大地调动了广大林农种植多花黄精的积极性。生产实践中，毛竹-多花黄精复合经营要合理控制立竹密度，选择适宜的坡度，宜在郁闭度 0.6～0.8 和水肥条件较好的下坡位毛竹林下套种多花黄精。

（五）竹林下套种三叶青复合经营模式

三叶青，学名三叶崖爬藤，广泛分布于浙江、江苏、江西、福建等省。主要药效部位为块根，具有抗肿瘤、抗病毒、保护肝脏、抗炎镇痛等作用，在临床上已广泛用于抗肿瘤及小儿解热镇痛等，被称为"植物抗生素"。三叶青喜凉爽气候，适温在 25℃左右山林地生长。

竹林下套种三叶青是一种复合经营模式，利用竹林林荫、湿度为三叶青提供天然种植生态环境，不需额外投资搭设遮阳系统。该模式依托自然禀赋优势，充分利用丰富的林下空间资源，对林下空间进行三叶青复合生态套种，实现一地多用、立体种植，以林代地，有效解决药林争地的矛盾，并增加了生态系统结构的稳定性。

该生态模式既能充分利用林下丰富、优越的自然生境，又对减少水流失和除草剂等化学药剂的使用、增强森林生态稳定性抗逆性具有重要意义；也是发展生态农业、绿色无公害中药材产品、提高林业综合效率、增加农民收入的有效途径。据测算，三叶青种植 3～4 年后成熟开挖，预计每袋可收三叶青块根（鲜药）0.1～0.15 kg，按照目前 400 元左右每千克的鲜药，袋均产值可达 40～60 元，袋均可创利润 30～40 余元，亩产值可达 2 万余元。

第四节　浙江丽水特色中药材规范化栽培模式

一、浙江丽水自然地理条件概况

丽水地处浙江省西南部，市域面积 1.73 万 km²，是浙江省陆域面积最大的地级市（占全国的 1/600，全省的 1/6），辖 9 个县（市、区）（莲都区、龙泉市和青田、云和、庆元、缙云、遂昌、松阳、景宁县）。其东南与温州市接壤，西南与福建省南平市、宁德市毗邻，西北与衢州市相接，北部与金华市交界，东北与台州市相连。

全市 90%的辖区面积以上是山地，素有"九山半水半分田"之称。地貌以丘陵、中山为主，峡谷众多，间以狭长的山间盆地为基本特征。地势上大致由西南向东北倾斜，西南部以中山为主，有低山、丘陵和山间谷地；东北部以低山为主，间有中山及河谷盆地。域内海拔 1000 m 以上的山峰有 3573 座，1500 m 以上山峰 244 座，有"浙江绿谷""华东生态屏障"的美誉。

丽水市属中亚热带季风气候，四季分明，温暖湿润，雨量充沛，无霜期长，具有典型的山地气候。年平均气温 18.2～19.6℃，无霜期有 246～274 d，年雨日 154～186 d，年降雨量 1309.9～1970.5 mm，年日照时数 1102.3～1759.6 h，年总辐射量 102.1～110.0 光照度。

丽水是"浙江绿谷"，是华东地区重要生态屏障，有着无与伦比的生态优势，素有"中国生态第一市"的美誉。丽水市区域内有瓯江、钱塘江、飞云江、椒江、闽江、赛江，被称为"六江之源"。全市森林覆盖率高达 81.7%。水和空气质量常年居全省前列，是全国空气质量十佳城市中唯一的非沿海、低海拔城市。生态环境状况指数连续 17 年全省第一，是首批国家生态文明先行示范区、国家森林城市、中国气候养生之乡、中国天然氧吧城市。

二、浙江丽水中药材产业发展概况

丽水中药材资源丰富，已发现中药材资源 2478 种，全国 363 种中草药主要品种中，丽水分布有 251 种，占 69.1%，被誉为浙西南的"天然药园"。丽水中药材文化深厚，种植历史悠久。

近年来，丽水市中药材产值从九大农业主导产业的"老幺"升格为"老七"，从 1.8 亿元到 6.36 亿元，年均增长率 11.68%、位列丽水九大农业主导产业第一。2023 年，全市中药材总面积 32.13 万亩（全省第一），总产量 2.65 万吨，实现总产值 12.43 亿元，同比增长 9.23%。灵芝、三叶青、薏苡仁、食凉茶等 11 个品种种植面积及产值排全省第一，覆盆子、黄精名列第三。

目前，丽水市中药材产业发展以品质农业为主线，积极优化中药材生产布局，推广药稻轮作、林药套种、高山良种繁育等生态种植技术，加快药材主体培育和产销对接，重抓质量安全和品牌培育等促进中药材产业持续快速发展，中药材产业形成向"种质化"、"品质化"、"膳质化"和"特质化"发展的良好格局。"龙泉灵芝""龙泉灵芝孢子粉"为国家地理标志保护产品，"缙云米仁""遂昌三叶青""遂昌菊米"获国家农产品地理标志登记保护，"处州白莲"和"丽水覆盆子"获国家地理标志证明商标，"轩德皇菊"获国家生态原产地产品保护，龙泉唯珍堂铁皮石斛生态博览园、缙云县西红花养生园等 13 个基地获浙江省中医药文化养生旅游示范基地称号，成功创建遂昌县菊米、丽水市轩德皇菊等 15 个浙江省道地药园，36 个丽水市道地中药材示范基地和 16 个丽水市中药材养生园（表 0.2）。黄帝常春煲和包氏羊肉 2 菜品入选浙江省十大药膳。2022 年，丽水市农业农村局、丽水市卫生健康委员会、丽水市市场监管局、丽水市经信局等八部门联合开展了处州本草丽九味及培育品种遴选，确定灵芝、铁皮石斛、三叶青、黄精、覆盆子、处州白莲、食凉茶、薏苡仁、皇菊为处州本草丽九味；重楼、百合、菊米、灰树花、浙贝母、青钱柳、白及、五加皮、前胡为处州本草丽九味培育品种。"处州本草丽九味"及培育品种基地 10.21 万亩，总产量 0.89 万吨，总产值 8.76 亿元。

表 0.2 丽水市省、市级中药材示范基地情况

基地类别	发文部门	基地名称	主要品种	获评时间
中医药文化养生旅游示范基地	浙江省文化和旅游厅、浙江省卫生健康委员会、浙江省农业农村厅、浙江省中医药管理局	缙云县西红花养生园	西红花	2015 年
		龙泉唯珍堂铁皮石斛生态博览园	铁皮石斛	2016 年
		处州国医馆	中医药	2017 年
		莲都区夫人山铁皮石斛基地	铁皮石斛	2017 年
		丽水缙云县地缘家庭农场	西红花	2018 年
		丽水松阳云顶坑源国际人文养生度假村	养生度假	2018 年
		丽水景宁畲族自治县畲医药展示馆	畲药	2019 年
		丽水松阳善应见山堂中医药体验馆	中医药	2019 年
		木槿花康养基地	木槿花	2020 年
		丽水华东药用植物园	药用植物	2021 年
		龙泉市泉灵谷生物科技有限公司	灵芝	2022 年
		松阳县上田乡村振兴开发有限公司	中医药康养	2022 年
		浙江蜂皇谷农业开发有限公司	蜂蜜	2022 年
浙江省道地药园	浙江省农业农村厅	龙泉唯珍堂石斛道地药园	铁皮石斛	
		庆元县亿康多花黄精道地药园	黄精	
		缙云西红花道地药园	西红花	
		遂昌菊米道地药园	菊米	
		丽水市轩德皇菊道地药园	皇菊	
		遂昌三叶青道地药园	三叶青	
		云和黄精道地药园	黄精	
		青田药用百合道地药园	百合	
		龙泉三叶青道地药园	三叶青	
		松阳黄精道地药园	黄精	
		庆元华重楼道地药园	华重楼	
		遂昌青钱柳道地药园	青钱柳	
		缙云铁皮石斛道地药园	铁皮石斛	
		景宁黄精道地药园	黄精	
		遂昌三叶青道地药园	三叶青	
丽水市道地药材示范基地	丽水市农业农村局	本润覆盆子基地	覆盆子	
		三叶青林下仿生种植基地	三叶青	
		千亩中药材生产基地	百合	
		黄精种植示范基地	黄精	
		毛竹林种植华重楼示范基地	华重楼	
		双峰绿园铁皮石斛基地	铁皮石斛	
		道地遂昌菊米示范基地	菊米	

续表

基地类别	发文部门	基地名称	主要品种	获评时间
丽水市道地药材示范基地	丽水市农业农村局	畲药食凉茶基地	食凉茶	
		香榧套种黄精基地	黄精	
		鲍山头铁皮石斛基地	铁皮石斛	
		绿谷丽水铁皮石斛基地	铁皮石斛	
		龙泉林下有机灵芝基地	灵芝	
		龙泉七叶一枝花林下种植基地	华重楼	
		青田海口生态覆盆子基地	覆盆子	
		庆元益津康多花黄精基地	黄精	
		庆元御竹香道地中药材基地	三叶青、黄精	
		缙云姓潘道地米仁基地	米仁	
		遂昌道地三叶青基地	三叶青	
		松阳钱余道地黄精基地	黄精	
		景宁梅溪铁皮石斛基地	铁皮石斛	
		道地三叶青示范基地	三叶青	
		仙峡谷铁皮石斛基地	铁皮石斛	
		道地黄精林下套种基地	黄精	
		雾里山铁皮石斛基地	铁皮石斛	
		仙草园铁皮石斛基地	铁皮石斛	
		油茶林下黄精基地	黄精	
		板栗林下铁皮石斛仿生基地	铁皮石斛	
		道地多花黄精基地	黄精	
		三溪山覆盆子基地	覆盆子	
		竹林套种三叶青基地	三叶青	
		德源中草药示范基地	黄精	
		药王谷道地三叶青基地	三叶青	
		四都中药材示范基地	黄精	
		四都荷花山中药材示范基地	黄精	
		鲍山头覆盆子基地	覆盆子	
		高演道地黄精基地	黄精	
丽水市道地药材养生园	丽水市农业农村局	夫人山养生谷	铁皮石斛	
		龙泉唯珍堂中药材养生园	铁皮石斛	
		青田阜山皇菊养生园	皇菊	
		缙云县天湖懿居养生园	西红花	
		遂昌县药王谷养生园	三叶青	
		莲都轩德皇菊养生园	皇菊	

续表

基地类别	发文部门	基地名称	主要品种	获评时间
丽水市道地药材养生园	丽水市农业农村局	云和黄精养生园	黄精	
		庆元仙草苑铁皮石斛养生园	铁皮石斛	
		缙云铁皮石斛生态养生园	铁皮石斛	
		遂昌木槿花养生园	木槿花	
		铁皮石斛养生园	铁皮石斛	
		百合药旅融合养生园	百合	
		乾宁道地药材养生园	白及	
		地缘中药材养生园	西红花	
		青钱柳中药材养生园	青钱柳	
		畲药养生园	食凉茶、黄精	

近年来，丽水市不断强化业务技术服务，积极探索创新引导支持方式，深入推进中药材全程质量控制和良好农业规范实施，推动中药材生产品种培优、品质提升、品牌打造和标准化生产，促进中药材高质高效发展。据统计，浙江丽水绿谷生态食品有限公司、浙江渊健生物药业有限公司等9家主体的铁皮石斛、灵芝等产品确认为农业农村部的农产品全程质量控制技术体系（CAQS-GAP）试点经营生产主体（表0.3）。

表0.3 丽水市中药材荣获"国字号"情况

序号	药材品种/企业	荣誉情况
1	龙泉灵芝	国家地理标志产品
2	龙泉灵芝孢子粉	国家地理标志产品
3	缙云米仁	农产品地理标志
4	遂昌三叶青	农产品地理标志
5	遂昌菊米	农产品地理标志
6	处州白莲	农产品地理标志
7	轩德皇菊	国家原生态保护农产品
8	丽水覆盆子	国家地理标志证明商标
9	浙江丽水绿谷生态食品有限公司	全国农产品全程质量控制技术体系（CAQS-GAP）试点经营生产主体（2021年）
10	浙江渊健生物药业有限公司	全国农产品全程质量控制技术体系（CAQS-GAP）试点经营生产主体（2021年）
11	青田县欧鹤藏红花种植专业合作社	全国农产品全程质量控制技术体系（CAQS-GAP）试点经营生产主体（2021年）
12	浙江渊健生物药业有限公司	全国农产品全程质量控制技术体系（CAQS-GAP）试点经营生产主体（2021年）
13	青田轩德皇菊开发有限公司	全国农产品全程质量控制技术体系（CAQS-GAP）试点经营生产主体（2021年）

续表

序号	药材品种/企业	荣誉情况
14	浙江省遂昌县华昊特产有限公司	全国农产品全程质量控制技术体系（CAQS-GAP）试点经营生产主体（2021年）
15	浙江龙泉唯珍堂农业科技有限公司	全国农产品全程质量控制技术体系（CAQS-GAP）试点经营生产主体（2021年）
16	浙江碧丰农业开发有限公司	全国农产品全程质量控制技术体系（CAQS-GAP）试点经营生产主体（2022年）
17	丽水市轩德皇菊开发有限公司	全国农产品全程质量控制技术体系（CAQS-GAP）试点经营生产主体（2022年）

三、浙江丽水特色中药材规范化栽培模式

丽水市中药材产业技术创新与推广团队根据丽水的气候特点和道地药材品种和产业发展情况，因地制宜地探索了一些丽水山区特色的中药材规范化栽培模式，制定了相关地方标准。全市现有《菊米生产技术规程》《掌叶覆盆子生产技术规程》等省级地方标准3个，《华重楼栽培技术规程》《竹林下灵芝栽培技术规程》《浙贝母种鳞茎高山繁育技术规程》等市级地方标准20余个（表0.4），并通过举办培训班、实地指导、建示范基地、实施各类农业科技项目等形式全面推行药稻轮作、林药套种、高山良种繁育模式为代表的系列适宜丽水山区的中药材规范化种植技术。2019～2021年，累计推广药-粮（菜）轮作、林-药套种等生态种植技术模式3.45万亩。

表0.4 丽水山区特色中药材规范化栽培模式（截至2024年10月）

中药材种植模式	标准情况
菊米生产技术规程	浙江省地方标准（DB33/T 668—2017）
掌叶覆盆子生产技术规程	浙江省地方标准（DB33/T 2076—2017）
多花黄精生产技术规程	浙江省地方标准（DB33/T 2087—2017）
竹林下灵芝栽培技术规程	丽水市地方标准（DB3311/T 258—2023）
铁皮石斛活树附生栽培技术规程	丽水市地方标准（DB3311/T 22—2020）
三叶青生产技术规程	丽水市地方标准（DB3311/T 53—2020）
三叶青连续采收立体栽培技术规程	丽水市地方标准（DB3311/T 268—2023）
锥栗林下多花黄精复合经营技术规程	丽水市地方标准（DB3311/T 23—2020）
多花黄精种苗繁育技术规程	丽水市地方标准（DB3311/T 191—2021）
香榧林套种多花黄精技术规程	丽水市地方标准（DB3311/T 218—2022）
掌叶覆盆子栽培技术规程	丽水市地方标准（DB3311/T 25—2014）
处州白莲生产技术规范	丽水市地方标准（DB3311/T 18—2021）
柳叶蜡梅栽培技术规程	丽水市地方标准（DB3311/T 31—2019）
皇菊栽培技术规程	丽水市地方标准（DB3311/T 189—2021）

续表

中药材种植模式	标准情况
香榧套种皇菊栽培技术规程	丽水市地方标准（DB3311/T 184—2021）
华重楼栽培技术规程	丽水市地方标准（DB3311/T 165—2021）
卷丹百合栽培技术规程	丽水市地方标准（DB3311/T 75—2018）
灰树花生产技术规程	丽水市地方标准（DB3311/T 239—2023）
油茶前胡复合经营技术规程	丽水市地方标准（DB3311/T 57—2020）
浙贝母-稻鱼共生轮作技术规程	丽水市地方标准（DB3311/T 219—2022）
浙贝母种鳞茎高山繁育技术规程	丽水市地方标准（DB3311/T 181—2021）
青钱柳叶用林栽培技术规程	丽水市地方标准（DB3311/T 160—2020）
油茶前胡复合经营技术规程	丽水市地方标准（DB3311/T 57—2020）
生态茶园套种栝楼生产技术规程	丽水市地方标准（DB3311/T 166—2021）

四、丽水中药材规范化栽培特色做法

（一）无烟焦泥灰（草木灰）技术

传统农耕方式中，作物所需的钾肥很大程度上依赖于焦泥灰（农民通常称之为草木灰）。焦泥灰又称火堆灰，制作简单，在地面上放置杂草或秸秆，上覆田土，用火烟熏，就可以得到焦泥灰，氧化钾含量在1.5%～2.5%之间，含有磷、钙、镁、硅等常量元素和多种微量元素，在平衡施肥、提高农产品质量、增强农作物抗逆性等方面都有重要的作用，为一种不可多得的以钾肥为主的农家肥。但由于制作焦泥灰会产生浓烟，且需长时间烧制，容易引发山火，在严禁露天焚烧农作物秸秆的背景下，目前在实际生产中极少应用，这也导致秸秆利用率大大降低。

目前大部分中药材种植基地或农户（尤其是交通不便利的山区）利用秸秆的最主要方式为秸秆直接还田，使得病菌、虫卵和杂草种子不能被有效消灭，导致中药材病虫、杂草基数增大，以致病虫害和杂草发生呈加重趋势，间接加大了农药、除草剂的用量。

在上述背景下，丽水中药材产业技术创新与推广团队研发了"环保秸秆焚烧炉"。"环保秸秆焚烧炉"是秸秆和泥土按一定比例放入密闭的焚烧炉内，适当调节空气进入量进行焖烧，并对排放的烟尘通过干、湿两种处理手段进行除尘，以实现秸秆环保焚烧和焦泥灰资源化利用。秸秆焚烧在密闭的炉内进行，可以有效避免森林山火的发生，产生的焦泥灰质量也大大好于传统的露天焚烧。焦泥灰不仅可作基肥，也可作追肥，其滤出液也可作叶面肥。因其水溶液具碱性，可用于改良酸性土壤，对一些叶面和根部病原菌还有防治作用。

因此，在现阶段露天焚烧秸秆屡禁不止、秸秆利用率低、秸秆直接还田导致病虫害加剧和农民对草木灰的迫切需求两者的矛盾日趋严重情况下，无烟焦泥灰技术在方便、高效、无烟且低成本地利用秸秆的前提下生产焦泥灰，实现秸秆焚烧环保化、肥料化、安全化、便利化，并利用焚烧时的高温杀灭秸秆上附带的病菌、虫卵和杂草种子，消除病虫害和杂草隐患,有效疏导我国目前露天禁烧秸秆屡禁不止的难题。

2021年在浙江省中药材产业协会五届二次理事会上进行经验交流时指出：中药材生态种植（无烟草木灰技术）是"浙八味"中央产业集群项目主推技术；《浙江省农业农村厅关于加快推进中药材产业高质量发展的实施意见》（浙农专发〔2021〕65号）中指出：大力推行生态化生产,进一步扩大生态种植和仿生栽培,熟化集成推广无烟草木灰技术等种植主推技术。截至目前,丽水中药材产业技术创新与推广团队已累计推广应用"环保秸秆焚烧炉"50台,在丽水（莲都、青田、龙泉、松阳、云和、遂昌）、杭州（淳安）、衢州（衢江）、台州（天台）、金华（义乌）、宁波（奉化）等地均有推广应用。生产的无烟草木灰广泛用于浙贝母、百合、皇菊等中药材种植,作为基肥或追肥使用,有效降低了病虫害和化肥农药的使用,中药材品质得到了有效提升,经济、生态效果显著。

（二）高海拔大田无遮阴+稻草覆盖黄精栽培技术

黄精喜阴,传统种植采用林下套种或者大棚遮阴种植,林下由于土壤肥力差、农事操作效率低等缺点导致效益不高,而大田搭建大棚则生产成本高,在700～1000 m高海拔区域大田开展黄精无遮阴+稻草覆盖种植,通过科学合理的种植管理,可以有效避免搭建大棚,同时减少病虫害发生,增产增收效果显著。

通过多年实施和总结,高海拔大田无遮阴+稻草覆盖黄精栽培技术模式具有以下优势。

（1）高海拔大田无遮阴种植,增产增效。2020年,丽水市中药材产业技术创新与推广团队在该基地的试验表明,田间表现植株生长较林间套种有较明显优势,选择15 g规格种苗种植一年块根生长量比林间套种的增长30.16%。2021年,对景宁县标溪乡何庄村景宁林水富家庭农场2017年种植的高海拔黄精大田无遮阴与稻草覆盖基地示范点进行了现场测产。根据相关测产要求,现场采挖地块面积237.5 m^2,折算该基地多花黄精亩产量1991.40 kg（鲜重）,以当地种子种苗行情28元每千克计,亩产值可达55760元,按种植周期4年平均计算每年亩产值可达13940元。

（2）稻草覆盖生态农耕技术,肥药双减。稻草覆盖对杂草的生长起到抑制作用,有效节省了基地除草的人工成本和化学药剂的使用,同时稻草覆盖腐解后,能有效改良土壤质地和培肥地力。在指导生产过程中,严格坚持"优质、稳定、安全、可控"的原则,是实现中药材种植肥药双减和生态种植的一项重要措施。该模式实现稻草二次利用,后续的推广可以有效利用周边种粮基地的稻草,同时也是减少农村秸秆焚烧、保护生态环境的重要措施。

（3）闲置土地合理复耕复种,探明路径。丽水高海拔区域适栽农作物少,闲置率高,近年来随着农民异地搬迁、下乡进城进度加快,高山区出现连片弃耕土地。黄精种植4年以上方可采收,且种植人工不多,在山区留守劳动力不足的地方种植黄精是较好的选择之一。根据该示范基地测产的高效益结果表明,该模式为后续全市弃耕土地的利用探索了合理的路径,对实施乡村振兴均具有重要的意义。

该模式的成功也充分体现了丽水中药材产业高山良种繁育和生态栽培的前景广阔。高海拔大田无遮阴+稻草覆盖黄精栽培技术在景宁县标溪乡取得成功后,景宁县相继推广至大地乡、雁溪乡等地,目前该栽培模式面积达2000多亩。

(三)高山良种繁育技术

目前,中药材种子种苗大多处于"多地引进、品种参差;自产自销,种性退化"状态,种质混杂,产量不稳定,质量欠可靠;中药材野生珍稀资源逐年采挖减少,如三叶青、黄精、华重楼等品种,缺少野生药用植物家种良种繁育基地和体系,选育良种难度大、种类少,选育技术手段相对落后,种子种苗质量保障离实际生产要求还存在较大差距。

2016年起,丽水中药材产业技术创新与推广团队开展了高海拔中药材良种繁育技术攻关,重点针对丽水浙贝母、百合等几个种植面积较大的当家品种存在连作障碍较重、种源欠缺的药材品种。团队选取不同海拔高度开展土壤检测、产地环境评估,建立一批繁育基地,开展良种繁育试验,以产量、品质、经济性为主要评估依据,筛选出550~1250 m海拔条件下沙壤土区域可作为浙贝母良种繁育基地;开展不同来源的多种百合种质资源提纯复壮和脱毒健康种鳞茎繁育工作,以品质和生长特性为主要评估依据,初步筛选出800~1500 m海拔条件下沙壤土区域可作为百合良种繁育基地;形成了以增施草木灰、适当早播密植、降低土壤酸度为要求的浙贝母、百合种鳞茎高山繁育技术。试验表明,海拔升高不仅显著提高了种子的质量,扩繁的种鳞茎在田间生产表现出产量高、抗性高的特点,同时提高了药材的有效成分含量,如利用高海拔繁育的浙贝母种鳞茎生产的商品浙贝母的药用成分含量(贝母素甲和贝母素乙总含量)提高了15%~30%。

2022年,浙江碧丰农业开发有限公司在青田县舒桥乡、阜山乡等地开展的浙贝母高山良种繁育基地建设,庆元县三禾元农业发展有限公司在庆元县屏都街道开展华重楼良种繁育建设,以及龙泉市查田镇等地开展了黄精良种繁育建设,丽水三叶青、黄精、浙贝母等品种良种繁育工作进一步扩大。目前丽水市企业大宗中药材良种繁育基地主要有莲都区叶平头村皇菊种苗基地、青田县舒桥乡卷丹百合种苗基地、遂昌县金竹镇三叶青种苗基地、龙泉市八都镇重楼、查田黄精种苗基地、庆元屏都街道、五大堡黄精重楼种苗基地、张村白及良种基地以及缙云薏苡、遂昌菊米和莲都处州白莲良种繁育基地。

(四)绿色生态综合栽培技术

丽水皇菊,因花形优美、花色鲜亮、口感独特,品质上乘,受到广大消费者喜爱和追捧。

丽水市中药材专家团队围绕丽水皇菊肥药双控绿色高效栽培技术进行研究,创新良种良法,优化技术方案。通过优化品种品系,实现皇菊良种化;以种苗脱毒、农作制度安排和生态管理等综合措施解决皇菊连作障碍;以测土配方施肥、无烟草木灰、绿色防控、高效低毒药剂筛选、生态管理等技术集成创新,实现皇菊肥药减量高效定向栽培。与杭白菊绿色生产地方标准中规定用量相比,丽水皇菊产业使用化学肥料大幅减少,每亩平均减少45 kg,减幅78.6%,符合欧盟农残标准,皇菊一等级花以上产品比例提高30%,种植环节用工量减少20%,效益增加45%。

丽水轩德皇菊的产品经欧盟SGS通标检测,517项指标均未检出,产品连续三年成为全国两会浙江代表团用茶,种植面积从150亩增加到1700亩,每亩产值提高4000多元,年产值5000多万元,是丽产中药材优质、道地、安全,品质转化为效益的成功实践案例之一。

参 考 文 献

蔡武宁, 何艳丽, 朱坤, 等, 2009. 秸秆全面禁烧后的病虫害防控[J]. 现代农业科学, 16(3): 170-171.

陈发军, 陈军华, 2017. 丽水特色中药材生态种植模式[M]. 北京: 中国农业科学技术出版社.

陈铁柱, 林娟, 张美, 等, 2018. 泽泻生态种植现状分析及建议[J]. 中国现代中药, 20(10): 1207-1211.

陈杨, 康琪, 瞿礼萍, 等, 2021. 道地药材地理标志产品保护的实证分析与发展对策研究[J]. 中草药, 52(11): 3467-3474.

迟明艳, 孙小东, 陆苑, 等, 2022. 应对《中国药典》2020 版农药残留新要求的教学探索[J]. 教育教学论坛, (26): 9-12.

段金廒, 吴啟南, 2021. 江苏省中药资源区划[M]. 上海: 上海科学技术出版社.

郭兰萍, 黄璐琦, 2022. 中药材生态农业[M]. 上海: 上海科学技术出版社.

郭兰萍, 蒋靖怡, 张小波, 等, 2022. 中药生态农业服务碳达峰和碳中和的贡献及策略[J]. 中国中药杂志, 47(1): 1-6.

郭兰萍, 康传志, 周涛, 等, 2021. 中药生态农业最新进展及展望[J]. 中国中药杂志, 46(8): 1851-1857.

郭兰萍, 吕朝耕, 王红阳, 等, 2018. 中药生态农业与几种相关现代农业及 GAP 的关系[J]. 中国现代中药, 20(10): 1179-1188.

郭兰萍, 王铁霖, 杨婉珍, 等, 2017. 生态农业——中药农业的必由之路[J]. 中国中药杂志, 42(2): 231-238.

郭巧生, 王长林, 2015. 我国药用植物栽培历史概况与展望[J]. 中国中药杂志, 40(17): 3391-3394.

黄菊, 李耿, 张霄潇, 等, 2022. 新时期下中医药产业发展的有关思考[J]. 中国中药杂志, 47(17): 4799-4813.

黄璐琦, 赵润怀, 2020. 中国中药材种业发展报告[M]. 北京: 中国医药科技出版社.

贾海彬, 2020. 2019 年中药材市场盘点及 2020 年市场趋势展望[J]. 中国现代中药, 22(3): 332-341.

康传志, 吕朝耕, 黄璐琦, 等, 2020a. 基于区域分布的常见中药材生态种植模式[J]. 中国中药杂志, 45(9): 1982-1989.

康传志, 王升, 黄璐琦, 等, 2020b. 道地药材生态农业集群品牌培育策略[J]. 中国中药杂志, 45(9): 1996-2001.

全国标准信息公共服务平台, 2022. 标准检索数据库[DB/OL]. (2021-04-02) [2022-08-22]. http://std.samr.gov.cn/search/std? q=.

孙晓波, 陈士林, 2023. 中药材产业高质量发展蓝皮书(2020—2022)[M]. 上海: 上海科学技术出版社.

唐霞, 2019. 华东黄山—天目山脉及仙霞岭—武夷山脉苔类和角苔类植物多样性研究[D]. 上海: 华东师范大学.

万修福, 杨野, 康传志, 等, 2021. 林草中药材生态种植现状分析及展望[J]. 中国现代中药, 23(8): 1311-1318.

万修福, 王升, 康传志, 等, 2022. "十四五"期间中药材产业趋势与发展建议[J]. 中国中药杂志, 47(5): 1144-1152.

王斐, 2022. 毛竹-多花黄精复合经营模式对土壤质量及黄精产量影响[D]. 合肥: 安徽农业大学.

王红, 2006. 华东五省 30 个种子植物区系特征及空间分异研究[D]. 上海: 华东师范大学.

王慧, 张小波, 汪娟, 等, 2022. 2020 年全国中药材种植面积统计分析[J]. 中国食品药品监管, (1): 4-9.

王军永, 吴剑, 刘霞, 2021. 江西省中药材产业助力乡村振兴的潜力分析[J]. 山西农经, (10): 87-89.

王明兰, 2017. 山西玉米秸秆直接还田的现状与发展[J]. 农业技术与装备, (10): 31-32.
徐雯, 黄波, 汪涛, 等, 2024. 江苏省中药材产业现状与展望[J]. 中国农技推广, 40(1): 29-33.
许玲, 何秋伶, 梁宗锁, 2021. 药用植物育种现状、存在的问题及对策[J]. 科技通报, 37(8): 1-7.
杨利民, 2020. 中药材生态种植理论与技术前沿[J]. 吉林农业大学学报, 42(4): 355-363.
张东伟, 王建连, 2021. 我国中药材市场与产业调查分析报告[J]. 农产品市场, (23): 56-57.
张维瑞, 刘盛荣, 陈爱靖, 等, 2024. 灵芝林下栽培主要害虫防治技术[J]. 现代园艺, 47(3): 79-81.
张莹雪, 李小娜, 2021. 中药种业的发展趋势与前沿技术展望[J]. 饲料博览, (10): 48-52.
张晔, 冷杨, 2023. 以道地药材生态种植推进中药材产业高质量发展[J]. 农村工作通讯, (13): 51-52.
章文前, 2012. 不同郁闭度和坡位对毛竹林下套种多花黄精的影响[J]. 安徽农业科学, 40(26): 12959-12960.
赵怀瑾, 缪新伟, 2020. 滁州地区秸秆直接还田存在的问题及应对措施[J]. 现代农业科技, (14): 173-174.

第一章 浙贝母

第一节 浙贝母概况

一、浙贝母植物来源

浙贝母，又名浙贝、象贝、元宝贝、珠贝、象贝母、大贝母等。《中华人民共和国药典》（以下简称为《中国药典》）(2020年版)收载的浙贝母为百合科(Liliaceae)贝母属(*Fritillaria*)植物浙贝母 *Fritillaria thunbergii* Miq.的干燥鳞茎。初夏植物枯萎时采挖，洗净。大小分开，大者除去芯芽，习称"大贝"；小者不去芯芽，习称"珠贝"。或取鳞茎，大小分开，洗净，除去芯芽，趁鲜切成厚片，洗净，干燥，习称"浙贝片"。

二、浙贝母基原植物形态学特征

浙贝母植株长50~80 cm。鳞茎由2（~3）枚鳞片组成，直径1.5~3 cm。叶在最下面对生或散生，向上常兼有散生、对生和轮生的，近条形至披针形，长7~11 cm，宽1~2.5 cm，先端不卷曲或稍弯曲。花1~6朵，淡黄色，有时稍带淡紫色，顶端的花具3~4枚叶状苞片，其余的具2枚苞片；苞片先端卷曲；花被片长2.5~3.5 cm，宽约1 cm，内外轮相似；雄蕊长约为花被片的2/5；花药近基着，花丝无小乳突；柱头裂片长1.5~2 mm。蒴果长2~2.2 cm，宽约2.5 cm，棱上有宽约6~8 mm的翅。花期3~4月，果期5月。

三、浙贝母生长习性

浙贝母喜湿和凉爽的气候条件，生长期要求土壤湿润，忌干旱，但怕涝。

出苗的适宜地温为6~7℃，植株生长最适气温为10~22℃，低于4℃或高于30℃停止生长。

鳞茎一般长于地下约5 cm处，日平均地温10~25℃时能正常膨大，高于25℃时休眠，低于-6℃时磷茎受冻。浙贝母鳞茎和种子均有休眠作用。鳞茎经从地上部枯萎开始进入休眠，经自然越夏到9月即可解除休眠。种子则经5~10℃ 2个月左右或经自然越冬也可解除休眠。浙贝母在鳞茎处于休眠状态时芽的分化已经进行，9月分化加速，11月中旬基本完成。11月下旬主芽萌动伸出母鳞茎表面。因此生产上多采用秋播。

开花适宜气温为22℃左右，喜充足阳光。浙贝母植株生长1个月左右，顶部现蕾，花由下而上逐渐开放，花期历时10~20 d。植株现花后，地下部新鳞茎开始出现，母鳞茎逐渐萎烂。地上部枯萎时间，各地大致相同，均在 5 月中、下旬，此时地下鳞茎转入休眠期。

在生产实践中，浙贝母通常在每年 9 月中旬至 10 月下旬开始种植，次年 5 月上中旬采挖。

四、基原植物资源分布与药材主产区

浙贝母产于江苏（南部）、浙江（北部）和湖南，生于海拔较低的山丘荫蔽处或竹林下。也分布于日本。

浙贝母是我国传统中药材之一，除传统汤剂使用外，临床常用的养阴清肺丸、通宣理肺丸、羚羊清肺丸等 120 多种中成药均以浙贝母为主要原料，市场需求量很大。抗击新冠疫情过程中，在中医药通过临床筛选出的有效方剂"三药三方"发挥了重要的作用，其中金花清感颗粒组方中就含有浙贝母。随着中医药健康体系的快速发展，浙贝母的市场需求与日俱增，全国年需求量约 100 万 kg。

浙贝母原产于浙江宁波象山，现在浙江、江苏、福建、江西等地都有种植栽培。宁波栽培浙贝母的历史距今已有 400 多年。宁波海曙区的章水镇是享誉天下的浙贝之乡，是"中国浙贝母之乡"与"浙贝母原产保护地"。浙贝母是浙江道地药材"浙八味"之一，"樟村浙贝"获国家地理标志保护产品、国家地理标志证明商标；"磐安浙贝母"获国家地理标志证明商标。

目前，在浙江省的宁波市、金华市、丽水市、杭州市等均有种植浙贝母。按照地理区域，通常划分为"宁波鄞州"、"浙江磐安"和"江苏南通"三大产区，其中商品主要产区为浙江。江苏南通产区主要是以留种为主，种鳞茎主要销往浙江产区。其中磐安县产量约占全国总产量的 60%，是目前全国浙贝母的最大产区，范围主要以新渥镇为中心，辐射其周边的冷水镇、仁川镇以及相邻的东阳市千祥镇、永康市棠溪村、缙云县的部分地区；宁波市主要产区在鄞州区和海曙区（原鄞州区部分）；南通市主要在海安县。

目前浙江浙贝母种植面积和产量均占全国的 90% 左右。如 2019 年浙江全省浙贝母种植 6.15 万亩，总产量 1.258 万吨，产值 6.6 亿元。磐安"浙八味"中药材市场是全国最大的浙贝母交易市场，全国近 80% 的浙贝母由此销往全国乃至世界各地。

五、浙贝母成分与功效

浙贝母化学成分主要包括生物碱类、萜类、甾体类及其他化学成分等四类化合物。其中，生物碱类为发挥作用的有效成分，主要包括贝母素甲（$C_{27}H_{45}NO_3$）、贝母素乙（$C_{27}H_{43}NO_3$）、贝母辛（$C_{27}H_{41}NO_3$）、西贝素（$C_{27}H_{43}NO_3$）等。《中国药典》（2020 年版）规定，浙贝母的主效成分检测标准为：按干燥品计算，含贝母素甲和贝母素乙的总量，不得少于 0.080%。

《中国药典》（2020 年版）记载的浙贝母的性味苦、寒，归肺、心经；主要功效为清热化痰止咳，解毒散结消痈；用于风热咳嗽，痰火咳嗽，肺痈，乳痈，瘰疬，疮毒。现代医学研究表明，浙贝母具有镇痛止咳、抗炎抑菌和抗癌抗肿瘤等功效。

第二节 浙贝母规范化栽培模式

多年来,浙贝母各主产区农民不断探索,与时俱进,摸索基于高效低毒农药使用的浙贝母绿色生产技术,并积极寻求浙贝母与水稻、玉米、番薯等其他作物轮作、套作、间作的规范化栽培模式。越夏期间,在浙贝母地上套种瓜类、豆类、蔬菜等,可降低地温,有利于浙贝母安全越夏,并可促进越夏期间地下部分的缓慢生长。各主产区根据当地气候和产业特色,涌现了多种规范化栽培模式。通过药-粮结合、水旱轮作、单作套种和秸秆等废弃物的资源化利用等模式,将中药材种植与粮食生产有机结合起来,不仅大大提高了有限耕地的复种指数,还进一步提高了粮食作物的产量、品质和种植效益,实现了稳粮增效和农业生产的可持续发展。各种规范化栽培模式情况见表1.1。其中较为常见的有浙贝母-水稻、浙贝母-番薯轮作的药-粮轮作模式和浙贝母-玉米、浙贝母-西瓜套作等规范化栽培模式。

表1.1 浙贝母规范化栽培模式情况

规范化模式名称	技术要点
浙贝母绿色生产技术规程	浙贝母抗病品种推广应用、种鳞茎和土壤处理、有机肥替代、秸秆覆盖、高效低毒药剂使用
浙贝母-水稻轮作	药-粮轮作。浙贝母种植时间为10月中下旬至5月上旬;水稻种植时间为5月中旬至10月上旬
浙贝母-番薯轮作	药-粮轮作。浙贝母种植时间为10月中下旬至5月上旬;番薯于3月中下旬开始育苗,5月中旬至6月中旬移栽,10月上中旬收获,用于制作番薯干
浙贝母-玉米间套作	药-粮间套作。浙贝母种植时间为10月中下旬至5月上旬;玉米于3月20日左右播种,4月15日左右移栽,6月下旬至7月上旬(甜玉米)或7至8月(老熟用春玉米)收获
竹荪-浙贝母高效种植模式	竹荪2月中旬至4月中旬播种,6月上旬开始采收,9月下旬收获结束;浙贝母10月上旬至下旬栽种,翌年5月上中旬采收
浙贝母-青毛豆套作	浙贝母10月中下旬种植,次年5月上中旬收获鳞茎;鲜食毛豆5月下旬播种,9月上旬采收;青毛豆采收结束后即可采挖浙贝母上市
浙贝母-春玉米-秋大豆旱地三熟种植模式	9月中下旬到10月下旬播种浙贝母,次年5月上旬收获;4月上中旬套种春玉米,7月中下旬收获;6月下旬至7月上旬在玉米收获前套种秋大豆,9月底收获。土地全年无休
"葡萄+浙贝母-青毛豆"高效种植模式	9月中旬至10月上旬在葡萄中间作浙贝母;翌年5月上旬浙贝母倒苗后,中旬在浙贝母畦面上种植青毛豆,9月中旬采收;青毛豆采收结束后即可采挖浙贝母
浙贝母-西瓜套作	浙贝母种植时间为10月中下旬至5月上旬;西瓜3月中下旬在设施大棚内播种,4月中下旬移栽,7月中下旬收获
浙贝母-生姜套作	浙贝母种植时间为10月中下旬至5月上旬;生姜4月下旬到5月上旬套种于浙贝母行间
浙贝母-辣椒-西瓜套种	浙贝母10月中下旬播种,次年5月初收获;辣椒3月底4月初播种,苗龄50天左右,5月上中旬移栽,7月中旬收获;西瓜4月中下旬育苗,5月中旬(辣椒移栽后)移栽,7月下旬采收
浙贝母-甜玉米-小番薯高效种植模式	浙贝母10月上中旬播种,次年5月上中旬收获;甜玉米次年3月底4月初播种,4月中下旬移栽,7月上旬收获;小番薯3月中旬播种,6月中旬移栽,10月中旬收获

一、浙江省浙贝母绿色生产技术规范

浙贝母绿色生产技术规范主要包括浙贝母抗病品种推广应用、种鳞茎和土壤处理、有机肥替代、秸秆覆盖、高效低毒药剂使用等绿色生产关键技术。在磐安主产区，与传统种植方式相比，采用绿色生产标准化技术种植的浙贝母生长期延长了10～15 d，亩均产量提高了20%以上。具体配套生产技术如下所述。

（一）产地环境

1. 环境要求

应选择生态条件良好，远离交通主干道，无污染源或污染物含量控制在允许范围之内的农业生产区域。灌溉水质应符合GB 5084《农田灌溉水质标准》的规定，土壤环境质量应符合GB 15618—2018《土壤环境质量 农用地土壤污染风险管控标准（试行）》中条款4的规定。大气环境质量应符合GB 3095—2012《环境空气质量标准》的规定。

2. 地块选择

宜选择质地疏松肥沃，立地开阔，通风、向阳、排水良好的地块。

选择近中性的砂壤土种植，pH值以5.5～6.8为宜。土壤pH值在5.5以下，每亩应撒施生石灰65～100 kg进行改良。

有条件的田块，浙贝母可实行水旱或与其他作物轮作，前作以禾本科和豆科作物为宜。

（二）栽培管理

1. 种鳞茎质量要求

选择品质优、适应性强、抗病性强、丰产性好的品种，如'浙贝1号''浙贝2号''浙贝3号'等。

种鳞茎应新鲜，无病虫斑，鳞茎完整，断面白色均匀，符合检验检疫的要求。宜选择直径1.8～2.8 cm的浙贝母作为种鳞茎。

一般亩用种量250～450 kg。

2. 整地

深翻土地25～30 cm，碎土耙平，作龟背形畦。畦宽70～90 cm，沟宽20～30 cm，沟深20～25 cm；或做成凹状播种床，宽100～120 cm。

3. 播种和覆盖

播种时间：9月中旬至10月下旬播种为宜。

播种：根据种鳞茎大小，在畦面上开沟或在凹面播种床上，按合理密度和深度摆放，芽头朝上。不同大小的种鳞茎种植密度和深度见表1.2，留种田的种植深度宜略深。

表1.2 不同大小的种鳞茎种植密度、深度

种鳞茎大小	行距（cm）	株距（cm）	深度（cm）
直径2.5～2.8 cm	18～20	14～20	5～10
直径2.2～2.5 cm	15～18	12～14	4～5
直径1.8～2.2 cm	10～15	5～12	3～4

覆土和覆盖：播种后应覆土，或两凹面播种床间凸起部分土向两边播种床覆盖，形成

排水沟。覆土后用稻草、芒萁、茅草、废秸秆等覆盖物进行畦面覆盖。

4. 摘花打顶

现蕾始花期，当植株有 2～3 朵花蕾时，选晴天露水干后将花蕾连同顶端花梢一并摘除。

5. 膨大期管理

3 月中旬至 5 月为鳞茎膨大期，应保持土壤湿润，雨天做好清沟排水。根据生长情况施肥或叶面追肥。

6. 种鳞茎越夏管理

田间越夏：留种田应选地势高燥、排水好的砂壤土坡地。植株枯萎后播种深度较浅的，应适当培土，使深度达 10～12 cm。选择 5 月至 9 月遮阴度大、在 9 月中旬前收获的作物套种，如玉米、大豆、花生、南瓜、番薯等。套种作物在浙贝母植株未枯苗前种下，或在畦面铺一层嫩的柴梢遮阴和利用田间自然生长的杂草遮阴。及时清沟排水，做到田间无积水。各种田间操作不应在畦面上进行，套种作物应少施化肥。

室内越夏：5 月下旬以后，待浙贝母田间植株全部枯萎后，茎秆与鳞茎分开，且根部干枯后，将育种田浙贝母起土。将起土鳞茎进行挑选，选健壮无病的鳞茎作种鳞茎，剔除破损、有病的鳞茎，并按大小分级后沙藏。沙藏时，先在地面铺一层厚 5 cm 含水量 10%～15%的细砂土，上铺一层 8～10 cm 厚的种鳞茎，再上覆 5 cm 细砂土，如此放 3～4 层种鳞茎，最上层盖细砂土 10 cm。储存期间，定期检查，防止病虫和鼠害，保持细砂土 10%～15%的水分。

（三）肥水管理

1. 肥料管理

肥料使用应符合 NY/T 496《肥料合理使用准则　通则》和 NY/T 525《有机肥料》的规定。提倡使用草木灰或焦泥灰，不宜使用鸡粪，限量使用化肥，氮磷钾及微量元素肥料合理搭配。

（1）基肥。翻地时，每亩施入商品有机肥（$N+P_2O_5+K_2O \geq 5\%$、有机质含量$\geq 45\%$）500～1 000 kg。

（2）追肥。追肥宜采用三元复合肥（$N+P_2O_5+K_2O \geq 45\%$），每季追肥总量为每亩 30～36 kg。建议分三次施入，分别为 12 月中下旬施入 30%，齐苗后施入 40%，摘花打顶后施入 30%。生长后期视长势可用磷酸二氢钾（KH_2PO_4）100 g/亩兑成 0.2%浓度根外追肥。

2. 水分管理

浙贝母播种后，到翌年 5 月上中旬植株枯萎前，土壤保持湿润。雨后及时排水，雨停沟间无积水。

（四）病虫害综合防治

1. 综合防治原则

生产中病虫害的防治应遵循"预防为主，综合防治"的原则，根据病虫害发生规律和预报，优先选用农业防治、物理防治、生物防治等绿色防控措施，合理使用化学农药或适时采用化学防治。

2. 主要病虫害

浙贝母病害主要有灰霉病、干腐病、软腐病等，虫害主要为蛴螬（金龟子的幼虫）等。

3. 农业防治

应做好种鳞茎选择，种鳞茎芽头饱满无损、无病虫害。合理密植，覆盖保墒，注意防冻、防渍，及时摘花打顶。科学施肥，提倡使用饼肥、商品有机肥，减少化肥用量。

4. 物理防治

及时中耕除草，收获后及时清洁田园，销毁残枝落叶。利用夏季高温，采用地膜覆盖20天左右，进行土壤处理。每公顷安装1~2盏窄波LED杀虫灯，诱杀金龟子等主要害虫。

5. 生物防治

保护和利用天敌，控制虫害的发生和为害。使用有益微生物及其代谢产物产品防治病虫害。

6. 化学防治

浙贝母病害的防治可分土壤处理、种鳞茎处理和生长期茎叶防治三个时期。其中灰霉病的最佳防治适期为花蕾期，根据各地花蕾期合理防治。

根据主要病虫害的发生情况，适期防治，严格掌握施药剂量（或浓度）、施药次数和安全间隔期，宜交替轮换使用不同作用机理的农药种类。

浙贝母主要病虫害综合防治参见表1.3。

表1.3 浙贝母主要病虫害综合防控措施

主要病虫害	农业和物理防治	生物和化学防治
灰霉病	实行不同作物轮作、水旱轮作。多施有机肥和磷、钾肥，不偏施氮肥	2月下旬至3月中旬在发病初期用药，每隔7~10天用药1次，连续防治2次。采用0.3%丁子香酚可溶液剂375~500倍液喷雾
干腐病	鳞茎越夏要注意套种，适当深种，创造阴凉的环境条件，及时防地下害虫	采用2%嘧啶核苷类抗菌素200倍液，发病初期喷雾，每季最多使用次数2次，安全间隔期15天
软腐病	选择排水良好的砂壤土种植。选用健壮无病鳞茎作种栽，忌连作	采用80%乙蒜素水剂1000~1500倍液灌根。每季最多使用次数1次
蛴螬（金龟子）	冬耕杀虫，调节土壤含水量，避免施用未充分腐熟而对蛴螬有吸引作用的厩肥	利用害虫的趋光、趋波等特性诱杀金龟子等具有飞翔能力害虫。每亩（667 m²）采用3%阿维·吡虫啉颗粒剂2~3 kg播种时撒施

（五）采收

次年5月上中旬，当植株地上部枯萎后，选择晴天及时收获。清理田间杂草，可选用短柄二齿耙从畦边开挖，二齿耙落在两行之间，边挖边拣，防止挖破地下鳞茎。

二、浙贝母-水稻轮作种植模式

浙贝母存在较为严重的连作障碍问题，与水稻进行轮作，可有效避免浙贝母连作障碍问题，能基本确保每年稳定地生产粮食的同时保证浙贝母丰产，实现钱粮双丰收。该技术利用各种农作物的不同生产周期，合理利用土地资源，环环相扣，大大提高了单位土地产出率，既提高了农民收入，又不影响粮食生产，真正达到了千斤粮万元钱的目的。浙贝母-水稻轮作模式是药粮兼顾的高效栽培模式，而且简单易学，栽培技术逐渐成熟，在浙江缙云、磐安、丽水等地得到较大面积推广应用。水旱轮作还有效解决了贝母等中药材连作障碍问题，该模式在浙江磐安、缙云壶镇一带种植已经多年，收益效果好，对在浙江、江苏、江西等有浙贝母生产传统的地方，具有良好的推广前景。浙贝母-水稻轮作种植模式配套生产技术如下所述。

（一）茬口安排

浙贝母：10月中下旬至11月上旬，次年5月上旬采收。

水稻：5月12~20日播种，10月上旬收获。

（二）浙贝母种植技术

参照本节中"浙江省浙贝母绿色生产技术规范"相关内容进行。其中，浙贝母与水稻轮作后，病虫害显著减少，可参考表1.3防治上述病虫害，可酌情减少农药制剂使用量和使用频率。

（三）水稻种植技术

1. 品种选择

宜选增产潜力大、米质优、抗性好的优质高产中迟熟杂交水稻品种，如'甬优15号''甬优12号''浙优18'等。每亩用种量为0.6~0.7 kg。

2. 大田准备

在5月下旬，对浙贝母收获后的田块进行翻耕整理。整田时施足基肥：每亩碳铵30 kg、过磷酸钙50 kg、氯化钾15 kg。移栽前一周整田，做到土肥充分相融，表土软硬适中，田面平整光洁无杂草，便于插秧和肥水管理。

3. 播种育秧

规模生产可推广机械化育秧，秧龄20 d左右进行机械化插秧。小规模生产户提倡采用旱育秧，旱育秧移栽秧龄20~28 d大规模种植宜采用机械化育秧，一般农户小规模种植可选用旱育方式育秧。播前要进行种子消毒，预防恶苗病及其他种子带菌病害的发生，可用25%咪鲜胺乳油1500倍液等药剂浸种16~20 h，后清水洗净，用吡虫啉拌种。随后均匀撒播种子。

4. 适时移栽

秧龄选择在21~25 d，大多数达到三叶一芯时进行移栽。移栽时应剔除病弱苗，选取多蘖壮秧，采用宽行窄株方式进行栽插，栽培密度1万丛/亩左右。

5. 追肥

移栽后7~10 d及时亩施尿素10 kg。重视穗肥，生育中后期施用穗肥，一般施尿素15 kg/亩、氯化钾12.5 kg/亩，可施两次。群体过大，叶色偏深的旺长水稻、穗肥等叶色明显落黄时需适量减施。

6. 水分管理

移栽后至有效分蘖期浅水勤灌，够苗期至拔节期多次轻搁田，搁田程度因苗而定：群体小、叶色黄要迟搁轻搁；群体适宜的在够苗 80% 左右时搁田；群体大，叶色深的要多次搁田。长穗期间歇灌溉，保持土壤湿润。

7. 除草

稻田危害严重的有莎草、稗草等，可结合施分蘖肥、用 30% 丁苄可湿性粉剂每亩 80 g 或用田草星 30 g 等除草剂拌肥撒施除，并建立 3～5 cm 水层 3～5 d。

8. 病虫害防治

生产中病虫害的防治应遵循"预防为主、综合防治"的原则，根据病虫害发生规律和预报，优先选用农业防治、物理防治、生物防治等绿色防控措施，合理使用化学农药或适时采用化学防治。

浙贝母主要病害为灰霉病、软腐病和干腐病等病害，虫害主要为蛴螬。浙贝母与水稻轮作后，病虫害显著减少，可参考表 1.3 防治上述病虫害，可酌情减少农药制剂使用量和使用频率。

9. 适时收获

穗部谷粒全部变硬，穗轴上干下黄，70% 枝梗黄枯，稻谷成熟度达到 90%～95% 时收获。

三、浙贝母-稻鱼共生轮作模式

地处浙南山区的青田先民，面对"九山半水半分田"恶劣的山区地理条件，智慧地创造出了"以鱼肥田、以稻养鱼、鱼粮共存"的稻鱼共生系统，迄今已逾 1300 年。2005 年 6 月，稻鱼共生系统被联合国粮农组织认定为"全球重要农业文化遗产"，这也是中国乃至亚洲首个世界农业文化遗产；2013 年，青田田鱼获得国家地理标志产品。稻鱼共生系统是"种植业和养殖业有机结合的一种生产模式，也是一种资源复合利用系统"，"大大减少了对化肥农药的依赖，增加了系统的生物多样性，保证了农田的生态平衡，以稻养鱼，以鱼促稻，生态互利，实现了稻鱼双丰收"。截至 2022 年 6 月，青田稻田养鱼产业面积已达 8 万亩，标准化稻田养鱼基地 3.5 万亩，年综合产值超过 5 亿元，成为青田东部地区农民主要收入来源。

青田稻鱼产业通过技术创新和生产方式的变革，走出了一条"养鱼、稳粮、提质、增效、生态"的现代农业新路，实现了鱼与米的共生共赢。每年稻鱼共生时间为 5 月至 10 月，稻鱼共生的田块在稻鱼米收获后的时间尤其是冬季的土地利用率不高。随着青田稻鱼共生产业逐年扩大，稻鱼共生的冬季闲田利用的问题日益凸显，亟需一种生长时间与稻鱼共生系统互补、效益高的作物与其轮作以解决该问题。

浙贝母在青田的最佳种植时间为 10 月中下旬至次年 5 月上中旬，其生长时间恰好为稻鱼共生的闲时，生产时间可与稻鱼共生无缝衔接，非常适合与稻鱼共生进行轮作。同时，水旱轮作即浙贝母与稻鱼共生的轮作模式可以有效解决浙贝母的连作障碍问题，可在稻鱼共生系统鱼与米的共生共赢的基础上实现浙贝母、鱼与米三者互惠互利，既提高了亩产收益，又解决了土地利用率问题，经济社会效益显著。2017 年开始，丽水市中药材产业团队在浙贝母单季稻水旱轮作和山区稻鱼共生技术规程的基础上，探索浙贝母-稻鱼共生轮作技术，并在青田县舒桥乡等地浙贝母-稻鱼共生轮作技术开展示范基地建设，于2020年12月发布实施了青田县地方标准《浙贝母-稻鱼共生轮作技术规程》，并于2022年7月发布了丽水市地方标准《浙贝母-稻鱼共生轮作技术规程》。

"浙贝母-稻鱼共生轮作技术"促进了丽水当地稻鱼共生和浙贝母量质同步提升以及稻鱼米、中药材产业的健康持续发展，并增加了农民收入，提高了山地利用率，经济效益和生态效益显著。浙贝母-稻鱼共生轮作配套技术如下所述。

（一）产地环境

1. 环境要求

应符合 NY/T 391 的产地环境条件，水源水质应符合 GB 11607 的要求。选择海拔 800 m 以下地块为宜。

2. 田块要求

宜选择砂壤土、壤土地块，立地开阔、通风、向阳、水源充足、排灌方便的地块。

3. 田块设施要求

稻鱼共生时期，加高加固田埂。在稻田斜对角设置进、排水口，进、排水口内侧用竹帘、铁丝网等做好拦鱼栅，栅的上端高出田埂 30～40 cm，下端宜埋入土中 20 cm 以上。拦鱼栅的孔径以能防止鱼逃逸为宜。

宜挖制鱼沟和鱼坑。可根据田块情况开挖适宜的田字形、井字形或"L"形等形状鱼沟，沟深宜 0.5 m 以上，沟宽宜 0.4 m 以上。鱼坑的位置选在进水口边或田中央，直接与主沟相连，鱼坑宜深度 1 m 以上、面积 10 m² 以上。

设施面积应小于田块面积的 10%。面积较小的梯田可不设鱼沟和鱼坑。

（二）轮作茬口安排

浙贝母：10月下旬至11月上旬播种，次年4月下旬至5月上、中旬收获。
水稻：4月中旬至5月上旬播种育苗，5月下旬至6月上、中旬移栽，10月上旬收割。
田鱼：宜水稻移栽 10～15 d 后放养鱼种，水稻收割前 15～20 d 捕获田鱼。

（三）浙贝母栽培技术

参照本节"浙江省浙贝母绿色生产技术规范"内容进行。其中，浙贝母与稻鱼共生轮作后，病虫害显著减少，可参考表 1.3 防治上述病虫害，可酌情减少农药制剂使用量和使用频率。

（四）稻鱼共生种养技术

1. 种苗选择

水稻品种选择株型紧凑、分蘖力较强、生育期适中的优质高产水稻品种；鱼种选择大小一致、游动活泼、无伤残病灶的健壮鱼种，规格为 20～60 尾/kg，宜选择青田田鱼品种。

2. 用种量

每亩水稻用种量为杂交稻 0.5 kg、常规稻 2.0~2.5 kg；每亩放养鱼种 100~400 尾。

3. 移栽与放养

1）水稻移栽

杂交稻移栽密度宜为 8000~10000 丛/亩，常规稻移栽密度宜为 10000 丛/亩以上。

2）鱼种放养

鱼种放养前应对鱼体进行消毒。可使用 1%食盐加 1%小苏打水溶液或 3%食盐水溶液，浸浴 5~8 min；或使用 20~30 mg/L 聚维酮碘溶液，浸浴约 20 min。

4. 水肥饲料管理

1）水位控制

浅水移栽水稻；鱼种放养后，水位保持 25 cm 以上。

2）肥料施用

稻鱼共生的水稻肥料选择应符合 NY/T 394 规定。不施基肥，孕穗初期每亩施三元复合肥 7.5~10 kg。

3）饲料投放

人工饲料宜选用鲤鱼配合饲料，粗蛋白含量为 27%~32%，饲料安全限量应符合 NY 5072 的规定。人工饲料的日投喂量宜为田块中鱼总重量的 2.5%~3%。饲料投放点主要为鱼坑和鱼沟，每天投喂 2 次。

5. 病敌害防治

1）水稻病害防治

稻鱼共生与浙贝母轮作模式下，水稻病害主要为稻瘟病和稻曲病。遵循"预防为主、综合防治"的原则，采取农业、物理和生物措施，必要时按照 GB/T 8321（所有部分）要求合理使用化学农药防治，选择高效低毒、残留期短的农药，不得使用禁用药物或对鱼类毒性较大的农药。施药前，先疏通鱼沟、鱼坑，田块中水位应在 10 cm 以上；粉剂农药在早晨稻禾沾有露水时用喷料器喷洒，水剂农药宜在晴天露水干后用喷雾器以雾状喷洒在稻禾上。具体防治方法见表 1.4。

2）田鱼病敌害防治

田鱼常见病害有水霉病、细菌性烂鳃病和细菌性肠炎病等，具体病害防治方法见表 1.4。田鱼主要敌害为鸟类，使用防鸟设施防鸟，具体防治方法见表 1.4。

表 1.4　稻鱼共生主要病敌害综合防治措施

物种	主要病敌害	防治措施 农业和物理措施	防治措施 生物和化学措施
水稻	主要病害 稻瘟病和稻曲病	1. 选用抗病品种，科学处理带病秸秆，消灭菌源； 2. 科学施肥，减少氮肥用量，重视磷、钾肥的施用，宜选用水稻专用肥，可适当加施如草木灰	1. 正常天气情况下或病虫害发生较轻的年份，可不进行化学防治； 2. 化学防治：依据水稻病虫测报，病害可能重发年份，使用化学防治 1~2 次。防治关键期为破口前 5~7 d，每 667 m² 采用 40%稻瘟灵乳油 60~80 mL 加 5%井冈霉素水剂 100~150 mL，兑水 50~75 kg 喷雾，7 d 后视病情再用药 1 次

续表

物种	主要病敌害		防治措施
鱼	主要病害	水霉病	1. 用 400 mg/L 食盐水和 400 mg/L 小苏打溶液的合剂全水面泼洒，每 3 天一次，直至治愈； 2. 五倍子按 2 g/m³ 的用量煎汁后全池泼洒
		细菌性烂鳃病	1. 用 0.2～0.5 mg/L 的三氯异氰脲酸全水面泼洒，连用 3～4 d，或用挂袋治疗； 2. 全池泼洒大黄液或五倍子药液，用量为 2.5～4 mg/L
		细菌性肠炎	1. 用 0.2～0.5 mg/L 的三氯异氰脲酸全池泼洒，每天一次，连用 3～4 d，或挂袋治疗； 2. 投喂大蒜，每 100 kg 鱼投喂 1～3 kg
	主要敌害	鸟	使用防鸟设施防鸟，可在田块上 1.8～2 m 高度拉鱼线防鸟，鱼线之间间隔宜为 0.5 m

6. 收获

放干田水，捕获田鱼。田鱼捕获完成后，干田收割水稻。

四、浙贝母高山良种繁育技术

目前浙贝母商品基本上来源于平原地区人工栽培，其主产地分布于浙江、江苏，福建、江西也有少量种植，其中浙江主要有鄞州、磐安、缙云等地，青田、东阳、永康等县市也有种植，江苏主产地主要有南通、苏州、泰州等地。经多年发展，浙贝母在丽水的种植面积不断增长，种鳞茎需求量逐年增加。

浙江省乃至全国所有浙贝母产区均缺乏健全的药材种子种苗繁育体系，种子种苗大部分为"企业自繁自用、农户自产自用自销"，药材产量、质量难以控制，或者依靠外地高价购买优质种苗以保证产量，导致药农收益下降。

国务院印发的《中医药发展战略规划纲要（2016—2030 年）》中指出通过推进中药材规范化种植养殖等途径全面提升中药产业发展水平，其中道地药材良种繁育和良种繁育基地的建设是推进中药材规范化种植养殖的前提。丽水中药材产业技术创新与推广团队研究发现通过高海拔繁育的浙贝母种鳞茎的产量和质量均显著优于低海拔地区。在此研究基础上，丽水市中药材团队利用丽水丰富的高海拔山地资源进行浙贝母高质量种鳞茎繁育技术的研发和示范推广，于 2021 年 8 月发布实施了丽水市地方标准《浙贝母种鳞茎高山繁育技术规程》。通过标准的制定和实施，培养农民从种苗源头提高中药材质量的科学种植理念，技术支持本地浙贝母良种繁育基地建设，改变当前丽水从外地调种苗生产浙贝母商品为主的格局，提高丽水浙贝母的产量和品质，降低浙贝母种植成本，增强市场竞争力，促进浙贝母药材产业的健康持续发展，同时增加了农民收入，提高了山地利用率，具有重大经济效益和生态效益。

浙贝母高山良种繁育配套技术具体如下所述。

（一）产地环境

应符合 NY/T 391 的产地环境条件，选择生态条件良好，海拔 550 m 以上（纬度较低的南部区域建议海拔 650 m 以上），立地开阔、通风、向阳、排水良好、疏松肥沃、微酸性或近中性的砂质轻壤土地块。提倡异地繁育种鳞茎。

（二）栽培管理

1. 母鳞茎要求

1）品种及质量要求

选择适应性强、抗病性强、丰产性好的品种。选用抱合紧密、无破损、无病虫斑、直径1.8~2.5 cm的健壮鳞茎。

2）规格、分级及用途

浙贝母母鳞茎规格、分级、用途与用量见表1.5，直径大于2.5 cm的鳞茎不适宜作为母鳞茎。

表1.5 浙贝母母鳞茎规格、分级、用途与用量

播种时母鳞茎规格（直径）	采收时种鳞茎规格、分级及用途			每亩用种量
	规格	档级	主要用途	
φ1.8~2.0 cm	φ1.8~2.0 cm	小档	繁育中档种鳞茎	约400 kg
φ2.0~2.2 cm	φ2.2~2.5 cm	中档	繁育大档种鳞茎	约300 kg
φ2.2~2.5 cm	φ2.5 cm以上	大档	商品贝	约350 kg

2. 整地

深翻土地25~30 cm，碎土耙平；施入基肥，耙匀，有条件的地方可使用旋耕机耙匀。作龟背形畦，畦宽80~100 cm，沟宽30~35 cm，沟深20~25 cm；或做成凹状播种床，宽度约70~90 cm。

前期种植过浙贝母且未进行水旱轮作的地块宜每亩撒施生石灰65~100 kg进行土壤消毒处理。

3. 播种

1）播种时间

宜在9月上旬至10月下旬。

2）母鳞茎处理

播种前，用草木灰对母鳞茎进行处理。

切丁播种的，切开鳞茎时注意保护内部芯芽，确保每瓣鳞茎均具有一个芯芽。切好后立即用草木灰进行处理。

3）种植方式

不同规格的母鳞茎需不同的种植密度和深度，具体见表1.6。与生产商品贝种植标准相比，种植密度可略密，种植深度可略深。

表1.6 不同规格的母鳞茎种植密度、深度

母鳞茎规格（直径）	行距（cm）	株距（cm）	深度（cm）
φ1.8~2.0 cm	切丁撒播		4~6
φ2.0~2.2 cm	8~10	撒播	6~8
φ2.2~2.5 cm	10~12	5~6	8~10

在畦面上开沟或在凹面播种床上，按表 1.6 密度播种，将泥土覆盖其上；或两凹面播种床间凸起部分土向两边播种床覆盖，形成排水沟。

播种后，用稻草、芒萁、茅草、废秸秆等覆盖物进行畦面覆盖。畦面覆盖不宜过厚，覆盖厚度宜在 5 cm 以内。

4. 摘花打顶

当植株有 2～3 朵花开放时，选晴天露水干后将花连同顶端花梢一并摘除。有条件可以使用电动摘花工具进行摘花。

（三）肥水管理

1. 肥料选择

肥料使用应符合 NY/T 496 规定，与生产商品贝相比，种鳞茎繁育田块宜少施或不施化肥。提倡使用有机肥或焦泥灰。

2. 用量及施肥时间

1）基肥

翻地时每亩施入商品有机肥 300～400 kg，或腐熟的蚕砂 300～400 kg。有条件的可每亩加施茶籽饼 100～150 kg。

2）腊肥

12 月中下旬将三元复合肥施入畦面，每亩用量为 15～20 kg。

3）苗肥

齐苗后，每亩施三元复合肥 5～8 kg。间隔 10～15 d，再施一次。

4）花肥

摘花打顶后，每亩施三元复合肥 5 kg，生长茂盛的应少施氮肥。生长后期视长势每亩用磷酸二氢钾 0.1 kg，兑成 0.2%浓度根外追肥。

5）叶面肥

鳞茎膨大期，根据生长情况施肥或叶面追肥。

3. 水分管理

土壤保持湿润，雨后及时排水，雨停无积水。

（四）病虫害防控

浙贝母病害主要有灰霉病、黑斑病、干腐病和软腐病等，虫害主要为蛴螬（金龟子的幼虫）等，具体综合防控措施参照本节中的浙贝母"病虫害防治"相关内容进行。

（五）采收

5 月上旬开始，当地上茎叶枯萎后，选择晴天及时收获；收获时，清理田间杂草后，选择适宜的工具采挖，防止挖破地下种鳞茎。

（六）储藏管理

将采收的种鳞茎进行挑选，剔除破损、有病的鳞茎，挑选健壮无病的鳞茎，并按大小分级。分级具体标准见表 1.5。分级后的种鳞茎置于阴凉室内地面平铺阴干 1～3 天后，装入卫生透气的容器后储藏于海拔 550 m 以上的阴凉室内。

储藏期间，定期检查，防止鼠害，保持环境阴凉，避免阳光直晒。

五、浙贝母-玉米间套种种植模式

浙贝母-玉米轮种模式以其简单易学、稳粮增效的特点在浙江多个主产区得到较大面积推广应用。该模式在磐安、缙云等地可实现鲜贝产量达 850 kg/亩，产值 2.975 万元/亩；玉米产量 2500 kg/亩，产值 800 元/亩，两季作物总产值 3.055 万元/亩，扣除种子、肥料和农药等物耗成本及用工费用 1.6 万元/亩，净收益达到 1.455 万元/亩。近年来，随着消费者对甜玉米需求的增加，部分农户已以种植甜玉米代替了老熟玉米，玉米生产效益还可以增加一倍以上。该模式通过不同科作物套种生产，有效解决了根茎类中药材连作障碍、土壤恶化等问题，有利于耕地可持续生产；同时此模式中作物间可以利用高矮秆的空间优势，提高复合产量及复合产值；药-粮结合型模式实现了千斤粮万元钱目标。

浙贝母-玉米轮种模式的配套生产技术如下所述。

（一）茬口安排

浙贝母：10 月中下旬至 11 月上旬，次年 5 月上旬采收。

玉米：播种时间为 3 月 20 日左右；4 月 15 日左右，叶龄 3 叶时移栽；甜玉米收获一般在 6 月下旬至 7 月上旬收获完毕；老熟用春玉米在 7～8 月收获结束。

（二）浙贝母种植技术

参照本节中"浙江省浙贝母绿色生产技术规范"相关内容进行。

（三）玉米种植技术

1. 品种选择

选择生育期适中、株型紧凑和穗位高的玉米品种，以保证间套作物的通风透光性良好。老熟用春玉米品种可选择'丹玉 13'和'丹玉 26'等；甜玉米选用品质好、口感清甜、皮薄无渣、色味香，生育期适中、产量高超甜玉米品种，如'金茂 3 号'等。

2. 浸种播种

用 25℃左右温水浸种 4 h 后，捞起沥干，用湿毛巾包好，使其温度保持 30℃进行催芽，一般经过 2～3 d，等种子刚露芽即可播种。播种时间为 3 月 20 日左右。

3. 适时移栽

4 月 15 号左右，叶龄 3 叶时移栽。甜玉米间种在浙贝母畦面两侧各种一行，种植穴距畦边 20 cm，叶片伸展方向与行向垂直，有利于通风透光。行株距 0.6 m×0.4 m，栽 2800 株/亩左右，过密影响通风透光和光合作用，过稀影响产量；春玉米耐密性较差，不宜密植，'丹玉 13'种植密度为 2500 株/亩较适宜，'丹玉 26'种植密度 2200 株/亩。

4. 科学管理

移栽时用进口复合肥 40 kg/亩进行穴施，栽后要浇足水分促使发根。成活后用碳铵 20 kg/亩兑水 500 kg 稀释进行追肥。拔节前用尿素 15 kg/亩兑水 500 kg 混匀进行浇施促进拔节，雄花抽出前施 15∶15∶15 复合肥 25 kg/亩作穗粒肥。甜玉米苗期和孕穗灌浆期最需要水分，苗期缺水易造成死苗，灌浆到收获期期间缺水易造成玉米秃尖或籽粒干瘪，所以如遇天气干旱要及时浇水或灌水。

5. 病虫防治

主要害虫有地老虎、玉米螟、蚜虫等。地老虎可造成大批死苗，玉米螟可咬死成年植株。苗期用 1.8%阿维菌素 10 mL/亩兑水 10 kg 喷雾防治地老虎。抽穗前后用 1%甲维盐喷雾防治玉米螟，连续用药 2～3 次。用 10%吡虫啉粉剂 10 g 兑水 50 kg 喷雾防治蚜虫。玉米病害主要有叶斑病、纹枯病及锈病等，用 10%世高颗粒粉剂 30 g/亩兑水 50 kg 防治叶斑病，用 5%井冈霉素 100 倍液防治纹枯病，用 25%三唑酮 1500 倍液防治锈病。甜玉米为鲜食商品，防病治虫要做到无公害无残留，要严格掌握农药安全间隔期。

6. 适时收获及时上市

甜玉米收获一般在 6 月下旬至 7 月上旬收获完毕。老玉米在 7～8 月收获结束。甜玉米在雌穗花丝刚变黑、甜玉米灌浆即将完毕，籽粒饱满甜度最佳时收获。

六、浙贝母-番薯轮作种植模式

浙贝母-番薯轮作模式季节搭配合理，在保证特色旱粮产品番薯干等原料来源的同时，利用冬闲田种植经济效益较高的浙贝母，大幅提高了经济效益，还有利于改善土壤结构，增加土壤有机质含量。

浙贝母-番薯轮作种植模式配套技术如下所述。

（一）茬口安排

浙贝母种植时间为 10 月中下旬至次年 5 月上旬；番薯于 3 月中、下旬开始育苗，5 月中旬至 6 月中旬移栽，10 月上中旬收获，用于制作番薯干。

（二）浙贝母种植技术

参照本节中"浙江省浙贝母绿色生产技术规范"相关内容进行。

（三）番薯种植技术

1. 品种选择

选择适合晒番薯干的本地品种'老南瓜''苏薯 8 号'，或选用'浙薯 13'等品种。

2. 育苗

选择通风向阳、肥力好、便于管理的地块做苗床。亩用 1000 kg 有机肥做基肥，畦宽 150 cm、高 16～25 cm，四周开好排水沟。3 月上旬，采用小拱棚加地膜二层覆盖方式育苗。

3. 整地扦插

利用晴天，深耕整地，采用宽垄双行或窄垄单行栽培，宽垄距 110~120 cm，窄垄距 75~80 cm，垄高 20~25 cm。作垄时，亩施腐熟有机肥 1000 kg，条施于垄心，然后做直、做平垄面。当苗长 15 cm 以上、5~7 张大叶时，选阴雨天或晴天傍晚剪取壮苗扦插，宽垄双行种植亩扦插密度为 3000~3500 株/亩。建议采用浅平插或斜插，天气干燥应浇水活苗。

4. 肥水管理

在薯苗开始延藤时，进行第一次中耕除草，以后每隔 10~15 d 进行 1 次，共 2~3 次。扦插后 15~20 d 亩施硫酸钾型复合肥 30~40 kg，结合中耕除草，采用穴施；扦插 30 d 后，亩撒施灰肥 10~15 kg。在生长中后期，选晴天露水干后进行提蔓，以防止不定根的发生。

5. 病虫害防治

重点防治甘薯黑斑病、紫纹羽病、甘薯病毒病、斜纹夜蛾、甘薯叶甲等病虫害。

七、浙贝母-鲜食毛豆轮作模式

浙贝母-鲜食毛豆轮作模式在提高土地复种指数、增加经济效益的同时，还可利用豆科作物改良土壤，培肥地力，生态效益显著。

浙贝母-鲜食毛豆轮作模式配套技术如下所述。

（一）茬口安排

浙贝母 10 月中下旬种植，次年 5 月上中旬收获鳞茎；鲜食毛豆 5 月下旬播种，9 月上旬采收。

（二）浙贝母种植技术

参照本节中"浙江省浙贝母绿色生产技术规范"相关内容进行。

（三）鲜食毛豆种植技术

1. 品种选择

选择夏大豆品种，一般以五月豆、六月豆为主。

2. 合理密植

浙贝母收获后平整土地，5 月底直播毛豆，每亩种植 6000 穴左右，每穴播 2~3 粒种子。

3. 肥水管理

播种前，亩施商品有机肥 500 kg、尿素 10 kg 作基肥；大豆初花期，距植株 10 cm 左右施肥，每亩施尿素 5 kg；开花结荚期控制肥水，高温干旱天气灌水润土，保持适宜的田间湿度，同时每亩叶面喷施磷酸二氢钾 150 g 加硼肥 200 g，防止植株徒长，提高结荚率。

4. 病虫害防治

毛豆病害主要有锈病、白粉病等。结荚中后期，植株中下部叶片易发生白粉病，可用粉锈宁、甲基托布津等药剂防治。发生锈病时，先在叶背散生近白色小凸起，后发展为黄褐色隆起的小疱斑，在生有疱斑的叶正面产生褪绿斑，严重时病斑相连，叶片枯黄脱落，锈病防治方法与白粉病相似。大豆虫害主要有蚜虫、豆荚螟、斜纹夜蛾等，可用吡虫啉、阿维菌素等防治。

5. 适时采收，茎秆还田

当鲜食毛豆豆荚肥大、籽粒鼓出时即可采摘。采收后的茎秆粉碎后还田。

八、葡萄+浙贝母-青毛豆高效种植模式

本种植模式利用浙贝母与葡萄间作再套种青毛豆，经济效益十分显著，值得推广。此外，还可采取浙贝母与玉米、蔬菜、西瓜等作物间套作，以充分利用浙贝母倒苗至采收这段时间的空茬，获得较高的经济效益。

葡萄+浙贝母-青毛豆高效种植模式配套技术如下所述。

（一）茬口安排

浙贝母在9月中旬至10月上旬种植于两行葡萄中间；鲜食毛豆于次年5月下旬（浙贝母倒苗后）播种，9月上旬采收；青毛豆采收结束后即可采挖浙贝母上市。

（二）葡萄栽培技术

1. 品种选择

根据市场需求，可选用'藤稔''夏黑''美人指'等品种种植。

2. 种植密度

在安排的葡萄畦上，按1 m的株距种植，确保每亩种植110株。

3. 施肥

1）基肥

施足基肥，一般以初冬时期施肥为宜，以有机肥与磷、钾肥混合施用。第1年每亩施羊棚灰1000 kg加高浓度复合肥20 kg，在两株中间开塘穴施；第2年后适当增加用量。

2）追肥

及时追肥，栽后第1年以促使葡萄枝条生长为主，可在新梢萌芽后每亩施薄粪水250 kg；待新梢长到10 cm以上时，每亩施腐熟人畜粪300 kg或高浓度复合肥10 kg。对于生长2年后的产果葡萄植株，在施好上述肥料的同时，于开花前叶面喷施硼肥，在浆果黄豆粒大小时施用催粒肥，以促进浆果迅速成长。此外，坐果后可用磷酸二氢钾进行根外追肥，每10～15 d喷1次，连喷2～3次。

4. 病虫害防治

葡萄病虫较多，对于幼树，可在4月上旬萌芽前用波尔多液、百菌清、多菌灵等药剂防治；对于结果树，要在叶片长到5～10 cm时防治灰霉病和黑痘病。建议使用果实套袋技术防病，有条件的可采用避雨设施进行避雨栽培，以避免病虫害发生。

5. 整形修剪

主要分为夏季修剪和冬季修剪，关键是抹去弱芽、病芽、副芽和剪梢、去卷须、疏花、疏果等。

（三）浙贝母种植技术

参照本节中"浙江省浙贝母绿色生产技术规范"相关内容进行。做畦时稍有不同：选择在 6 m 组合的两行葡萄中间作畦，以东西向作畦为宜，畦高 15 cm，畦面宽 1.5 m，畦面不可过宽，以利于田间作业时手能够到畦面中间。

（四）青毛豆种植技术

1. 品种选择

选择大豆新品种'通豆 6 号'和当地传统的特色品种'海门小寒王'等优良品种种植。

2. 适期播种

待浙贝母倒苗后，于 5 月中下旬适期播种。

3. 种植密度

在每个浙贝母畦背上种植 2 行青毛豆，穴距 25 cm 左右，每穴留苗 2~3 株，每亩种植 6000~7000 株。

4. 适施追肥

由于浙贝母田肥力较足，青毛豆一般不需施基肥，只需在大豆初花期适当施入氮肥，每亩施尿素 15 kg，同时结合病虫防治喷施磷酸二氢钾或腐殖质叶面肥。

5. 病虫防治

大豆的主要病害有白粉病、疫病、病毒病，白粉病可用粉锈宁或 70%甲基托布津 600 倍液喷雾防治，疫病可用 64%杀毒矾 500 倍液喷雾防治，控制病毒病主要是防治好蚜虫。注意及时发现病害、及早喷药。大豆的主要虫害有蚜虫、豆荚螟、斜纹夜蛾等，特别是以 7~8 月的斜纹夜蛾危害较重。蚜虫用 10%吡虫啉 1500 倍液喷雾防治，豆荚螟用 1.8%阿维菌素 1000 倍液于花期喷雾防治，斜纹夜蛾在成虫盛发期和卵孵高峰期用 5%虱螨脲 1500 倍液或 2%甲维盐 1000 倍液喷雾防治。

6. 适时采收

当青毛豆豆荚肥大、籽粒鼓出、体积达最大值、色泽嫩绿尚未转色时，即可采摘。

九、浙贝母-春玉米-秋大豆高效种植模式

浙贝母-春玉米-秋大豆旱地新三熟种植技术是根据浙贝母种植季节时空差异及栽培的要求，从实际出发，创新种植模式，通过科学接茬、引进良种、适时播种、合理配置，达到旱地一年三熟，提高了土地利用率。该种植模式主要分布在东阳、磐安、缙云等浙贝母种植区，每亩纯收入 1 万元以上，推广价值高。

浙贝母-春玉米-秋大豆高效种植模式配套技术如下所述。

（一）茬口安排

9月中下旬到10月下旬播种浙贝母，次年5月上旬收获；4月上中旬套种春玉米，7月中下旬收获；6月下旬至7月上旬在玉米收获前套种秋大豆，9月底收获。土地全年无休。

（二）浙贝母种植技术

参照本节中"浙江省浙贝母绿色生产技术规范"相关内容进行。

（三）春玉米种植技术

1. 品种选择

春玉米选择高产良种'登海605''郑单958'，或甜玉米'珍华''翠珍'等玉米品种为宜。

2. 播种育苗

选择背风向阳，土质疏松，肥力较好的田块，每亩大田制作15 m² 苗床待播。每15 m² 苗床施腐熟有机肥10 kg加复合肥0.6 kg。4月上旬播种育苗。

3. 适时移栽

4月中下旬在浙贝母畦两侧套栽，行距0.6 m、株距0.25~0.3 cm，每亩密度4000株左右。

4. 合理施肥

移栽后一周左右每亩施复合肥10~15 kg，有机肥每亩500 kg。浙贝母收获后，及时中耕除草培土。玉米是需钾量较大的作物，在施肥种类上要增施钾肥。大喇叭口期追施高氮高钾复合肥30 kg或尿素15 kg，钾肥10 kg，齐穗后看苗补施尿素10~15 kg。

5. 病虫害防治

玉米病虫害主要有纹枯病、锈病和玉米螟等。在纹枯病发病初期，每亩用5%井冈霉素100~150 mL，或20%粉剂25 g，加水50~60 kg茎叶喷雾。锈病防治可用15%粉锈宁可湿性粉剂1500倍液喷雾。玉米螟防治要注意田间卵孵化差度和幼虫危害情况，抓住关键时期，每亩用20%氯虫苯甲酰胺悬浮剂10 mL，兑水30 kg喷雾。

（四）秋大豆种植技术

1. 品种选择

选择适宜当地种植、产量较高、抗性强、生育期较短的品种，如'丽秋3号'等。

2. 播种种植

6月下旬至7月上旬玉米收获前在二行玉米中间套种秋大豆，行距60 cm、株距20~25 cm，密度4500~5500株/亩。

3. 合理施肥

出苗后，每亩施复合肥10 kg左右，开花期采用根外追肥，用磷酸二氢钾喷雾，促使粒多粒重。

4. 收获

9月底收获，收获后秸秆直接覆盖在已经播种的浙贝母畦面上，作为浙贝母的有机基面肥料。

十、其他浙贝母生态栽培模式

（一）浙贝母-西瓜套种种植模式

此模式主要分布在金华磐安、永康、东阳等地。主栽浙贝母品种为'浙贝1号'，西瓜主栽品种为'浙密2号''早佳8424''浙密3号'等。茬口安排：浙贝母种植时间为10月中下旬至5月上旬，也可以在套种的西瓜收获拉秧后再采挖浙贝母；西瓜3月中下旬在设施大棚内播种育苗，当瓜苗三叶一心时可以移栽，通常在4月中下旬进行，收获商品贝母的，西瓜移栽于浙贝母畦边，等浙贝母收获后对西瓜进行培土，浙贝母茎叶覆盖于西瓜根部；若浙贝母用于留种则应把西瓜移栽于浙贝母中间，每667 m^{2}套种西瓜200株左右，7月中下旬收获。

（二）浙贝母-生姜套种种植模式

该模式主要分布在浙江金华磐安、东阳、永康等地。通过与生姜的套种，有利于缓和各地耕地资源紧张的现状，充分利用土地套种其他作物，实现多作物增；能有效提高农户综合收益，减少人工费用，增加经济收入。

浙贝母种植时间为10月中下旬至5月上旬；生姜于4月下旬到5月上旬套种于浙贝母行间，种植密度约为2000株/亩，鲜姜一般在10月上旬根茎组织充分老熟后采收，姜禾可作为浙贝母种植覆盖材料。

（三）"浙贝母-辣椒-西瓜"高效生态栽培模式

"浙贝母-辣椒-西瓜"高效生态栽培模式是一年内同一块地上种植的浙贝母、西瓜、辣椒等作物合理安排间套作的高效生态栽培模式；通过良种、适时播种（移植）、合理密植等配套栽培技术，最大限度地利用了光能和土地，可达到每亩净收益近6000元，经济、生态和社会效益显著。

辣椒品种可选择'红天湖203''红椒1号''新红奇'等优良品种；西瓜品种可选择'浙密3号''早佳8424''浙密2号'等优良品种。

浙贝母10月中下旬播种，次年5月初收获；辣椒3月底4月初播种，苗龄50天左右，5月上中旬移栽，7月中旬收获；西瓜4月中下旬育苗，5月中旬（辣椒移栽后）移栽，7月中下旬采收。

（四）浙贝母-甜玉米-小番薯生产技术

"浙贝母-甜玉米-小番薯"高效生态栽培模式利用了甜玉米、小番薯生育期短，与浙贝母共生期短，为主作浙贝母的播种及时腾茬，既种了药材，又扩大了粮食播种面积，实现药粮双丰收。

浙贝母10月中下旬播种，次年5月初收获；辣椒3月底4月初播种，苗龄50天左右，

5月上中旬移栽，7月中旬收获；西瓜4月中下旬育苗，5月中旬（辣椒移栽后）移栽，7月中下旬采收。

参照本节玉米种植技术操作，其中本模式中玉米移栽时在靠近浙贝母畦沟一侧套种一行玉米，每畦一行，株距30 cm，每亩种植约2000株。

参照本节番薯种植技术操作。其中，本模式中番薯品种选择'心香''浙紫薯3号''浙薯132号'等小番薯品种；小番薯扦插于玉米行间，每畦1行，株距30~35 cm，每亩种植1600~2000株；扦插选择雨后或雨天进行，薯苗剪三四节，采用斜插或水平插，两节入土。

（五）浙贝母-竹荪高效栽培技术

竹荪是近年来比较流行的一种菌类，有着"菌中之花"的美誉。江山市是浙江重要的竹荪产区；浙贝母是全国著名的"浙八味"道地药材之一，江山市是浙贝母的新兴产区。浙贝母-竹荪高效栽培模式主要分布在江山等地。

竹荪2月中旬至4月中旬播种，6月上旬开始采收，9月下旬收获结束；浙贝母种植时间为10月中下旬至次年5月上旬。

浙贝母种植参照本节中"浙江省浙贝母绿色生产技术规范"相关内容进行。其中整地施基肥时，由于旱地种植竹荪且施用了大量的有机物，所以接茬种植浙贝母，与水稻-浙贝母种植模式相比，每亩能节省翻耕、整地用工3个工以上，同时还可少施基肥50%~70%。竹荪收获结束后，亩施优质腐熟厩肥1000~1500 kg作基肥，然后将种植地块耕细整平，做成高畦，畦宽1.2 m，畦沟宽0.3 m、深0.3 m。

参 考 文 献

蔡仁祥, 成灿土, 卢淑芳, 等, 2016. 浙江省鲜食旱粮的种植制度及栽培技术创新[J]. 分子植物育种, 14(9): 2537-2545.

陈发军, 陈军华, 2017. 丽水特色中药材生态种植模式[M]. 北京: 中国农业科学技术出版社.

陈加多, 潘世华, 2009. 浙中南山区"贝母-西瓜-辣椒"高效生态种植模式[J]. 中国园艺文摘, 25(10): 118-119.

陈军华, 吕群丹, 吴剑锋, 等, 2021. 浙贝母鳞茎高山繁育技术规程: DB3311/T 181—2021[S]. 丽水: 丽水市市场监督管理局. https://dbba. sacinfo. org. cn/stdDetail/497a568b52f3619b83949cffd9d42018 e33c546b689 9 f4efa573634dcf9cee71.

董航顺, 马玲玲, 叶川, 2017. 东阳市浙贝母/春玉米/秋大豆旱地新三熟种植模式[J]. 农技服务, 34(18): 13, 86.

国家药典委员会, 2020. 中华人民共和国药典[M]. 北京: 中国医药科技出版社: 304-305.

江建铭, 俞信光, 王文静, 等, 2019. 浙贝母新品种"浙贝3号"的选育与品种特性[J]. 中国中药杂志, 44(3): 448-453.

姜娟萍, 宗侃侃, 王松琳, 等, 2021. 浙江省浙贝母生态种植模式及效益[J]. 浙江农业科学, 62(3):536-537.

李林, 陶正明, 郑坚, 等, 2006. 南通产浙贝母种茎在浙南地区高产机理初探[J]. 中国中药杂志, (3): 250-252.

李霞, 高克利, 宗晨月, 等, 2021. 浙贝母栽培加工技术研究进展[J]. 南方农业, 15(17): 51-53, 66.

厉佛龙, 马国光, 2015. 旱作新模式"贝母-甜玉米-小番薯"栽培技术[J]. 中国农业信息, (19): 30.

吕群丹, 陈军华, 洪碧伟, 等, 2022. 浙贝母—稻鱼共生轮作技术规程: DB3311T/219—2022[S]. 丽水: 丽水市市场监督管理局.

吕群丹, 陈正道, 吴剑锋, 等, 2019. 海拔对浙贝母产量和贝母素甲、贝母素乙含量的影响[J]. 中药材, 42(10): 2235-2238.

阮洪生, 王翰华, 马舒伟, 等, 2021. 浙贝母产业现状及思考[J]. 浙江农业科学, 62(10): 1953-1955, 1959.

沈华, 宋永飞, 施晓晖, 等, 2015. "葡萄+浙贝母-青毛豆"高效种植模式及配套栽培技术[J]. 上海农业科技, (6): 161-162.

孙彩霞, 何伯伟, 宗侃侃, 等, 2020. 浙贝母绿色生产技术规范: DB33/T 532—2020[S]. 杭州: 浙江省市场监督管理局. https://dbba.sacinfo.org.cn/stdDetail/f41f332b75e17ae47ae9014e61cba87c7d4595b196dd07aaa12 32d26804119fd.

王昕蕾, 2020. 浙贝母质量标志物的初步发现及质量控制[D]. 哈尔滨:哈尔滨商业大学.

张兰胜, 谷文超, 文明, 等, 2020. 浙贝母栽培技术研究进展[J]. 中国野生植物资源, 39(5): 45-48.

张琴, 赵会娟, 刘洁琪, 等, 2017. 浙贝母-鲜食毛豆轮作高效栽培模式[J]. 上海蔬菜, (5): 31-32.

张晓明, 石红静, 2018. 浙贝3号特性观察与生产应用探讨[J]. 农业与技术, 38(15): 41-43.

第二章 灵 芝

第一节 灵芝概况

一、植物来源

灵芝，又名灵芝草、神芝、芝草等，《中国药典》（2020年版）收载的灵芝是多孔菌科（Polyporaceae）灵芝属（*Ganoderma*）真菌赤芝 *Ganoderma lucidum*（Leyss. ex Fr.）Karst. 或紫芝 *Ganoderma sinense* Zhao, Xu et Zhang 的干燥子实体。全年采收，除去杂质，剪除附有朽木、泥沙或培养基质的下端菌柄，阴干或在40～50℃烘干。

二、基原植物形态学特征

赤芝：菌盖木栓质，半圆形或肾形，宽12～20 cm，厚约2 cm；皮壳坚硬，初黄色，渐变成红褐色，有光泽，具环状棱纹和辐射状皱纹，边缘薄，常稍内卷；菌盖下表面菌肉白色至浅棕色，由无数菌管构成；菌柄侧生，长达19 cm，粗约4 cm，红褐色，有漆样光泽；菌管内有多数孢子。

紫芝：菌盖木栓质，多呈半圆形至肾形，少数近圆形，大型个体长宽可达20 cm，一般个体4.7 cm×4 cm，小型个体2 cm×1.4 cm，表面黑色，具漆样光泽，有环形同心棱纹及辐射状棱纹；菌肉锈褐色；菌管管口与菌肉同色，管口圆形；菌柄侧生，长可达15 cm，直径约2 cm，黑色，有光泽；孢子广卵圆形，（10～12.5）μm×（7～8.5）μm，内壁有显著小疣。

三、生长习性

灵芝为中高温型腐生真菌，生长发育最适温度22～30℃，孢子粉弹射最适宜温度25℃。灵芝菌丝可在5～35℃范围内生长，菌丝较耐低温，不耐高温，超过35℃时菌丝代谢活动异常，容易死亡。子实体在5～30℃范围内生长，比较适宜的温度是20～28℃。温度低，长出的子实体品质较好，菌肉致密，光泽度好；温度高，子实体生长较快，但品质稍差。

菌丝生长培养料适宜的含水量为55%～60%，空气相对湿度70%～75%。子实体生长期间空气相对湿度宜保持在85%～90%。空气相对湿度低于60%时，子实体生长较慢；空气相对湿度低于45%时，菌丝生长停止，不再形成子实体；空气相对湿度高于95%时，灵芝子实体会因缺氧而死亡。

四、资源分布与药材主产区

灵芝品种多样,分布广泛。我国大部分省份300~600 m海拔山地,特别是热带、亚热带杂木林下均可找到它的踪迹。灵芝在野外多生于夏末秋初雨后栎、槠、栲树等阔叶林的枯木树兜或倒地林木上,亦能在活树上生长。我国灵芝栽培主产区在热带、亚热带、温带区,包括浙江、福建、四川、陕西、安徽、江西、云南、贵州等省,这些地区≥10℃的年有效积温在4500~6500℃,十分适宜灵芝生长发育。北方地区也栽培灵芝,但气候条件不如南方。

五、成分与功效

近代研究表明,灵芝有效药用成分主要有三萜类、灵芝多肽和灵芝多糖等。《中国药典》(2020年版)规定,灵芝的检测标准为:按干燥品计算,含三萜及甾醇以齐墩果酸($C_{30}H_{48}O_3$)计,不得少于0.50%。

《中国药典》(2020年版)记载的灵芝性甘,平。归肺、心、肝、肾经。功能与主治为补气安神,止咳平喘。用于心神不宁,失眠心悸,肺虚咳喘,虚劳短气,不思饮食。现代医学研究表明,灵芝对心脑血管、消化、神经、内分泌等有显著疗效,同时还具有美容养颜、延缓衰老等功效。

第二节 灵芝规范化栽培模式

目前灵芝栽培所用的培养料可分为袋料栽培与短椴木栽培,栽培方式主要有大棚及林下仿野生栽培。其规范化栽培模式主要包括灵芝椴木栽培、毛竹林下优质灵芝栽培、灵芝与大豆套种栽培、灵芝袋料高产栽培等。

一、灵芝椴木栽培技术规程

(一)产地环境

产地空气及土壤质量应符合NY 5010的要求。选择通风良好、水源方便的场地,要求周围1000 m内无专业禽畜舍、垃圾场、污水或其他污染源。对于土壤理化指标要求土质疏松,微酸性,有良好的保水透气性。生产用水应符合GB 5749的要求。

(二)栽培技术

1. 栽培基质

应选择符合NY 5099的要求。一般灵芝短椴木直径在15 cm左右,要求其含水量为33%~45%,树种应选用壳斗科树种为主,如栲、栎、槠、榉等,灵芝菌丝生长和发育的营养来源是原木，同时也是产灵芝子实体的物质基础，因此原木树种选择与灵芝的品质有密切关系。将砍伐后的原木锯成长度为 18 cm 左右，胸径为 10 cm 左右，每立方米可截 800 余段。要求断面平整，原木分枝处应切除。

2. 菌种

菌种生产应符合 NY/T 749—2012 的要求。选用高产优质、抗逆性强的品种。要求菌种纯度高，菌丝呈洁白浓密状态，生长活力强，菌龄佳。

3. 栽培季节

灵芝适宜夏季栽培，华东地区的北部区域一般可在 4 月中下旬覆土，5 月下旬开始出芝。南部地区可适当提前。

4. 栽培场地

栽培场地规划要科学，生产区应与原料仓库、产品仓库、生活区隔离分开。拌料装料室、灭菌室、冷却室、接种室应各自独立，又相互衔接。培养室应保温、保湿、通风、避光。出菇场地应保温、保湿、通风、透光、灌排方便，室内和室外栽培均可。

室内栽培可利用有通风设施的民房、厂房、库房等；室外栽培常采用荫棚、智能钢架大棚、塑料大棚等，以智能钢架大棚最常用。

培养室和出菇场地使用之前都必须认真清理，严格消毒和灭虫。栽培场地应选择在晴天翻土，翻土深 20 cm 左右，畦高 12 cm 左右，畦宽为 1.6 m 左右。同时除掉杂草、碎石。畦面四周开好沟系，沟深 30 cm。

5. 栽培工艺流程

椴木选择与处理→装袋、灭菌、冷却→接种→菌丝体阶段管理（发菌管理）→子实体阶段管理（出菇管理）→采收及二潮芝管理。

6. 椴木的选择与配制标准

适合椴木栽培香菇、木耳的树种均可用灵芝栽培，用材直径 8～12 cm 为佳，弯曲多疙疤木营养丰富更好。

7. 断木

杂木砍伐后 12 d 左右为宜，枫树因含水量大则需 25 d 左右。将杂木锯为长度 14～15 cm 木段或 28～30 cm 短椴木，断面须平整，长短应一致。

8. 装袋、灭菌、冷却

应根据椴木直径的大小，选用偏径宽度 15～30 cm、厚度 0.5～0.6 mm 的耐高温、拉力强的聚乙烯筒袋。装袋时将适宜筒袋装放椴木，两头分别扎活结，装袋、搬袋应做到轻拿轻放，防止破损。发现破袋要及时用透明胶补牢。

灭菌是灵芝生产的关键技术，须做到蒸足熟透。当锅内温度达 100℃ 后要维持 12 h 不降温。火力要"攻头、守尾、控中间"，菌筒上灶后要迅速用旺火猛攻，使锅内温度迅速达到 100℃，中间火力稳定，待停火后温度下降至 80℃ 以下出灶、冷却。

9. 接种

接种场所消毒：在接种箱或接种室内操作，接种前要全面消毒。场所及器具消毒可参照 NY/T 749—2012 附录 A 中列举的方法进行。

接种方法：料袋冷却至室温后即可接种，接种过程中要严格无菌操作。一瓶（袋）菌种（750 mL）一般接 10～15 袋（两头接种），接种量为 3%～5%。

10. 菌丝体阶段管理

栽培袋堆放：将栽培袋摆放在床架或地面上，行间距 80 cm；井字型堆放，气温较高时堆放 3～4 层，气温较低时堆放 5～8 层。

环境条件：环境温度控制在 25℃左右，不宜低于 20℃或高于 32℃；空气相对湿度控制在 60%左右；培养室应保持空气新鲜，高温高湿时要加强通风；培养室应避光。

定期翻堆及检查杂菌：一般 7 d 左右翻堆检查一次，如发现污染应及时处理。对污染轻的栽培袋，可注射或涂抹 10%的浓石灰水或 75%的酒精等进行除治，然后置于较低温度下隔离培养；如果污染严重，应及时检出烧毁。

11. 栽培方法

栽培场地的选择：栽培场所夏秋气温控制在 36℃以下，6～10 月气温在 25℃左右适宜，选择排水良好，地势平坦，水源方便，土质疏松，偏酸砂质土。

作畦开沟：在晴天翻土栽培场 20 cm，作畦高 12 cm 左右，畦宽 1.6 m 左右，同时除去杂草、碎石。畦面四周开好沟系，沟深 30 cm。有山洪之处应开好排洪沟。

排场埋土：选择 4～5 月天气晴好时进行排场，场地应事先打扫干净，排场同时做好根据段木树种不同、大小不同、菌种不同、生长好坏不同的分类。去袋后应将菌木面接种碎菌块、菌皮去除，然后脱下菌装，将接种面朝上，按序排行。间距 5 cm，行距 10 cm。排好菌木后进行全覆土或半覆土，覆土面上土厚 2 cm。以菌木半露或不露为标准。

树木砍伐后，清除周围杂物，砍断树根、曝晒 7 d 左右，当树桩死亡时，用皮带冲打接种穴，接种方法按椴木接种法，接种后适当加盖树枝遮阴。经 15～20 d，菌丝定殖，即用细土复盖树桩，开排水沟。当灵芝长出时，扒去复盖土部分，在树头和树根表面砍些伤口，增加生长面积。

12. 出芝管理

开袋方法：待菌丝长满，开始有原基形成时可开袋出芝。用刀片在菌袋两端割去直径 1～2 cm 的塑料膜，或者直接开袋出芝。

催蕾：出菇场地温度保持在 25～30℃，尽量减小昼夜温差；空气相对湿度增加至 85%～90%；给予一定强度的散射光（300～500 lx）；并适当加强通风。3～5 d 后可形成白色原基。

疏蕾：一般每个出芝面只保留 1 个位置好、个体大的菇蕾，有利于长成较大的子实体。

子实体生长期管理：出菇场地一般保持在 25～32℃。空气相对湿度保持 85%～90%，当菌盖直径达 3 cm 左右时可向子实体喷水，当孢子散发时停止向子实体喷水，并减少喷水次数，空气相对湿度降到 80%。灵芝生长对二氧化碳反应敏感，要保证出菇场地空气新鲜。子实体生长要求较强的散射光，光照强度以 1000 lx 左右为宜，灵芝具有明显向光性生长，生长过程中应不要随意移动栽培袋的位置或改变光源方向，防止灵芝长成畸形。

13. 扎袋套筒与孢子粉培育

扎袋套筒时间：灵芝子实体发育 15～20 d 后，菌盖白色边缘开始转变为棕褐色，白色生长圈消失，子实体菌壳停止生长，灵芝已有孢子弹射释放，开始扎袋、套筒。套筒过早，会形成畸形芝。

材料准备：用尼龙薄膜，制作对折 24×26、32×32 等不同规格圆筒。取 250 g 油光、白色卡纸，切成 17～20 cm、54～60 cm 的纸板和 20 cm×20 cm 等不同规格的盖板。

套筒前准备：将灵芝地上泥土抹平、压实。盖上尼龙薄膜，出芝处剪小口，将灵芝与地隔离。如果出芝前未铺尼龙薄膜，在套筒前向灵芝菌盖和柄喷水，冲掉积在上面的泥沙和杂质，水冲不掉的泥，用湿毛巾抹掉，然后把薄膜剪成条状，塞进灵芝与灵芝之间空隙，将灵芝与地面泥沙隔离，防止扎袋时底部接触地面，取粉时把泥沙混入。

扎装套筒：将薄膜筒从灵芝菌盖套下，下端以菌柄为中心，用细铁丝扎住，然后围绕菌盖在筒内插入纸板，订书针连接上端，成圆形纸筒，再盖上盖板，盖板与菌盖要有 5 cm 左右的空隙距离，薄膜套袋与菌盖覆面要保持空隙，如薄膜袋粘贴灵芝菌盖覆面，造成孢子不能发育弹射。

孢子粉培育管理：套筒盖板后，分畦罩上尼龙，孢子在 25℃时，散发最为旺盛，低于 20℃或高于 31℃时停止散发，要采用遮阳、通风等措施，将温度控制在 25℃左右。空气相对湿度控制在 75%～90%范围，遇大风天气，要把尼龙棚压实压紧，防止大风掀掉盖板。

14. 采收

孢子粉采收时机：菌盖底部颜色转暗，变成深褐色，进入后熟期，菌管孔收缩，散粉活动停止，采粉时机应选择在停止散粉前 3～5 d，促进了采收的孢子饱满粗壮，同时也保证了子实体的质量。采收时间适宜套筒培育 35 d 左右。

子实体采收办法：选择天气晴朗时，打开盖板，取下纸板，在不含沙的灵芝柄上截处剪断，取下积在菌盖和尼龙筒内的孢子。

及时干燥：天气晴朗时做到摊晒，遇阴雨天及时晾干。摊晒、晾干下面可铺尼龙，不可垫报纸类物品，以免铅污染孢子。未干燥的孢子粉，不能用尼龙袋存放，否则会变质。孢子粉水分控制在 8%以下。

过筛储藏：孢子干燥后用 300 目过筛，用尼龙袋外加编织袋，扎紧袋口包装，防受潮变质，储存条件需干燥、避光。把培养好的菌块脱袋，竖放在菌床上，每个菌块相隔 6～8 cm，覆盖无杂质细土超过菌块面层约 1 cm 厚为宜。然后浇水，保持泥土湿度 45%～50%，空气相对湿度达 95%，菌床上搭简易遮阴棚，需四面通风，早晚需阳光照射。以 5 月后进行脱袋处理，这时自然气温已达到 22～27℃。当床面出现子实体原基，再经约 25 d，此时到 6 月中下旬，当第一批子实体成熟。一个月后，可收第二批子实体，可以收子实体 2～3 批。

（三）病虫害防治

1. 病虫害防治原则

病虫害防治要严格按照 NY/T 749—2012 的规定执行。坚持"以防为主，综合防治"的原则。

2. 常见杂菌及害虫种类

常见杂菌有细菌、酵母菌、放线菌和霉菌。常见害虫有菌蚊、菇蝇、造桥虫和谷蛾等昆虫。

3. 病虫害防治措施

生态防治：主要措施有搞好栽培场所环境卫生、种植银杏等驱虫、适当降低空气湿度等。

物理防治：出菇场地应安装防虫网，防止成虫飞入。场地内吊挂黏虫板或电子杀虫灯。

化学防治：农药使用要严格按照 NY/T 749—2012 的规定执行，不同生育期应采用不同的药剂进行防治，尽量使用生物农药。如可利用链霉素等防治细菌性病害；利用农抗120、井冈霉素、多抗霉素等防治真菌性病害；利用苏云金杆菌、阿维菌素等防治螨类、昆虫、线虫等；利用鱼藤精或除虫菊等植物性杀虫剂杀灭有害昆虫等。

二、毛竹林下优质灵芝栽培模式

利用竹林空间开展林菌复合栽培，对开拓灵芝栽培空间、减少农田依赖、提高竹林经营效益、促进竹林经营管理有很好的促进作用。

（一）季节安排

灵芝生产宜安排在冬季伐木准备原料，11月至次年2月进行截段制棒。此期间气温较低，接种成品率可大幅度提高。菌丝发满后根据菌棒成熟度于清明后适温埋土，当年10月前采收，当年收益。

（二）伐树与截段

除樟科等含有芳香物质的树种外，其他阔叶树种均可栽培灵芝。为提高灵芝的产量和质量，宜选用壳斗科（栲、栎、槠、榉）、金缕梅科（枫香）等阔叶林树种，直径5 cm以上的枝桠、弯材都可利用，尤以8~10 cm为宜。冬季伐树后随即进行截段、装袋、灭菌，春季采伐要自然干燥15~20 d方可进行操作。伐后树木搬至荫蔽通风处，严禁在山地顺坡滑行。待树木干燥、截面有微小裂纹时，截成25~28 cm短木，移至清洁、干燥、通风、弱光处，按段木粗细、含水量多少分别堆放，严防日晒雨淋，树木截段要求在灭菌前3~5 d进行，边截段边装袋更佳，以免杂菌污染段木断面。同时，树木截段力求长短一致，断面平整，操作时防止刺破塑料袋。

（三）段木装袋

根据段木大小、长短，用各种不同规格的塑料袋，一般每立方米段木需34 cm×62 cm的塑料筒袋100多袋。一端先扎口，装入段木后再扎另一端，大木段单独装袋，小段以多段拼装一袋。

（四）灭菌

把装有短段木的菌袋，搬至常压锅内分层次叠堆排列，外覆耐高温薄膜和保温材料，加热蒸汽灭菌。常压灭菌火势要旺，力争在4~6 h内达到灭菌所需指定温度。当锅内温度达80℃时，开启锅门或放气孔排出锅内"死角"冷空气15~20 min，然后关闭继续加热，锅内温度保持98~100℃，连续18~20 h，确保灭菌彻底。

（五）接种

灭菌后的培养袋搬入洁净环境中冷却，在料温30℃以下时接种，菌种要求菌丝洁白、健壮浓密，无杂污斑点，无褐色菌膜，无黄褐液珠，棉塞无霉菌，培养基无干枯萎缩衰老现象，菌龄 30～35 d，菌种事先在 0.5%浓度新洁尔灭溶液中浸湿擦净，清除袋外表污尘。把菌种和料袋经气雾消毒剂封闭消毒 3 h 以上，再开启薄膜，排去部分雾气后开始接种。用利刀削弃表层菌种和培养基 2 cm 后进行操作，采用两头接种法，4 人一组，1 人搬袋，2 人解扎袋口，1 人专门接入菌种，互相紧密配合，动作敏捷。自始至终严格遵守无菌操作规程，接种时适当加大接种量，加速灵芝菌丝尽快占领地盘，可提高成品率。一般每立方米段木需灵芝菌种 80～100 袋。

（六）培养

培养室要求远离厕所、禽畜舍等污染源，室内要求清洁、干燥、通风、弱光。生产前夕，室内要彻底清理废物，净化周围环境。盛装段木的菌袋经接种后称量菌木。接种结束后将菌木小心移到培养室内，堆高 120～150 cm，堆与堆之距留宽 40 cm 的作业道，以利通风。培养架直立排放更佳。培养期间，如果室内温度低于 18℃，要加温。室内温度前期掌握 26～28℃，促其灵芝菌丝迅速萌发定殖；当适温培养 15～20 d 后，室温调至 20～24℃，以利菌丝正常蔓延生长。室内空气相对湿度控制 70%以下，掌握"宁干勿湿"的原则。室内光线要求偏暗，防止光线过强。坚持每天通风换气 2～3 次，满足菌丝生长对氧气的需求，随着菌丝生长量不断增大，新陈代谢加快，菌丝呼吸量增强，要加强室内通风换气，及时排除废气，培养期间，要经常检查观察，发现异常及时处理。如果袋内菌丝呈洁白绒毛状，则表示正常；若袋内大量水珠产生，应加强通风或降温处理；袋内有积水时用注射器抽去水分，并用胶布贴严针孔，防止杂菌感染；发生链孢霉污染，立即用柴油或煤油涂刷污染部位，防止扩大传染；局部感染杂菌的菌木应隔离堆放，或立即取出清洗后重新灭菌接种；丢弃杂污严重的菌木。此外，培养期间尽量少搬动，谨防杂菌乘机侵染。

（七）毛竹林地选择与整理

1. 竹林选择

交通方便，山势平坦（毛竹林坡度在 30°以下），未施用过除草剂和化肥的竹林，海拔 300～600 m，土壤肥沃，土层较厚，通气性好的地块，坡向以东南或东北为好。

2. 竹林平整

竹林基地中间留有上下山的路，采用 60 型号的小型挖机进行两边平整，每隔 4～5 m 挖一条宽 3.5 m 的水平带，长度因地制宜，毛竹砍下后，用挖机把表面的柴草及竹根等全部清理干净，开挖深土 50～60 cm 备用。

3. 架灵芝小拱棚

用砍下的毛竹在畦上架小拱棚，棚高大约 1.8～2 m，宽度 3 m，长度 20～30 m。搭建材料主要是毛竹条、铁丝、薄膜、70%～80%遮阳网。棚内架设有喷灌设施。

（八）菌木覆土与管理

在正常的情况下，菌木经适温培养 120～150 d，菌木外表菌丝洁白而粗壮，菌木之间紧密连接不易辦开，木质部呈浅黄色，表皮指压有弹性松软感，菌木断面有形成部分红棕色的菌膜，少数菌木表面已呈现白色豆粒状芝蕾时，表示灵芝营养生理已成熟，便可安排菌木野外竹林埋土。根据灵芝对温湿度的要求，菌木埋土应选择气温稳定在15℃以上的晴天，阴天进行的，切忌雨天、雪天操作。气温低于10℃不宜操作，以免影响正常出芝，一般在4月中下旬至6月春笋收挖结束后进行覆土。事先在整好的条畦中挖成深18～20 cm的凹槽，小心用利刀割破塑料袋取出菌木，按菌木大小、菌丝长势优劣及不同品种，分别置于槽内呈直线形或梅花状排列，行距8～10 cm。菌木排列要平整，避免高低不平，空隙填土，表面铺厚2 cm的细土。

（九）出芝管理

菌木埋土后，即转入灵芝生殖阶段；在温湿度适宜的条件下，10～15 d后便会呈现白色菌蕾（芝蕾），这时要适当关闭棚口，增加棚内CO_2浓度，使灵芝柄生长，当芝柄长到近10 cm时，增加通风，促进灵芝盖的伸展，同时为提高品质，要做好疏芝工作，每一菌棒保留1～2个灵芝，调整好棚内水分和空气，做到高湿和低CO_2，在灵芝生长旺期要每天喷水，保持棚内空气相对湿度在85%以上，为防止害虫危害，棚的出入口及通风处架设防虫网。

（十）孢子粉采收

待菌盖边缘黄色转至红棕色或红褐色，具有光泽，并弹射出大量红棕色孢子时，表示灵芝子实体基本成熟，可以开始收集灵芝孢子粉。地上垫塑料薄膜，依次为每朵灵芝套上塑料袋，底部扎紧后套上纸筒，在正常的情况下，菌木出芝后约需60～80 d才达采收适期。竹林下灵芝孢子粉套筒集粉时间控制在60 d内，及时收取，同时采收灵芝子实体。

竹林地灵芝在生长期间不喷任何农药和化肥，若有虫类，人工捕抓或割掉虫咬的灵芝，让灵芝在纯野生中生长成熟，才能产出高品质的竹林灵芝和竹林孢子粉。

三、灵芝与大豆套种栽培技术

（一）栽培时间选择

灵芝为高温高湿好气型真菌，菌丝体和子实体生长适宜的温度为25～30℃，同时需要较多的氧气。目前灵芝栽培时间上一般为当年3～10月。3～5月为菌种菌丝培养阶段，这段时间自然温度较低，培养室加热升温的同时也需要通风，二者往往有矛盾，通风会降低培养室温度，管理上不容易把控。6～10月为灵芝出芝阶段。为了能利用自然温度满足菌丝和子实体生长并获得较高产量，当年5～8月接种培养各级菌种和栽培菌袋，9～10月菌袋在菇房出菇1潮并收集灵芝孢子粉；然后将菌袋埋入挖好的畦沟中；第2年3～4月在菌袋间套种大豆，利用大豆田的土地资源及其光、温、湿、气等有利条件进行出菇，5～9月则收获灵芝，8月收获大豆。

（二）灵芝栽培菌袋制备

用茶枝屑15%～25%、杂木屑40%～50%、大豆秸秆粉25%～35%或麸皮20%～30%、

蔗糖 1%、石膏 1% 配制培养基，将培养基混合均匀后装入菌袋灭菌，冷却后在每袋同一面上菌袋的 1/4 和 3/4 长处打洞接入灵芝菌种；将接完种的菌袋置于菇房内发菌直至菌丝走透菌袋，期间注意通风换气保持空气新鲜，控制相对湿度在 60%～70%。

（三）菇房摆架出菇

菌丝走透菌袋后接种口朝上摆放在出菇架上，常规出菇管理，控制相对湿度 85%～95%，光照强度 1500～3000 lx，注意通风换气保持空气新鲜，及时收集孢子粉和采收第 1 潮灵芝。

（四）整地做畦

犁地整畦，畦面宽 1.0～1.5 m，畦沟宽 0.3～0.5 m，畦沟深 0.2～0.3 m，再在畦面挖小沟用于埋放菌袋，小沟宽为菌袋的宽度；畦面的两条小沟之间距离 6～10 cm 用于来年播种大豆。

（五）菌袋埋田覆土

第 1 潮灵芝采收后，需将菌袋埋入畦面小沟中以吸取土壤中水分和养分。在菌袋接种的反面沿菌袋长的方向将袋子剪掉 5～8 cm 宽的 1 条长口，剪口朝下接种口朝上 1 袋接 1 袋摆放在畦面小沟中，且摆放时将相邻畦面小沟菌袋的接种口错开，埋放后菌袋表面覆土 2～3 cm。

（六）大豆播种及田间管理

第 2 年 3 月底至 4 月初，在灵芝菌袋之间播种大豆。注意清除田间杂草，连续 1 周不降雨需喷水 1 次，每潮采收 1 周后若没有下雨，也需喷水 1 次。

（七）灵芝收获

大豆植株逐渐长大，当大豆枝叶茂盛时，大豆平展的叶片为灵芝保湿遮阴，灵芝菌袋也已充分吸取水分和养分破土而出；5 月上中旬可采收第 2 潮灵芝，之后 20 d 左右采收 1 潮，总共可采收 5～7 潮；灵芝采收后菌渣作为有机肥还田。8 月初收获大豆，大豆收获后秸秆粉碎再生产灵芝菌袋。

（八）经济效益

利用自然温度培养菌袋菌丝不需要加热，在节约了能源的同时解决了保温和通风矛盾，方便管理，从而也减少了劳动成本。灵芝与大豆套种解决了灵芝覆土栽培遮阴保湿和土地资源竞争问题，同时管理方便；特别在水分管理上连续 1 周不降雨才需喷水 1 次，如果没有套种则需每天喷水 1 次。目前当地劳务工资每天约 200 元，可见节约了大量的劳动成本。100 kg 干料可生产 10～12 kg 干灵芝，而常规栽培 8～10 kg，灵芝获得较好产量的同时增收了大豆籽粒和大豆秸秆，效益可观。

四、灵芝袋料高产栽培技术

（一）培养料配方

（1）非芳香阔叶树锯木屑或碎料78%，麦麸或米糠20%，蔗糖1%，石膏粉1%。

（2）棉籽壳84%，麦麸或米糠15%，石膏粉1%。

（3）非芳香阔叶树锯木屑或碎料60%，甘蔗渣38%，石膏粉2%。

（4）棉籽壳40%，非芳香阔叶树锯木屑或碎料40%，麦麸或米糠18%，蔗糖1%，石膏粉1%。

（5）棉籽壳60%，非芳香阔叶树锯木屑或碎料30%，麦麸或米糠7%，蔗糖1%，石膏粉2%。

（6）玉米芯粉75%，麦麸或米糠22%，草木灰1%，石膏粉2%。

（7）玉米芯粉50%，非芳香阔叶树锯木屑或碎料35%，麦麸或米糠15%。

（二）拌料

选择本地原料来源充裕的培养料配方，原料要求新鲜，无腐烂、酸变、杂菌感染、害虫滋生等现象。原料配齐后在栽培季节及时加水搅拌均匀，拌好的原料要求含水量达到60%~65%，紧握培养料时，若有水渗出但不下滴则表明含水量适宜。

（三）装袋

装培养料的塑料袋采用宽15~17 cm、长33~35 cm、厚0.004 cm的低压高密度聚乙烯塑料袋。装料时先用细绳扎活口捆好塑料袋的一端，再每袋装入搅拌均匀的培养料1.5 kg左右，折合干料0.75 kg左右；装入的培养料要稍加压实压平，做到虚实适中，装满培养料后用木锥在袋料中央打一孔，最后用细绳扎活口捆好塑料袋的上端。

（四）灭菌

袋料装好后及时进行常压蒸汽高温灭菌，袋料灭菌期间要连续保持100℃以上的料温12 h以上，灭菌期间不能降低料温，使袋内培养料灭菌彻底，当灭菌结束并冷却至30℃以下时即可接种。

（五）接种

当低温寒冷天气过后，气温稳定回升的2月下旬至3月下旬为灵芝播种的适宜时间。当灭菌后的袋料冷却至30℃以下时，在接种箱或接种室严格按照无菌操作规程，解开细绳进行两端接种，每端接种量8~10 g，接种后继续用细绳扎活口捆好塑料袋两端。

（六）发菌管理

接完菌种的袋料（简称菌袋）要及时送往培养室，平放在培养架或地面上，并层层堆积,一般堆积高度8~10层,每列菌袋之间的距离为0.6~0.7 m,两侧的两列菌袋应距墙壁0.8 m,以便于生产管理;菌袋在搬运过程中注意轻拿轻放。发菌期间使室内温度保持在15~33℃,最好是25~28℃,空气相对湿度保持在60%~70%,白天保持有足够的散射光,低温季节每天中午适当通风透气,气温较高时,昼夜通风透气,以保持空气新鲜。每间隔6~8 d翻堆1次,翻堆时将菌袋上下、内外交换位置,使菌袋受温一致、发菌均匀;翻堆时要注意剔除感染杂菌的菌袋。当菌丝发至菌袋的1/3时,可将室内温度调整到20~25℃,以促进菌丝生长粗壮。经过30 d左右的培育,菌丝就会发满整个菌袋。

(七)头潮出芝管理

当菌丝发满整个菌袋,手拿菌袋有弹性,菌袋两端有黄色水珠出现时,要及时运往上部覆盖双层遮阳网的出芝塑料大棚内。如果生长出的灵芝用于盆景制作,则宜让菌袋的一端长出灵芝,菌袋在大棚内要竖立整齐排放,但在以后管理过程中的洒水环节要防止袋中积水。如果做药物和补品栽培,则可让菌袋的两端长出灵芝,即将菌袋平摆层层堆积,堆积高度一般为8~10层,每列菌袋的间距为0.6~0.7 m,两侧的两列菌袋距离大棚架0.9~1 m,以便于生产管理。菌袋排放好后立即洒水,将空气相对湿度提高到85%~95%,并通过每天洒水长期保持此湿度;同时将温度控制在18~32℃,最好是25~28℃;棚内要给予较强的散射光照,每天合理通风透气,保持棚内空气新鲜。经过9~11 d的培养,菌袋的料面会有乳白色的灵芝子实体原基形成。

当菌袋口出现灵芝子实体原基时,解开菌袋扎口细绳,并将棚内温度控制在18~32℃,最好是25~28℃;每天喷雾水,使空气相对湿度控制在85%~95%,继续保持充足的散射光照,每天继续合理通风透气,保持棚内空气新鲜。当灵芝子实体开片时,要继续每天喷雾水,以进一步加大空气相对湿度,并加强通风透气,促使灵芝菌盖快速膨大。如果通风透气不良,灵芝子实体生长环境中的二氧化碳浓度达到0.1%以上时,就会形成"鹿角灵芝",严重影响产品质量。

如果菌袋料面现蕾较多,要尽早疏蕾。计划用于盆景制作的菌袋,只保留1个菌蕾;如果做药物和补品栽培的菌袋,则每端保留2个菌蕾,使养分集中供应,让菌蕾长成盖大肉厚的子实体。

如果塑料大棚场地充足,可提前做好深12~15 cm、宽1~1.2 m、长度不限的凹畦;在大棚内每立方米空间喷甲醛液1~1.5 mL后密封消毒灭菌2~3 d,然后开门通风2~3 d;再将菌袋的塑料薄膜袋脱去,按前后左右各2~3 cm的间距,平放在凹畦内,在其上部覆盖提前用甲醛密封消毒灭菌过的、厚度2 cm的砂壤土,进行凹畦栽培,并按上述方法进行出芝管理。

(八)采收

灵芝子实体一般经过22~25天的生长,即当菌盖不再增厚,菌盖边缘的颜色和中间的颜色一致,整个子实体都变成本品种应有的颜色,用手触摸子实体有硬壳感,且菌盖上布满锈色粉孢子时,表明已经成熟,此时要及时采收。

采收时要提前收获孢子粉,再收获子实体。收获子实体时,要一手按着菌袋,一手拿着子实体菌柄慢慢转动,当子实体基部和培养料脱离后再轻轻拔出;不可直接用力拔出子实体,否则会将子实体基部的培养料带出,影响下潮子实体的产量。

(九)干制装袋

采收的鲜灵芝子实体要及时用刀切掉基部过长部分,及时放在竹帘或竹席上晒干,或者用烘干机烘干。干制后的灵芝子实体含水量在13%左右。一般2.5~3 kg鲜灵芝可干制成1 kg干灵芝。干制后的灵芝要及时装入塑料袋内密封存放,不可散堆在室内存放,以免灵芝吸水返潮,使灵芝发霉或被虫蛀,失去商品价值和使用价值。

(十)后潮出芝管理

头潮灵芝采收后,停止喷水4~5天,促进菌丝生长,以积累养分;再按头潮出芝管理方法进行后潮出芝管理,经过25天左右的培育即可采收后潮灵芝,其干制装袋方法仍同头潮灵芝。

袋料栽培灵芝培养料的生物转化率一般在30%~40%,高的可达50%,如果以盆景制作为目的栽培,则生物转化率略偏低。收获两潮灵芝后的袋料可做有机肥处理。

参 考 文 献

国家药典委员会, 2020. 中华人民共和国药典[M]. 北京: 中国医药科技出版社: 195-196.
钱光华, 朱礼科, 侍伟红, 等, 2022. 灵芝椴木栽培技术规程[J]. 农家参谋, (6): 55-57.
田苏奎, 吕明亮, 李望杰, 等, 2022. 毛竹林下优质灵芝栽培模式[J]. 林业科技通讯, (6): 89-91.
薛昉, 2018. 灵芝袋料高产栽培技术[J]. 科学种养, (3): 23-24.
张玉梅, 蓝新隆, 陈伟, 等, 2021. 灵芝与大豆套种栽培技术[J]. 东南园艺, 9(1): 44-46.

第三章 铁皮石斛

第一节 铁皮石斛概况

一、植物来源

铁皮石斛，又名铁皮枫斗、耳环石斛、铁皮兰、黑节草等，《中国药典》（2020年版）的铁皮石斛为兰科（Orchidaceae）石斛属（*Dendrobium*）植物铁皮石斛 *Dendrobium officinale* Kimura et Migo 的干燥茎。11月至翌年3月采收，除去杂质，剪去部分须根，边加热边扭成螺旋形或弹簧状，烘干；或切成段，干燥或低温烘干，前者习称"铁皮枫斗"（耳环石斛）；后者习称"铁皮石斛"。

二、基原植物形态学特征

叶5～8枚轮生，通常7枚，倒卵状披针形、矩圆状披针形或倒披针形，基部通常楔形。内轮花被片狭条形，通常中部以上变宽，宽约1～1.5 mm，长1.5～3.5 cm，长为外轮的1/3至近等长或稍超过；雄蕊8～10枚，花药长1.2～1.5（～2）cm，长为花丝的3～4倍，药隔突出部分长1～1.5（～2）mm。花期5～7月。果期8～10月。

三、生长习性

铁皮石斛在自然界中常分布于气候温暖、湿润的温带和亚热带地区的山崖庇荫处。铁皮石斛为多年生附生性草本植物，属于兰科植物中气生兰的一种，常附生在其他介质表面，如附于树干或岩石上，并常与苔藓植物伴生。结合生产栽培经验，在人工栽培的环境中，其生长的适宜温度为18～30℃，温差保持在10～15℃最适宜。空气湿度保持在80%以上为好，生长的光照强度3000 lx以上。

四、资源分布与药材主产区

铁皮石斛产于安徽西南部、浙江东部、福建西部、广西西北部、云南东南部等。生于海拔达1600 m的山地半阴湿的岩石上。道地产区以浙江乐清、台州天台、金华武义、杭州临安为中心，核心区域包括浙江（温台地区、金丽衢地区、杭州地区）、云南滇南地区及德宏周边地区。

五、成分与功效

近代研究表明,铁皮石斛的化学成分主要有多糖、生物碱、氨基酸与微量元素、联苄类和菲类以及黄酮类等。《中国药典》(2020年版)规定,铁皮石斛的检测标准为:按干燥品计算,含铁皮石斛多糖以无水葡萄糖($C_6H_{12}O_6$)计,不得少于25.0%。

《中国药典》(2020年版)记载的铁皮石斛性甘,微寒,归胃、肾经;功能与主治为益胃生津,滋阴清热。用于热病津伤,口干烦渴,胃阴不足,食少干呕,病后虚热不退,阴虚火旺,骨蒸劳热,目暗不明,筋骨痿软。现代医学研究表明铁皮石斛具有抗肿瘤、抗衰老、抗氧化、降血压、降血糖等多种药理作用。

第二节 铁皮石斛规范化栽培模式

铁皮石斛常见的规范化栽培模式有仿野生栽培(包括贴石栽培、贴树栽培、石墙栽培和岩壁栽培等)和设施栽培(包括盆栽、地栽、架空苗床栽培等)两种方式。目前已制定浙江省地方标准《铁皮石斛生产技术规程》(DB33/T 635—2015)和丽水市地方标准规范《铁皮石斛活树附生栽培技术规程》(DB3311/T 22—2020)。

一、铁皮石斛生产技术规程

(一)基地要求

1. 种植基地

应选择生态条件良好,水源清洁,立地开阔,通风、向阳、排水良好的地块,周围5 km内无"三废"污染源,距离交通主干道200 m以上。

环境空气质量应符合GB 3095—2012规定的二级标准;灌溉水质应符合GB 5084—2021规定的旱作农田灌溉水质量标准;栽培基质应符合GB 15618—2018规定的农用地土壤污染风险筛选值要求。

基地生产区、管理区、生活区及道路布局合理,设置专门的农业投入品仓库,管理制度明示上墙。基地设置垃圾、农业废弃物及投入品包装废弃物收集装置。合理配置农业环境监测记录仪器。大棚编号,实施生产信息体系建设,生产全过程推行"二维码"追溯管理。

2. 产地初加工场所

铁皮石斛初加工场所的选址、环境卫生,以及原料采购、初加工、包装、储存及运输等环节的场所、设施、人员等应符合GB 14881的规定。

(二)种苗生产

1. 留种

原植物应为兰科植物铁皮石斛(*Dendrobium officinale* Kimura et Migo),选择适宜于当

地栽培的优质、高产、抗病性和抗逆性强的审（认）定品种或经鉴定的种源。

留种地应具备有效的物理隔离条件。留种株应选择品种特性纯正、生长健壮的植株。

留种株开花后 2~5 d，摘除唇瓣后进行人工授粉，授粉蒴果挂标示牌。授粉于当年 10 月下旬开始，采收无病虫害、转黄、饱满成熟但未开裂的蒴果，置于冰箱中 2~4℃短期保存。

2. 组培育苗

实生苗组培：成熟的蒴果，用 75%酒精消毒 25~30 s，再置于 10%次氯酸钠溶液中浸泡 20~30 min，取出种子进行无菌播种。每个蒴果播种 3~4 瓶，送入培养室进行组培。

无性组培：利用外植体（茎、芽或其他外植体）培育类（拟）原球茎诱导苗和不定芽诱导苗。原球茎继代控制在 4~6 代，不定芽继代控制在 3~5 代。

3. 出苗

从组培瓶小心取出合格的种苗，用清水洗净培养基，用 0.3%高锰酸钾溶液泡根 3~5 min，晾至根部发白后进行移栽。

用于移栽的组培苗应生长健壮、无污染、无烂茎、无烂根；至少根 2 条、叶 4 片、株高 3.0 cm、茎粗 0.2 cm 以上，叶片正常展开，叶色嫩绿或翠绿。

作为商品苗，应单层直立放置在塑料筐或纸箱中，包装箱应该结实牢固并设有透气孔，应出具质量检验证书，贴上合格标签。

4. 种子种苗的包装、标识、运输要求

包装：种子应用无污染的编织袋、布袋或消毒后的玻璃瓶等包装，种苗应用洁净、无污染、透气的塑料筐或纸箱等包装。

标识：种子和种苗应附有标签，标明种子（或种苗）名称、等级、数量、批号、产地、生产单位、保存期等。

运输要求：种子种苗运输时不能堆压过紧，装运的车厢应有空调。跨县级行政区域调运种子种苗应按有关规定办理出运手续，并附有植物检疫证书。

（三）设施栽培技术

1. 场地及设施准备

1）场地处理

栽培设施搭建前，先平整场地，曝晒，表面撒生石灰处理，每亩（667 m^2）用量 75 kg。

2）设施准备

以单体（或连体）钢架大棚设施栽培为宜，单体棚棚间距 1~2 m，配备遮阳网、防虫网、无滴大棚膜、卷膜器、微喷灌等。

3）种植畦或苗床准备

地栽模式：按畦面宽度 1.2~1.4 m、畦高 12~15 cm 筑畦。畦面四周围栏（可用木板或竹片等），两畦之间相距 35~40 cm。开好畦沟、围沟，沟深 30~35 cm，使沟沟相通，排水良好，地下水位 0.5 m 以下。

离地搭架栽培模式：应搭建苗床，用角钢、砖头、木材等搭建苗床的框架，用直径 0.3~0.5 cm 的铁丝网或塑料网作为苗床的支撑面，苗床四周围栏（可用木板或竹片等）。苗床宽 1.2~1.4 m，架空高度不小于 30 cm。石棉瓦等存在安全隐患的材质不应用于垫板、护栏等。

2. 基质准备

1）基质选择

选择直径 1.5～3.0 cm 的石子和木块，以及直径较小的木屑、松鳞等材料作为栽培基质。

2）基质处理

木块、木屑及松鳞等栽培基质宜在使用前堆制发酵或高温灭菌处理。高温季节，将木块、木屑等基质材料用水浇透后塑料布密封堆制处理。

3）基质铺设

基质铺设在种植畦或苗床上。基质的铺设应遵循"下粗上细""通气漏水"的原则，下层为石子、木块，厚度为 5～7 cm；上层铺设直径较小的木屑、松鳞等，厚度为 5～7 cm。

3. 定植

定植时间：种苗的移栽定植宜在 3 月下旬至 5 月底或 9 月下旬至 10 月底进行。

定植方式：以 3～4 株为一丛，按（10～12）cm×（15～18）cm 株行距栽种，种植深度为 2～3 cm。种植时勿弄断根系，可让少量根暴露在空气中，做到浅种，基质轻覆。每亩用苗量 8 万～10 万株。

4. 栽培管理

1）通风管理

应加强大棚内的通风，薄膜的掀起时间、掀起量等应根据大棚内温度和湿度的控制需求以及大棚外温度和湿度的实际情况来调整。

2）光照控制

根据植株的生长需求和季节变化，通过调节遮阳网的遮光率来控制光照强度。小苗期遮光率 70%～80%，生长期遮光率 60%～70%为宜。夏季强光照情况下，应提高遮阳网的遮光率、必要时加盖双层遮阳网；冬季可适当揭开遮阳网，加强透光增温。

3）水分和湿度控制

根据植株的生长需求和季节变化，通过喷雾（每次应将基质浇透）调节基质含水量和空气湿度，空气相对湿度宜控制在 75%～85%。新芽萌发期，上层基质含水量不宜低于 55%；夏秋季，上层基质含水量不宜低于 45%。梅雨季节，应减少喷雾次数，加强通风。高温干旱季节，应选择早晨或傍晚喷雾。

4）温度控制

铁皮石斛适宜的生长温度为 15～30℃。高温季节，应加强通风，并结合基质水分管理喷雾降温。低温时，盖膜保温。

5）施肥

栽种一个月后，每亩（667 m^2）施有机肥（腐熟菜籽饼等）50～100 kg；次年开春后，每亩施有机肥 50～100 kg。肥料的选择和使用应符合 NY/T 525、GB 38400 及 NY/T 496 的要求。

6）除草

及时人工除去棚内外杂草，不应使用化学除草剂。

7）清园

清洁田园，及时清除病株残茬。每年春天发新芽前，结合采收老茎，除去病茎、弱茎以及病根等，带出棚外集中处理。

8）越冬管理

11月开始，减少喷雾次数，降低基质含水量和空气湿度，并适时通风，进行抗冻锻炼。温度低于零度时，加盖无纺布进行保温，无纺布应高于石斛30~50 cm，并适当增加光照。

5. 病虫害防治

1）主要病虫害

主要病害有炭疽病、黑斑病、灰霉病、疫病、白绢病、软腐病等，主要害虫有蜗牛、斜纹夜蛾等。

2）防治原则

遵循"预防为主，综合防治"的原则，优先采用农业防治、物理防治、生物防治，科学使用高效低毒、低残留、低风险的化学农药，将有害生物危害控制在经济允许阈值内。

3）农业防治

选用抗病和抗逆性好的品种（种源）。加强基质消毒，并保持栽培基质的通透性，做到透气、漏水。加强大棚内的通风，及时弥雾喷灌，控制大棚内适宜的光照强度、基质水分、空气温度和湿度。平衡施肥，提高植株自身的抗病虫害能力。清洁田园，及时清除病虫危害的枝条（叶），创造良好生长环境。

4）物理防治

设置黄板（20~30张/亩）、杀虫灯（1盏/15亩）诱杀害虫。设置防虫网（60目左右）隔离害虫。种植芋艿诱集斜纹夜蛾，黄瓜片或白菜叶蘸取35%蔗糖溶液诱集蜗牛，人工捕杀夜蛾类幼虫、卵块和虫茧。

5）生物防治

采用昆虫信息素（斜纹夜蛾性诱剂等）诱杀害虫。茶粕（添加5%山梨酸钾）300 g/m^{2}均匀撒施；或83.5%茶皂素5~10 g/L加1‰植物油，每亩（667 m^2）喷雾80 kg。使用哈茨木霉菌、芽孢杆菌、核型多角体病毒、苏云金杆菌等生物农药防治病虫害。

6）化学防治

选用已登记的高效、低毒、低残留的农药品种，交替轮换使用不同作用机理的农药品种。根据主要病虫的发生情况，适期防治，严格掌握施药剂量（或浓度）、施药次数和安全间隔期，农药的安全使用按照NY/T 1276的规定执行。不应使用植物生长调节剂。

（四）采收与产地初加工

1. 采收

鲜品适宜的采收时间为11月至翌年3月，加工铁皮枫斗（干条）的原料宜在1月至3月采收。可实行采旧留新和全草采收的方式。如采用采旧留新方式，应剪取2年生（含）以上茎条，基部保留1~2个茎节。鲜花宜在5月至6月进行采收，采用人工采摘的方式。鲜叶的采收结合茎的采收，将叶从根部往顶部下拉采下鲜叶，采收的时间与茎相同。

2. 产地初加工

铁皮石斛鲜品：将采收的植株进行挑选、除杂、去须根，置阴凉处。

铁皮石斛鲜条：将采收的植株进行挑选、除杂、去叶、去须根，按长短、粗细分类，置阴凉处。

铁皮石斛干条：鲜条经清洗切段，100～120℃烘干至含水量30%左右，50～70℃烘干至水分≤12%，置于通风、阴凉、干燥处，防潮。

铁皮枫斗：铁皮枫斗的加工按DB33/T 2198的规定执行。

铁皮石斛干花加工：铁皮石斛花蕾或鲜花，经去杂、净选，50～70℃烘干至水分≤10%，置于通风、阴凉、干燥处，防潮。

铁皮石斛干叶加工：铁皮石斛鲜叶，经去杂、净选，70～90℃烘干至水分≤12%，置于通风、阴凉、干燥处，防潮。

二、铁皮石斛活树附生栽培技术规程

（一）产地环境及条件

1. 林分条件

应选择郁闭度0.5以上、生长健康、补水方便的林分，以及树干大小适中，树皮不会自然脱落的树种作为栽培铁皮石斛的附主，如香樟、杜英等。

2. 气候条件

气候温暖湿润，极端最高温低于42℃，极端最低气温≥-6℃，最适生长气温18～25℃。

（二）栽培管理

1. 林地清理

栽培前，清除林间灌木、杂草及附着于树干的苔藓、地衣等杂物，并将林分郁闭度控制在0.5～0.7之间。

2. 种苗选择

选择经炼苗1～2年、抗逆性强、无严重病害、3代以内的铁皮石斛种苗。

3. 附生栽培

栽培时间3～5月。围绕树干自下而上一圈一圈地捆绑种植，上下圈间隔35 cm左右，每圈至少3丛，丛距8 cm左右，每丛3～5株。捆绑时，用无纺布或稻草绳自上而下呈螺旋状缠绕铁皮石斛的根系，露出茎基。同时，可把部分茎条贴树捆绑，促进茎条高芽萌发。

4. 水肥管理

种植后，每天喷雾1～2次，每次1～2 h，栽培环境相对湿度控制在75%以上。夏天高温干旱天气，应增加喷雾次数和时间。种植15天后，每隔2周左右喷施1次磷酸二氢钾（1000倍液）。

5. 越冬管理

10月至11月，每半个月喷雾1次，停施叶面肥。12月至次年2月停水停肥。

6. 病虫害及其防治

根据GB/T 8321和《中药材生产质量管理规范（试行）》的规定，病虫害发生初期，在采用人工、物理防治措施不能有效控制病虫害的情况下，优先选用生物农药和高效广谱、低毒低残留的农药,不同的农药相互搭配交替使用,以增强防治效果。铁皮石斛主要病虫害防治方法及安全间隔期见表3.1。

表 3.1 铁皮石斛主要病虫害防治方法及安全间隔期

病虫害	防治方法	防治办法	安全间隔期
炭疽病	化学防治	75%百菌清可湿性粉剂800倍液喷雾。一般每7天喷1次,连续喷2~3次	≥20 d
白绢病	综合防治	发现病株立即拔除,并用石灰水处理树干发病处	无
	化学防治	50%福多宁可湿性粉剂3000倍液喷雾。一般每7天喷1次,连续喷2~3次	≥20 d
煤污病	化学防治	50%多菌灵800~1000倍液喷雾1~2次	≥20 d
蜗牛和蛞蝓	综合防治	铁皮石斛苗木栽种前,在树周围撒适量石灰,树干离地至50 cm左右处涂上石灰水;在清晨、阴天或雨后及时人工捕杀	无

（三）采收与储藏

1. 采收

栽培后第2~5年,采收2年生萌蘖条;栽培后第6年,采收全株。采收时间为每年12月至开花前。

2. 储藏

采收后,剔除破损及被病虫等污染的鲜条,洗净,阴干,用食品级材料开口包装,置0~4℃低温、避光环境储藏。

三、铁皮石斛与食用菌立体栽培技术

该立体栽培模式主要利用大棚、自动喷灌系统、环境监测系统、水帘降温系统等设施,智能化调控铁皮石斛与食用菌的生长环境,并将松树皮、厚朴渣、樟树皮、食用菌菌糠等作为主要栽培基质。通常,每年4~8月在移动苗床上进行灵芝等中高温菌类栽培,9~12月进行平菇等中低温菌类栽培。

（一）铁皮石斛栽培技术

1. 种苗选择

（1）种苗来源。结合市场需求,选择适宜当地气候条件和栽培设施的铁皮石斛品种,可以通过不同区域引种试验筛选适宜本区域品种。

（2）苗龄选择。人工栽培铁皮石斛一般是将组培驯化苗作为移栽材料。为了提高移栽成活率,需要将铁皮石斛组培苗在大棚内驯化一段时间后再进行移栽。需要注意的是,驯化时间短,种苗生长发育不充分,萌发的新芽弱、抗性差;驯化时间长,种苗易老化、长势变弱,植株封顶早,影响其产量与品质。实践表明,驯化1年左右的铁皮石斛苗长势较好。

(3) 种苗标准。铁皮石斛驯化移栽苗的标准为具根四五条、叶五六片，株高≥5.0 cm，直径 0.3 cm 左右，健壮、无病虫危害。

2. 铁皮石斛种苗繁育

铁皮石斛在自然环境中种子发育不完全，因此采用常规播种育苗技术存在年限长、死亡率高等问题，生产效率较低。利用铁皮石斛的种子、茎尖、茎节等外植体进行组培工厂化育苗，能有效解决铁皮石斛种苗来源问题。

（1）用八成熟蒴果作为外植体材料。整个种苗繁育过程需在无菌室超净工作台上进行无菌操作。用刀片将八成熟种子剥开，用无菌滤纸包好，在无菌瓶中进行消毒（75%的酒精消毒 30 s，0.1% $HgCl_2$ 消毒 3～4 min），之后用无菌水冲洗 5 次左右，将其接种在已消毒的培养基上。经过 20 d 左右的培养，种子开始萌芽生长，再通过增殖培养、生根培养，大棚驯化成生产用的组培苗。

（2）用枝条作为外植体材料。从大棚内生长 1 年的铁皮石斛植株中选用健壮、无病虫害的枝条，先去掉叶片和膜质叶鞘，再剪成 1～2 cm 左右带节的茎段，放流水中冲洗干净，再用 75%的酒精消毒 30 s、0.1%$HgCl_2$ 灭菌 6 min。之后用无菌水将茎段冲洗 5 次左右，用消毒的滤纸吸去多余水分，将茎段两端各切去 0.2～0.3 cm，再放入无菌的初代培养基中，每瓶插入 15 根左右。经过 30～50 d 初代培养后，节间处长出一两个新芽，再通过增殖培养、生根培养，驯化成生产用的组培苗。

3. 组培驯化苗移栽

移栽分为春栽和秋栽。移栽方式有单株栽、丛栽，单株栽株行距为 10 cm×8 cm，丛栽（一丛为 2～4 株）的株行距为 10 cm×12 cm。移栽时去掉老根，保持根系舒展，种植深度控制在 2 cm 左右。不同类型种苗要分开移植。种植铁皮石斛所需种苗，按苗床面积计算，每平方米要种植 90 丛左右，每 667 m^2 种植 4 万株以上的种苗。移栽前，将分离提纯的铁皮石斛伴生真菌分别加入上述培养基质中。经过 1 年驯化生长后，春栽、丛栽铁皮石斛苗长势较好。

4. 栽培管理

铁皮石斛不耐寒，适宜在气候阴凉、湿度较大、通风透气、远离污染的环境条件下生长。因此，华东山区大部分区域需要在温室、大棚等设施内种植铁皮石斛，具体栽培管理要点如下所述。

（1）温度控制。铁皮石斛是一种亚热带草本植物，适宜生长温度为 18～28℃，棚内温度应满足其生长需求。需要注意的是，夏季温度过高（高于 45℃）时，棚内需要加强通风、开水帘降温，保持棚内温度在 45℃以下；冬季采用适当措施保温增温，保持棚内温度在 5℃以上。

（2）水分控制。铁皮石斛移栽基质以偏干为宜，一般第 3 天可在叶面浇 1 次水，后期视棚内湿度适时开启喷灌系统，保持基质湿润，棚内空气湿度保持在 80%左右。春栽铁皮石斛成活后前一两个月气温上升，应多次开启棚内喷灌系统，气温高时可以每隔 1～2 h 喷淋 1 次（夏季避免中午喷淋），保持基质湿润、棚内通风透气，并可结合追肥进行喷淋，以保证气生根生长良好。食用菌水分管理与铁皮石斛基本一致。

（3）施肥。铁皮石斛移栽 15 d 后，可喷施 0.1%的 KNO_3 叶面肥；再根据生长情况，每

667 m² 施加农家肥 40～80 kg。10 月中下旬，每 667 m² 可施用磷酸二氢钾 20 kg，并配合叶面喷施；次年春季喷施 1 次生长调节剂 "HB101" 活力素，提高新芽萌发率，再根据苗木生长情况每 667 m² 施农家肥 40～80 kg。

(4) 越冬管理。越冬管理的主要任务是提高棚内温度，防止铁皮石斛受冻。越冬管理主要措施如下：①低温来临前，做好耐寒锻炼，减少喷淋次数，一般每隔 15 d 左右喷淋 1 次；②在温室或大棚内加盖具有足够密封性的内棚；③夜晚低温时开启红外灯泡增温；④采用加热块升温法，一般 667 m² 每天加热块用量为 3～5 块，每块可燃烧 4 h 左右，可提温 2～4 ℃。

(5) 病虫害防治。铁皮石斛病害多发于高温高湿的环境，此时要加强大棚内的环境管理，常通风换气，适当控制湿度、温度，并采用生物技术进行病害防治。铁皮石斛栽培过程中易受蜗牛、蛞蝓、蚜虫、斜纹夜蛾等害虫影响。蚜虫和斜纹夜蛾会吸食铁皮石斛的汁液致其营养不良，对此，可使用 60%茶皂素粉剂防治蚜虫，利用糖醋液诱杀斜纹夜蛾。

5. 采收

(1) 茎的采收。铁皮石斛生长 1.5 年后地上枝条可采收，一般在 12 月至翌年 6 月进行采收。此时植株光合作用较弱，所含有效成分最高。铁皮石斛茎采摘后适宜制作铁皮石斛枫斗和超微粉。

(2) 花的采收。铁皮石斛花药用价值极高，采收工作在 4～6 月开花时进行，一般在花苞打开后第 2 天采下烘干。

(二) 食用菌栽培技术

1. 灵芝栽培

灵芝属于木腐菌，也是一种好气性真菌，喜弱酸性环境。其子实体生长要求空气相对湿度为 80%～95%，温度为 18～30 ℃，空气清新，有少量散射光。灵芝栽培管理技术要点具体如下所述。

(1) 挖沟。灵芝属高温型菌类，可于 3 月底 4 月初接种，菌棒一般在适温下生长 40 d 左右达到生理成熟。菌棒成熟后可以移入大棚移动苗床下沟栽。在移动苗床下挖沟，沟长由温室的长度决定，一般沟宽 80 cm、深 25 cm。移动苗床距地面 100 cm。挖好沟后向沟内四周、沟底喷洒多菌灵灭菌。

(2) 摆菌棒。把菌棒摆放于沟内，菌棒需间隔 3 cm 左右。

(3) 出菇前管理。出菇前棚内气温控制在 25～28 ℃，地温控制在 20～26 ℃，有利于原基分化；空气相对湿度保持在 80%～90%，土壤湿度保持在 60%左右。

(4) 灵芝采收。当灵芝子实体颜色变红、变深，菌盖木质化，菌盖表面有灵芝孢子粉出现时，即可进行采收。

(5) 孢子粉采收。当灵芝白色生长环消失并开始木栓化，菌盖进行加厚生长时，是采收孢子粉的最佳时期。此时收集的孢子粉质量好。采收孢子粉之前，需要将菌棒四周地面清理干净。在清洁整理过的地面铺上接粉薄膜，在移动苗床下建一个封闭的小拱棚收集孢子粉。整个收粉期都需要保证大棚的封闭性，只在温度过高时掀开薄膜透风降温。采收后，需及时晒干或烘干孢子粉。

2. 平菇栽培

9～11月,将发好菌的平菇菌包摆放于铁皮石斛移动苗床下面,方法与灵芝栽培相似。平菇生长周期可控,具有"有地就能创收,在家就能致富"的栽培特点。

3. 大球盖菇栽培

1)栽培设施

栽培大棚设施搭建好后,棚内土壤深翻25～35 cm,曝晒5 d,并在土壤表面撒上生石灰消毒,生石灰用量105 kg/667 m^2,然后视栽培场地形等特点做好大球盖菇菇床,最后在菇床上方对应位置搭建好铁皮石斛栽培架,架高140 cm。

2)大球盖菇培养料处理及铺料播种

培养料选用新鲜干燥的纯谷壳,铺料播种前需用干净水浸透。在已做好菇床土表上直接铺培养料播种,每畦料宽40 cm,料畦间距20 cm,长度依地形而定,高约25 cm(含覆土高度)。铺料时,整个料面做成龟背形,中间厚度20 cm,稍拍平压实后在料面点播菌种。点播菌种时,将菌种掰成板栗块状,三点点播,即中间高点处,两旁腰间处,间距为10 cm左右。点播菌种后,再覆盖谷壳料。

3)覆土与发菌

铺料接种完成后随即覆土,就地取材,利用畦床两旁碎土覆盖整个料面,覆土厚度为4～5 cm。通常情况下,播种后2～4 d菌丝萌发吃料,50～60 d菌丝长透培养料,随即土面可见菌丝和原基,大球盖菇从原基发育为成熟子实体需4～10 d。

4)采收

当大球盖菇长出土面菇盖外一层菌膜快要破裂即七成熟时,就要采收。采收时将手指捏紧根部旋转拔出菇体,再用小刀削净根泥。大球盖菇成熟后容易开伞,采收后要尽快鲜销或加工(盐渍、制罐、烘干等)。

参 考 文 献

国家药典委员会, 2020. 中华人民共和国药典[M]. 北京: 中国医药科技出版社: 295-296.

刘平安, 朱鸿, 陈慧珍. 2021. 大球盖菇与铁皮石斛立体生态栽培技术[J]. 食用菌, 43(6): 52-53.

王治丹, 代云飞, 罗尚娟, 等. 2022. 铁皮石斛化学成分及药理作用的研究进展[J]. 华西药学杂志, 37(4): 472-476.

肖淑媛, 陈宗顺, 喻舞阳, 等. 2022. 铁皮石斛与食用菌立体栽培技术[J]. 乡村科技, 13(8): 85-88.

第四章 覆 盆 子

第一节 覆盆子概况

一、植物来源

覆盆子，又名复盆子、绒毛悬钩子、覆盆莓、乌藨子、小托盘等，《中国药典》（2020年版）收载的覆盆子为蔷薇科（Rosaceae）悬钩子属（Rubus）植物华东覆盆子（Rubus chingii Hu）的干燥果实。夏初果实由绿变黄时采收，除去梗、叶，置沸水中略烫或略蒸，取出，干燥。Flora of China 中，华东覆盆子收录为掌叶覆盆子，拉丁名同为 Rubus chingii Hu。

二、基原植物形态学特征

藤状灌木，高 1.5～3 m；枝细，具皮刺，无毛。单叶，近圆形，直径 4～9 cm，两面仅沿叶脉有柔毛或几无毛，基部心形，边缘掌状，深裂，稀 3 或 7 裂，裂片椭圆形或菱状卵形，顶端渐尖，基部狭缩，顶生裂片与侧生裂片近等长或稍长，具重锯齿，有掌状 5 脉；叶柄长 2～4 cm，微具柔毛或无毛，疏生小皮刺；托叶线状披针形。单花腋生，直径 2.5～4 cm；花梗长 2～3.5(4) cm，无毛；萼筒毛较稀或近无毛；萼片卵形或卵状长圆形，顶端具凸尖头，外面密被短柔毛；花瓣椭圆形或卵状长圆形，白色，顶端圆钝，长 1～1.5 cm，宽 0.7～1.2 cm。果实近球形，红色，直径 1.5～2 cm，密被灰白色柔毛；核有皱纹。花期 3～4 月，果期 5～6 月。

三、生长习性

掌叶覆盆子逢节生花，常单朵，花期 3～4 个月，自花授粉，花朵坐果率达 80%以上，聚合果由多数小核果紧密聚合而成，小果易剥落，体轻，质硬，味微酸涩。掌叶覆盆子植株一旦进入盛果期，可连续挂果 15 年以上。

四、资源分布与药材主产区

覆盆子主要分布于江苏、安徽、浙江、江西、福建、广西等省（自治区），在日本也有分布。覆盆子多生于山坡灌丛，路边阳处，赣东北及浙江为主要分布区。覆盆子生长在山地杂木林边、灌丛或荒野，海拔在 300～2000 m 之间，通常生于山区、半山区的溪旁、山坡灌丛、林边及乱石堆中，尤其在荒坡或烧山后的油桐、油茶林下生长旺盛。

当前市场流通中，覆盆子以浙江淳安为主产区，次产区有安徽宣称、福建福鼎等地。近年来丽水市莲都区、青田县、景宁县等覆盆子种植基地规模不断扩大，2020年成功申请了"丽水覆盆子"国家地理标志证明商标。据农业部门中药材业务线数据，2021年丽水市覆盆子种植面积25824亩，投产面积17399亩，产量1424.38 t，产值10144.13万元。

五、成分与功效

近代研究表明，覆盆子中主要含有黄酮类、酚酸类、萜类、生物碱、苯丙素类及甾醇类等成分。《中国药典》（2020年版）规定，覆盆子的检测标准为：按干燥品计算，含鞣花酸（$C_{14}H_6O_8$）不得少于0.20%，含山奈酚-3-O-芸香糖苷（$C_{27}H_{30}O_{15}$）不得少于0.03%。

《中国药典》（2020年版）记载的覆盆子性甘、酸，温。归肝、肾、膀胱经；功能与主治为益肾固精缩尿，养肝明目。用于遗精滑精，遗尿尿频，阳痿早泄，目暗昏花。现代医学研究表明覆盆子具有显著的抗肿瘤、抗氧化、降血糖血脂、抗衰老和抗炎等作用。

第二节　覆盆子规范化栽培模式

覆盆子为多年生灌木，枝为二年生，产果后当年会自然枯死，其规范化栽培模式主要有掌叶覆盆子规范化生产关键技术、山地覆盆子栽培技术和山区覆盆子-光叶紫花苕-中蜂生态高效种养模式。2017年编制了浙江省地方标准《掌叶覆盆子生产技术规程》（DB33/T 2076—2017）。

一、掌叶覆盆子规范化生产关键技术

（一）园地选择

宜在掌叶覆盆子资源分布区种植，交通便利，无污染。空气质量符合GB 3095中的二级标准，农田灌溉用水符合GB 5084中的二级标准。

土质疏松肥沃、湿润不积水、土层深厚，以弱酸性至中性的砂壤土或红壤土为宜，pH值宜为5.5~7.0，有机质含量1.5%以上。

（二）种苗繁育

选择表现良好的掌叶覆盆子野生资源作种源。种苗繁殖方法有种子繁殖、根蘖繁殖、扦插繁殖及压条繁殖，生产上主要以根蘖繁殖为主。

1. 苗床准备

选择地势平坦，背风向阳，排水良好，地下水位低，疏松肥沃，无病菌的砂质壤土作为苗床地；畦宽1.2 m、排水沟宽30 cm、沟深30 cm，深翻作畦，龟背形，要求土细、沟直、沟沟相通，为培育壮苗打好基础。

2. 根蘖繁殖

3～4月，选择发育良好的新萌根蘖苗，当苗高达25～35 cm已产生不定根时带土挖苗，移栽至苗床，株距35 cm，行距70 cm。定植后对植株进行短截，保留3～4片叶，株高15～20 cm，浇透水。秋冬季根蘖成苗，待其落叶后可作种苗栽种。

3. 扦插繁殖

当平均气温达10～14℃时，即可扦插。先剪成20 cm左右的插条，每根插条3～4节，上端剪口离芽位3～4 cm，剪口要平滑，不可撕裂。将插条基部插入100 mg/L生根粉液浸泡10～12 h，浸泡后用清水冲净，再用2.5%咯菌腈水剂1000倍液等浸泡5～10 min进行杀菌处理后即可扦插。扦插后遮阴并保湿，待扦插枝条展叶成活后撤去遮阴网，秋季移栽大田。

4. 压条繁殖

在7～8月选择生长健壮的当年生植株的近地面的枝条压入土中，枝条入土部分割伤，长出新梢和不定根后，第2年春季将压条长出的幼苗截离母体，另行栽植。

5. 种苗标准

定植的苗木要求苗高30 cm以上，根数6条以上，根长10 cm以上，饱满芽6个以上。

（三）栽种

1. 整地

深耕30 cm，彻底清除树根、杂草等杂物，平整地面，起垄栽培。采用带状栽植，平地宜南北向，坡地的行向应与等高线平行。坡度15°以下坡地全垦，坡度15°～25°山地建水平带。

2. 挖定植穴、施基肥

按株行距挖定植穴，定植穴直径25～35 cm，深25～35 cm。每穴施有机肥1～2 kg，将表土与有机肥混合均匀填入穴里，再用熟化的土壤填平定植穴。

3. 栽植密度

行距2.0～2.5 m，穴距为1.5～2.0 m，每公顷控制在2250～3000穴，根据用途不同，密度略有差异，果用栽培宜适当疏些，药用栽培适当密些。

4. 定植时间

11月至次年3月。

5. 定植方法

苗木运到后立即栽植，埋土深度以埋过根际3～5 cm为宜，要求根系舒展，土壤压实，浇足定根水，然后在上面覆盖一层土。地上茎秆部分剪留5～15 cm。

（四）肥水管理

每年施4次肥，1次基肥，3次追肥。

1. 基肥

在秋季落叶后追施腐熟的有机肥，施肥量：每公顷施腐熟的有机肥7500 kg，过磷酸钙750～1125 kg。施肥方法：在植株一侧挖15 cm左右深的施肥沟，将肥料撒施在沟内，隔年交替进行。

2. 追肥

第1次在春季萌芽前结合返青水，每公顷施尿素150 kg、钙镁磷肥75 kg；第2次在花前1周，每公顷追施硫酸钾肥150 kg；第3次在坐果后，每公顷追施尿素150 kg。在距树干20 cm以外，开沟施入根系分布区，施后覆土。

3. 排灌水

雨季注意田间排水，防积水。萌芽期、孕花期、坐果期、果实膨大期，注意补水，防止干旱缺水，影响产量。秋冬季保持土壤适度湿润，防止枝条缺水干枯。

（五）整形修剪

1. 春季修剪

在春季花芽萌发前修剪，剪去植株干枯枝、细弱枝，每丛保留7～9个粗壮枝条，保持树冠形状，促进结果。

2. 夏季修剪

初夏果实采收后，剪去全部的当年结果枝，每丛（穴）保留当年新萌健壮根蘖苗3～4个、分布均匀的一级分枝15～20个。

3. 秋季修剪

秋季或初冬，剪去枯枝、病枝、弱枝，疏剪过密枝。

（六）病虫害防治

掌叶覆盆子的病虫害相对较少，主要病害有根腐病、褐斑病；主要虫害有蚜虫、蛴螬和螨类。

1. 防治原则

遵循"预防为主，综合防治"的植物保护方针，优先采用农业、物理、生物等防治技术，合理使用高效低毒低残留的化学农药，将有害生物危害控制在经济允许阈值内。

2. 农业防治

选用优良抗病品种和无病种苗，加强生产场地管理，清洁田园，合理施肥，科学排灌。发病病株及时清除，集中销毁。

3. 物理防治

采用杀虫灯或黑光灯、黏虫板、糖醋液等诱杀害虫。整地时发现蛴螬等害虫，及时灭杀。

4. 生物防治

保护和利用天敌，控制病虫害的发生和危害，应用有益微生物及其代谢产物防治病虫。

5. 化学防治

农药使用按NY/T 393的规定执行。选用已登记的农药或经农业、林业等技术推广部门试验后推荐的高效、低毒、低残留的农药品种，避免长期使用单一农药品种；优先使用植物源农药、矿物源农药及生物源农药；禁止使用除草剂及高毒、高残留农药。

（七）采收和产地初加工

1. 药用覆盆子采收

从 4 月上旬开始，果实由绿变绿黄时选晴天进行采摘，阴雨天、有露水时不宜采摘；采摘时轻摘、轻拿、轻放；分批采收，每次采摘时将成熟适度的果实全部采净。除去梗、叶，置沸水中略烫或略蒸，烘干或晒干，使水分低于 12%。

2. 果用覆盆子采收

果用覆盆子待果实红熟后采收，宜在晴天露水干后采摘。

二、山地覆盆子栽培技术

（一）整地做畦

按生长习性选择背风向阳沙质土壤山地、荒坡等地块种植。每 667 m^2 施腐熟农家肥或饼肥 2000 kg，深翻 25～30 cm 翻入地中，耙碎搂平，做畦宽 60～70 cm，沟宽 20～30 cm，沟深 20 cm。

（二）育苗繁殖

生产中多采用根蘖繁殖、扦插繁殖、压条繁殖等方法。

1. 根蘖繁殖

5 月中旬，选择发育良好的根蘖苗，剪去顶端枝条，在阴天连根挖出，分成单株，当天即移栽，注意保留较多侧枝和主根，确保植株丛的产量，此种方法可使栽种成活率高达 95%，且挂果早见效快，但也存在不能规模化发展的问题。

2. 扦插繁殖

每年 11 月至次年 3 月，选取粗壮的植株剪成 25 cm 左右长的枝条，选用生根剂浸泡 30 min，采用随取随插方式进行扦插，扦插深度为枝条的 1/2 左右，扦插时注意固定紧枝条，覆土踩实，扦插完浇水，1 个月即可生根。此法条件要求高、难度较大，操作过程中一般很难达到规范，以致成活率不高。

3. 压条繁殖

一般选择 2 年生以上已经开花、生长健壮的植株作为母株，在 8～9 月将近地面的一年生枝条压入土中，将枝条入土部分割伤，待次年春季可将压条长出的幼苗移栽。此法简单易行，比较适合山地采用。

（三）定植

覆盆子一般以秋季栽种成活率高，种植方法分为带状法和单株法，建议采用带状法种植。定植密度每 667 m^2 建议 500 株左右，山区建议采用行距 1～2 m、株距 0.5 m 左右，植穴规格一般 30 cm×30 cm×30 cm，每穴移栽壮苗 1～2 株，施入杂肥 5 kg 与底土混合，填土夯实。

（四）田间管理

1. 肥水管理

每年 8~9 月进行中耕除草，以利于植株生长，在开花期和结果期追肥 1 次，可施用硼砂、硫酸钾复合肥以提高产果率和促进果实膨大。施肥应距植株 30 cm 一侧施用 30 g 左右即可，切勿直接撒于植株根部，以免烧苗。覆盆子耐干旱，雨水过多时，山地要注意及时排水，以免造成大量落花落果甚至烂根、植株死亡等现象。

2. 搭架防倒

果期时果实过多易导致枝条垂伏，夏季山区遇小气候大风雷雨也易导致植株倒伏，影响产量和果实品质。故当枝条长度超过 1 m 时，需搭架引枝。根据地势地形，前期可采用木竹等材料搭架立杆，高度 1 m 为宜，架设好支架和拉丝绳后，可将一年生以上枝条扎绑于绳上，使枝条能够均匀接受光照，保持植株之间良好的通风。

3. 修剪枝条

一般采用春季和秋季修剪，为保证植株高效生长，枝条要保持合理密度。春季应修剪去弱枝、枯枝，促进下部侧枝长出强壮的结果枝。每株保留 20 个左右健壮枝条，剪去其余枝条。秋季采摘果实后，剪去结果后的枯枝，以提高来年的果实产量。

4. 病虫害防治

应尽量少施或不施用化学农药，必要时可选用《农药管理条例》中准许的农药，严格按照《农药合理使用准则》《食品中农药最大残留限量》等规定施用。严禁施用高毒、高残留农药。推荐使用生物制剂农药，最大限度减少有害物质残留，生产无公害、绿色产品。

覆盆子抗病虫性很强，受病虫为害较少。主要病害是茎腐病、白粉病，可用生物杀菌剂多氧霉素、农用链霉菌、甲基托布津 500 倍液等喷洒防治。主要虫害有柳蝙蝠蛾、卷叶蛾、穿孔蛾、天牛类等，可用生物杀虫剂如阿维菌素等喷施防治。一般新建园病虫害较少，秋季加强管理，枯枝及时集中烧毁处理，消除病原可有效预防病虫害。

（五）果实采收

覆盆子果期一般是在 5 月中旬至 6 月，当果实发育饱满尚呈绿色未成熟变红时即可采收，采下要分批，除去梗、叶、花托和其他杂质，在开水中烫 2~3 min，晒干或烘干即可。

三、山区覆盆子-光叶紫花苕-中蜂生态高效种养模式

（一）套种光叶紫花苕

1. 生物学特性

光叶紫花苕又名苕子、紫野豌豆，光叶冬箭舌豌豆等，1 年生或越年生草本植物，豆科巢菜属，系毛叶苕子的变种；适应性广，抗逆性强，根系发达，主根粗壮，是非常好的绿肥作物，同时苕子花也是优质的蜜源。

2. 播种

播种前进行土壤翻耕和整地，贫瘠土壤播前应施有机肥作底肥，景宁山区一般在 9~10 月播种。套种基地播种量一般掌握在 15.0~22.5 kg/hm²。选择无腐烂、霉变的健康种子浸泡 6~8 h，播种前种子按每 1000 g 拌入钙镁磷肥 300~500 g，撒播于覆盆子植株间，注意播种密度过高会降低光叶紫花苕产量。

3. 排水

根据地面积水情况掌握进行，重点是播种后前期应及时排出过多的积水，以防止种子腐烂。而在隆冬时节，苕子幼苗处于半休眠状态，不能过多灌水、施肥。

4. 施肥

覆盆子园地套种苕子无需刻意施肥，利用园地的余肥即可满足苕子生长需求。过多施肥反而会造成植株生长过旺出现倒伏腐烂。

5. 收割

套种的苕子无需收割，秋季自然枯萎后留在田间作为天然肥料，注意不要堵塞排水沟。

（二）套养中蜂

中蜂属于东方蜜蜂，全称为中华蜜蜂，俗称土蜂，是中国宝贵的蜂种资源，也是中国独有的蜜蜂品种。浙江省中蜂规模养殖主要集中在金华、丽水、衢州地区。

1. 蜂场选择

中蜂适合定地饲养，也可结合小转地，蜂场地势要背风向阳，地势稍高，夏季应避免阳光暴晒，有适当树荫的覆盆子基地最为合适。蜂场周围环境要保持幽静，水源清洁无污染，避免嘈杂，垫高蜂箱分散排列。

2. 巢脾管理

每年换脾 1 次，也就是巢脾使用周期不超过 1 年，在蜜粉源相对丰富的蜂群增长阶段，抓住时机集中快速造脾，在严重分蜂热发生前完成所有巢脾的更新，修造优质的巢脾。优质巢脾的特点是平整、完整、无雄蜂巢房，把握造脾时机，基本保持蜂脾相称。

3. 营养与饲料

粉蜜饲料充足，在任何时候均应避免巢内缺乏糖饲料，在蜂群增长阶段不允许缺乏蛋白质饲料，但不能蜜粉压子脾。

4. 分蜂热控制

选用地方良种，在分蜂阶段前中期换王，在分蜂热发生前，采取促蜂群快速增长措施，增加蜂群幼虫数量，通过人工分群在分蜂期控制蜜蜂群势，降低蜂巢温度，通过遮阳、通风、饲水等措施降巢温，保持巢门外没有或很少有扇风的工蜂，控制分蜂热应从管理入手，尽量给蜂王创造多产卵的条件，增加哺育蜂的工作负担，调动工蜂采蜜、育虫的积极性。

5. 病虫害防治

中蜂常见病害有囊状幼虫病和欧洲幼虫腐臭病，防治方法主要依靠加强饲养管理。通过饲养强群、断子、更换抗病蜂王、加强保温、饲料充足、勤消毒、病群隔离销毁等方法进行病害防治，目前尚无有效的防治药物。

中蜂常见虫害为巢虫，巢虫分为大、小巢虫 2 种。它们的幼虫蛀食巢脾，钻蛀隧道，造成"白头蛹";轻者影响蜂群的繁殖力,重者造成蜂群的飞逃,中蜂较意蜂受害更加严重。防治巢虫应经常清除蜂箱内的残渣蜡屑,保持蜂群卫生,清除陈旧巢脾。当蜂箱出现裂隙时,要及时堵塞、填平。通过饲养强群,保持蜂多于脾,对弱群作适当合并,增强对巢虫的抵抗力。当巢虫上脾危害时,应及时进行人工清除或抖落蜜蜂,将巢脾用药物熏治,杀灭巢虫。储存的巢脾密闭保存,定期用冰醋酸熏杀。生物防治方法为用苏云金杆菌压入巢内,当巢虫上脾危害时,食入苏云金杆菌后感病死亡。

参 考 文 献

国家药典委员会, 2020. 中华人民共和国药典[M]. 北京: 中国医药科技出版社: 399.

胡理滨, 华金渭, 吉庆勇, 2021. 掌叶覆盆子规范化生产关键技术[J]. 东南园艺, 9(5): 063-066.

潘玲玲, 梁春霞, 刘勇勇, 2022. 景宁山区覆盆子-光叶紫花苕-中蜂生态高效种养横式[J].云南农业科技, 3: 25-27.

全尚龙, 毛可仁, 练端舜, 2019. 掌叶覆盆子人工栽培技术[J]. 现代农业科技, 2: 47-49.

汪健, 2017. 浅析黄山市山地覆盆子栽培技术及经济效益[J]. 南方农业, 11(31): 64-66.

吴洁琼, 周燕霞, 周兴卓, 2020. 覆盆子的化学成分研究进展[J]. 世界最新医学信息文摘, 71(20): 64-65.

第五章 白芍（芍药）

第一节 白芍（芍药）概况

一、植物来源

白芍，又名金芍药、没骨花、离草，《中国药典》（2020 年版）收载的白芍是毛茛科（Ranunculaceae）芍药属（Paeonia）植物芍药 *Paeonia lactiflora* Pall. 的干燥根，夏、秋二季采挖，洗净，除去头尾和细根，置沸水中煮后除去外皮或去皮后再煮，晒干。*Flora of China* 中将芍药置于芍药科（Paeoniaceae）。

二、基原植物形态学特征

芍药为多年生草本。根粗壮，分枝黑褐色。茎高 40～70 cm，无毛。下部茎生叶为二回三出复叶，上部茎生叶为三出复叶；小叶狭卵形，椭圆形或披针形，顶端渐尖，基部楔形或偏斜，边缘具白色骨质细齿，两面无毛，背面沿叶脉疏生短柔毛。花数朵，生茎顶和叶腋，有时仅顶端一朵开放，而近顶端叶腋处有发育不好的花芽，直径 8～11.5 cm；苞片 4～5，披针形，大小不等；萼片 4，宽卵形或近圆形，长 1～1.5 cm，宽 1～1.7 cm；花瓣 9～13，倒卵形，长 3.5～6 cm，宽 1.5～4.5 cm，白色，有时基部具深紫色斑块；花丝长 0.7～1.2 cm，黄色；花盘浅杯状，包裹心皮基部，顶端裂片钝圆；心皮 4～5（～2），无毛。蓇葖长 2.5～3 cm，直径 1.2～1.5 cm，顶端具喙。花期 5～6 月；果期 8 月。

三、生长习性

芍药适宜温暖湿润气候条件，具有喜光、喜温、喜肥和一定的耐寒特性。在年均温 14.5℃，7 月均温 27.8℃，极端最高温 42.1℃的条件下生长良好。

芍药是宿根植物。每年 3 月萌发出土，4～6 月为生长发育旺盛时期，花期 5 月，果期 6～8 月，8 月中旬地上部分开始枯萎，这时是芍药苷含量最高时期。

芍药种子为上胚轴休眠类型，播种后当年生根，再经过一段低温打破上胚轴休眠，翌春破土出苗。

四、资源分布与药材主产区

芍药资源在我国分布于东北、华北、陕西及甘肃南部。在东北分布于海拔 480～700 m

的山坡草地及林下，在其他各省分布于海拔1000～2300 m的山坡草地。在朝鲜、日本、蒙古及俄罗斯西伯利亚地区也有分布。在我国四川、贵州、安徽、山东、浙江等省及各城市公园也有栽培，栽培者，花瓣各色。

白芍是大宗药材品种，需求量巨大，据调查显示，近十来年白芍年需求量保持稳定在12000～15000 t。目前，全国四大药用芍药主产区为安徽亳州、浙江磐安、四川中江和山东菏泽，所产白芍分别习称亳白芍、杭白芍、川白芍和菏泽白芍。市场普遍认为以杭白芍品质最佳，亳白芍产量最大。

五、白芍成分与功效

近代研究表明，白芍中主要有萜苷类、鞣质类、有机酸类等化合物，其药理作用主要由芍药苷（$C_{23}H_{28}O_{11}$）这一成分发挥。《中国药典》（2020年版）规定，白芍的主效成分检测标准为：按干燥品计算，含芍药苷（$C_{23}H_{28}O_{11}$）不得少于1.6%。

《中国药典》（2020年版）记载的白芍性味苦、酸，微寒，归肝、脾经；功能与主治为养血调经，敛阴止汗，柔肝止痛，平抑肝阳；用于血虚萎黄，月经不调，自汗，盗汗，胁痛，腹痛，四肢挛痛，头痛眩晕。现代医学研究表明，白芍具有止痛、抗炎、保肝的功效，以及多途径抑制自身免疫反应等多种药理作用。

第二节 白芍（芍药）规范化栽培模式

白芍（芍药）属于多年生草本植物，其规范化栽培模式主要包括杭白芍栽培技术、亳白芍栽培技术、山区白芍（杭白芍）栽培技术、林下套种白芍（亳白芍）栽培技术、白芍与其他作物间作等规范化栽培模式。其中，山地杭白芍间作白术栽培技术模式已发展成浙江安吉中药材种植的特色模式。

一、杭白芍栽培技术

浙江省是杭白芍道地主产区，主产于磐安、东阳、柯城等地，质量上乘。杭白芍栽培技术具体如下所述。

（一）产地环境

要求喜温湿、肥沃的沙质壤土，忌连作，盐碱地不宜种植。选择阳光充足、土层深厚、保肥保水能力好、疏松肥沃、排水良好、远离松柏的地块种植，种过杭白芍的地块宜间隔1年以上再种。

（二）技术要点

1. 种植

选择'浙芍1号'等优质高产、抗病良种。种栽获得，在收获或亮根修剪时，将带芽新根剪下，每株留壮芽 1~2 个及根 1~2 条即成芍栽；也可用芍头繁殖芍栽，不亮根修剪，2 年后起挖，将带芽新根剪成株。应选择通风、阴凉、干燥、泥土地面的仓库或室内储存种栽。

栽种适期 11 月。穴栽，每穴 2 根，分叉斜种，根呈"八"字形，芽头靠紧朝上，种后初覆细土压紧固定，然后在根尾部上方穴边施入基肥，覆细土成垄状。

2. 田间管理

幼苗出土时，即应中耕除草，中耕宜浅，勿伤及苗芽。雨季及时清沟排水，做到雨停田间无积水；干旱严重时，适当浇水抗旱。施肥以农家肥料为主，实行配方施肥，推广应用草木灰，不应施用硝态氮肥。摘蕾，现蕾盛期，选晴天露水干后将其花蕾全部摘除。亮根修剪，对一年、二年生的杭白芍，枯苗后进行亮根修剪，把带病、带虫、空心的粗根剪去，选取粗大、不空心、无病虫的 2~3 个主根，留做商品芍根。在留好主根上芽头的同时，将带芽新根剪下作种栽，然后施肥、覆土重新起垄。防治好根腐病、灰霉病、蛴螬、小地老虎等。

3. 采收

栽后 3 年，8~10 月采收，选晴天挖出地下根，抖去泥土，切下芍根，并分级。修剪后的芍根分大、中、小三级。

二、亳白芍栽培技术

亳白芍（*Paeonia lactiflora* Pall. 'Bobaishao'）为安徽亳州区域内种植（或生产）的道地药材，品质优良。主要有蒲棒和线条两个农家品种。线条叶芽大而长，生长周期 5~6 年，根细长、质实、粉性足、不中空；蒲棒叶芽小而密集，生长周期 3~4 年，根短粗、质松、不分杈，4 年以上易中空。亳白芍栽培技术具体如下所述。

（一）产地环境

种植基地生态环境良好，附近没有化工厂或其他有污染物排放的工厂，远离主要公路 50 m 以上，空气应符合 GB 3095 二级标准；灌溉水应符合 GB 5084 标准；土壤应符合 GB 15618 二级标准。

（二）栽培技术

1. 选地和整地

种植应选排水良好、土层深厚、肥沃疏松、无污染的壤土或黏壤土。土壤要深耕 30 cm 以上，施足基肥，整细耙平，保持土壤疏松平整。四周开好排水沟。

2. 繁殖

分根繁殖，亳白芍收获时，选择根茎健壮，芽头饱满、无病虫害的芍芽，加以分割，分割时每块芍芽上留饱满芽头芽苞 2~3 个。如不能及时栽种，选不积水的阴凉处，进行芍芽的短时沙藏保存，遮阴保湿。

3. 栽种

1）栽种时间 9 月下旬至 10 月底。

2）栽种方法为穴栽，穴深 5～7 cm，每穴放入芍芽 1 个，芽头向上。蒲棒按行距 65～70 cm、株距 30～40 cm 开穴，每亩种植 2500～3500 穴；线条按行距 65～70cm、株距 40～50 cm 开穴，每亩种植 2000～2500 穴。栽后压实，培土成垄，垄高 10～15 cm，防冻保墒。

4. 田间管理

1）中耕松土除草

种植后，次年 3 月出苗后及时中耕松土除草，保持田间无杂草。以后每年中耕除草 2～3 次。中耕宜浅，不要伤根。

2）培土

封冻前，在离地面 3～5 cm 处割去白芍枯萎的地上部分，在根际培土 10～15 cm。割下的干枝枯叶应及时清出田外处理。

3）晾根

从栽后第 3 年开始，每年春季 3 月下旬至 4 月上旬，把根部周围的土壤扒开，根上部露出一半，晾晒 5～7 天，把须根晒萎蔫。晾根后及时覆土壅根。

4）摘除花蕾

每年春季现蕾时，应及时摘除全部花蕾。

5. 肥水管理

1）肥料管理

肥料的使用要符合 NY/T496 标准，具体施肥方法如下所述。

基肥：结合整地，每亩施用经无害化处理的农家肥 2000～3000 kg 或商品有机肥 100～200 kg，加氮磷钾三元复混肥 25～35 kg。

追肥：从栽后第 3 年开始，春季结合晾根，每亩追施氮磷钾三元复混肥 50～60 kg；冬前植株枯萎时，每亩追施经无害化处理的有机肥 2000～3000 kg 或商品有机肥 150～200 kg。

2）水分管理

栽种时浇 1 次定根水，以后遇干旱适量浇水。多雨季节及时排除田间积水。

6. 病虫害防治

预防为主，综合防治，优先采用农业防治、物理防治、生物防治，辅以必要的化学防治。

1）农业防治

选用健壮芍芽，培育健壮植株；实行轮作换茬；加强肥水管理；保持田园清洁，及时清除杂草、病残体、前茬宿根和枝叶。

2）物理防治

采用黑光灯诱杀金龟子，减少蛴螬为害；采用青草或桐树叶诱地老虎进行人工捕杀。

3）生物防治

保护和利用白芍田间天敌，如瓢虫、草蛉、蜘蛛、寄生蜂、步甲、虎甲等有益昆虫；使用生物源农药。

4）化学防治

农药使用遵照 GB/T 8321（所有部分）执行。主要病害及化学防治参照表 5.1。

表 5.1　亳白芍主要病害及化学防治方法

病名	用药与方法	防治时期
白绢病	23%噻呋酰胺 2500 倍液，喷雾及灌根	发病初期
	100 万孢子/克寡雄腐霉菌 10000 倍液，喷雾及灌根	发病初期
轮纹斑病	30%醚菌酯 2000 倍液，叶面喷雾	发病初期
	70%甲基硫菌灵 800 倍液，叶面喷雾	发病初期
根腐病	70%噁霉灵 3000 倍液，灌根	发病初期
	2000 亿孢子/克枯草芽孢杆菌 3000 倍液，灌根	发病初期
灰霉病	80%多菌灵 1500 倍液，叶面喷雾	发病初期
	40%嘧霉胺 1000 倍液，叶面喷雾	发病初期
锈病	10%苯醚甲环唑 1500 倍，叶面喷雾	发病初期
	25%啶氧菌酯 1500 倍液，叶面喷雾	发病初期

（三）采收

割去茎叶，挖出全根，除去泥土及须根，主根按大小分级。

三、山区白芍（杭白芍）栽培技术

白芍耐旱、耐寒，适应性强，管理比较容易，适合在山区种植。其花观赏价值较高，是美化农村环境、发展特色旅游、增加农民收入、建设美丽乡村的理想景观植物。近年来，鄂西北山区竹山、房县、郧县等地相继规模种植，每年花开时节引来众人观赏，取得了良好的经济、社会、生态效益。鄂西北山区白芍栽培技术具体如下所述。

（一）选地整地

白芍耐寒但喜温暖湿润气候，在鄂西北山区宜选海拔稍高、通风向阳，土层深厚、土质肥沃，质地疏松、排水良好的壤土或砂壤土种植。白芍耐旱但特别怕涝，生长期水分过多易引起烂根，水淹 6 h 以上会导致整株枯死，因此种植白芍宜选择缓坡地，不能选地势低洼、黏重、潮湿、易渍水地块，更不能在山区易涝的夹槽水田种植。白芍忌连作，重茬会导致病虫害明显加重。

白芍生长期长，播后需 3~4 年才能开挖收获，因此种植前必须施足底肥。一般亩施腐熟厩肥 2500~3500 kg（或商品有机肥 100~150 kg）、优质复合肥 50 kg、磷肥 50 kg，然后将地深翻炕垡。地下害虫较多的地块，需在翻耕前亩用 48%毒死蜱 500 mL+40%辛硫磷 500 mL，兑水 30~45 kg，对地表进行喷施（或拌炒熟谷子 10 kg 均匀撒施），以降低害虫基数。种苗移栽前再精细平整土地，使土壤与肥料混合均匀后起垄，一般垄高 20~25 cm，垄面宽 30~40 cm，沟宽 20 cm，将垄面坷垃敲碎，拣净石块、草根等杂物，同时根据地势开好厢沟、围沟，确保排水流畅。

（二）分根播种

白芍可分根繁殖，也可用种子繁殖。因种子繁殖生长周期太长，实际生产中多采用分根繁殖。其具体方法为：收获时将白芍根部药用部分切下，选健壮无病的红色芽头，将其纵切成小块，每块带2～4个芽，芽下留2 cm左右的头（头过小，营养少，生长不良；头过大，叉根多，主根不壮）。切下的芽头要晾半天，使其伤口水分稍干后再播种。为增强根系吸收能力，减轻病害发生，最好用抗重茬剂恩益碧（NEB）对种芽进行处理，其方法是将准备播种的芽头在地面摊开，将1袋根施型或通用型恩益碧兑水15 kg，对芽头进行均匀喷雾，确保药液在芽头上分布均匀，晾干后即可播种。播种时要对芽头进行大小分级，以便播种均匀、出苗整齐、方便管理。最好能随切随播，确实无法播种的，要暂时沙藏或窖藏，防止芽头干枯。

白芍一般在8、9月打窝播种，行距50～60 cm，株距40 cm，窝深10 cm左右，亩播2500～3000穴，每穴放芽头1～2个，芽苞向上放平，然后覆土5 cm左右。由于白芍从种植到收获所需时间较长，因此在鄂西北山区，农户一般将白芍与玉米套种，将玉米密度控制在每亩1000～1200株，这样一方面在管理玉米的同时，可对白芍进行中耕、除草、施肥、培土，节省用工；另一方面可充分利用土地与空间，增加单位面积收入，同时玉米还可为白芍夏季提供遮阴。

（三）田间管理

白芍出苗后，要及时中耕松土除草。苗期中耕宜浅，注意不要伤及根和嫩芽，同时将土培至根部。大面积种植宜采用化学除草，以节省劳力、降低成本。如果单纯做中药材使用，每年白芍春季现蕾时，要及时将花蕾摘除，以集中养分供地下根系生长。播种后的第二年开始追肥，一般每年追施3次，第一次在3月下旬至4月上旬，亩追稀人粪尿500 kg，或抢墒亩追尿素5 kg；第二次在4月下旬，亩追稀人粪尿1000 kg，或抢墒亩追尿素10 kg；第三次在10～11月，亩追腐熟圈肥或土杂肥1500～2000 kg，或硫酸钾复合肥50～75 kg。前两次追肥可直接浇施或顺垄撒施，第三次追肥须在植株两侧开穴（或开浅沟）施入，收获当年秋季不必追肥。

白芍耐旱性强，在鄂西北山区除非遭遇严重持续干旱，一般不需抗旱，关键是要注意在盛夏多雨季节及时疏通沟渠，确保沟沟畅通、排水流畅，严防田间渍水。每年土壤封冻前，要从离地面7～10 cm处将白芍的枝叶剪去，同时结合开沟施肥在根际培土，以利植株安全越冬。春季再把培在白芍根际的土壤扒开，使根系上半部分露出晾晒4～5天（俗称"亮根"），待须根萎缩再结合春季施肥覆土壅根，集中养分供主根生长。

（四）病虫害防治

1. 病害防治

白芍主要病害有灰霉病、锈病、根腐病等，具体防控措施如下所述。

1）灰霉病

灰霉病通过上年病株残体遗落在土壤中的菌核越冬，其危害时间较长，从次年5月开始发病，直至植株死亡均可造成危害，但以6~7月发病危害最为严重，越是阴雨较多、露水较重、湿度较大年份，发病越重。

灰霉病防治措施：一是坚持轮作换茬；二是选择无病种芽，搞好播前消毒处理；三是合理密植，科学施肥，科学套种，保持田间通风透光；四是雨季注意清沟排渍，尽量降低田间湿度；五是抢在发病初期喷施腐霉利进行防治。

2）锈病

锈病主要危害白芍叶片，一般在5月上旬开始发病，7~8月病情加重。夏季降雨多、高温高湿年份，低洼易渍水地块发病尤为严重，轻者造成植株茎叶提前枯死，重者可造成白芍地上部分整片枯死，严重影响植株光合作用，降低白芍产量和品质。

锈病防治措施：一是注意选地，尽量选择地势高燥、排水良好、远离松柏类植物的地块种植；二是清洁田园，每年秋冬时节将白芍病叶残株收集后集中妥善销毁，以减少来年菌源；三是加强管理，保持田间通风透光良好，雨季清沟排渍，防止田间高温高湿；四是发现病株及时拔除；五是抢在发病初期，喷施三唑酮、嘧啶核苷类抗菌素等杀菌剂进行防治。

3）根腐病

根腐病在夏季多雨季节、渍水地块发生较多，主要危害白芍根部，常造成根部水渍状腐烂。

根腐病防治措施：一是选择疏松透气土壤、不易渍水地块种植；二是用健壮芍芽做种，搞好种芽播前处理；三是雨季清沟排渍，尽量降低湿度；四是抢在发病初期用噁霉灵、福美双等杀菌剂喷施或灌根。

2. 虫害防治

虫害主要有蛴螬、蝼蛄、金针虫、地老虎等，均为地下害虫，主要为害白芍根部，5~9月发生较重。

防治措施：一是选择地下害虫较少地块种植，或在种植前进行杀虫处理；二是播前种芽用0.1%辛硫磷乳油拌种；三是施用的粪肥要充分腐熟；四是在成虫发生期，田间设置杀虫灯诱杀成虫；五是在害虫发生盛期，用毒死蜱、辛硫磷兑水进行灌根，或在雨天来临前撒施毒死蜱颗粒剂杀灭害虫；六是用敌百虫拌炒香麦麸制成毒饵，傍晚撒于田间诱杀。但在白芍采收前7~10 d，禁止使用任何农药，整个生长季节严禁使用高毒农药。

（五）收获

白芍一般在播种后3~4年的8月收获。收获时选晴天割去地上茎叶，将根部刨出，将粗根从芍头着生处切下，将较细的根（直径约0.8 cm）留在芍头上供繁殖使用，然后将粗根上的侧根剪去根尾，并按芍根自然生长情况，切成长9~12 cm、两端粗细相近的芍条，将芍根按粗细分为大、中、小三个级别。

四、林下套种白芍（亳白芍）栽培技术

白芍性喜温和、较为干燥的气候，耐旱忌湿，喜阳光又耐半阴，怕涝，水淹6 h以上时全株死亡。根据白芍的生产习性，可进行林下套种。套种白芍的林地里，由于白芍在生长过程中需要施肥、浇水，同样为林木生长提供了大量的肥水；套种的白芍在生长过程中

挥发出多种精油，驱散或杀死一些害虫，从而可有效预防森林病虫害的发生，因此套种白芍林地的树木的长势更佳。

具体林下套种白芍技术如下所述。

（一）套种时期

主要是在林木生长前几年，树冠小，林下有充分空间资源满足中药材白芍生长需求。

（二）选地和整地

选择排水良好、土层深厚、肥沃疏松、富含腐殖质的壤土或黏壤土。白芍不宜连作，前茬选择豆科作物为宜。栽种前精细耕作，结合耕地亩施用经无害化处理的农家肥2000～3000 kg或商品有机肥100～200 kg加氮磷钾三元复混肥25～35 kg。深翻土地30～60 cm，耙平做畦，畦宽1.2～1.5 m，高30～40 cm，沟宽30 cm。四周开排水沟，以利排水。

（三）分株繁殖

分株时间以9月下旬至10月上旬为宜，此时白芍地上部分已停止生长，根茎养分最充足，分株栽植后根系尚有一段恢复生长的时间，对来年全株生长有利。白芍收获时，先将母株的根掘出，振落附土，剪去芍根，晾晒1 d，选择根茎健壮、芽头饱满、无病虫害的芍芽，顺着白芍的自然分离处用利刀将根分开，分割时每块芍芽上留饱满芽头芽苞三四个，底座厚度约为1 cm。根部切口最好涂以硫黄粉，以防病菌侵入，晾晒一两天即可分别栽植。如果不能及时栽种，选不积水的阴凉处进行芍芽的短时沙藏保存，遮阴保湿。

（四）栽植

1. 栽种时间

一般秋季作物收获后，9月下旬至10月底均可种植白芍。

2. 穴栽

穴深5～7 cm，每穴放入芍芽1个，芽头向上。蒲棒按行距70 cm、株距40 cm开穴，每667 m^{2}种植2400株左右；线条按行距70 cm、株距50 cm开穴，667 m^{2}种植2000穴左右。栽后压实，培土成垄，垄高10～15 cm，防冻保墒。

（五）田间管理

1. 中耕除草

栽后翌年3月中旬进行松土保墒，以利出苗。每年应在追肥前中耕除草，做到田间无杂草。夏季结合抗旱中耕除草，做到田间无杂草，同时抗旱中耕保墒；冬季进行清园防病。

2. 培土

在根际培土10～15cm。干枝枯叶应及时清出田外处理。

3. 晒根

从栽后第3年开始，每年春季3月下旬至4月上旬，把根部周围的土壤扒开，根上部露出1/2，晾晒5～7 d，把须根晒萎蔫。晾根后及时覆土压实，目的是抑制侧根发生，保证主根粗壮。

4. 追肥

白芍好肥性强,从栽后第3年开始,春季结合晾根,667 m² 追施氮磷钾三元复混肥 50~60 kg。施用肥料时,应注意氮、磷、钾三要素的配合,特别对含有丰富磷质的有机肥料,尤为需要。冬前植株枯萎时,为促进萌芽,667 m² 追施经无害化处理的有机肥 2000~3000 kg 或商品有机肥 150~200 kg。

5. 浇水

栽种时浇一次定根水,以后遇干旱适量浇水,多雨时要及时排水,保持干湿相宜。

6. 摘花蕾

每年春季现蕾时,除有目的保留外,应及时摘除全部花蕾,以减少养分消耗,有利于根部膨大。

7. 清除枯叶

霜降后,白芍地上部分枯萎,此时应剪去枝杆,扫除枯叶,清出田块集中处理,以防止病菌下土越冬。

(六)病虫害防治

病虫害防治坚持"预防为主,综合防治"的原则,优先采用农业防治措施、物理防治措施,辅以必要的化学防治措施。

1. 农业防治

选用健壮芍芽,培育健壮植株;实行轮作换茬;加强肥水管理;保持田园清洁,及时清除杂草、病残体、前茬宿根和枝叶。

2. 物理防治

采用黑光灯诱杀金龟子,减少蛴螬危害;采用青草或桐树叶引诱地老虎进行人工捕杀。

3. 化学防治

1) 早疫病

早疫病主要为害叶片,最初呈深褐色或黑色、圆形至椭圆形的小斑点,逐渐扩大后成为直径 1~2 cm 的病斑,病斑边缘深褐色、中央灰褐色,具明显的同心轮纹。严重时病斑相互连接形成不规则的大病斑,病株叶片枯死、脱落。选用 30%苯甲·丙环唑乳油 1500 倍液和 32.5%苯甲·嘧菌酯悬浮剂 1500 倍液,第 1 次用药时间为 4 月中旬,5 月上旬进行第 2 次施药,后续注意田间观察,如有病害发生趋势,可进行第 3 次防控,注意交换用药。

2) 白绢病

白绢病是白芍常见的根部病害,一般植株受害后叶片变小变黄。在潮湿条件下,受害根茎表面或近地面土表覆有白色绢丝状菌丝体。在夏季多雨高温时节,土壤潮湿,发病严重。发病初期,使用 23%噻呋酰胺 2500 倍液喷雾防治,或交替使用啶酰菌胺、氟唑环菌胺、嘧菌酯、吡唑醚菌酯、苯醚甲环唑,配合使用生物制剂 100 万孢子/g 寡雄腐霉菌 10000 倍液喷雾或灌根。

3) 灰霉病

灰霉病为害花时,花变褐软腐,并生有灰色霉状物。而叶片一般从下部叶片的叶尖或叶缘开始染病，病斑呈褐色、近圆形，有不规则层纹。茎受害严重时，叶片枯萎脱落，植株生长衰退。为有效防治白芍灰霉病，可将白芍与大豆等作物进行轮作，轮作期在 2a 以上；秋季将白芍的枯枝落叶及病残株集中烧毁；及时摘除花蕾、排水，并增施磷钾肥，以增强植株抗病能力；发病初期，选用 50%扑海因可湿性粉剂 1000～1500 倍或 75%百菌清可湿性粉剂 1000～1500 倍液或 70%甲基托布津可湿性粉剂 1000～1500 倍液喷雾防治，用药两三次，隔 5～7 d 防治一次。

4）白芍白粉病

白芍白粉病主要为害叶片，叶柄、绿色嫩枝和果也可被害。被害部生白色较厚的圆形或不规则形粉霉斑，后期粉霉斑变为灰白色，其上密生黑色粒状物。发病严重时叶片等受害部位布满粉霉，严重影响光合作用，造成叶片早衰。该病发生零星，局部发生较重。田间植株生长茂密、气候干燥者发病重。病害在白芍生长期均可发生危害。为以有效防治白芍白粉病，收获后清除田间植株残体并销毁，减少初侵染源；病菌侵染频繁、传播快，因此应在发病初期喷洒内吸性杀菌剂粉锈宁、多菌灵等进行防治。

5）锈病

受害初期，叶面出现淡黄褐色小斑点，不久扩大出现橙黄色斑点，而后散出黄色粉末。白芍的枝、叶、芽、果实都可受到伤害。发病初期，使用 10%苯醚甲环唑 1500 倍液或粉锈宁、烯唑醇等叶面喷雾防治。

6）根腐病

发病初期，使用 70%噁霉灵 3000 倍液灌根，或 2000 亿孢子/g 枯草芽孢杆菌 3000 倍液灌根，或使用氰烯菌酯、戊唑醇、苯醚甲环唑、氟硅唑、嘧菌酯和吡唑醚菌酯等稀释一定倍数后进行根部喷淋。

7）蛴螬

在土下取食为害。在幼苗期，地下根茎的基部被蛴螬咬断或大部分被咬断，地上部分枯死；在成株期，白芍地下块根被咬食，形成空洞、疤痕，从而影响白芍的产量和质量。幼虫危害期从 4 月开始，6 月中下旬危害最重，严重时使地上部分枝叶变黄枯萎。蛴螬的防治主要依赖于化学农药，生产上常用辛硫磷、乐斯本等，每年防治 2 次，第 1 次是定植时施药或春季 4 月上旬结合晾根施药防治越冬幼虫，第 2 次是当年夏季（7 月上中旬）施药防治当年孵化的低龄幼虫。可用辛硫磷或乐斯本 2 种农药防治，第 1 次可拌毒土或拌诱饵施于根部，第 2 次可用辛硫磷或乐斯本药液对根部浇灌。由于上述药剂持药期为一两个月，生产上需要多次施药，费工费时，防治成本高。并且由于药剂难以施入蛴螬活动危害区域，防治效果不佳。推荐使用辛硫磷微囊缓释剂，于白芍移栽时，将药剂兑水喷雾或拌沙施于移栽穴中，立即覆土。产品持药期一两年，省工省时，而且防治效果在 90%以上。

8）地老虎

3 龄前的幼虫多在土表或植株上活动，昼夜取食叶片、心叶、嫩头、幼芽等部位，食量较小。3 龄后分散入土，白天潜伏土中，夜间活动危害，常将作物幼苗齐地面处咬断，造成缺苗断垄。可用 20%氯虫苯甲酰胺 3000 倍液喷雾，或用 90%晶体敌百虫 150 倍液蘸桐树叶，或拌炒香的麦麸配成毒饵于傍晚撒于田间或畦面上诱杀地老虎幼虫；用 90%敌百虫 1000 倍稀释液或 75%辛硫磷乳油 700 倍稀释液浇灌根部。

9）叶螨

成螨或若螨群集于叶背上，以刺吸口器吸食叶片汁液，受害部的叶片正面出现褪色小点，严重时小点合并成无定形褪色斑。叶螨危害白芍较轻，主要发生在 6~7 月白芍生长后期。虫害发生初期，可用 5%阿维菌素 2000 倍液或 20%哒螨灵乳油 1500~2000 倍液喷雾防治。

五、山地杭白芍间作白术栽培技术模式

杭白芍和白术均是著名的"浙八味"中药材，在湖州安吉县种植历史悠久，充分利用这两种中药材生长年限不同、采收期不同的特性进行间作，可大大提高土地利用率，增加农民收入。在杭白芍间作白术栽培技术模式下，杭白芍栽种后第 4 年 9~10 月收获（或根据市场行情延至第 5 年 10 月收获），一般亩产（干重）约 850 kg，亩收入 19550 元、亩纯收入约 9600 元；白术间作后翌年 10 月采挖，采挖后继续在杭白芍田间间作第 2 茬白术，平均每茬亩产（干重）约 450 kg，亩收入约 6300 元、亩纯收入 4375 元，两茬合计亩收入 12600 元、亩纯收入 8750 元。按以 4 年为 1 个生产周期计算，杭白芍和白术 2 个作物合计亩收入 32150 元、亩纯收入 18350 元，年平均收入约 8037.5 元、纯收入约 4587.5 元，种植经济效益较好。该模式已逐渐发展成为安吉县中药材种植的一个特色模式。

山地杭白芍间作白术栽培技术模式具体技术如下所述。

（一）种植时间安排

11 月下旬至 12 月下旬栽种杭白芍，栽种杭白芍后 5~7 天间作白术。第 2 年 10 月采挖白术，采挖结束后种植第 2 茬白术，第 3 年 10 月采挖第 2 茬白术；杭白芍在栽种后第 4 年（或第 5 年）采收。

（二）选地整地施基肥

选择距离公路 100 m 以上，无污染，排灌条件好，阳光充足的沙壤土地块种植。要求耕作层较深、平均海拔 120 m 以上，pH 在 5.8~6.7 之间。翻耕前 7~10 d 先亩撒施生石灰 30~35 kg，然后翻耕、深度 30 cm 以上。翻耕后整平耙细，作龟背形畦，畦宽 70~80 cm，沟宽 20~25 cm。结合整地亩施腐熟有机肥 1500 kg（或商品有机肥 400 kg）、配施硼肥 1 kg。

（三）块根选择

选择健壮、无病斑，带 1~2 个饱满芽的杭白芍和白术块根种植。栽植前先用 50%多菌灵可湿性粉剂 600 倍液或 70%甲基硫菌灵可湿性粉剂 1000 倍液将杭白芍和白术块根浸泡 10~15 min，然后捞出晾干即可种植。

（四）栽种

杭白芍每畦栽种 2 行，行距 30~40 cm、株距 20~30 cm，条栽或穴栽，每亩栽种块根

2500~2800 个。栽种时将杭白芍块根芽向上，齐头，然后覆土 2~3 cm。栽种杭白芍后 5~7 d 将白术块根间作在 2 行杭白芍中间，每畦 1 行，亩用白术块根 50 kg。为了提高成活率和减少地下害虫为害，杭白芍和白术栽植覆土后，应在穴边施入适量土壤接种剂。

（五）田间管理

1. 水分管理

杭白芍和白术生长期间应保持土壤湿润，如遇连续 15 d 以上的晴热天气，应灌"跑马水"抗旱。在田边四周开好排水沟，做到雨停田间无积水；如田块较大，应在中间开好腰沟，防止积水。

2. 追肥

在施足基肥的情况下，杭白芍和白术栽植后至第 1 茬白术采收一般不用追肥。每次白术采挖后，视杭白芍生长情况亩补施商品有机肥 300 kg；栽植后第 3 年冬季至第 4 年开春前，视田间杭白芍生长势进行追肥，一般亩施三元复合肥 25~30 kg、硼肥 0.5 kg。

3. 中耕除草

在杭白芍和白术封行前，选晴天露水干后进行人工除草和松土，一般共 2~3 次。为防止杭白芍和白术地下块根霉烂，应尽量少用除草剂进行除草。

4. 摘除花蕾

为减少养分消耗，在杭白芍和白术盛花期人工摘除花蕾，一般杭白芍在 4 月上中旬进行，白术在 6 月中下旬分 2~3 次进行。

5. 病虫害防治

杭白芍和白术的主要病虫害是根腐病、叶斑病、灰霉病和地下害虫。病虫害防治应综合运用各种防治措施，创造不利于病虫害发生的环境条件。农业防治措施主要是及时清除病枝、病叶，并带出田外集中销毁。药剂防治方法：根腐病，可亩用 50%多菌灵可湿性粉剂 60g+50%福美双可湿性粉剂 80 g 兑水 75 kg 灌根防治；灰霉病，可用 75%百菌清可湿性粉剂 800~1000 倍液或 70%甲基硫菌灵可湿性粉剂 1000 倍液叶面喷施防治；叶斑病，可用 50%异菌脲可湿性粉剂 800~1000 倍液或 70%甲基硫菌灵可湿性粉剂 1000 倍液叶面喷施防治。地下害虫，可用 90%敌百虫可溶粉剂 1000 倍液或 75%辛硫磷原药 700 倍液浇灌根部进行防治。严禁使用高毒高残留农药。杭白芍在采收前 60 天严禁用药，白术在采收前 50 天严禁用药。

6. 采收

杭白芍采收期为栽种后的第 4 年（或第 5 年），采收适期为 9 月上旬至 10 月中旬。采收时选择晴天，小心挖取全根，然后去掉泥土，留芍芽作种，切下芍根作中药材出售。间作的第 1 茬白术在第 2 年 10 月底采挖，间作的第 2 茬白术在第 3 年 10 月底采挖。白术采挖后，将残枝枯叶和杂草集中带离田间处理。

参 考 文 献

曹建民, 冷明珠, 曹芸, 等, 2021. 山地杭白芍间作白术栽培技术模式[J].中国农技推广, 37(4): 56-57.

丁军, 冯永军, 王德胜, 等, 2014. 亳白芍栽培技术规程: DB34/T 231—2014[S]. 合肥: 安徽省质量技术监督局.https://dbba.sacinfo.org.cn/stdDetail/a2bebeedc9c0764f4344789fb2b514f4.

国家药典委员会, 2020.中华人民共和国药典[M].北京: 中国医药科技出版社: 108-109.

韩金龙, 单成钢, 倪大鹏, 等, 2020. 白芍资源利用现状及发展趋势分析[J].药学研究, 39(4): 229-232.

熊飞, 2016.鄂西北山区白芍栽培技术[J]. 科学种养, (5): 20-21.

徐兰宾, 2020.林下套种白芍栽培技术[J]. 乡村科技, 11(22): 105-106.

曾烁瑶, 黄霆钧, 刘安游, 等, 2021. 白芍产业发展现状及标准化研究[J].质量探索, 18(1): 15-21.

Flora of China Editorial Committee, 2001.Flora of China[M]. Beijing: Science Press & St.Louis : Missouri Botanical Garden Press, 6: 131.http: //www.efloras.org/florataxon.aspx?flora_id=2&taxon_id=200008034.

第六章　延胡索（元胡）

第一节　延胡索（元胡）概况

一、植物来源

延胡索，即为"浙八味"中的元胡，又名玄胡，《中国药典》（2020年版）收载的延胡索（元胡）为罂粟科（Papaveraceae）紫堇属（Corydalis）植物延胡索 Corydalis yanhusuo W. T. Wang 的干燥块茎。夏初茎叶枯萎时采挖，除去须根，洗净，置沸水中煮或蒸至恰无白心时，取出，晒干。Flora of China 中延胡索的拉丁名收录为 Corydalis yanhusuo（Y. H. Chou & C. C. Hsu）W. T. Wang ex Z. Y. Su & C. Y. Wu。

二、基原植物形态学特征

延胡索为多年生草本，高 10～30 cm。块茎圆球形，直径（0.5～）1～2.5 cm，质黄。茎直立，常分枝，基部以上具 1 鳞片，有时具 2 鳞片，通常具 3～4 枚茎生叶，鳞片和下部茎生叶常具腋生块茎。叶二回三出或近三回三出，小叶三裂或三深裂，具全缘的披针形裂片，裂片长 2～2.5 cm，宽 5～8 mm；下部茎生叶常具长柄；叶柄基部具鞘。总状花序疏生 5～15 花。苞片披针形或狭卵圆形，全缘，有时下部的稍分裂，长约 8 mm。花梗花期长约 1 cm，果期长约 2 cm。花紫红色。萼片小，早落。外花瓣宽展，具齿，顶端微凹，具短尖。上花瓣长（1.5～）2～2.2 cm，瓣片与距常上弯；距圆筒形，长 1.1～1.3 cm；蜜腺体约贯穿距长的 1/2，末端钝。下花瓣具短爪，向前渐增大成宽展的瓣片。内花瓣长 8～9 mm，爪长于瓣片。柱头近圆形，具较长的 8 乳突。蒴果线形，长 2～2.8 cm，具 1 列种子。

三、生长习性

延胡索为喜阳光、浅根性、耐寒性、喜湿润、怕干旱的植物，一般霜冻对幼苗无伤害，地温 23～25℃时开始发芽，以 7～10℃为出苗最适气温；地上部分生长的最适温度为 10～18℃，25℃以上叶片会青枯死亡。根系集中分布在 3～7 cm 深的表土层，故要求表土层土壤质地疏松，最利根系和块茎的生长。播种 2 个月后才能出土成苗，一般在 10 月底至 11 月初发芽，地下茎也同时沿水平方向生长，整个地下生长期约 100 d，生长盛期在 12 月至翌年 1 月。块茎形成有两个部位，即"子元胡"和"母元胡"，因此，不可因其出苗晚而推迟种植。

四、资源分布与药材主产区

延胡索产浙江、安徽、江苏、湖北、河南（唐河、信阳），生丘陵草地，有的地区有引种栽培（陕、甘、川、滇和北京）。

延胡索为"浙八味"之一，属大宗常用中药，我国常年用量2000多吨。延胡索始栽于镇江句容县，后在浙江中部地区集中种植，尤其浙江磐安、东阳、永康等地为最多。随着社会经济的发展，尤其改革开放以来浙江地区经济的快速发展，延胡索的产地亦随之发生较大变迁，目前在浙江、江苏、江西、安徽、湖北、重庆、陕西、四川、河北等地有大面积栽培，其中以浙江产者为道地药材。

五、成分与功效

延胡索含有生物碱类、甾体类、有机酸类、糖类等多种化学成分，主要活性成分为原小檗碱类生物碱，包括延胡索乙素、延胡索甲素、去氢紫堇碱等。《中国药典》（2020年版）规定，延胡索药材的检测标准为：按干燥品计算，含延胡索乙素（$C_{21}H_{25}NO_4$）不得少于0.050%。

《中国药典》（2020年版）记载的延胡索性味辛、苦，温，归肝、脾经；功能与主治为活血，行气，止痛。用于胸胁、脘腹疼痛，胸痹心痛，经闭痛经，产后瘀阻，跌扑肿痛。现代医学研究表明，延胡索具有镇痛、抗焦虑、镇静催眠、抗心肌缺血、抗脑缺血、抗胃溃疡、抗肿瘤、戒毒、增强内分泌系统功能、抗血小板聚集、抗抑郁等药理作用。

第二节　延胡索（元胡）规范化栽培模式

延胡索（元胡）属于多年生草本植物，其规范化栽培模式主要包括浙江、安徽等地的延胡索（元胡）规范化栽培技术、元胡-水稻水旱轮作技术、元胡-甘薯高效轮作栽培技术、猕猴桃园套种元胡高效栽培技术等。

一、浙江省延胡索栽培技术

浙江省是延胡索道地产区，主产于磐安、东阳、永康等地，此技术内容主要基于现行浙江省地方标准《延胡索生产技术规程》（DB33/T 382—2013），具体内容如下所述。

（一）产地环境

应选择生态条件良好，远离污染源的农业区域。
产地环境空气质量应符合表6.1规定。

表 6.1　产地环境空气质量指标

项目	浓度限值	
	日平均一级	日平均二级
总悬浮颗粒物（TSP）（mg/m³）	≤0.12	0.30
二氧化硫（SO_2）（mg/m³）	≤0.05	≤0.15
氮氧化物（NO_x）（mg/m³）	≤0.10	≤0.10
一氧化碳（CO）（mg/m³）	≤4.0	≤4.0
颗粒物（粒径≤10 μm）	≤0.05	≤0.15
颗粒物（粒径≤2.5 μm）	≤0.035	≤0.075

产地灌溉水质量应符合表 6.2 规定。

表 6.2　产地灌溉水质量指标

项目	浓度限值
pH 值	5.5～8.5
总汞（mg/L）	≤0.001
总镉（mg/L）	≤0.01
总砷（mg/L）	≤0.1（旱作）
总铅（mg/L）	≤0.2
铬（六价）（mg/L）	≤0.1
氟化物（μg/L）	≤2.0（高氟区） ≤3.0（一般地区）
氰化物（mg/L）	≤0.50

产地土壤环境质量应符合表 6.3 规定。

表 6.3　产地土壤环境质量指标

项目	浓度限值		
	pH 值<6.5	pH 值 6.5～7.5	pH 值>7.5
镉（mg/kg）	≤0.3	≤0.3	≤0.6
汞（mg/kg）	≤0.3	≤0.5	≤1.0
砷（mg/kg）	≤40（旱地） ≤30（水田）	≤30（旱地） ≤25（水田）	≤25（旱地） ≤20（水田）
铜（mg/kg）	≤50	≤100	≤100
铅（mg/kg）	≤250	≤300	≤350
铬（mg/kg）	≤150（旱地） ≤250（水田）	≤200（旱地） ≤300（水田）	≤250（旱地） ≤350（水田）
锌（mg/kg）	≤200	≤250	≤300
镍（mg/kg）	≤40	≤50	≤60
六六六（mg/kg）	≤0.5		
滴滴涕（mg/kg）	≤0.5		

注：①重金属（铬主要是六价）和砷均按元素量计，适用于阳离子交换＞5 cmol（+）/kg 的土壤，若≤5 cmol（+）/kg，其标准值为表内数值的一半。②六六六为四种异构体总量，滴滴涕为四种衍生物总量。③水旱轮作地的土壤环境质量标准，砷采用水田值，铬采用旱地值。

（二）种块茎

选择'浙胡1号'等抗性强的延胡索品种。宜选当年生的块茎，直径大于1 cm，外表无破损、无病虫害。

（三）种植

1. 选地

选择生态条件良好、远离污染源、土层较深、排水良好、疏松肥沃的砂质壤土种植。

2. 整地

起沟整平作畦，畦宽90～100 cm，沟宽25～30 cm，沟深20～25 cm；稻坂田应削平稻庄，填平低洼处，依地势拉绳划好按上述标准做畦。

3. 种块茎预处理

临播前，将选好的种块茎浸入50%多菌灵500倍药液中浸种1 h，以浸没为度，捞出晾干后备用。浸泡时，应除去浮在水面的病烂种块茎。

4. 播种

1）播种期

适宜的播种期9月底至至11月上旬，选晴天播种。

2）密度和播种量

播种量为40～45 kg/亩，在畦上按行株距10 cm×（11～13 cm）的密度排放元胡种块茎，芽眼朝上。施基肥后，将沟中的泥土敲碎覆盖于畦面，覆土厚度5～6 cm。

5. 施肥

1）总则

宜使用腐熟农家有机肥和商品有机肥，限量使用化肥，氮磷钾及微量元素肥料合理搭配，并按NY/T496《肥料合理使用准则 通则》规定执行。

2）基肥

施有机肥或栏肥，商品有机肥用量为200 kg/亩、栏肥用量为1000 kg/亩、钙镁磷肥40～50 kg/亩、氯化钾2 kg/亩，在排放好种块茎后施在畦面，然后覆土。

3）腊肥

12月中下旬（冬至前）施用，具体为碳酸氢铵25～30 kg/亩加过磷酸钙15～30 kg/亩，混匀后撒施畦背，盖栏肥1000 kg/亩，或盖稻草等。

4）春肥

春肥分二次施入。第一次在2月底3月初，具体用量为尿素5～6 kg/亩；第二次在3月中旬，具体用量为尿素4～5 kg/亩。采用冲水泼浇法，浓度0.5%～0.6%。

5）根外追肥

3月中、下旬植株旺长期，叶面喷施磷酸二氢钾1～1.5 kg/亩，肥液浓度为1%，隔5～7 d喷1次，连喷2次。

6. 中耕

12月中旬，施腊肥前，选晴天露水干后进行一次浅中耕，操作时应小心谨慎，避免伤及种芽。

7. 除草

播种后可选用50%乙草胺500倍液等低毒除草剂封杀杂草。宜人工除草。春季旺长期，选晴天露水干后进行人工除杂草2～3次。

8. 排灌水

播种后，如遇干旱天气，应灌水抗旱，水不能满过畦背。出苗后，遇春季多雨，应清沟排水，田间不应积水。

（四）病虫害防治

1. 防治原则

遵循"预防为主，综合防治"的植保方针，从整个生态系统出发，综合运用各种防治措施，创造不利于病虫发生和有利于各类天敌繁衍的环境条件，保持生态系统的平衡和生物的多样性，将各类病虫害控制在经济阈值以下，将农药残留降低到规定标准范围内。

2. 主要病虫害

霜霉病、菌核病、元胡龟象（蛀心虫）。

3. 农业防治

宜选抗病性、抗逆性强的品种；宜采用水旱轮作。

4. 物理防治

整地时人工捕杀地下害虫；生长期用灯光诱杀等方法防治害虫；用色板诱杀害虫等。

5. 生物防治

保护和利用天敌，控制害虫的发生、繁殖和危害。

6. 化学防治

按GB/T8321农药合理使用准则（所有部分）规定执行。宜交替用药，不应使用铜制剂。

防治霉霜病，宜在发病初期选用烯酰吗啉，或唑醚·代森联，或霜脲·锰锌等药剂，喷雾防治。

防治菌核病，宜在发病初期选用菌核净，或腐霉利，或嘧霉胺等药剂，喷雾防治。

防治元胡龟象，宜在发病初期选用啶虫脒等药剂，喷雾防治。

（五）收获

5月上、中旬，当地上茎叶枯萎后，选晴天及时收获。清理田间杂草，用四齿耙等工具浅翻，边翻边捡净延胡索块茎，运回室内摊晾。

二、安徽省元胡栽培技术

安徽省元胡栽培技术，因存在气候差异，与浙江省栽培技术存在差异。安徽省元胡栽培技术具体如下所述。

（一）栽培环境

土壤符合 GB 15618 土壤环境质量标准的二级标准，灌溉水质符合 GB 5084 农田灌溉水质标准的相关规定，空气符合 GB 3095 环境空气质量标准的二级标准。

（二）选地整地

选择交通便利、背风向阳、地势开阔、阳光充足、排水良好、团粒结构的砂壤地块。

结合翻土整地，每亩施腐熟无污染农家肥 1000～3000 kg，翻土 20～30 cm，耙匀；南北向做畦，畦面呈中间稍高两边略低的龟背状，高 20～50 cm，宽约 120 cm，畦间沟宽约 40 cm；做畦后，一次性灌水充足，待土壤稍晾干后播种。

（三）块茎准备

选择形体饱满，无损伤，无病虫害，直径 1～1.6 cm 的当年生元胡块茎留种。

播种前，用 0.5%～0.6% 的多菌灵液浸泡元胡块茎 10～15 min，捞出晾晒 1～2 d，待表皮略有皱缩时播种。

（四）栽培

1. 异地换种

同一块地，两年换种一次；同一块茎，每年换地种植。

2. 播种

9月下旬至10月上旬，在畦面按 15～20 cm 行距开挖 4～6 cm 深的长条形播种沟，将元胡块茎按照 5～8 cm 的株距播种，每亩播种量 80～100 kg。覆 3～5 cm 细土后，按照每亩约 1000 kg，撒施一层腐熟无污染农家肥。

3. 田间管理

1）除草

杂草长出时，人工除草。

2）浇水

冬季，根据土壤墒情，确定是否需要进行冬灌，保证元胡的出苗率。在 3 月中旬至 4 月中旬的生长旺期，根据情况或每隔一周喷淋浇水一次。遇大雨天气，积水严重时，及时排水。

3）施肥

11 月中旬至 12 月上旬，根据天气情况，每亩施腐熟无污染农家肥 1000～1500 kg；2 月上旬根据出苗情况，每亩施有机肥约 1000 kg；3 月上旬，结合浇水每亩施复合肥 15 kg；4 月上旬每亩施复合肥 15 kg。

4. 有害生物防治

元胡常见病虫害为霜霉病、菌核病、蛴螬、地老虎等，防治措施见表 6.4。农药使用按照 GB/T 8321 农药合理使用准则（所有部分）和 NY/T 1276 农药安全使用规范的方法进行。

表 6.4　元胡主要病虫害防治

病虫害名称	防治方法	间隔期
蛴螬 地老虎	50%辛硫磷乳油拌土细土撒施，每亩施 200～250 g	发生危害时撒施
霜霉病 菌核病	发病初期用多菌灵或 50%甲基托布津 500～800 倍液喷雾	间隔 7～10 d，喷施 2～3 次
锈病	发病初期用 20%粉锈灵 1000 倍液喷雾	

（五）采收

5 月上旬的立夏前后，地上部分茎叶枯黄时采挖。

三、元胡规范化高产栽培技术

元胡的生长对于土壤肥力有着比较严格的要求，受重茬、种源质量以及气候变化等因素的影响，各种病虫害泛滥，给元胡的稳产高产造成了很大影响。浙江东阳等主产区根据元胡的生长习性，通过整地、选种、播种等环节的有效管控，积极探索元胡规范化高产栽培技术，该技术的使用对提升元胡质量和产量，促进药农收入水平的提高，有着非常积极的作用。具体配套技术如下所述。

（一）整地

从元胡耐寒怕旱的特性出发，在对种植的田块进行选择时，应该选择地势高、排水良好且肥力充足的砂质壤土，确保其远离工业区域。元胡的根系相对较浅，通常集中在表土层 3～7 cm 的范围内，疏松的土质有利于根系发展，为植株成长提供充足养料。在我国江浙地区，元胡的种植一般是在水稻、玉米或者豆科植物收获后，采用水旱轮作的方式来提高产量和质量。在前茬作物收获后，需要做好整地工作，通过三耕三耙的方式来保证表层土壤疏松。播种畦的宽度设置为 1 m，开沟点播，沟宽和沟深均为 25 cm。在整地过程中，应该施足基肥，可以选择经过充分腐熟的栏肥，或者复合肥，以每亩地用量为例，钙镁磷肥的用量为 50～60 kg，硫酸钾用量 12.5 kg，复合肥 50～75 kg，栏肥用量较大，在 500～800 kg 左右，然后深耕 15 cm，耙平后设置水沟，为灌溉和排水提供便利。

（二）选种

品种采用'浙胡 1 号'或'浙胡 2 号'，选直径 0.8～1.0 cm，大小均匀，无病虫害的块茎作种，一般每亩用种量 40～45 kg。

（三）播种

考虑元胡本身的生长习性，在不同地区，最佳播种时期也有所不同，以浙江主产区为例，应该在10月中下旬播种，北方地区的播种时间应该提前。元胡播种可以适期早播，确保在播种后，土壤温度能够保持在18~20℃较长的时间，为种子的生根和地下块茎成长提供适宜环境。

（四）施肥

元胡的生长对于土壤肥力有着较高的要求，因此，及时在施足基肥的情况下，元胡生长期依然需要追肥2~3次。具体来讲，元胡施肥应该坚持"重施腊肥，巧施春肥"，首次施肥在冬季，立冬前后，元胡地下茎开始形成，需要在12月中旬前后，于畦面中耕1次，按照每亩50 kg饼肥、1000 kg栏肥的施加量，均匀撒于畦面，放置3~5 d后施加适量人畜粪便，然后覆盖泥土，通过这样的方式，可以确保元胡地下茎大量分枝，提高产量。第二次施肥在翌年1月底至2月上旬，当气温回升，达到4~5℃时，元胡开始出苗，气温在8~10℃时大量出苗。在幼苗出土后，需要及时施加苗肥，然后根据叶片颜色，适当施肥。例如，在2月中下旬，可以亩施5 kg复合肥；3月中下旬亩施3~6 kg尿素，施肥次数为1~2次，期间，也可以利用0.5%磷酸二氢钾进行追施。

（五）除草

在元胡生长过程中，需要及时清除田间杂草，避免其与元胡争夺养分。一般情况下，对于草害的控制应该在播种后到出苗前，12月上旬用乙草胺进行封草。在出苗后，为了避免化学农药对于元胡品质的影响，应该尽量避免使用，以人工除草为主，配合生物农药等措施来对草害进行严格控制。

（六）排灌

在元胡生长期，要求对土壤湿度进行严格控制，如果土壤干旱，则会影响地下块茎的发育，在这种情况下，需要在傍晚进行灌溉，第二天早上将多余的水排出，保持土壤湿润。如果元胡出苗后，遭遇春旱，同样可以采用上述方法进行处理。在多雨季节，必须做好排水沟的疏通工作，避免田间积水。收获前应该控制灌溉，保持土壤相对干燥，这样不仅可以提高元胡的质量和产量，也可以为收获提供便利。

（七）病虫害防治

在元胡病虫害防治中，应该坚持"预防为主，综合防治"的方针，从可持续发展的角度，尽可能减少化学农药的应用，通过多种防治措施的相互配合来实现病虫害防治目标。首先，可以采用水旱轮作的方式，适当增加磷肥和钾肥的施加量，提升元胡本身的抗病能力，同时做好田间排水工作，通过降低湿度的方式来减少病虫害的发生；二是对一些常见害虫的天敌进行保护，通过生物防治来抑制害虫的繁殖；三是化学防治，在病虫害较为严重的情况下，必要时采用化学防治措施，例如，对菌核病、锈病等，选用80%三乙磷酸铝600倍或50%烯酰吗啉500倍喷施防治，每隔7~10 d喷施一次，连续用药2~3次。

（八）适时收获

元胡的收获通常在 4 月下旬到 5 月上旬之间，植株完全枯萎后，等待 7～10 d，就会达到最佳收获期，过早收获或者过迟收获都会对元胡的品质和产量造成影响。收获时应该选择晴朗天气，清除畦面杂草，对土地进行浅翻，边翻边捡，一块田需要翻两次，以保证块茎捡拾干净。收获后的元胡应该放在阴凉通风的室内，摊铺晾晒，然后选择大小均匀且不存在损伤的块茎留作种子，放置数天，待表面开始发白，埋入干燥细砂中储藏。

四、元胡-水稻水旱轮作高产栽培

元胡与水稻水旱轮作是在同一块田地上，有顺序地在季节间轮换种植不同的作物组合的一种种植方式，是用地养地相结合的一种措施，在浙江、安徽多地均有成功应用。轮作既利用季节性"冬闲田"，提高土地利用率，又带动中药材元胡产业的快速发展，促进农民增收。合理的轮作是综合防治病、虫、草害的重要途径。两类不同作物轮换种植，可保证土壤养分的均衡利用，避免其片面消耗。轮作可调节土壤肥力，疏松土壤、改善土壤结构；还可改变土壤的生态环境。在收割水稻时回收优质抗病的水稻稻秆，作为元胡生长前期覆盖物，既能保持水分，又能解决冬季稻秆焚烧造成的空气污染问题，保护生态环境。此模式配套技术如下所述。

（一）茬口安排

10 月中旬至翌年 5 月上旬，水稻收获后应及时整地施肥，安排种植中药材（元胡）；5 月中下旬至 10 月上中旬种植水稻。

（二）元胡高效种植关键技术

水稻收获后应及时整地施肥，安排种植中药材（元胡）。生产上应注意地块选择、播期控制、合理密度、病虫草害防治及田间管理等问题。

1. 平衡施肥，科学作畦

选定田块后，应施足基肥。在耕地前，先按亩施有机复合肥 500～1000 kg、充分腐熟的油饼肥 75 kg、过磷酸钙 50 kg 的标准将肥料施于表层，然后利用机械深翻土壤，将肥料均匀混合在耕作层中，再进一步整平做细。

地块整平做细一周后随即开沟作畦。根据排水位置确定作畦走向，以有利于排渍降湿，同时畦面长度不宜过长，以不超过 15 m 为宜。一般畦宽 1.4 m、沟宽 20～30 cm、沟深 20 cm，大田四周的沟系应适当加深，以利排水通畅。

2. 适期栽种，合理密度

1）播种时间

根据前茬让茬情况，确定播种时间。在 9 月下旬至 10 月上中旬播种有利于元胡高产，最迟在 10 月 10 日前完成播种，迟播影响产量。

2）优选良种

选择"浙胡1号""浙胡2号"等优良元胡品种，并优选当年直径为1.0~1.5 cm、扁圆形、色黄且无伤痕、无虫口的新生子元胡作种。若选用老母子元胡或种块过小或有伤口的种块均易产生缺苗现象，影响后期产量。

3）合理密植

在畦面开沟种植，沟距10 cm，种球距离5~6 cm；或打宕穴播，株行距8 cm×8 cm。每亩播种不少于8万粒，每亩播种量一般为60 kg左右。种植密度过大会增加元胡生长的田间湿度，加重病害发生，不利于高产；密度过低（少）影响产量。下种后应及时覆土，覆土厚度以3~5 cm为宜，覆土后将畦面进行平整。

3. 加强田间管理

1）适时中耕

元胡出苗后及时中耕松土，促进幼苗生长。元胡中耕应注意不能过深，深度以3 cm为宜，过深易伤害种茎及茎芽。

2）及时除草

出苗前，用乙草胺进行化学封闭，可亩用90%乙草胺乳油45 mL兑水50 kg对土壤进行喷雾；出苗后，人工中耕和除草相结合，有利于减少草害。

3）灵活追肥

第一次追肥在12月上旬，元胡出苗前亩施尿素10 kg；第二次追肥在次年2月上旬，苗高3 cm以上时亩施尿素8 kg；第三次追肥在3月上旬至中旬，根据土壤墒情，灵活掌握施用方法，一般亩施尿素5 kg；第四次追肥在3月下旬至4月中旬，施用叶面肥（如磷酸二氢钾）加抗菌剂，补肥与防病相结合。

4）防旱排渍

3月中下旬至4月下旬为元胡生长盛期，需水较多，如遇干旱天气，应及时灌溉。雨水较多地区，为避免渍害，减轻病害，需经常疏通沟系，确保大雨之后田间无积水。

4. 做好病虫害防治

元胡种植过程中会受到多种病虫害的侵染，主要有霜霉病、菌核病和锈病，其中霜霉病危害最为严重且分布最广。

1）药剂浸种

用25%咪鲜胺配制成2000倍药液，将选好的种子先用清水淘洗，再投入药液中浸泡10 min，捞出种子稍晾即可播种。

2）化学防治

3月上旬深入田间调查病株，当病株率达10%以上时开始喷药。用80%乙蒜素乳油5000倍液，或亩用75%百菌清可湿粉100 g，或亩用70%甲基硫菌灵可湿粉60 g，兑水60 kg进行喷雾，每7~10 d防治一次，交替使用，共喷2~3次。多雨时节应抢晴喷药，并适当增加喷药次数。

（三）水稻增产关键技术

水稻生产以选择优质高产良种为前提，在生产中各个环节严格把关，示范推广增施有机肥、秸秆还田、培育壮秧、合理密植、平衡施肥、病虫害综合防治和节水灌溉等技术，综合配套技术的运用为获得高产打下了坚实的基础。

1. 优选品种

为满足让茬及时和水稻产量的需求，主要选择生育期在130～145 d、优质、高产、抗病的中籼杂交稻，如'隆两优华占'、'深两优5814'、'深两优876'和'丰两优香一号'等水稻品种。

2. 合理地块

对比水稻，考虑到后茬元胡对地块选择要求严格，应选择土层深厚，灌水、排水良好，有机质含量较高的砂质壤土，避免选取土壤黏性重、板结、通气性差的地块。砂质壤土类型的水稻田非常适合元胡生产。

3. 培育壮苗

为避免水稻在7月下旬至8月上旬高温期间抽穗扬花，一般将播期控制在5月15日后的15 d内，播前用锐胜药剂拌种。采取稀播，撒播秧田亩播量控制在12.5 kg左右，移栽秧田密度为30 cm×15 cm，亩栽1.5万丛。在水稻秧苗2叶1心时，对肥力不足的地块及时追施断奶肥，每亩追施尿素5 kg，对生长过旺的地块实行化控促壮，可用20%多效唑喷雾1次。

4. 平衡施肥

通过多点取样测土，了解土壤养分状况，然后根据土壤养分、目标产量及作物需肥规律，确定施肥数量和施肥方法，实行平衡施肥。一是重施基肥，在水田整平前亩施45%复合肥30 kg、尿素10 kg、氯化钾5 kg作基肥；二是早施分蘖肥，在播后5～7 d亩施尿素8 kg作分蘖肥；三是重施穗肥，7月上旬亩施复合肥15～20 kg作穗肥。

5. 科学管水

水稻水分管理具体为四个阶段。一是三叶期后建立浅水层，灌水2～4 cm，浅水分蘖，实行间隙灌溉多次轻搁田，这样有利于排除秸秆腐烂产生的气体，促进根系深扎。二是够苗后适时搁田。当每丛有10～12根基本苗时，应及时排水晒田，晒至"苗褪色、根发白、人能走、田炸裂"。三是孕穗扬花期灌水"护胎"，灌水5～7 cm。四是灌浆期间歇灌溉，水气协调防止早衰。最后注意后期不能断水过早，做到收割前5～7 d断水。通过节水灌溉，水稻表现为植株挺拔，纹枯病轻发，无倒伏、倾斜现象，后期水稻秸青籽黄，千粒重提高。

6. 绿色防控

以农业防治和生态调控为基础，综合运用理化诱惑、生物防治和科学用药技术，控制病虫草危害。具体操作上，先用咪鲜胺药剂浸种、锐胜药剂拌种，在水稻秧龄20 d时选用铜大师和吡虫啉防治1次，5月下旬至6月初选用稻喜、丙草胺进行药剂除草，7月上旬、8月上旬和下旬分别防治二化螟、稻飞虱、纹枯病和稻瘟病，9月中旬防治稻飞虱1次。特别注意对稻曲病易感品种，在其破口前12～15 d和3～5 d各用药防控1次。

7. 适时收割

9月底至10月上旬水稻谷粒成熟度达95%以上时应抓住时机抢晴收割。如未及时收割，水稻可能出现品质下降和穗谷发芽情况，难以保障产量和收入。

五、元胡-甘薯高效轮作栽培技术

元胡-甘薯高效轮作属于"药材+粮作"1年2熟制耕作模式,可充分利用山地资源和光温资源,提高复种指数,解决中药材与旱粮种植的矛盾,既保证了中药材种植规模,又稳定和扩大了旱粮生产面积,提高了旱地种植效益,已成为实现农业高产、高效、可持续发展的重要生产模式。具体配套栽培技术如下所述。

(一)茬口安排

甘薯于5月中旬至6月中旬扦插,10月上中旬收获,储存糖化后采用传统手工方式加工甘薯干。元胡10月下旬播种,于次年5月中下旬收获。

(二)元胡栽培技术

元胡栽培技术可以概括为浅一点、稀一点、暖一点、湿一点。浅一点,即下种(盖土)深度以5~6 cm为宜;稀一点,即播种密度为7.5 cm见方或以6 cm×9 cm的行株距为宜;暖一点,即冬季要保温过冬;湿一点,即畦面要保持湿润,不能过于干燥。

1. 选地作畦

选择土层深厚、排灌方便、土壤有机质含量较高的肥沃砂质壤土田块,pH值为6.5~7.5。精细耕作,施足基肥,横向作畦,畦宽40 cm。施商品有机肥500 kg/亩或腐熟栏肥1000 kg/亩,钙镁磷肥50 kg/亩,氯化钾45 kg/亩。

2. 栽种技术

1)下种时间

前茬甘薯收获后及早播种,一般10月上中旬以前播种对提高产量有利。如推迟到霜降后下种,地下茎在出苗前生长时间不足100 d,就会显著减产。

2)选种与用种量

元胡品种选'浙胡1号'或'浙胡2号'等优良品种。选择体型齐整、直径1.0~1.5 cm、扁球形、淡黄色、无虫口、无霉烂、无伤疤的当年新生块茎作为生产用种。如用老母子元胡作种,繁殖能力弱,会影响产量。播种量一般为60~70 kg/亩。

3)合理密植

栽种方式有条播、撒播、穴播3种,以条播为主。在畦面上按18~20 cm行距,开宽10 cm、深5 cm左右的播种沟,每条沟内摆种2行,株距6~8 cm,芽向上,播后盖1层细土盖平播种沟,然后覆盖一层稻草等农作物秸秆保湿保温。

4)除草

元胡是浅根性作物,沿表土生长,不宜中耕除草,可在播后和出苗前用化学药剂除草2次。第1次播种覆土后1~2 d内用50%乙草胺乳油70 mL/亩,加水40 kg/亩均匀喷雾;第2次在元胡未长出前按上述方法再化学除草一次。元胡出苗后忌用除草剂。

5)追肥

在元胡即将长出前用碳酸氢铵40 kg/亩+过磷酸钙20 kg/亩撒施畦面。出苗后在2月上旬苗高 3 cm 以上时，施 2.5～5 kg/亩复合肥，每隔 1 个月施 1 次。

6）灌溉与排水

元胡生长期间要求雨水均匀。播种后如土壤干旱，则会影响块茎发根，要及时沟灌，使土壤湿润。3 月中、下旬至 4 月下旬，为元胡生长盛期，需水较多，如遇干旱少雨，宜每周灌水 1 次，以清晨或傍晚为好。每次灌水宜慢灌急退，不要淹没畦面，不能使水在田间内停留时间过长，更不能过夜。4 月下旬以后，接近收获要停止灌水。多雨季节要疏通好四周的排水沟，注意不要积水。

3. 病虫防治

遵循"预防为主，综合防治"的植保方针，综合运用各种防治措施，实行健身栽培、水旱轮作，增施磷、钾肥，提高植株抗病性；保护利用天敌；及时清沟排水，降低田间湿度，创造不利于病虫发生的环境条件，减少病虫害发生。

元胡是药用植物，为确保产品的质量安全，应尽量减少或不使用化学农药，包括除草剂。不使用城市垃圾等有污染的材料。病虫害发生后，根据病虫害发生情况，选用对口药剂防治，提倡交替用药，合理配药，宜选一药多治的防治方法。禁止 3 种以上药剂同时施用或一个生长周期同种药剂连续使用超过 2 次。使用药剂防治时应按照 GB/T 8321 规定执行。

元胡病害主要为霜霉病、锈病和菌核病，虫害主要有小地老虎、金针虫等地下害虫。霜霉病：播种前用 50%甲霜灵 800 倍液浸种 10 min 或用 70%代森锰锌拌种，可减少霜霉病发生；从 3 月中旬开始，每 7～10 d，用 72%霜脲·锰锌可湿性粉剂，70%甲霜灵锰锌可湿性粉剂 500～600 倍液交替喷雾防治，连续防治 2～3 次。锈病：用 15%三唑酮可湿性粉剂 2000 倍液，70%代森锰锌可湿性粉剂 1000 倍液等喷雾防治。菌核病：出苗后用 40%菌核净 500 倍或 30%噁霉灵 1000 倍液喷雾，交替喷雾防治 1～2 次。地下害虫：用 1%联苯菊酯·噻虫胺颗粒剂 5～6 kg/亩或 0.4%氯虫苯甲酰胺颗粒剂 1.5～3 kg/亩拌土撒施或药剂灌根防治。

4. 收获

5 月中、下旬，当植株枯黄时选晴天收挖块茎。采挖时先将畦面杂草除净，浅翻，边翻边拾块茎。

（三）甘薯栽培技术

1. 品种选择

品种选用熟期早、单株结薯多、表皮光滑、食味好的品种，如'红心甘薯'、'浙薯 13 号'和优良的农家甘薯品种等。

2. 育苗

种薯要求选用皮色鲜亮、表面光洁、无破损、无病虫害的薯块。3 月中下旬开始育苗，选择通风向阳、肥力好、管理方便的地块做苗床，用腐熟栏肥做基肥，并与床土充分拌匀，平整床面，畦宽 150 cm，高 16～25 cm，四周开好排水沟。采用单层小拱棚或单层地膜覆盖。大田用种量 50 kg/亩。

3. 整地扦插

要求在晴天进行深耕整地。提倡起垄栽培，垄距 80～90 cm，垄高 30 cm，沟宽 30 cm。有条件垄心施用腐熟有机肥。当苗长 15 cm 以上，5～7 张大叶时，选阴雨天或晴天傍晚剪取壮苗,基部宜保留3个节。适宜扦插时间在5月中旬至6月中旬。扦插密度约3500~4000株/亩。选择土壤潮湿或阴雨天种植,提倡浅平插或斜插,天气干燥应浇水活苗。扦插后3~7 d及时查苗、补苗。

4. 栽培管理

施肥要少施氮肥,增施磷钾肥和腐熟有机肥。基肥,扦插后15~20 d施三元复合肥30 kg/亩。追肥,第1次中耕除草后,施三元复合肥15 kg/亩,第1次中耕在薯苗开始延藤时进行;以后每隔10~15 d进行1次,共2~3次。最迟收获期在降霜之前,禁止在雨天收获。收获过程要轻挖、轻装、轻运、轻卸,防止薯皮和薯块碰伤。

六、元胡免耕高产栽培技术

浙江省缙云县的元胡产区通过多年的生产实践,探索出省工节本、高产高效的免耕栽培技术,其配套技术如下所述。

（一）种子准备

元胡以块茎为繁殖材料,在其生长过程中到田间挑选无明显病害的元胡田作留种田。立夏后,植株倒苗收获时,挑选出中等大小、无病变、体形光滑、色泽鲜黄、无破损的子元胡作种子,然后摊晾数天使表皮干燥。在室内选阴凉、通风、干燥的地方,先放5 cm左右厚的细沙,在上面铺10 cm厚与细沙混匀的种子层,再加一层细沙,如此重复堆放3~5层,细沙湿度以手捏成团、放开即散为好。若农户买的元胡种子没有分级,则播种时要按大、中、小三级分别播种。当市场上种子价格较高时,一般农户选用中、小型种子,以减少当季生产成本,但许多经济条件较好的农户,家中又有较好的储备条件,且其种植目的就是追究高产,则会选用大中型种子。

（二）田块选择

根据元胡适宜在生地生长的习性,种植地应选择有机质含量丰富、土壤团粒结构松散的砂壤土田块,土壤pH值宜为中性。水利排灌条件优越、地势较高、有机质含量丰富、每年实行水旱轮作的山岙田较适宜免耕种植元胡。

（三）播前除草

为避免田间杂草与播种后的元胡争肥、争水,严重影响元胡地下茎节的生长发育,播前应及时用乙草胺等除草剂喷杀杂草,隔2 d后再播种。

（四）适时早播

一般在秋分至寒露期间播种的元胡产量较高,但实行双季稻种植后,通常在10月中下旬种植。根据产量调查,秋分至寒露期间播种的单产和质量都远高于10月中下旬播种的,这是因为元胡不管迟播与早播,其出苗时间都在冬至节气前后,地下生长时间越长,其地下茎节又多又长，产量就越高。所以，前作最好为生育期中短的单季稻，这样，元胡一般可在秋分前后播种。

（五）田面平整

前作收割后田面高低不平，不利于元胡播种。播种前可用工具削高垫低铲平田面，然后因土定肥，施用基肥。

（六）施足基肥

元胡在长达 45 d 左右的地下茎节生长期间需要较多的养分，养分越充足，其茎节长势就越旺盛。因此，要施足基肥，播前在畦面施三元复合肥 50～75 kg/亩或过磷酸钙 50～60 kg/亩加碳铵 75～100 kg/亩加氯化钾 20～25 kg/亩，播种后施稻草或栏肥 1500～2000 kg/亩，然后覆盖沟土。

（七）窄畦点播

元胡是一种怕旱、怕渍、喜湿作物。为增强土壤的通透性，同时能覆盖较多的表土，避免露种露肥，多数农户均采用窄畦播种，一般畦宽 1～1.2 m，沟深 15～20 cm，遇旱能快速灌水补充水分，遇雨能使雨过水干。播种方式采用点播，株行距为 10 cm×5 cm。播种量按种子大小用 30～50 kg/亩。

（八）搞好覆盖

元胡播种后要及时覆盖，覆盖物可为栏肥、鲜稻草等有机质，农户通常用栏肥或稻草 750～1000 kg/亩，有机肥盖种结束后即用细沟泥覆盖 3～4 cm，含有机肥的，覆盖厚度应不少于 7 cm，且保证不能裸露种籽。

（九）田间管理

1. 苗前除草

元胡的产量高低与杂草发生程度直接相关，而杂草萌发的早慢和发生数量多少与播种后的气候有直接关系，播后如多阴雨则杂草萌发早、发生数量大；播后若长期干旱、表土含水量低则杂草萌发慢、发生量也相对较少。一般年份在冬至前后杂草都已萌发，且数量较大，此时元胡幼苗即将出土，应及时用 50%丁草胺乳油 75～100 mL/亩兑水 40～50 kg/亩均匀喷雾除草。由于元胡根系较浅，一般不能锄草，如春季有再生杂草应人工拔除。

2. 肥水管理

元胡出苗后，前期养分有基肥作保障，生长一般都较正常，但立春后，元胡对氮素的需求较多，需及时补充速效氮肥，通常用尿素 7.5～10 kg/亩兑水 750～1000 kg/亩泼浇或选雨天撒施。元胡地下茎膨大期间须保持土壤湿润，若遇久旱未雨时，应适当浇水，浇灌时间以早、晚为好，中午不宜。3 月中旬前后，多数年份会遇小旱，可采用灌跑马水形式进行灌溉，以降低土温，促进元胡地下茎块生长，提高产量。

3. 病虫防治

2月底至3月初气温逐步升高，元胡通常会发生霜霉病、菌核病和锈病，以霜霉病危害较大，可造成全田倒苗枯死。预防措施：不连作，最好与水稻进行水旱轮作；有机肥要经过腐熟后使用；清沟排水和配方施肥，以提高植株抗病能力。防治措施：锈病在发病初期用15%三唑酮可湿性粉剂或65%代森锌可湿性粉剂600倍液喷雾防治；霜霉病一般在3月中旬开始发生，一直到5月都能危害，可用70%托布津800~1000倍液或百菌清（或多菌灵）1000~1500倍液喷雾防治，隔10~15 d防治1次；菌核病用65%代森锌可湿性粉剂600倍液喷雾防治。

（十）适时采收

以植株枯萎倒苗后的5月上中旬收获为宜，此时折干率最高，过早、过迟收获都会影响元胡的产量和品质。选晴天采收，用小铁耙细心地把块茎挖出，翻土不能太深，以免把块茎埋在下面。

七、猕猴桃园套种元胡高效栽培技术

此模式可充分利用果园空间资源，提高土地利用率，达到以短养长、以园养园的目的，其中浙江省云和县在幼龄猕猴桃园套种元胡的栽培模式取得了显著的效益。猕猴桃园通过套种元胡，不仅减少了杂草滋生，还起到了一定的土壤保湿作用，且能改善土壤理化性状，促使耕作层疏松肥沃，减少了土肥流失。

（一）'红阳'猕猴桃果园管理技术

1. 新栽猕猴桃苗

第1年春天猕猴桃苗发芽后基部长出的芽、枝条一律不要抹除，越多越好，任其生长。如枝蔓长势强旺，可用竹竿引枝上长，但其蔓不能缠绕竹竿。生长季节枝蔓每80 cm掐尖1次。冬季落叶后基部留3~5个饱满芽平茬。第2年发芽后，视生长情况可留1~3枝旺枝上架，但不能挂果，其余枝条留20~30 cm掐尖，让其生长，并适当挂果，待枝蔓长到50~80 cm时掐尖。第2年春季须搭大棚架，架高1.8~2 m，不宜过高，按株距每5~6 m插一根水泥桩。当主枝蔓长到架面后向下50~60 cm掐尖定干，剪口下长出3~4个枝向四周均匀分布作为主蔓，然后引枝上架。枝蔓上架后每隔40~50 cm绑1次蔓，并注意掐尖。

肥水管理：①施肥。栽苗后，前1~2年因苗小、根少，可采取少量多次的施肥办法，在每次浇水后松土锄地时，每株施复合肥50~100 g或适量粪水肥、沼液肥。秋季或发芽前要饱施土杂粪、油渣和尿素、磷肥、复合肥等，注意施入肥料处要与根保持一定距离，防止肥料烧根，引起肥害。②浇水。天旱时注意勤浇水，6~8月要多浇水。如果行过长可在园内筑总渠，每隔25~30 m为一档，分档浇水，不能一水浇到头。③开沟扩盘培肥地力。栽苗后，前1~2年冬季要沿树盘两边开挖深50~60 cm的沟槽，埋入秸秆、麦草、锯末、土肥、复合肥等，让其腐烂，以增加土壤有机质含量和培肥地力。

2. 人工授粉

'红阳'猕猴桃的花期授粉很重要，若雌花授不上粉，则会自然落花不能结果。'红阳'猕猴桃的花期比一般品种要早10~15 d，由于果园放蜂授粉的效果较差，必须采取人工授粉的方法，以达到完全授粉的目的。具体方法：在开花期的每天上午7~10时，人工摘1个雄花直接蘸8~10个雌花，连续授粉3~4 d。

3. 留果量

"红阳"猕猴桃留果要稀，短果枝一般留2个果，中果枝留4个果，长果枝留5~6个果，一般每株留果20~50个，要求单果重在100 g以上。

4. 果实套袋

提倡套袋栽培，以5月下旬至6月初套袋为好。

5. 采收

'红阳'属中早熟品种，当果子呈现绿色或深绿色、含糖量达7%时可视为成熟，即可采摘上市。云和县一般在9月上中旬采摘。

（二）元胡栽培技术

1. 栽前准备

1）土地选择

选择海拔在500 m以下的1~3年幼龄猕猴桃园内套种，要求园内土层深厚，灌水、排水良好，土壤有机质含量较高，以砂质壤土为宜，如夹砂泥、半砂半泥田、冲积土等，死黄泥、白墡土、砂砾土均不宜种植，土壤宜中性或微酸性，通常pH值为5.6~7.5。

2）整地

视猕猴桃种植实际情况进行整地，注意不能伤及根系，整地前要翻耕并施入基肥，一般每亩施栏肥1500 kg、磷肥50 kg、油菜饼肥50 kg（需经发酵）。整地要细碎平整，并根据基地实际做畦，畦面宽0.8~1.2 m，沟深和宽均为25 cm，畦呈弧形，便于排水。

2. 栽种

元胡在生产上采用块茎种植，一般在猕猴桃园修剪、清园、施肥后播种，云和县一般在10月下旬播种。选用直径0.8~1.0 cm、大小均匀、芽部健壮、无病虫害的块茎作种，一般每亩果园用种量在25 kg左右。目前生产上选用大叶元胡品种种植，如'浙胡1号'和'浙胡2号'。播种前用50%退菌特1000倍液浸种10 min。一般在离猕猴桃种植穴50 cm处播种元胡，采用开条点播方式，条幅18~20 cm，沟宽10 cm、深6~7 cm，按株距8~10 cm在播种沟内交互排放2行，播种时要确保芽向上，边种边覆土，覆土深6~8 cm，也可在沟内施少量农家肥。

3. 施肥

1）底肥

底肥在播种前施入表土层中，一般每亩施腐熟的猪牛圈肥1500 kg、油菜饼肥50 kg、磷肥50 kg。

2）腊肥

在11月下旬至12月上旬元胡出苗前施用，以施猪牛圈肥、氮肥为宜，一般每亩施猪牛圈肥 1500～2000 kg（盖土）、尿素 10 kg，在雨后土湿时撒施。

3）苗肥

第 1 次苗肥在 2 月上旬、苗高 3.3 cm 以上时施入，每亩施尿素 3～5 kg、氯化钾 5～8 kg，兑水 500 kg 于晴天午后 3 时浇施；第 2 次苗肥在 3 月上旬至中旬施入，结合灌水每亩施尿素 4～5 kg 或氮、磷复合肥 5～8 kg；第 3 次苗肥在 3 月下旬至 4 月中旬施入，遇连绵阴雨时撒施草木灰 3～5 kg，每周撒施 1 次，不仅有肥效，还有防病杀菌的作用。

4）根外追肥

4～5 月进行根外追肥，宜选用磷酸二氢钾，每亩用 100 g 兑水 40～50 kg 喷施，可结合病虫防治实行肥药同施，每隔 15～20 d 喷施 1 次。

4. 田间管理

1）除草

一般在冬至前后（12 月下中旬）、元胡幼苗即将出土时进行，每亩用 50%丁草胺乳油 75～100 mL 兑水 40～50 kg 均匀喷雾，可获得较好的除草效果。同时，在元胡幼苗安全出土后，于 3～4 月及时进行人工拔草，清除田间杂草。

2）灌水抗旱

若遇冬旱要适当灌水，傍晚将水灌入畦沟内，水不能超过畦面，翌日早晨放水以降温保湿，防止干旱风影响而造成枯苗黄苗。

3）清沟排水

开春后苗期降雨多，田间湿度大，容易导致霜霉病的发生，要及时疏沟排水，做到沟内不留水，以降低田间湿度，避免引起烂根减产。

5. 病虫害防治

元胡的主要病害有霜霉病（火烧瘟）、菌核病（鸡窝瘟）和锈病，主要虫害为象甲。宜按照"预防为主，综合治理"的原则，采取以农业、物理防治为主，药剂防治为辅的综合防治技术。农业防治技术主要包括选择良种种植、合理种植密度、合理施肥、加强田间管理、雨季及时清沟排水、及时拔除病株并集中处理等。

6. 采收与加工

一般在 4 月下旬至 5 月上旬、元胡植株完全枯萎后 5 d 左右为最佳收获期。元胡收回后在室内摊晾，不要堆放，以免发热霉烂。选择大小均匀、无破损的块茎留籽，经过数天，待表面发白后就可拌干燥细沙储藏。采收后要按大、中、小分级包装。

（三）猕猴桃园套种元胡的田间管理关键点

1. 施肥

猕猴桃园果实采收后，要结合翻地整畦并根据元胡对肥水的需求施足基肥。2～3 月在猕猴桃株茎周围 0.5 m 范围内株施复合肥 0.25 kg、尿素 0.2 kg，并在元胡种植区域及时施用苗肥。4～5 月元胡根外追肥磷酸二氢钾，以施匀施透为宜。元胡收成后整畦，在猕猴桃株穴 1 m 范围内株施氯化钾 0.25 kg，并在采收前根外追肥 2～3 次。

2. 病虫害防治

猕猴桃园果实采收后要及时进行清园，将修剪下的枝蔓晒干后自制草木灰撒施。全园喷施石硫合剂，并对猕猴桃离地 0.5 m 的主蔓进行涂白。结合种植元胡施入基肥时，进行翻土以杀虫灭菌。开春后猕猴桃树发芽前全园喷施农药以进行病虫害防治，一般每逢雨后初晴喷施相应农药 1 次。5 月上旬前，在施用农药时加入农用链霉素，兼治溃疡病。6 月猕猴桃果实套袋以避免病虫侵害。

3. 除草

元胡种植后要及时进行除草，并加盖 3~5 cm 厚的稻草或其他覆盖物。此后采用人工拔除的方法进行除草。

参 考 文 献

陈斌龙, 周晓龙, 2013. 延胡索生产技术规程: DB33/T 382—2013[S]. 杭州: 浙江省质量技术监督局.https://dbba.sacinfo.org.cn/stdDetail/bf7194c2e0e50aeeaffd7183a95c32bd.

陈存武, 姚厚军, 陈乃富, 等, 2021. 元胡生产技术规程: DB34/T 3845—2021[S]. 合肥: 安徽省市场监督管理局.https://dbba.sacinfo.org.cn/stdDetail/1c1ab6f01fe66c611c15deaec46d887a9b02c8baaf2f4a114cc95d0ebbf4f195.

陈斯, 2021. 延胡索化学成分和药理作用研究进展[J]. 中医药信息, 38(7): 78-82.

郭美琴, 周奶弟, 吴增琪, 等, 2016. 仙居县"元胡-单季稻"轮作模式及栽培技术[J]. 农业开发与装备, (10): 180, 195.

国家药典委员会, 2020. 中华人民共和国药典[M]. 北京: 中国医药科技出版社: 145-146.

洪春庚, 宋建喜, 2016. 元胡-甘薯高效轮作栽培技术[J]. 浙江农业科学, 57(5): 691-692, 704.

姜艳, 孙作林, 2019. 宣州区水稻-中药材(元胡)水旱轮作技术[J]. 基层农技推广, 7(5): 71-73.

康志轩, 马美兰, 2017. 元胡规范化高产栽培技术分析[J].农民致富之友, (22): 155.

厉永强, 沈晓霞, 威正华, 等, 2018.元胡浙胡 2 号的选育及栽培技术[J]. 浙江农业科学, 59(7): 1135-1137.

练美林, 2016. 猕猴桃园套种元胡高效栽培技术研究与实践[J]. 上海农业科技, (1): 155-156.

任凤鸣, 刘艳, 朱晓富, 等, 2020.延胡索类药材资源研究进展[J]. 世界中医药, 15(5): 717-725.

沈志昂, 孙洁明, 苏烨琴, 2020.海宁市元胡-水稻高效模式关键栽培技术[J]. 现代农业科技, (3): 79-80.

吴娟娟, 饶溶晖, 邓云, 等, 2019. 水稻与元胡水旱轮作高产栽培技术[J]. 福建稻麦科技, , 37(1): 34-36.

张传进, 方义成, 2016. 皖东南山区元胡-水稻种植模式关键技术及效益分析[J]. 中国农技推广, 32(11): 29-30.

郑浩, 邹小维, 王诗语, 等, 2022. 延胡索的本草考证[J]. 安徽农业科学, 50(10): 139-144，148.

朱静坚, 金锡平, 2014. 元胡特征特性及免耕高产栽培技术[J]. 上海农业科技, (3): 88-89.

Flora of China Editorial Committee, 2001. Flora of China[M]. Beijing: Science Press & St.Louis : Missouri Botanical Garden Press , 7: 319. http: //www.efloras.org/florataxon.aspx?flora_id=2&taxon_id=200009146.

第七章 百 合

第一节 百合概况

一、植物来源

百合，又名强蜀、番韭、山丹、倒仙、重迈、中庭、摩罗、重箱、中逢花、百合蒜、大师傅蒜、蒜脑薯、夜合花等，《中国药典》（2020年版）收载的百合为百合科（Liliaceae）百合属（*Lilium*）植物卷丹 *Lilium landfolium* Thunb.、百合 *L.brownii* F.E.Brown var.*viridulum* Baker 或细叶百合（山丹）*L.pumilum* DC 的干燥肉质鳞叶。秋季采挖，洗净，剥取鳞叶，置沸水中略烫，干燥。*Flora of China* 中将细叶百合收录为山丹，拉丁名同为 *L. pumilum*。

二、基原植物形态学特征

（一）卷丹

卷丹鳞茎近宽球形，高约 3.5 cm，直径 4~8 cm；鳞片宽卵形，长 2.5~3 cm，宽 1.4~2.5 cm，白色。茎高 0.8~1.5 m，带紫色条纹，具白色绵毛。叶散生，矩圆状披针形或披针形，长 6.5~9 cm，宽 1~1.8 cm，两面近无毛，先端有白毛，边缘有乳头状突起，有 5~7 条脉，上部叶腋有珠芽。花 3~6 朵或更多；苞片叶状，卵状披针形，长 1.5~2 cm，宽 2~5 mm，先端钝，有白绵毛；花梗长 6.5~9 cm，紫色，有白色绵毛；花下垂，花被片披针形，反卷，橙红色，有紫黑色斑点；外轮花被片长 6~10 cm，宽 1~2 cm；内轮花被片稍宽，蜜腺两边有乳头状突起，尚有流苏状突起；雄蕊四面张开；花丝长 5~7 cm，淡红色，无毛，花药矩圆形，长约 2 cm；子房圆柱形，长 1.5~2 cm，宽 2~3 mm；花柱长 4.5~6.5 cm，柱头稍膨大，3 裂。蒴果狭长卵形，长 3~4 cm。花期 7~8 月，果期 9~10 月。

鳞茎富含淀粉，供食用，亦可作药用；花含芳香油，可作香料。

（二）百合

百合为野百合（*L. brownii* F. E. Brownex Miellez）的变种。

野百合鳞茎球形，直径 2~4.5 cm；鳞片披针形，长 1.8~4 cm，宽 0.8~1.4 cm，无节，白色。茎高 0.7~2 m，有的有紫色条纹，有的下部有小乳头状突起。叶散生，通常自下向上渐小，披针形、窄披针形至条形，长 7~15 cm，宽（0.6~）1~2 cm，先端渐尖，基部渐狭，具 5~7 脉，全缘，两面无毛。花单生或几朵排成近伞形；花梗长 3~10 cm，稍弯；苞片披针形，长 3~9 cm，宽 0.6~1.8 cm；花喇叭形，有香气，乳白色，外面稍带紫色，无斑点，向外张开或先端外弯而不卷，长 13~18 cm；外轮花被片宽 2~4.3 cm，先端尖；

内轮花被片宽 3.4～5 cm，蜜腺两边具小乳头状突起；雄蕊向上弯，花丝长 10～13 cm，中部以下密被柔毛，少有具稀疏的毛或无毛；花药长椭圆形，长 1.1～1.6 cm；子房圆柱形，长 3.2～3.6 cm，宽 4 mm，花柱长 8.5～11 cm，柱头 3 裂。蒴果矩圆形，长 4.5～6 cm，宽约 3.5 cm，有棱，具多数种子。花期 5～6 月，果期 9～10 月。

百合变种与野百合的区别在于叶倒披针形至倒卵形。

百合鲜花含芳香油，可作香料；鳞茎含丰富淀粉，是一种名贵食品，亦作药用。

（三）细叶百合（山丹）

细叶百合（山丹）鳞茎卵形或圆锥形，高 2.5～4.5 cm，直径 2～3 cm；鳞片矩圆形或长卵形，长 2～3.5 cm，宽 1～1.5 cm，白色。茎高 15～60 cm，有小乳头状突起，有的带紫色条纹。叶散生于茎中部，条形，长 3.5～9 cm，宽 1.5～3 mm，中脉下面突出，边缘有乳头状突起。花单生或数朵排成总状花序，鲜红色，通常无斑点，有时有少数斑点，下垂；花被片反卷，长 4～4.5 cm，宽 0.8～1.1 cm，蜜腺两边有乳头状突起；花丝长 1.2～2.5 cm，无毛，花药长椭圆形，长约 1 cm，黄色，花粉近红色；子房圆柱形，长 0.8～1 cm；花柱稍长于子房或长 1 倍多，长 1.2～1.6 cm，柱头膨大，径 5 mm，3 裂。蒴果矩圆形，长 2 cm，宽 1.2～1.8 cm。花期 7～8 月，果期 9～10 月。

鳞茎含淀粉，供食用，亦可入药，有滋补强壮、止咳祛痰、利尿等功效。花美丽，可栽培供观赏，也含挥发油，可提取供香料用。

三、生长习性

卷丹、百合和细叶百合均为多年生草本球根植物。

卷丹喜温暖稍带冷凉而干燥的气候，耐荫性较强。耐寒，生长发育温度以 15～25℃为宜，夏季为生长缓慢季节，冬季为休眠期。能耐干旱。最忌酷热和雨水过多。为长日照植物，生长前期和中期喜光照。宜选向阳、土层深厚、疏松肥沃、排水良好的砂质土壤栽培，低湿地不宜种植。忌连作，与豆类和禾本科作物轮作较好。

百合最适宜的生长温度是 20℃左右，温度太低，生长缓慢，甚至停止生长。为长日照植物，增加光照，可以提早开花，反之，则开花推迟。喜柔和光照或半荫，茎叶生长喜湿润的空气。但栽培时环境空气湿度过高，通风透气不好，易产生病害。对土壤要求较高，需生长在土层深厚、肥沃、疏松、透气性好且排水良好的砂壤土，而黏重板结的土壤不利于生长。pH 为 5.5～6.5 的酸性土壤最为适宜。

细叶百合（山丹）喜凉爽湿润、光线柔和、无强光直射的环境，但光线过分不足，空气湿度过高，对山丹生长发育也不利。不仅耐寒、耐旱、耐瘠薄、抗盐碱，对土壤要求也不严，砂质壤土即可，尤其适宜在有机质丰富、疏松肥沃、排水良好的微酸土壤生长。

四、资源分布与药材主产区

卷丹产江苏、浙江、安徽、江西、湖南、湖北、广西、四川、青海、西藏、甘肃、陕西、山西、河南、河北、山东和吉林等省（自治区）。生于山坡灌木林下、草地，路边或水旁，海拔400～2500 m。各地有栽培。日本、朝鲜也有分布。

百合产于河北、山西、河南、陕西、湖北、湖南、江西、安徽和浙江。生于山坡草丛中、疏林下、山沟旁、地边或村旁，也有栽培，海拔300～920 m。

细叶百合产河北、河南、山西、陕西、宁夏、山东、青海、甘肃、内蒙古、黑龙江、辽宁和吉林。生于山坡草地或林缘，海拔400～2600 m。俄罗斯、朝鲜、蒙古也有分布。

百合集药用、食用、保健、观赏、绿化等多用途于一体，经济收益较高，现已形成规模化、标准化、系列化生产的集药食同源、赏食同源功能为一体的系列百合特色品种。我国百合种植区域分布广泛，但不同品种种植面积差异显著，总体呈西部和南部多、东部和北部少的区域分布特点。甘肃兰州、湖南龙山、湖南隆回、江苏宜兴为全国主要药食用百合产地，种植面积达30余万亩；观赏百合产区集中在云南昆明、辽宁凌源、广东等区域，种植面积约12万亩。

卷丹的最大产区在华东地区，主要分布在江苏宜兴、吴江、南京及浙江湖州等地，新发展的地区有江苏大丰、如皋、南通、丹徒，浙江丽水等地，尤以太湖流域栽培最多。湖州百合是卷丹百合的一种生态型，产于浙江省湖州市，主要分布在湖州市的太湖、漾西、塘甸等乡镇，尤以太湖乡最为著名，历史上素以"太湖百合"著称。湖州百合栽培历史悠久，可上溯到四五百年以前，是浙江省的传统特产，明末湖州就有"百合之乡"之称。湖州地区所种的卷丹良种有苏白、长白两个农家品种。

五、成分与功效

百合中含有甾体皂苷、多糖、黄酮、酚类糖苷及甾体生物碱等成分，其中甾体皂苷、酚类和多糖是其主要的活性成分。《中国药典》（2020年版）规定，百合药材的检测标准为：按干燥品计算，含百合多糖以无水葡萄糖（$C_6H_{12}O_6$）不得少于21.0%。

《中国药典》（2020年版）记载的百合性味甘、微苦，凉，归肺、心、肾经；功能与主治为补气养阴，清热生津。用于气虚阴亏，虚热烦倦，咳喘痰血，内热消渴，口燥咽干。现代医学研究表明，百合具有抗肿瘤、抗氧化、抗炎、免疫调节、降血糖及抗真菌等药理作用。

第二节　百合规范化栽培模式

百合属于多年生草本球根植物，其规范化栽培模式主要包括华东主产区的百合规范化栽培技术、山区卷丹百合丰产栽培技术、卷丹百合-鲜食玉米高效轮作栽培技术、百合-浙贝母-稻鱼共生循环轮作技术、卷丹百合林下栽培技术等。

一、江苏省宜兴百合生产技术规程

宜兴百合（卷丹百合）为我国三大药（食）用百合之一，素有"太湖之参"的美誉，宜兴百合生产技术规程（DB32/T 1690—2010）的制定有利于保护宜兴百合生产环境，提升宜兴百合产品质量，加强宜兴百合的生产管理，促进宜兴百合生产的持续健康发展。此项技术规程具体内容如下所述。

（一）产地环境

选择土层深厚、透气性好，排水良好的稻田或旱地。前作在近三年内未种过茄科、百合科蔬菜。土壤要求呈微酸性，pH 值在 6.5～7.0 之间，以宜兴太湖渎区湖相沉积土（夜潮地）及山区砂土为佳。产地环境应符合 NY5010 规定。

（二）栽培技术

1. 整地

深耕晒垄，打碎耙平，每亩施 50 kg 生石灰进行土壤消毒。细耕平整作畦，一般畦面宽 1.5 m 左右，沟宽 25 cm，沟深 30 cm。

2. 施肥

基肥以有机肥料为主，主要是充分腐熟的厩肥、饼肥等。结合整地，每亩施腐熟的厩肥 3000～5000 kg、饼肥 100 kg、钙镁磷肥 20 kg、硫酸钾肥 10 kg。

3. 播种

1）种球消毒

选用鳞片抱合紧密，鳞茎盘完好，无病虫害的百合为种球。播种前用 50%多菌灵或 70%甲基托布津可湿性粉剂 500 倍液浸种 15～30 min。

2）播种时间

9 月上旬至 10 月上旬。

3）播种方法

在畦上开沟，沟深 5～7 cm，小沟间距 18 cm 左右，百合种植株距 23 cm 左右，亩种植密度 13000 株左右，种植深度为沟底向下 5～6 cm，种植后把畦耙平。

4. 冬季管理

1）套种经济作物

可在百合畦面上套种白菜、青菜、萝卜等蔬菜作物，套种作物在 12 月份前采收结束。套种蔬菜作物用药应符合 GB/T 8321（所有部分）的相关规定。

2）中耕除草

套种蔬菜作物收获后应及时进行中耕除草一次，疏松土壤。

3）施肥培土

在套种作物收获后，进行一次施肥培土，每亩施腐熟的厩肥 3000 kg、饼肥 100 kg、硫酸钾 10 kg，施肥后及时盖土，盖土厚度至肥料基本不见为宜。

5. 春季管理

1）中耕除草

晴天待田爽土松时进行中耕除草，中耕不宜过深，防止伤害百合芽。

2）畦面覆盖

春分前后，用稻草覆盖畦面，每亩覆盖稻草400~500 kg。

6. 夏季管理

1）清沟排水

百合进入高温、高湿季节，要加强防洪防涝，疏通排水沟，及时排水。

2）打顶

小满前后，选择晴天上午及时打顶。

3）打除珠芽

夏至前后，采用短棒轻轻敲打百合植株，打除珠芽，敲打过程中注意防止折断植株和叶片。

（三）虫害防治

1. 主要虫害

宜兴百合的主要虫害是蛴螬。

2. 防治原则

按照"预防为主，综合防治"的植保方针，坚持"农业防治、物理防治为主，化学防治为辅"的原则。

3. 农业防治

实行严格的轮作制度，及时清洁田园。

4. 物理防治

用频振式杀虫灯诱杀成虫。

5. 化学防治

使用化学防治时，应执行GB/T 8321（所有部分）的相关规定。每亩用50%辛硫磷乳油20 mL兑水浇灌种穴防治蛴螬。

（四）采收与储藏

1. 采收

在7月下旬即可采收"青棵百合"，但此时百合不宜留种和储藏。采收一般在地上植株完全枯萎后，即立秋以后采收，留种百合要求在8月底采收。

2. 储藏

采收后的百合应及时去掉茎秆，除净泥土和根系，放入保鲜库或堆放干燥、通风、避光的地方。百合堆高不超过1 m，根据堆大小在百合堆中央设气把数个，大堆多设小堆少设，并在上面盖好稻草。

二、浙江丽水山区卷丹百合丰产栽培技术

丽水市地处浙江省西南山区，九山半水半分田，地势以中山、丘陵地貌为主，气候垂直差异明显，海拔500 m以上土地面积21万亩。由于这些土地周围树木遮阴，中间溪流穿

过,夏季凉爽,日夜温差大,土壤有机质含量高,有利于作物有机物的积累,病虫害发生率低。丽水山区卷丹百合丰产栽培技术有利于充分发挥丽水山区丰富的地理资源优势和多样性气候条件,增加山区农民的经济收入,加快山区农民脱贫致富奔小康的步伐。经过近几年试种和推广,目前全市种植面积已达5600余亩,产量可达1500 kg/亩,经济效益达0.8~1万元/hm^2,现主要分布在青田、遂昌、景宁、松县等县。卷丹百合在丽水山区的丰产栽培技术具体如下所述。

(一)地块选择

卷丹百合喜干旱,怕水涝,喜欢阴凉,十分耐寒,高温地区会影响生长。生长旺盛,球茎大,产量高。种植时应选择海拔500 m以上、土壤肥沃、地势高爽、排水良好、土质疏松的砂壤土或壤土进行栽培;利用山区疏林半阴半阳的自然条件。百合忌连作,宜选择前作未种过百合、白术、马铃薯等根茎类作物的地块,前茬以豆类、瓜类或蔬菜地为好,当年收获后第2年以种植水稻、茭白等作物进行水旱轮作栽培更为适宜。

(二)整地施基肥

1. 整地做畦

种植前5~10 d,清除田间前作残留物和杂草,然后翻耕30~35 cm,耙细整平。一般畦面宽80~100 cm,畦高20~30 cm,做成龟背形,沟宽30 cm,有利于排水、通风以及除草等农事操作。同时,在翻耕时撒施生石灰900~1200 kg/hm^{2}进行土壤消毒。

2. 施足基肥

百合全生育期逾250 d,需肥量大,基肥应以长效优质腐熟有机肥为主。施腐熟有机肥1200~1500 kg/亩或饼肥150 kg/亩(饼肥用茶籽饼,可杀灭地老虎等地下害虫虫卵)、过磷酸钙25 kg/亩、碳酸氢铵50 kg/亩,开沟条施,覆土,防止养分挥发和流失。丽水山区土壤普遍缺钾,pH值5左右,偏酸,需适当增施硫酸钾或草木灰,一般增施硫酸钾10 kg/亩或草木灰100 kg/亩,也可用生石灰250 kg/亩消毒、调酸。

(三)适期播种

1. 选种

种球选择单头重30~40 g、3~4个头的百合鳞茎作种球,要求种球平头、无斑点、无损伤、鳞片紧密抱合而不分裂。用种量为250~300 kg/亩。

2. 消毒

播种前,将种球用多菌灵可湿性粉剂、甲基托布津等杀菌剂800~1200倍液浸种15~30 min进行消毒,然后捞出放置阴凉处晾干。

3. 播期选择

卷丹百合在10月上旬至11月中旬播种,一般海拔500 m以上的高山地区宜于10月上中旬播种,海拔500 m以下的区域宜于10月中下旬播种为宜。具体时间视海拔高度的不同而有所调整,随着海拔高度的升高,播种期相应提早。

4. 播种

播种时土壤要保持湿润，播种密度为行距 30~35 cm、株距 15~20 cm。开沟，将鳞茎顶朝上摆放种球，播种深度为 10~15 cm，然后盖土 4~6 cm 厚。天气干旱时可用遮阳网或杂草进行覆盖，有利于保湿出苗，出苗后揭去遮阳网。

（四）田间管理

1. 盖草

百合出苗前要注意保湿、保温、防杂草。11 月中下旬，天气逐渐转凉，气温下降，要覆盖稻草、豆秆、玉米秸秆等遮盖物进行保温、保湿、防杂草、防止大雨冲刷及表土板结。丽水山区推广秸秆还田，可利用的覆盖物多，覆盖有利于早出苗、出好苗。

2. 施肥

出苗后稳施苗肥，一般在 1 月上中旬进行。因为 1 月天气比较寒冷，气温比较低，要以有机肥为主，加适量复合肥。一般施腐熟有机肥 500~8000 kg/亩，均匀撒于畦面，起到保温、防霜冻等作用，施复合肥 10 kg/亩作为提苗肥。

百合从播种至出苗，在丽水山区一般为 100 d 左右。出苗后，一般在 3 月中旬，当百合苗高 10~20 cm 时，施腐熟饼肥 100 kg/亩、复合肥 10 kg/亩作促苗肥，促壮苗。

适施打顶肥，5 月中下旬，打顶后施尿素 10 kg/亩、硫酸钾 10 kg/亩，促鳞片肥大。同时，用 0.2%磷酸二氢钾溶液进行叶面施肥，此次追肥要在采挖前 45~55 d 完成。

3. 除草

未覆盖田块，结合施苗肥进行中耕 1 次，采取人工除草。如已覆盖，一般不需再次除草。

4. 培土

结合中耕除草进行浅培土，培土要求不能太厚，以鳞茎不露出泥面为宜。百合生长到封行后，可不再中耕锄草。但要及时清理沟渠，确保流水畅通，以免积水影响植株生长发育。

5. 摘蕾

5 月中下旬，现蕾时，选择晴天中午视植株长势及时打顶摘蕾。长势旺的重打，长势弱的迟打，并摘除花蕾，一般打顶 5 cm 左右。打顶是卷丹百合高产的一项重要技术环节，打顶与不打顶产量差异 15%~20%。

6. 水分管理

百合怕涝，春季多雨季节以及大雨后要及时疏沟排水，做到沟渠畅通，及时清沟排水，做到雨停水干。夏季应防止高温引起的腐烂；遇持续干旱天气，要浅水漫灌；等土壤湿润后及时排水。7~8 月鳞茎增大进入夏季休眠，更要保持土壤干燥疏松，切忌水涝。

（五）病虫害防治

山区病虫害发生相对较轻，百合生长发育过程中较常见的主要有疫病、病毒病、灰霉病、蚜虫、种蝇等病虫害发生危害。

1. 疫病

在疫病防治方面，要采取预防为主的农业防治措施，实行水旱轮作，选择排水良好、土壤疏松的地块栽培或采用深沟高畦栽培，以利排水。发病初期喷洒 40%三乙磷酸铝可湿性粉剂 250 倍液，或 58%甲霜灵·锰锌可湿性粉剂（或 64%杀毒矾可湿性粉剂）500 倍液，或 72%杜邦克露可湿性粉剂 800 倍液。发病后及时拔除病株，集中烧毁或深埋，病区周围用 50%石灰乳进行处理。

2. 病毒病

在病毒病防治方面，加强田间管理，适当增施磷肥、钾肥，使植株生长健壮，增强抗病能力；生长期及时喷洒 10%吡虫啉可湿性粉剂 1500 倍液或 50%抗蚜威超微可湿性粉剂 2000 倍液，控制传毒蚜虫，减少病虫传播蔓延。发病初期喷洒 20%毒克星可湿性粉剂 500~600 倍液或 0.5%抗毒剂 1 号水剂 500 倍液，隔 7~10 d 喷 1 次，连喷 3 次。

3. 灰霉病

在灰霉病防治方面，选用健康无病鳞茎进行繁殖，田间或温室要通风透光，避免栽植过密，促植株健壮，增加抗病力。冬季或收获后及时清除病残株并烧毁，及时摘除病叶，清除病花，以减少菌源。发病初期开始喷洒 30%碱式硫酸铜悬浮剂 400 倍液，或 36%甲基硫菌灵悬浮剂 500 倍液，或 50%扑海因可湿性粉剂 1000~1500 倍液。为防止抗药性，应提倡合理轮换交替使用，采收前 3 d 停止用药。

4. 蚜虫

在蚜虫防治方面，清洁田园，铲除田间杂草，减少越冬虫口。发生期间喷 10%吡虫啉可湿性粉剂 1500 倍液，或 50%抗蚜威超微可湿粉剂 2000 倍液。金龟子幼虫可用马拉硫磷、锌硫磷防治。螨类可用杀螨剂防治。

5. 种蝇

在种蝇防治上，一是进行土壤消毒；二是用 90%敌百虫 800 倍液浇灌根部，兼治地老虎等地下害虫。

6. 地老虎

在地老虎防治上，用 90%敌百虫 800 倍液浇灌根部，兼治蛴螬、蝼蛄等地下害虫。百合收获后全田灌水，淹死或迫使其离开。

（六）采收

定植后翌年秋季，待地上部分完全枯萎、地下部分完全成熟后开始采收，这时采收不仅产量高，而且耐储藏。百合一般在 7 月下旬开始采收，菜用鲜百合根据市场行情分批采收。药用百合晴天一次性采收。鳞茎挖出后，切除地上部分、须根和种子根，随即搬入室内通风处储藏，以免阳光照晒引起鳞片干燥和变色。

三、卷丹百合-鲜食玉米高效轮作栽培技术

此技术利用卷丹百合茬后闲田种植鲜食玉米，既保证了中药材种植规模，又稳定和扩大了旱粮生产面积，提高了土地利用率，具有较好的环境效益和经济效益。

（一）茬口安排

第 1 季卷丹百合于 10 月中下旬栽种，次年 7 月中旬至 8 月上旬收获；第 2 季鲜食甜玉

米6月下旬7月上旬播种，7月下旬8月上旬移栽，9月下旬10月上旬陆续收获。

（二）卷丹百合栽培技术

1. 栽培环境

宜选择海拔为200~1200 m的山地，土壤土层厚度30 cm以上，pH值6.0~7.0，疏松肥沃、排水良好。

2. 种球选择

一般采用小鳞茎繁育，选择单头质量30~40 g、3~4个头的卷丹百合鳞茎作种球，种球平头、无斑点、无损伤、鳞片紧密抱合而不分裂。每亩用种量为250~300 kg。

3. 整地施基肥

忌连作，种植前5~10 d，及时清除田间前作残留物和杂草，每亩施腐熟有机肥1200~1500 kg，三元复合肥（N：P：K=15：15：15）50 kg，然后翻耕30~35 cm，耙细整平，667 m^{2}撒施生石灰60~100 kg对土壤消毒。结合整地作畦，畦面宽80~100 cm，畦高20~30 cm。平地四周应开深40~60 cm的排水沟，达到排水通畅，雨后沟中不积水。

4. 适期播种

海拔600 m以上区域宜于10月中上旬播种，600 m以下区域宜于10月中下旬播种。播种前采用杀菌剂对种球消毒，具体可用60~70 g/L的3亿CFU/g哈茨木霉对种球消毒，并在阴处晾干。播种行距30~35 cm，株距15~20 cm，深度8~10 cm，按行距开沟，按株距将鳞茎顶朝上摆放，盖土覆平。

5. 田间管理

1）中耕除草

播种后可用前作鲜食玉米的秸秆覆盖封杂草，次年2月上中旬进行一次中耕除草。出苗后至植株封行前，中耕除草2~3次，浅锄。生长至封行后，可不再中耕锄草。同时结合中耕除草清理沟渠进行培土，防止鳞茎露出畦面和确保流水畅通；培土不宜过厚。丽水山区春季雨水较多，应做到沟渠畅通，及时清沟排水。

2）中耕除草

在2月上中旬齐苗后进行合理追肥，亩施腐熟有机肥400~500 kg或三元复合肥15~20 kg；4月上旬百合苗高10 cm左右进行，结合培土每亩施三元复合肥30~40 kg作为壮茎肥；植株打顶后，每亩施复合肥30 kg，生长茂盛的应少施氮肥。6月上中旬收获珠芽后，也可每亩追施10 kg速效复合肥。生长后期视长势每亩用磷酸二氢钾0.1 kg兑成0.2%浓度进行根外追肥。

3）摘蕾打顶

5月中下旬，现蕾前选择晴天中午视植株长势及时打顶摘蕾，长势弱的迟打并只摘除花蕾，长势旺的一般打顶5~8 cm。

4）病虫无害化防治

卷丹百合主要病害为灰霉病和根腐病。贯彻"预防为主，综合防治"的植保方针，坚持以农业防治、物理防治、生物防治为主，化学防治为辅原则。选用抗病强的种球，加强栽培管理，合理布局茬口，提倡水旱轮作。生产过程及时清除病枝、病叶、病株、废弃秸秆并带出田外集中处理。化学防治上，灰霉病发病初期，667 m² 用 62%嘧环·咯菌腈水分散粒剂 40～60 g 或 30%嘧菌环胺悬浮剂 50～150 g 兑水均匀喷雾；根腐病发病初期每 1 m² 可用 3 亿 CFU/g 的哈茨木霉 5～6 g 兑水灌根。

5）采挖储藏

7 月中旬至 8 月上旬，当植株地上部枯萎时，选晴天分批采收。采挖后除去泥沙和须根，立即运回室内，稍微晾干，每 20 cm 厚盖一层细沙，细沙相对湿度保持 65%左右。储藏期间，应定期检查，防霉变、虫蛀，条件允许可放入低温库中储藏。

（三）鲜食玉米栽培技术

1. 品种选择

鲜食玉米可选产量高、品质好、市场销路好的品种，如'苏玉糯 1 号''浙风糯 2 号''超甜 3 号''华珍'等。

2. 适期播种

第 2 季鲜食玉米于 6 月下旬 7 月上旬统一苗床集中播种育苗，7 月下旬至 8 月上旬在前作卷丹百合收获后陆续移栽。因前作收获后土地较疏松，玉米移栽时沟畦可维持原状，结合移栽亩施三元复合肥 50 kg 作为基肥。每畦种植 2 行，株距 25～30 cm,每亩种植 3000～3500 株。移栽初期由于夏季天气炎热干旱，要提高苗期抗旱能力，保护全苗。

3. 田间管理

拔节至抽穗前重施穗肥，每亩用三元复合肥 15～20 kg，开沟深施，以促进叶片生长和幼穗分化。在玉米大喇叭口期即抽雄前 7～10 d，每亩施碳酸氢铵 50 kg 或尿素 20～22 kg，并及时剔除萌蘖；抽雄前后 1 个月是需水高峰期，要确保植株水分供应，遇干旱及时灌水抗旱，防止秃顶缺粒。果穗成熟期确保安全授粉，养根攻粒；玉米吐丝后 5～7 d 喷施叶面肥，延长功能叶片寿命，防早衰。

4. 病虫害防治

玉米病虫害主要有纹枯病、玉米螟、黏虫等。纹枯病防治用 5%井冈霉素水剂 100～150 g 兑水 50 kg 喷洒果穗以上叶片，每隔 7～10 d 喷 1 次，连喷 2～3 次；玉米螟可用 90% Bt 乳剂 600～1000 倍液于玉米大喇叭口期灌心防治。

5. 适时采收

9 月下旬至 10 月上旬，玉米授粉后 25～30 d 花须转褐色，玉米籽粒饱满即可收获上市。鲜食玉米采收后秸秆统一放在田头，等卷丹百合播种后还田覆盖封杂草，起到农业良性循环生产的作用。

四、百合-浙贝母-稻鱼共生循环轮作技术

百合与玉米、马铃薯、豆类、番茄、瓜类等旱作轮作可以从一定程度上缓解其连作障碍问题，与旱作轮作相比，水旱轮作更有利于缓解百合的连作障碍现象。但是百合-水稻轮作模式中，一般而言水稻种植时间为 5 月至 10 月，百合种植时间为 10 月至次年 8 月，每年 8 月至次年 5 月之间存在一个土地闲置浪费的问题。百合-浙贝母-稻鱼共生药粮循环轮

作可解决百合连作障碍问题并充分利用土地资源,并可取得较好的经济效益。具体配套技术如下所述。

(一)茬口安排

第1茬为百合,种植时间为第一年10月至第二年8月,第一年10月中、下旬播种,第二年8月采收。

第2茬为浙贝母,种植时间为第二年9月至第三年5月,第二年9月中旬至10月下旬播种,第三年5月中、上旬采收。

第3茬为稻田共生系统,种养时间为第三年5月至第三年10月,第三年5月中、下旬移栽,第三年9月下旬至10月上旬收获。

(二)百合栽培技术

1. 品种选择

品种选择:卷丹、百合等适宜华东气候的百合种类。

2. 品种选择

繁育方式:采用鳞茎繁育,鳞茎质量30~40 g、无斑点、无损伤、鳞片紧密抱合而不分裂的鳞茎;每亩用种量为250~300 kg。

3. 环境选择

选择海拔高度为200~1200 m的山地,选择土层厚度30 cm以上,pH值6.0~7.0,疏松肥沃、排水良好的土壤。

4. 播种

播种前采用杀菌剂对种球进行消毒,阴处晾干;按行距开沟,按株距将鳞茎顶朝上摆放,盖土覆平;播种密度为行距30~35 cm、株距15~20 cm、深度8~10 cm。

5. 除草

播种后可用秸秆覆盖封杂草,次年2月上中旬进行一次中耕除草。出苗后至植株封行前,中耕除草2~3次,浅锄;生长至封行后,可不再中耕锄草。

6. 培土

结合中耕除草清理沟渠进行培土,防止鳞茎露出畦面和确保流水畅通;培土不宜过厚。

7. 水肥管理

施足底肥、按需合理施肥。具体为苗肥:2月上中旬齐苗后施用,每亩施腐熟有机肥400~500 kg或三元复合肥15~20 kg;壮茎肥:4月上旬百合苗高8~12 cm施用,结合培土每亩施三元复合肥30~40 kg;打顶肥:植株打顶后施用,每亩施复合肥30 kg;6月上中旬收获珠芽后,每亩追施10 kg速效复合肥。

保持沟渠畅通,及时清沟排水,做到雨停水干;遇持续干旱天气,要浅水漫灌;7月至8月鳞茎增大进入夏季休眠,更要保持土壤干燥疏松,切忌水涝。

8. 病虫害防治

1)防治原则

贯彻"预防为主,综合防治"的植保方针,坚持以农业防治、物理防治、生物防治为主,化学防治为辅原则。

2)主要病虫害

百合病害主要有灰霉病、炭疽病等,虫害主要有蛴螬和蚜虫等。

3)防治方法

百合主要病虫害发生时期、部位症状以及主要防治方法见表7.1。

表 7.1 百合主要病害病及主要防治方法

病虫害	发生时期	危害部位	主要症状	防治办法
灰霉病（叶枯病）	4月下旬至6月上旬	叶片为主,也可侵染茎、花、芽、鳞茎	苗期染病,常致幼苗成片坏死,最后腐烂;幼株染病,生长点坏死;叶部染病,首先在叶片上出现褐色圆形的病斑,病斑中心色浅灰色;花茎受害呈湿腐或干腐状,后期病部失水缢缩,病部以上萎蔫或倒折;湿度大时,病部产生灰色霉层;个别鳞茎染病,引致腐烂	①选用健康的鳞茎作种球,田间应通风透光,避免过分密植;②避免过量施用氮肥,适当增施钙肥、钾肥,促植株健壮,增强抗病力;③及时摘除病叶、病花,带出田外深埋;④哈茨木霉300倍液喷雾,注意不可同时使用杀菌剂;⑤发病初期用80%腐霉利或20%吡唑醚菌酯粉剂加25%异菌脲悬浮剂兑水15 kg喷雾或50%啶酰菌胺1200倍
炭疽病	5月至7月	叶、茎秆	叶片染病,初期出现水浸状暗绿色小点,以后发展成近圆形至椭圆形灰白至黄褐色坏死斑,边缘多具有浅黄色晕环,叶尖病病,多向内坏死形成近梭形坏死斑。茎部染病,形成近椭圆形至不规则形灰褐至黄褐色坏死斑,略下陷,后期产生黑色小点	①重病地区实行与非百合科作物3年以上轮作;②收获后及时清理病残组织,减少田间菌源;③发病初期选用45%咪鲜胺、80%福美双1000倍液,25%炭特灵可湿性粉剂600~800倍液喷雾,一般需连续3次,每次间隔7~10 d
蛴螬	5月至7月	根、鳞茎	主要活动在土壤内,危害百合的鳞茎百合根,吃掉根系和鳞茎盘,并造成病菌从伤口感染,加重百合腐烂率。在6月至7月鳞茎膨大期间危害最重	①合理安排茬口,有条件最好实行水旱轮作;②每亩用23亿~28亿孢子/g金龟子绿僵菌菌粉2 kg与细土50 kg或有机肥100 kg混匀后施入土中。或采用80亿孢子/mL金龟子绿僵菌油悬浮剂850~1250倍液喷洒植株基部
蚜虫	4月至7月	嫩梢、嫩叶	一般受害叶片先背向内萎卷,后萎缩不发,严重时植株萎蔫干枯	①消灭越冬虫源,清除附近杂草,进行彻底清田;②黄板诱蚜;③10%吡虫啉可湿性粉剂1500~2000倍液或3%啶虫脒可湿性粉剂2000倍液喷雾

9. 打顶摘蕾

5月中、下旬,现蕾前选择晴天中午视植株长势及时打顶摘蕾。

10. 采收

8月中、上旬当植株地上部枯萎时选晴天分批采收。

（三）浙贝母栽培技术

1. 品种选择

选择适应性强、抗病性强、丰产性好的品种,如'浙贝1号''浙贝2号''浙贝3号'等优良品种。

2. 繁育方式

采用鳞茎繁育,选择抱合紧密,直径2.0~2.8 cm,新鲜、无破损、无病虫斑的健壮鳞茎;每亩用种量为200~300 kg。

3. 种植环境选择

宜选择质地疏松肥沃,立地开阔,通风、向阳、排水良好的地块;选择微酸性或近中性的砂质轻壤土种植，pH 值为 5.5～6.8 为宜。

4. 播种

鳞茎播种前用 50%多菌灵 1000 倍液浸半小时，晾干后栽种；按行距开沟，按株距将鳞茎顶朝上摆放，盖土覆平；播种密度为行距 15～20 cm，株距 12～20 cm 为宜，深度 4～8 cm。

根据种鳞茎大小，在畦面上开沟或在凹面播种床上，芽头朝上，较小的种鳞茎放畦边，将泥土覆盖其上；或两凹面播种床间凸起部分土向两边播种床覆盖，形成排水沟。

播种后，用腐熟的农家肥、稻草、芒萁、茅草、废秸秆等覆盖物进行畦面覆盖。

5. 水肥管理

施足底肥，按需合理追肥。底肥以施有机肥为主，可施入生石灰腐熟的蚕砂 300～400 kg/亩，加复合肥 25 kg/亩，播种前撒入并耙匀。追肥包括种肥、腊肥和花肥。其中种肥为播种前施钙镁磷肥 30～40 kg/亩，同时施焦泥灰 500 kg/亩；腊肥为 12 月中下旬将三元复合肥施入畦面，用量为 20 kg/亩；花肥为现蕾时施尿素 3～50 kg/亩，硫酸钾 3～5 kg/亩，并于摘花打顶以后，施三元复合肥 10 kg/亩。

浙贝母播种后，到翌年 5 月上中旬植株枯萎前，土壤保持湿润，雨后及时排水，雨停无积水。

6. 打顶摘蕾

3 月上、中旬，当植株有 2～3 朵花开放时，选晴天露水干后将花连同顶端花梢一并摘除。

7. 采收

当地上茎叶枯萎后（5 月上、中旬），选择晴天及时收获。

（四）稻鱼共生种养技术

1. 品种选择

稻种选择株型紧凑、抗病虫、耐肥、抗倒伏的优质高产品种；田鱼种苗选择传统的"青田田鱼"品种，田鱼种苗规格要求：小规格夏花田鱼苗 600～1000 尾/kg，大规格夏花田鱼苗 100～300 尾/kg，冬片田鱼苗 10～20 尾/kg。

2. 种植环境选择

要求水源充足，水质好，无污染，排灌方便；要求田埂高 30～50 cm，宽 30 cm 以上。

3. 水稻育秧

种子浸种前 3～5 d，将种子薄晒 1～2 d，每天翻动 3 次；于 4 月下旬播种，播种期随海拔高度变化；采用旱育秧、工厂化秧盘育秧；每亩大田需杂交稻用种量 0.5～1 kg、常规品种 2～2.5 kg。

4. 水稻移栽

人工插秧秧龄 25～30 d 时移栽，机械插秧秧龄 15～20 d 时移栽。单季稻移栽时间为 5 月中、下旬，杂交品种移栽密度 25 cm×30 cm，每丛插 1 本；常规稻品种移栽密度 20 cm×25 cm，每丛插 3～4 本。

5. 鱼苗放养

鱼苗在水稻移栽后 6～8 d 左右放养，放养前用 2%～3%盐水消毒 3～5 min；田鱼放养密度：放养小规格夏花田鱼苗 600～1000 尾/亩或放养大规格夏花 600～900 尾/亩。

6. 水肥饵管理

1）水分调控

移栽至分蘖期水深 5～15 cm，浅水移栽，随着秧、鱼苗生长逐渐增加水位；分蘖后期提升水位至 15～25 cm，以深水位控制水稻无效分蘖；成熟期随着鱼的长大而适当加深水层 25 cm，水稻收割后继续加深水层，但不超过 30 cm。

2）土壤消毒与肥料施用

稻田消毒及土壤酸碱度调节，翻耕前每亩用生石灰 50～75 kg 泼洒，6～8 d 药性消失后灌水；稻鱼共生的水稻肥料选择要符合 NY/T 394《绿色食品 肥料使用准则》；第 3 茬减少肥料使用量和施用次数，全生育期不用施基肥，只追施 1 次少量复合肥（传统种植水稻需要使用大量基肥、多次追肥），一般每亩施复合肥 7.5～10 kg，在扬花前 3～5 d 施用；复合肥的施用量根据田鱼放养密度增加而减少。

3）饵料投放

田鱼饵料包括配方饲料和农家饲料（菜籽饼、米糠、麦麸、豆渣、动物饵料等），配合饲料应符合 NY 5072 的规定；饵料投放量要按稻田中鱼苗重的 2.5%～3% 投放，上午 10 点、下午 4 点各投 1 次，在进水口或投料点投喂。

7. 病虫敌害防控

1）水稻病虫防治

贯彻"预防为主，综合防治"的植保方针，坚持以农业防治、物理防治、生物防治为主，化学防治为辅原则；农药防治选用生物农药或高效低毒低残留的化学农药，按 GB 4285、GB 8321 的规定执行。具体防治方法见表 7.2。

表 7.2 稻鱼共生主要病敌害综合防治方法

物种	主要病敌害	防治措施 农业和物理措施	防治措施 生物和化学措施
水稻	主要病害 稻瘟病和稻曲病	①选用抗病品种，科学处理带病秸秆，消灭菌源；②科学施肥，减少氮肥用量，重视磷、钾肥的施用，宜选用水稻专用肥，可适当加施如草木灰	①正常天气情况下或病虫害发生较轻的年份，可不进行化学防治；②化学防治：依据水稻病虫测报，病害可能重发年份，使用化学防治 1～2 次。防治关键期为破口前 5～7 d，每 667 m^2 采用 40% 稻瘟灵乳油 60～80 mL 加 5% 井冈霉素水剂 100～150 mL，兑水 50～75 kg 喷雾，7 d 后视病情再用药 1 次
鱼	主要病害 水霉病	①用 400 mg/L 食盐水和 400 mg/L 小苏打溶液的合剂全水面泼洒，每 3 天一次，直至治愈；②五倍子按 2 g/m^3 的用量煎汁后全池泼洒	
鱼	主要病害 细菌性烂鳃病	①用 0.2～0.5 mg/L 的三氯异氰脲酸全水面泼洒，连用 3～4 d，或用挂袋治疗；②全池泼洒大黄液或五倍子药液，用量为 2.5～4 mg/L	
鱼	主要病害 细菌性肠炎	①用 0.2～0.5 mg/L 的三氯异氰脲酸全池泼洒，每天一次，连用 3～4 d，或挂袋治疗；②投喂大蒜，每 100 kg 鱼投喂 1～3 kg	
鱼	主要敌害 鸟	使用防鸟设施防鸟，可在田块上 1.8～2 m 高度拉鱼线防鸟，鱼线之间间隔宜为 0.5 m	

2）田鱼病害敌害防控

田鱼发病时，鱼药使用应符合 NY 5071 的规定。秧苗和田鱼苗小时，田鱼最易受白鹭危害，建议拉防鸟网；经常检查稻田及其周边环境中田鱼的其他敌害，如蛇、老鼠等，发现异常情况，要采取必要措施进行防控。具体防控方法见表 7.2。

8. 收获

在水稻成熟前 15 天放干田水，收获田鱼贮塘，干地收割水稻；水源条件好、不进行轮作的田块，水稻成熟后，保留深水位高稻茬收割，田鱼继续留养；每年 10～12 月可收获 0.3～0.5 kg 大小的成鱼贮塘，随时上市；有套养夏花鱼苗的，可在水稻收获后及第二年水稻移栽前各捕获一次。

五、福建地区林下卷丹百合栽培技术

近年来，卷丹百合在福建省种植面积迅速扩大，为充分利用福建丰富的林地资源，在林下套种卷丹百合，每亩净收入可达 4000 元，既给种植者带来收入，又能防止水土流失，发展前景广阔。具体配套技术如下所述。

（一）选地、作畦

当日平均气温高于 30℃或低于 5℃时，卷丹百合生长基本处于停滞状态，因此应选择海拔较高的山区种植。百合科植物忌连作，不宜选用前作为茄科作物或百合科作物的土块，而应选择地势较高、排水良好、土壤呈中性或微酸性的砂壤土种植。可在杨梅林、银杏等果园林下套种。

林下种植要因地制宜作畦，一般畦长 20 m，畦宽 100～115 cm，沟宽 33 cm，深 25～30 cm。畦四周依地势开排水沟。

（二）选种、消毒

选择生长饱满、无病虫害、单球质量达 25～30 g、鳞片洁白、抱合紧凑、茎盘无霉烂、根系健壮的种球作种。播种前用多菌灵或百菌清浸种 15～30 min，稍晾干后即可播种。

（三）播种时间、密度

卷丹百合播种期弹性大，但若栽种过早，年内会发芽而遭冻害，过迟则不利于根的生长。福建省最适播种期为 10～11 月。如果种球放在冷库中进行春化处理，3～4 月播种也可。

卷丹百合的定植株行距应根据种球大小适当调整，一般为（18～22）cm×（25～30）cm，每 667 m² 定植 8000～9000 株。

（四）田间管理

1. 水分管理

种球播下覆土后，盖 1 层稻草，以保持水分。出苗前一般不用浇水，出苗后是雨季，注意做好排水工作，做到雨停水干，收获前保持干燥 5~10 d。

2. 科学施肥

卷丹百合施肥应以基肥为主，种球种植时施用优质腐熟的生物有机肥，一般占总施肥量的 80% 左右。配合追施复合肥和叶面肥。根据百合吸肥规律，氮、磷、钾肥三者比例约为 1∶1.06∶1。

3. 打顶、摘蕾

打顶、摘蕾能调节卷丹百合体内营养物质的分配，减少养分无效消耗，促进光合产物向鳞茎输送。一般在卷丹百合现蕾（花蕾约指甲盖大小）时进行，选择晴天上午露水干后打顶，利于伤口愈合，防止病菌入侵。

（五）病虫害管理

卷丹百合的主要病害有叶枯病、病毒病、枯萎病、灰霉病等，其中福建省生产上为害最严重的是枯萎病和灰霉病，虫害主要有蚜虫、地老虎、螨类等。病虫害防治应以预防为主，综合防治，农业防治为主，化学防治为辅，具体措施如下：种球须严格选择，采用无病种球且种前消毒；加强田间肥水管理，注意开沟排水，采用配方施肥技术，适当增施磷、钾肥，使幼苗生长健壮，提高植株抗病力。灰霉病发病初期用异菌脲或腐霉利喷雾，7~10 d 1 次，连喷 2~3 次。枯萎病发病初期可用多菌灵、福美双、霉灵等药剂喷雾。

（六）实时收获

待植株地上部茎叶完全枯黄、鳞茎已充分成熟时，选晴天分批采收。根据栽植经验，福建省采收期在 6 月中下旬至 8 月中下旬，收获后用水冲去须根泥土，置于阴凉干燥处保存。如果要放置较长时间，可以于冷库中冷藏。

参 考 文 献

蔡宣梅, 张洁, 方少忠, 等, 2016. 福建地区林下卷丹百合栽培技术[J]. 长江蔬菜, (13): 38-39.
国家药典委员会, 2020. 中华人民共和国药典[M]. 北京: 中国医药科技出版社: 137-138.
吕群丹, 陈军华, 方洁, 等, 2022. 一种百合-浙贝母-稻鱼共生药粮循环轮种方法[P]. 中国, 202010560560.8, 2022-04-02[2022-08-04].
宋云胜, 柳平增, 2021. 我国百合市场与产业调查分析报告[J]. 农产品市场, (17): 42-44.
孙晓杰, 夏宜平, 常乐, 2008. 浙江省百合属野生资源及其园林应用[C]. 中国园艺学会球根花卉分会, 2008 年会暨球根花卉产业发展研讨会论文集, 12-16.
王银燕, 吴剑锋, 齐川, 等, 2018. 丽水山区卷丹百合丰产栽培技术[J]. 现代农业科技, (3): 98-99.
吴剑锋, 2018. 丽水市卷丹百合-鲜食玉米高效轮作栽培技术[J]. 长江蔬菜, (13): 38-39.
张德纯, 2020. 浙江湖州百合[J]. 中国蔬菜, (11): 122.

第八章 前　胡

第一节　前胡概况

一、植物来源

前胡，又名山当归、姨妈菜、岩风、野芹菜等，《中国药典》（2020年版）收载的前胡是伞形科（Apiaceae）前胡属（$Peucedanum$）植物白花前胡（$Peucedanum\ praeruptorum$ Dunn）的干燥根。秋季采挖，洗净，晒干或低温干燥。Flora of China 中将白花前胡收录为前胡，拉丁名同为 $Peucedanum\ praeruptorum$ Dunn。

二、基原植物形态学特征

多年生草本，高 0.6～1 m。根颈粗壮，径 1～1.5 cm，灰褐色，存留多数越年枯鞘纤维；根圆锥形，末端细瘦，常分叉。茎圆柱形，下部无毛，上部分枝多有短毛，髓部充实。基生叶具长柄，叶柄长 5～15 cm，基部有卵状披针形叶鞘；叶片轮廓宽卵形或三角状卵形，三出式二至三回分裂，第一回羽片具柄，柄长 3.5～6 cm，末回裂片菱状倒卵形，先端渐尖，基部楔形至截形，无柄或具短柄，边缘具不整齐的 3～4 粗或圆锯齿，有时下部锯齿呈浅裂或深裂状，长 1.5～6 cm，宽 1.2～4 cm，下表面叶脉明显突起，两面无毛，或有时在下表面叶脉上以及边缘有稀疏短毛；茎下部叶具短柄，叶片形状与茎生叶相似；茎上部叶无柄，叶鞘稍宽，边缘膜质，叶片三出分裂，裂片狭窄，基部楔形，中间一枚基部下延。复伞形花序多数，顶生或侧生，伞形花序直径 3.5～9 cm；花序梗上端多短毛；总苞片无或 1 至数片，线形；伞辐 6～15，不等长，长 0.5～4.5 cm，内侧有短毛；小总苞片 8～12，卵状披针形，在同一小伞形花序上，宽度和大小常有差异，比花柄长，与果柄近等长，有短糙毛；小伞形花序有花 15～20；花瓣卵形，小舌片内曲，白色，萼齿不显著；花柱短，弯曲，花柱基圆锥形。果实卵圆形，背部扁压，长约 4 mm，宽 3 mm，棕色，有稀疏短毛，背棱线形稍突起，侧棱呈翅状，比果体窄，稍厚；棱槽内油管 3～5，合生面油管 6～10；胚乳腹面平直。花期 8～9 月，果期 10～11 月。

三、生长习性

白花前胡适应于温暖、湿润的气候条件，主要生长在海拔 100～2000 m 的向阳坡，疏林边缘、山坡草丛及路边灌丛均有分布层深厚的夹土为好。温度高且持续时间长的地区以及荫蔽过度、排水不良的地方生长不良，且易烂根；质地黏重的黏土和干燥瘠薄的河沙土不宜栽种。前胡对环境要求比较严格，生态环境是制约其分布的主要因素。

白花前胡为多年生宿根植物，开花后整个植株枯死，**繁殖方式以种子繁殖为主**。植株生长可分为营养生长期和生殖生长期。通常将营养生长阶段的前胡称为"母前胡"，将生殖生长阶段的前胡称为"公前胡"。一般野生状态下的前胡生长多年以后才抽薹开花，而在栽培情况下，人工培育使其个体发育时间大大缩短，杂草治理得当，肥料充足，一般在第二年抽薹开花，少部分甚至第一年就开始抽薹开花。白花前胡的生长周期为2年，第1年进行营养生长，第2年进行生殖生长。进入生殖生长后，根部开始木质化。栽培白花前胡以根入药，因此，作为药材生产的白花前胡最好当年收。

其营养生长周期从播种当年4月中旬（气温达10℃以上）开始，到11月底（气温降到12℃以下）结束。白花前胡的营养器官包括地上及地下部分的生长主要集中在9月以前，之后植株高度、根的大小等基本不再增长，但根重增长迅速，此阶段根重增加达5.6倍左右。因此，9～12月为产量形成的关键时期。其生长周期长达220天左右。

四、资源分布与药材主产区

我国白花前胡野生资源主要分布于安徽的皖南山区、浙江的西北部地区，湖北的鄂西南地区，贵州的黔东南地区和铜仁地区，河南的豫西南地区，湖南的湘中、湘西地区，江西的东北部地区以及四川成都等地。现在白花前胡的栽培产区主要有安徽的宁国、歙县、黟县、绩溪、休宁；浙江的磐安、新昌、淳安、临安；湖北的秭归、兴山、夷陵；贵州的凤冈、施秉、黄平、毕节；河南的信阳、新县、内乡；重庆的武隆、涪陵；湖南的安化、新化、桂东；江西的广丰、婺源等地区，共8省（市）42县（区）。生长于海拔250～2000m的山坡林缘，路旁或半阴性的山坡草丛中。

我国传统用药习惯是将白花前胡药材分为两个品种：一般产于浙江、安徽的习称"宁前胡"；产于贵州、湖南、湖北、四川等地的习称"信前胡"。目前"宁前胡"主要为栽培品种，供给市场量约占全国前胡的80%；"信前胡"主要以野生为主，约占全国的20%。截至2012年，我国白花前胡栽培面积达18000亩左右，栽培资源在3000 t左右，栽培品种主要以"宁前胡"为主，栽培地以安徽宁国为最多也最为集中，其栽培面积达10000余亩，年产前胡1000余吨，占全国市场需求量的1/3以上。此外，目前白花前胡已有一定的出口规模，全国全年使用量约4000 t。

五、成分与功效

前胡的主要化学成分以前胡甲素、前胡乙素、前胡丙素、前胡E素等香豆素类成分为主，此外还含有挥发油、皂苷类、甾醇类、微量元素等。《中国药典》（2020年版）规定，前胡的检测标准为：按干燥品计算，含前胡甲素不得少于0.90%，前胡乙素不得少于0.24%。

《中国药典》（2020年版）记载的前胡为常用中药，味苦辛，性微寒。归肺经。具宣散风热，降气化痰的功效。用于治疗风热感冒、咳嗽痰多、咯痰黄稠、喘满、吐逆及胸胁不畅等症。

第二节 前胡规范化栽培模式

一、前胡栽培技术

（一）选地整地

选择土层深厚、疏松、肥沃（富含腐殖质）、排水较好、坡度以25°以下较为合适的土地种植。山地顺势做畦，并按照适宜间隔设置隔土带，以防水土流失，山地可适当与山核桃、板栗等经济林套种；平地选择排水良好的田地，种植时可套种玉米等高秆植物，或在茶园、桑园种植，并使遮蔽度保持在30%~50%左右，以利根系生长，以便生产出根系肥大、木质化低、柔软、质量含量高的前胡。

土壤以腐殖质土、油砂土、黄砂壤土等最为合适，土壤pH 6.5~8.0较适宜。播种前，最好是在头年冬季，将杂草除去，可选用5%草甘膦兑水进行喷雾除草；地上前作枯死物铺于地面烧毁，然后深翻土地让其越冬。次年2月份施入腐熟的猪牛粪后再翻1次土，除去杂草，耙细整平，按1.5 m开厢，厢面宽1.2 m，厢沟宽30 cm，深15 cm清除厢面杂质，待播种。

（二）播种

前胡播种可分为春播和冬播。播种时间在12月上旬开始播种育苗，称冬播；第二年3月上旬至清明节期间进行播种，称春播。若前胡播种过早，气温低则容易发生烂种情况，种子不发芽或发芽率低，造成出苗不整齐。若播种过晚，则气温升高，幼苗出土后，真叶易灼伤，也易造成死亡。同时播种过晚，气温较高，前胡没有足够的营养生长期，易提早抽薹开花，提前发育，根茎不发达，木质化加重，间接降低了前胡的药材质量。

因此，前胡播种应在早春气温稳定在10℃，即每年的3月中下旬播种为宜，这样既能保证早春不烂种，出苗整齐，又能保证有足够的营养生长时间，使前胡药材质量好，产量高。播种前1~2天将采收的前胡种子晒3~4 h。用温水浸种24~30 h，然后采用水选法取出饱满种子。播种时对种子进行消毒，用0.5%多菌灵拌种子，多菌灵是粉剂，先用适量的水稀释，以能浸湿种子为宜，拌匀后，再加草木灰（过筛，每亩50 kg以上），然后拌和均匀，再行播种，随拌随播。每亩用种量0.6~0.8 kg。

1. 播种时间

冬播：播种时间最好在11月上旬至次年1月下旬开始播种，由于前胡种子发芽缓慢（天气情况比较好的需要30天以上发芽），一般年前播种完毕。将种子均匀撒于畦面，然后用竹扫帚轻轻扫平，使种子与土壤充分结合，一般每亩播种量为3 kg。

春播：一般在每年的3月中下旬播种，采用穴播或条播均可，在畦上24 cm见方开穴，穴深3 cm左右。将种子拌入火土灰，均匀撒入穴内，然后盖一层土或草木灰，至不见种子为度。最后盖草保墒利于出苗整齐，发芽时揭去。一般每亩用种量为2～3 kg。

2. 播种管理和方式

前胡播种完毕后，在已培肥的地上，顺行居中铺幅宽1 m的地膜，再在地膜上按原穴位置或株距挖定植穴种苗，定植穴的大小视苗木根系大小而定。由于覆盖地膜后保持和提高了土壤温度，非常有利于幼苗的成活、生长、发育，为形成优质的药材打下良好基础。据调查，立地条件相同，管理水平、苗质量一致的情况下，采用地膜覆盖的比不覆膜的出苗率更高。

前胡有点播、条播、撒播等几种播种方式。其中以点播和条播为好，撒播次之。点播和条播中耕除草比较方便，且可用锄头除草。

条播：按行距30 cm开播种沟，沟深5 cm，然后将种子撒播在沟内。

点播：按行距30 cm、穴距20 cm、穴深5 cm播种。前胡种子小，芽顶土力弱，盖土不宜过深，否则会影响出苗。

其次前胡发芽对光照很敏感，黑暗中几乎不发芽。播种后切忌盖子，最多只能盖一层薄薄的草木，播后盖一层薄土或火土灰或者用扫把轻轻扫一下，不见种子，以利种子与土壤充分结合。

（三）肥水管理

施肥以基肥为主，于播种前整地时一次性施入，一般肥力地块用腐熟农家肥45 t/hm²或硫酸钾复合肥750 kg/hm²作基肥。在肥沃的园地种植，施含硫复合肥150～225 kg/hm²，作为基肥。前胡需肥量小，基肥充足的幼苗期至7月底前不宜追肥，以免造成植株提前抽薹开花，根部木质化而影响产量。前期没有施基肥和土壤肥力不足的，结合第1次锄草追施浓度较低的人畜粪水或施尿素75 kg/hm²（也可施硫酸钾复合肥75 kg/hm²）提苗。立秋前后，结合第3次锄草施硫酸钾复合肥150 kg/hm²；在白露前后再追施硫酸钾复合肥75～150 kg/hm²。施肥时注意不要伤根、伤叶。前胡虽耐旱，但干旱严重影响产量，灌溉方便的园地遇到干旱要适当地浇水，关键时间在8～9月。

（四）摘薹

前胡生产过程中，易提前抽薹开花而木质化，影响药材品质，及时打顶，把抽薹植株从茎基部摘除，从而提升药材品质和产量。

（五）采收

一般秋播可在冬至到第2年萌芽前采收，以霜降后苗枯时最为适宜。春播可在当年抽花茎前采收，故如果有好的生长环境和田间管理作为保障，前胡可一整年采收，但一般应生长2年，即到第2年抽花茎前采收。先割去枯残茎秆，挖出全根，除净沙土，晾2～3 d，至根部变软时晒干即成。前胡折干率约4成，一般产量为2250～3000 kg/hm²，高产的可达4500 kg/hm²。另外，前胡每年收获时，挖断的细根第2年也可萌发新株，而且生长都较种子撒播苗要粗壮，产量也高。现在产区农户在收获时用板锄挖取前胡，有意将须根挖断留在土中，待第2年播种时，只需播种子7.5～15 kg/hm²即可，不仅减少了用种量，还提高了产量。

（六）病虫草害防治

1. 病害

白粉病：发病后，叶表面发生粉状病斑，逐渐扩大，叶片变黄枯萎。防治方法：发现病株及时拔除烧毁，并用10%苯醚甲环唑（思科）1500倍液，或40%氟硅唑（福星）乳油6000~8000倍液，或15%三唑酮（粉锈宁）可湿性粉剂1500~2000倍液，或45%咪鲜胺乳油3000倍液等喷雾防治。

根腐病：发病后，叶片枯黄，生长停止，根部呈褐色，渍状，逐渐腐烂，最后枯死。低洼积水处易发此病。防治方法：注意疏沟排水，特别是雨季和大雨天，及时排除积水，降低田间程度，促使植株生长健壮，增强其抗病能力；发现病株，应及时拔除烧毁。并用50%多菌灵可湿性粉剂1000倍液，或70%甲基硫菌灵1000~1200倍液等浇淋根部消毒，以防病菌蔓延。

2. 虫害

蚜虫：主要为桃蚜，又称烟蚜，密集于植株新梢和嫩叶的叶背，吸取汁液，使心叶、嫩叶变厚呈拳状卷缩，植株矮化，或为害幼嫩花茎，造成结实不充实等。防治方法：清洁田园，铲除周围杂草，减少蚜虫迁入和越冬虫源；发生蚜虫可选用20%啶虫脒8000~10000倍液或10%吡虫啉1000倍液，每5~7 d喷洒1次，连喷2~3次。

刺蛾类：又名洋辣子。防治方法：可选用1.8%阿维菌素2500~3000倍液或3%甲氨基阿维菌素苯甲酸盐乳油3000倍液或10%氯氰菊酯1500倍液喷施叶背，每隔10 d喷1次，连喷2~3次。

蛴螬：为金龟子幼虫的总称，土名叫"土蚕"，7月中旬后咬食根茎基部。施用充分腐熟的农家肥，减少成虫产卵量；蛴螬为害期用50%辛硫磷可湿性粉剂1000倍液，或48%毒死蜱1000~2000倍液，或1%甲氨基阿维菌素苯甲酸盐乳油2500倍液灌根，毒杀幼虫。

3. 草害

前胡除草的方式有化学药剂除草和人工除草。

化学药剂除草：播种后出苗前空白地除草，在杂草出土前施用。用50%乙草胺乳油1050~1125 mL/hm²，兑水600~900 kg均匀喷雾土表。播种后出苗前除已出土杂草。前胡播种15 d以后出苗，因此在杂草见绿、前胡尚未出苗前，可用20%克芜踪水剂2.25~3.75 L/hm²，兑水375~450 kg进行田间喷洒。也可选用41%农达或草甘膦水剂2.25~3.00 L/hm²兑水450~600 kg喷洒。前胡出苗后绝不能使用以上药剂除草，以免杀死药苗。根据试验结果，应在14 d以内喷药。

人工除草：中耕除草一般在封行前进行，中耕深度根据地下部生长情况而定。苗期中药材植株小，杂草易滋生，应勤除草。待其植株生长茂盛后，此时不宜用锄除草，以免损伤植株，可采用人工拔草，但费时费力。第1次拔草于5月幼苗长到5~6 cm高时进行，第2次拔草于6月中旬至7月上旬，第3次拔草于立秋前后进行。

二、前胡林下栽培技术

合理利用林下空间，在林下开展药用植物种植或半野生药用植物驯化的复合经营模式。前胡能够在干旱、寒冷的环境中生长，但是怕涝，同时地块选择还需保证一定的荫蔽度。如果地块存在排水不畅、荫蔽过度等情况，会阻碍前胡正常生长，引起烂根。不宜在低洼易涝地、质地黏重沙土地、瘠薄干旱沙土地种植。可选择山核桃、板栗等经济林套种前胡。

（一）林分选择和整理

宜选择阴湿、凉爽，海拔400～1000 m，坡度<20°的林地，植被类型为常绿阔叶林、针阔混交林等，郁闭度0.3～0.4为宜，土壤要求疏松、透气、湿润，土层厚度>30 cm，腐殖质含量丰富，pH以6.0～8.0为宜。

清理地上枯枝杂草，全面深翻土地，耙细整平，根据立地条件顺势做成1～1.2 m宽的平整畦面，沟宽30 cm，沟深20 cm。长度根据地块而定，开好畦沟、围沟，以雨后地块无积水为宜。

（二）种苗繁育

春播种子用温水浸泡，待大部分种子露白时播种。冬播种子需在4℃储藏，播种前先温水淋湿，然后将种子与有机肥、细土混匀待用。播种方式分为条播和撒播，条播每亩用种量为1.0～1.5 kg，撒播每亩用种量为1.5～2.0 kg。

（三）田间管理

当幼苗长到3～5 cm时进行间苗，拔除过密和过细的小苗。当幼苗长到10～15 cm时结合间苗进行定苗，保证种苗存活及合理的种植密度，定苗时除留种地外拔除抽薹的植株。对不留种植株打顶，即把抽薹植株从茎基部摘除。结合植株生长情况及时进行中耕除草，中耕宜浅，防止伤根或土块压伤幼苗；禁止使用除草剂。

三、前胡与春玉米药粮套种技术

（一）播种时间

根据当地气候特点，在每年的1月下旬至2月中下旬安排种植前胡，并在3月下旬至5月中下旬套种春玉米，一般可在7月下旬至9月中旬收获春玉米，11月下旬至12月中下旬收获前胡。

（二）种植布局

玉米实行宽行种植，种植规格（80～85）cm×（24～26）cm，种植密度45000～52500株/hm^2；前胡在玉米行间进行双行套种，株距3.5～4.5 cm，种植密度60万株/hm^2。

（三）选地整地

选择背风向阳、土层深厚、肥沃疏松、排水良好的砂质壤土种植。播种前翻地，用腐熟栏肥 37500～45000 kg/hm², 翻入土中，耕细整平，做 120 cm 宽的平畦，并在四周挖好排水沟，用于疏导水。

（四）播种

播种采用条播或撒播，播种量 15 kg/hm²。在整好地的畦上留足玉米种植宽度（80～85 cm），在玉米种植的行间种植 2 行前胡，等行距 30～40 cm，穴深 5 cm。整平穴底，撒入前胡种子后覆土约 3 cm，并淋稀薄人畜粪水。

（五）田间管理

草害是前胡栽培中的最大障碍因子。一个生长周期需进行 3 次除草。第 1 次在种子出苗前，用 10%草甘膦水剂 4.5 kg/hm 兑水 50 kg，进行化学除草；第 2 次在幼苗长 3～4.5 cm 时，进行中耕除草，以划破地皮为度，防止伤根或土块压伤幼苗；第 3 次一般在玉米播种 30 天后，可视田间情况而定。

间苗出苗后要拔除过密和过细的前胡苗，保持种植密度 60 万株/hm² 较为适宜。施肥采用"前控后促"原则。玉米收获前 15～30 天，施复合肥 400 kg/hm²；玉米收获后 15 天（白露前后）施复合肥 400 kg/hm²。视田间情况而定，施肥量可以适当增加。

当前胡抽薹（拔秆）时，因需肥量较大，要及时摘薹或拔去，以促进雌株生长，提高前胡产量。留种地除外。前胡虽耐旱，但干旱严重影响产量。遇到干旱时有水源的地方，适当浇水，一般 3～4 次，关键在 8～10 月。前胡怕涝，特别是春夏季节，阴雨天要随时清沟排水。

参 考 文 献

国家药典委员, 2015. 中华人民共和国药典(一部)[M]. 北京: 中国医药科技出版社: 265.

何建红, 余樟平, 丰玉成, 等, 2007. 山区旱地前胡//春玉米药粮套种新栽培模式[J]. 中国农技推广, 23(7): 32-33.

李翠芬, 张久胜, 2014. 前胡仿野生栽培技术探讨[J]. 亚太传统医药, 10(3): 41-42.

饶宇, 孙光敏, 2016. 前胡高产栽培技术[J]. 农技服务, 33(2): 49-49.

杨红兵, 陈科力, 2013. 白花前胡的种植技术研究及应用[J]. 现代中药研究与实践, (1): 12-14.

杨仁德, 赵欢, 李剑, 2015. 白花前胡的药理作用及栽培技术[J]. 现代化农业, (3): 22-23.

张玉方, 王祖文, 卢进, 等, 2007. 白花前胡主要栽培技术研究(I)[J].中国中药杂志, 32(2): 147-148.

中国科学院中国植物志编辑委员会, 1990. 中国植物志 第五十五卷第三分册 被子植物门 双子叶植物纲 伞形科(三)[M]. 北京: 科学出版社.

第九章 三 叶 青

第一节 三叶青概况

一、植物来源

三叶青，又名金丝吊葫芦、蛇附子、石老鼠、拦山虎、雷胆子等，《浙江省中药炮制规范》（2015年版）收载的三叶青是葡萄科（Vitaceae）崖爬藤属（*Tetrastigma*）植物三叶崖爬藤（*Tetrastigma hemsleyanum* Diels et Gilg）的新鲜或干燥块根，冬季采收，洗净，鲜用或切厚片、干燥。

二、基原植物形态学特征

三叶青为多年生草质攀援藤本，长3～6 m，有纵棱纹，无毛或被疏柔毛。须卷不分枝，相隔2节间断与叶对生。叶为3小叶，小叶披针形、长椭圆披针形或卵披针形，长3～10 cm，宽1.5～3 cm，顶端渐尖，稀急尖，基部楔形或圆形，侧生小叶基部不对称，近圆形，边缘每侧有4～6个锯齿，锯齿细或有时较粗，上面绿色，下面浅绿色，两面均无毛；侧脉5～6对，网脉两面不明显，无毛；叶柄长2～7.5 cm，中央小叶柄长0.5～1.8 cm，侧生小叶柄较短，长0.3～0.5 cm，无毛或被疏柔毛。花序腋生，长1～5 cm，比叶柄短、近等长或较叶柄长，下部有节，节上有苞片，或假顶生而基部无节和苞片，二级分枝通常4，集生成伞形，花二歧状着生在分枝末端；花序梗长1.2～2.5 cm，被短柔毛；花梗长1～2.5 mm，通常被灰色短柔毛；花蕾卵圆形，高1.5～2 mm，顶端圆形；萼蝶形，萼齿细小，卵状三角形；花瓣4片，卵圆形，高1.3～1.8 mm，顶端有小角，外展，无毛；雄蕊4个，花药黄色，花盘明显，4浅裂；子房陷在花盘中呈短圆锥状，花柱短，柱头4裂。果实近球形或倒卵球形，直径约0.6 cm，有种子1颗；种子倒卵椭圆形，顶端微凹，基部圆钝，表面光滑，种脐在种子背面中部向上呈椭圆形，腹面两侧洼穴呈沟状，从下部近1/4处向上斜展直达种子顶端，花期4～6月，果期8～11月。

三、生长习性

三叶青喜凉爽气候，多生于山谷、灌丛、林间等荫凉的环境中，荫蔽度40%～50%，年平均气温16～22℃，土壤在pH 6～8，要求腐殖质含量高，适温在25℃左右生长健壮，冬季气温降至10℃时生长停滞；耐旱，忌积水，耐阴性强，抗病、少虫害，阴湿的室外环境可铺地栽培。

一般3~4月上旬萌发出芽，4月下旬开始现蕾，5月上、中旬盛花期，至6月下旬为快速生长期；一般在7月上旬至10月上旬，平均气温超28℃时，植株进入高温缓慢生长期；当秋季温度在10~28℃时，植株第二次快速生长，尤其是地下块根；平均气温低于10℃进入低温休眠期，在11月下旬至次年2月下旬停滞生长。花蕾到种子成熟需要4~6个月。

四、资源分布与药材主产区

三叶青生于山坡灌丛、山谷、溪边林下岩石缝中，海拔300~1300 m。主要分布于中国长江流域以南各省（市），包括浙江、江苏、江西、福建、广东、广西、湖南、贵州、云南等地；在南部热带及亚热带岛屿（海南岛、台湾岛）也有少量分布。

三叶青为新"浙八味"之一，也是浙江省大宗药材品种，需求量巨大，据调查显示，浙江、四川和贵州等地三叶青产量较大，三叶青药物研发市场正在逐渐打开。安徽省亳州市峰源药业有限责任公司研制中药材饮片三叶青粉。陕西省西安兆兴制药有限公司研发了以三叶青块根为主要原料的治疗胆囊炎胆石症的国药准字"排石利胆胶囊"。河南铃锐制药股份有限公司以三叶青、广金钱草等为原料生产的国药准字"结石康胶囊"。杭州胡庆余堂、浙江康恩贝制药股份有限公司上市了三叶青冻干粉剂、真空包装新鲜块根等产品。

五、成分与功效

三叶青的主要成分有黄酮及其苷类、糖类、酚及其苷类、有机酸类等成分。黄酮及其苷类是目前较为认可的三叶青主要活性成分之一，包括原花青素B_1和B_2、儿茶素、芦丁、槲皮素、槲皮苷、异槲皮苷、紫云英苷、山奈酚等。《浙江省中药炮制规范》规定三叶青和三叶青粉醇溶性浸出物不得少于7.5%，鲜三叶青醇溶性浸出物不得少于9%。

三叶青被誉为"植物抗生素"，《浙江省中药炮制规范》记载，三叶青微苦，平。归肝、肺经。具有清热解毒、消肿止痛、化痰散结的功效，用于小儿高热惊风、百日咳、疮痈痰核、毒蛇咬伤等症状。

第二节 三叶青规范化栽培模式

三叶青人工栽培主要有大田栽培或者林下套种两种规范化栽培技术。一般栽培定植最佳时间在每年3月底至5月初，可以有效防止低温冻害对三叶青幼苗的伤害，提高栽植成活率。

一、种苗繁育技术

三叶青种苗主要有种子繁殖、地下块根繁殖、扦插繁殖、组培快繁等繁育方式。目前扦插繁殖是最为常用的种苗繁育方法，采用其茎蔓扦插培育，既可保留母本的优良性状，又能缩短育苗的周期。

（一）母本选择

三叶青品种资源繁多，通过资源收集，对不同种源的适应性、形态特征及地下块根产量、成分等分析，优选出适合本地种植的三叶青良种，作为母本。

（二）插穗选取及处理

选择生长健壮的二年生枝条，每条插穗保留 2～3 节，上剪口距节间 2 cm，下剪口距节间 1 cm，上部节间保留叶片，下部节间去掉叶片的标准修剪。修剪好的插穗用生长激素吲哚丁酸（IBA）500 mg/L+甲基托布津（70%粉剂）500 倍液整段浸 1 min。扦插时间一般选择 2 月上旬至 6 月下旬或 10 月中旬至 12 月下旬。

（三）扦插基质

一般采用 70%细泥土+20%泥炭+5%珍珠岩+3%缓释肥+2%草木灰作扦插基质，用 50 孔穴盘扦插或起垄扦插。

（四）扦插苗管理

经过消毒、生根处理的三叶青插穗按照每孔穴扦插一条插穗，插穗下部约 2 cm 埋入基质中，株行距为 5 cm×10 cm，最后将穴盘放在育苗床上，苗床上架塑料拱棚，保持塑料棚内温度 20～30℃和湿度 60%～80%之间。塑料拱棚遮阴，覆盖遮光率 50%～60%的遮阴网。

经过半个月保温保湿遮阴环境生长，三叶青插穗基部长出根原体，每半个月追施一次浓度 0.25%磷酸二氢钾的叶面肥。经过 2～3 个月，根部长出 3～5 条细根，顶部抽发 1～2 张嫩叶，可适当延长通风和提高光照强度，以提高种苗适应能力。经过半年的培育，三叶青扦插苗即可出圃移栽。出圃原则是选择生长健壮、无病虫害，根系发达，根 3 条以上，叶 3 张以上，叶片嫩绿或翠绿。成苗率一般 95%左右。

二、大田栽培

（一）直接栽培

1. 整地做畦

翻耕前，亩施腐熟栏肥或专用有机肥 250～400 kg、磷肥 50 kg、草木灰 50 kg 或三元复合肥（N：P：K=12：18：21）50 kg，耕深 25 cm，耙细整平。做龟背形畦，宽 50～60 cm、高 25～35 cm。畦之间开排水沟，使沟沟相通，排水良好。

2. 移栽

4 月上旬至 5 月下旬或 10 月中旬至 11 月下旬，即可移栽。株距 30 cm、行距 25～30 cm 定植。

（二）容器栽培

1. 容器袋选择

选择材质为无纺布袋或底部有排水孔的塑料袋，袋的尺寸为口径25～30 cm，高30～35 cm。

2. 基质装袋

以 70%园土+20%腐熟栏肥或专用有机肥+5%磷肥+5%草木灰或三元复合肥（N：P：K=12：18：21）作栽培基质。配制好的基质装入容器中，装至袋口拍平即可。按照2只袋一排排列在种植畦上。

3. 栽种

4月上旬至5月下旬或10月中旬至11月下旬栽种，每个容器2株定植，栽后压实，浇透定根水。

（三）田间日常管理

1. 遮阴设施架设

三叶青夏季怕高温干旱，喜欢散射光，人工大田栽培的过程中需采取必要的遮阳处理。初夏至秋末，可搭制1.8 m高遮阳大棚，遮光率45%～65%。每年9月下旬至次年5月上旬将遮阳网收拢，增加三叶青光照时间。冬季12月至次年2月做好黑纱、稻草覆盖防冻技术措施。海拔越高，遮阴率越低。

2. 中耕除草

三叶青定植后，第一年加强幼苗管护工作，定期检查，保证种苗的成活率，对于死苗、病苗及时拔出，并补植新苗。定期进行人工除草松土，为幼苗提供疏松、通风的生长环境。每年中耕除草2次，分别于3月下旬至4月中旬和10月中下旬。中耕培土和除草以不伤根、不压苗为原则。

3. 肥水管理

大田种植三叶青，由于在种植初期已经施足底肥，在第一年不需要进行施肥，在生长第二年可以在每年三叶青停止生长阶段，也就是每年的11月上旬至次年3月中旬，中耕除草后，在离每株三叶青根部10 cm处，每株施用高磷、钾三元复合肥100 g。

三叶青喜湿怕涝，整个生长周期需水较多，遇干旱季节注意灌水，生长后期高温干旱天气易造成枯苗，可通过灌水、降温来延长生长期，促使根部营养积累，提高产量和质量。但雨季应注意地间排水，确保排水通畅。

为防止梅雨季节发生三叶青疫病，在田间栽培时进行垄式栽培，双行种植，地膜覆盖，不仅有利梅雨季排水，而且可促进三叶青根系发育及块根膨大。

三、林下仿生套种栽培模式

（一）适宜林地选择

三叶青林下套种有多种经济林可选择，比如毛竹、板栗、杜英、猕猴桃、成龄香榧林等，要求郁闭度60%～80%，已采取垦复、抚育等较高强度经营管理措施的林地。土层厚度＞30 cm，含腐殖质丰富的酸性土壤，坡度＜25°、排涝较好的林地。除此之外，套种林地应无严重病虫害，林下便于耕作。

（二）基质配比及控根容器选择

将林下地表20 cm的表层土翻耕，然后按照每亩1000 kg有机肥、磷50 kg、草木灰50 kg或三元复合肥（N∶P∶K=12∶18∶21）50 kg混合均匀撒在土地上，搅拌均匀。三叶青林下种植通常采用容器种植模式，促进三叶青根系生长，提高植株的成活率和促进三叶青块根的形成。同时限根容器放置地表，不破坏原林木的地表根系环境，采用配方施肥技术，不破坏林地的地表土壤环境及伤害林木根系，对林木原有生态影响极小。

限根栽培容器多选择口径30～35 cm，高30 cm，材质为无纺布或塑料材质的控根容器。将混合均匀的基质装入栽培容器内。每个容器种植1年生种苗3棵，呈三角形状排列，种植后浇透水，每公顷放袋45000个。

（三）定植

三叶青林下套种定植时间比大田稍微延后，一般在4月中旬至6月上旬，要求随起苗随栽培，起好的种苗注意保湿。

（四）日常管理

林下套种三叶青，一般不需要架设遮阳网，若林木较稀疏，需要在每年7月至9月架设30%遮阳率的遮阳网，或冬季时，落叶林下需架设50%遮阳率的遮阳网。若夏季温度高于39℃或连续干旱，可进行雾状喷水保持空气湿度50%。

四、病虫害防治

（一）主要病虫害

三叶青中药病害为霉菌病、茎腐病和虫害蛴螬等。

（二）防治原则

坚持贯彻保护环境、维持生态平衡的环保方针及"预防为主，综合防治"的原则，采取农业防治、生物防治和化学防治相结合，做好三叶青病虫害的预防预报工作，提高防治效果，将病虫害危害造成的损失降低到最小。

1. 农业防治

采用优良品种，按本标准生产。加强生产场地管理，保持环境清洁，合理灌溉，科学施肥。适时通风、降湿。

2. 物理防治

采用杀虫灯、黏虫板等诱杀害虫，宜用防虫网隔离。

3. 生物防治

采用稀释 300~500 倍的竹醋液防病避虫。采用信息素等诱杀害虫，使用生物农药、天敌等防治病害虫。

4. 化学防治

选用已登记的农药或经过农业技术推广部门试验后推荐的高效、低毒、低残留的农药品种，避免长期使用单一农药品种；优先使用植物源农药、矿物源农药及生物源农药。禁止使用除草剂及高毒、高残留农药。

五、收获与产地初加工

（一）采收时间

三叶青种植 2~3 年后，藤的颜色呈褐色，块根表皮呈金黄色或褐色时可采收，可在晚秋或初冬采挖。

（二）初加工

取三叶青地下块茎，除去杂质、洗净、干燥或切厚片干燥。

六、储藏与运输

（一）仓库要求

清洁无异味，远离有毒、有异味、有污染的物品；通风、干燥、避光，配有除湿装置，并具防虫、鼠、畜禽的措施。

（二）方法

应存放在货架上，与墙壁保持足够的距离，不应有虫蛀、霉变、腐烂等现象发生，并定期检查，发现变质，应当剔除。

参 考 文 献

何孝金, 2015. 三叶青有效成分测定方法的优化及栽培三叶青的品质评价[D]. 福州: 福建农林大学.

吉庆勇, 程文亮, 吴华芬, 等, 2014. 三叶青生物学特性研究[J]. 时珍国医国药, 25(1): 219-221.

吉庆勇, 彭昕, 朱波, 等, 2020. 三叶青生产技术规程: DB3311/T 53—2020[S]. 丽水: 丽水市市场监督管理局.

牟豪杰, 姜维梅, 许鑫瀚, 等, 2017. 三叶青生产技术规程: DB3301/T 1079—2017[S]. 丽水: 杭州市质量技术监督局.

彭昕, 王志安, 等, 2018. 中国三叶青资源研究与利用[M]. 北京: 中国轻工业出版社.

全国中草药汇编编写组, 1975. 全国中草药汇编·上册[M]. 北京: 人民卫生出版: 32, 47.

浙江省卫生厅, 1986. 浙江省中药炮制规范[M]. 杭州: 浙江科学技术出版社: 5-6.

中国科学院中国植物志编辑委员会, 1998. 中国植物志 第48卷 第2册[M]. 北京: 科学出版社: 122-123.

第十章 麦　冬

第一节　麦冬概况

一、植物来源

麦冬，又名麦门冬、沿阶草、不死药、禹余粮等，《中国药典》（2020年版）收载的麦冬为百合科（Liliaceae）沿阶草属（*Ophiopogon*）植物麦冬 *Ophiopogon japonicus*（L. f.）Ker Gawl. 的干燥块根。夏季采挖洗净，反复暴晒、堆置，至七八成干，除去须根，干燥。

二、基原植物形态学特征

根较粗，中间或近末端常膨大成椭圆形或纺锤形的小块根；小块根长 1~1.5 cm，或更长些，宽 5~10 mm，淡褐黄色；地下走茎细长，直径 1~2 mm，节上具膜质的鞘。茎很短，叶基生成丛，禾叶状，长 10~50 cm，少数更长些，宽 1.5~3.5 mm，具 3~7 条脉，边缘具细锯齿。花葶长 6~15（~27）cm，通常比叶短得多，总状花序长 2~5 cm，或有时更长些，具几朵至十几朵花；花单生或成对着生于苞片腋内；苞片披针形，先端渐尖，最下面的长可达 7~8 mm；花梗长 3~4 mm，关节位于中部以上或近中部；花被片常稍下垂而不展开，披针形，长约 5 mm，白色或淡紫色；花药三角状披针形，长 2.5~3 mm；花柱长约 4 mm，较粗，宽约 1 mm，基部宽阔，向上渐狭。种子球形，直径 7~8 mm。花期 5~8 月，果期 8~9 月。

三、生长习性

麦冬喜温暖湿润、较荫蔽的环境。耐寒，忌强光和高温，7 月见花时，地下块根开始形成，9~10 月为发根盛期，11 月为块根膨大期，2 月底气温回升后，块根膨大加快。种子有一定的休眠特性，5℃左右低温经 2~3 个月能打破休眠而正常发芽。种子寿命为 1 年。

四、资源分布与药材主产区

麦冬资源分布在我国广东、广西、福建、浙江等地，生于海拔 2000 m 以下的山坡阴湿处、林下或溪旁。在日本、越南、印度也有分布；在我国浙江、四川、广西等地均有栽培。目前国内主流麦冬药材主要有杭麦冬、川麦冬、福建麦冬和湖北麦冬的基原植物，主产区为浙江省和四川省，是"浙八味"之一。

五、成分与功效

现代研究表明，麦冬的化学成分主要包括甾体皂苷类、高异黄酮类、多糖类等有效成分。《中国药典》（2020年版）规定，麦冬的检测标准为：按干燥品计算，含麦冬总皂苷以鲁斯可皂苷元（$C_{27}H_{42}O_4$）计，不得少于0.12%。

《中国药典》（2020年版）记载的麦冬性甘、微苦、微寒，归心、肺、胃经；功能与主治为养阴生津，润肺清心。用于肺燥干咳，阴虚痨嗽，喉痹咽痛，津伤口渴，内热消渴，心烦失眠，肠燥便秘。现代医学研究表明，麦冬具有降血糖、保护心血管系统、增强免疫力、抗炎、抗肿瘤等药理作用。

第二节 麦冬规范化栽培模式

麦冬的规范化栽培模式主要包括麦冬栽培技术、麦冬-玉米-豇豆高效立体套作栽培技术、"薄壳山核桃+元宝枫+麦冬"立体示范园营建技术。

一、麦冬栽培技术

（一）选地、整地

宜选疏松、肥沃、湿润、排水良好的中性或微碱性砂壤土种植，积水低洼地不宜种植。忌连作，前茬以豆科植物如蚕豆、黄花苜蓿和麦类为好。每667 m² 施农家肥3000 kg、过磷酸钙100 kg和腐熟饼肥100 kg作基肥，栽种时撒入沟中，也可于整地时撒入土中。深耕25 cm，整细耙平，作成1.5 m宽的平畦。

（二）繁殖方法

1. 种苗准备和处理

麦冬用分株繁殖。在挖麦冬时，选择颜色深绿、健壮的植株，斩下块根和须根，分成单株，剪去残留须根，切去部分茎基（以根茎断面出现白心、叶片不散开为度），立即栽种。如不能及时栽种，则须"养苗"，把苗子的茎基放清水里浸泡一下，使之吸足水分，然后相并竖立，放在阴凉的已挖好的松土上，周围覆土保存。如气温过高，可每天或隔天浇水1次。养苗时间不超过7天。

2. 栽种

以小丛分株繁殖。一般在3月下旬至4月下旬栽种。选生长旺盛、无病虫害的高壮苗，剪去块根和须根，以及叶尖和老根茎，拍松茎基部，使其分成单株，剪出残留的老茎节，以基部断面出现白色放射状花心（俗称菊花心）、叶片不开散为度。按行距20 cm、穴距15 cm开穴，穴深5~6 cm，每穴栽苗2~3株，苗基部应对齐，垂直种下，然后两边用土踏紧做到地平苗正，及时浇水。每 667 m² 需种苗 200～250 m²。

(三) 田间管理

1. 中耕除草

栽苗半个月左右，应除草 1 次，并松土深约 3 cm。5～10 月杂草生长旺盛，每月须选晴天除草并浅松表土 1 次。一般每年进行 3～4 次，宜晴天进行，最好经常除草，同时防止土壤板结。

2. 追肥

麦冬生长期长，需肥量大，一般每年 5 月开始，结合松土追肥 3～4 次，肥料以农家肥为主，配施少量复合肥。

3. 排灌

栽种后，经常保持土壤湿润，以利出苗。夏季雨水集中，应及时排除田中积水。7～8 月，可灌水降温保根，但不宜积水，故灌水和雨后应及时排水。冬春发生干旱，要在立春前后灌水 1～2 次，促进块根生长。

(四) 病虫害防治

1. 病害防治

1) 黑斑病

病原菌为真菌中的一种半知菌，危害叶片。病菌在种苗上越冬，4 月中旬开始发病，在适宜的温湿度下发病很快，成片枯死。防治方法：选用叶片青翠、健壮无病种苗；发病初期，于早晨露水未干时，每 667 m² 撒草木灰 100 kg；雨季及时排除积水，降低田间湿度；用 1 : 1 : 100 的波尔多液或 65% 代森铵可湿性粉剂 800 倍液浸种苗 5 min 或大面积喷雾。

2) 根结线虫病

病原是圆形动物门线虫纲的一种根结线虫。主要为害根部，造成瘿瘤，使结麦冬的须根缩短，到后期根表面变粗糙，开裂，呈红褐色。剖开膨大部分，可见大量乳白色发亮的球状物，即为其雌性成虫。防治方法：①实行轮作，有条件的地方可水旱轮作，避免与烤烟、紫云英、豆角、芋头、红薯、瓜类、罗汉果、白术、丹参、颠茄等作物轮作，最好与禾本科作物轮作；②选用无病种苗，剪净老根；③选用抗病品种，如大叶麦冬、沿阶草、四川遂宁麦冬；④土壤处理。

2. 虫害防治

蛴螬、蝼蛄、地老虎、金针虫等危害根茎。防治方法：与水稻轮作，经水田淹水，一季可全部消灭；或以农药用常规方法毒杀之。每 667 m² 可用 40% 甲基异柳磷或 50% 辛硫磷乳油 0.5 kg 兑水 750 kg 灌根进行防治。

二、麦冬-玉米-豇豆高效立体套作栽培技术

玉米收获后保留玉米秸秆作为秋播豇豆的支架，这样既节省搭豇豆支架的用工和材料

费用，又增加了土地产出，同时还能在酷暑之日为麦冬适当遮阴，是一项省工、节本、高效的粮经复合种植模式。现将该模式主要技术要点总结如下。

（一）品种选择

1. 麦冬

选择当地主栽品系直立型麦冬或者直立型优良品种'川麦冬1号'。

2. 玉米

玉米品种宜选择适用于西南地的优质高产、中秆中穗、株型较紧凑，且收获后秸秆粗壮不易倒伏的品种，如'正红505'、'郑单958'等。

3. 豇豆

豇豆品种多，根据气候条件、栽培习惯、种植季节等选择当地适宜品种。选择蔓生、早中熟、分枝少、叶片小而稀、主蔓长短适中、主蔓结荚为主的品种，如'绵豇7号'等。

（二）选地整地

麦冬忌连作，适宜于疏松、肥沃、湿润和排水良好的砂质壤土，坡地亦可栽培，过砂或过黏均不适宜种植，低洼积水或寒冷干旱的地方也不宜种植。最好水旱轮作，前作一般有绿肥、蚕豆、早熟油菜、萝卜、大蒜，以绿肥最好。

麦冬属于须根系作物，种植前深耕细耙，做到"三犁三耙"，耕地深度25～30 cm，精细整平，要求土壤疏松、细碎、平整。重施基肥，施腐熟的堆肥或厩肥30～45 t/hm^2，配合施用麦冬专用肥900 kg/hm^2，也可用等量氮、磷、钾单质肥混合撒施和其他有机肥。

（三）适期栽种

1. 麦冬

采用分株繁殖，麦冬收获和移栽同时进行。清明节前后，麦冬收获后，选择植株健壮、颜色深绿的麦冬苗，剪去须根。注意修剪适度，剪的过少易出现"高脚苗"不利于分蘖，影响产量；剪得过多导致麦冬苗不易成活，以根茎断面现白心为好。麦冬栽培密度为120万～180万株/hm^2。先用麦冬苗特制打窝工具栽种，行距（8～10）cm×10 cm，株距7 cm，即"横三竖四"（20 cm的距离横种3行，竖种4株）。栽植深度为3～4 cm，每窝1株，盖土压实。

2. 玉米

玉米在土壤温度稳定在10～12℃以上时即可播种，一般采用育苗移栽，最好在是麦冬采收前10 d播种育苗。育苗以肥团育苗、穴盘式育苗为好，苗龄三叶期便可移栽。玉米栽培密度为4.5万～6.0万株/hm^2，每8～13行麦冬栽1行玉米，株距20～26 cm，单行单株种植。

3. 豇豆

豇豆根系再生力弱，宜直播。7月中旬，在玉米植株旁按株距30 cm穴播，每穴3～4粒种子，出苗后间去弱苗、小苗、病苗，每穴留2株。玉米收获后，打掉叶子，作豇豆支架。

（四）田间管理

1. 麦冬

栽种后15 d内经常浇水，保持土壤湿润，确保全苗。栽后如遇天气旱热，土壤水分蒸发快，应及时灌水，如土面发白即应灌水，种苗栽种后应采用漫灌的方式立即灌溉定根水。

麦冬植株矮小，如不经常除草，则杂草滋生，妨碍麦冬生长。栽后15 d应除草1次，5~10月杂草易滋生，每月需除草1~2次，入冬以后，可减少除草次数，除草结合松土进行。

麦冬除底肥外一般追肥3~4次，根据田间肥力状况，酌情加减。一般第1次施提苗促根肥，于6月上中旬施用尿素150 kg/hm^2；第2次施提苗促根肥，于8月中下旬，施用麦冬配方肥或者复合肥525 kg/hm^2，配施清粪水37.5 t/hm^2；第3次施块根膨大肥，于9月中下旬施用麦冬配方肥或者高钾复合肥525 kg/hm^2，配施清粪水37.5 t/hm^2。麦冬生长后期，氮肥、磷肥、钾肥三个因素中，钾肥的增产效应最大。每次施完肥后淹水。翌年2月，可酌情喷施叶面肥如磷酸二氢钾等。

2. 玉米

因麦冬地土壤湿润、底肥充足，间作玉米的肥水管理的关键是玉米攻苞肥的施用。玉米对锌敏感，缺锌会影响玉米的生长发育，除麦冬底肥外，可增施锌肥15 kg/hm^2。结合麦冬第1次追肥，即在玉米孕育雌穗期（抽雄前1周左右，玉米肥水关键期）施用尿素300~450 kg/hm^2。玉米蜡熟后期，留穗上3~4片叶子砍去植株顶部，打掉穗部下部3片叶子以外的脚叶，亮出麦冬。

3. 豇豆

麦冬底肥充足，追肥次数多，追肥量大，豇豆播种后不用专门为豇豆施肥。根据豇豆生长情况，在开花结荚期适当追肥，结合麦冬淹水浇水1次。豇豆生长期如遇阴雨天应注意排除田间积水，以免烂根、掉叶、落花。间作玉米秸秆作为豇豆支架，不用再为豇豆搭架。前期豇豆茎蔓的缠绕能力弱，可选在露水未干或阴天人工引蔓上架，防止折断。合理整枝是豇豆高产的主要措施。摘除第一花序以下的侧枝，保证主茎粗壮；第一花序以上的侧枝留1~2叶摘心；主蔓长至支架顶端时，打顶摘心，控制生长，促进下部侧枝形成花芽。

（五）病虫害防治

1. 麦冬

麦冬病虫害主要是根结线虫和蛴螬等，可于麦冬栽植前施底肥时进行土壤处理，如使用辛硫磷粉剂或颗粒剂撒施，发生初期用辛硫磷乳剂兑水灌穴或喷施毒死蜱复配阿维菌素；也可采用麦冬-水稻轮作栽培措施防治。

2. 玉米

玉米病虫害主要有纹枯病、玉米螟、蚜虫、蛴螬等。地下害虫主要是蛴螬，防治方法同麦冬。玉米螟（俗称钻心虫）的防治可采用杀虫单拌毒土点心或喷雾。蚜虫可用抗蚜威防治。纹枯病可用井冈霉素和禾枯宁防治。

3. 豇豆

豇豆主要病害有锈病、叶斑病、根腐病；虫害有豆荚螟、潜叶蝇、蚜虫和螨类。宜采用综合防治技术：一是选用抗病品种；二是合理轮作，选 2 年内未种过豆科植物的田块；三是加强田间管理，合理施肥，清除杂草，注意排水；四是合理使用化学农药，选用粉锈宁、甲基托布津、多菌灵、乐本斯、阿维菌素等低毒农药，最好选择生物农药乙蒜素等。

（六）适时采收

1. 麦冬

麦冬不宜采收过早，否则有效成分积累不够，品质不合格，同时也影响产量。麦冬于栽后第 2 年清明前后开始收获。选晴天先用犁翻耕土壤 25 cm，也可采用机收，使麦冬翻出，抖去泥土，切下块根和须根，分别放入箩筐内，淘净泥沙出售或送专业的加工厂进行无硫加工，包装出售。

2. 玉米

玉米成熟后及时收获，收获后立即打去所有叶片，保留秸秆作秋播豇豆支架，同时利于麦冬苗生长。

3. 豇豆

豇豆每一花序有 2~5 对花，第 1 对花采收后，第 2 对花才坐果或发育，采收时应注意不要碰伤或碰掉花序上的其他花芽，以增加结荚数，提高产量。一般开花后 10~12 d 荚果饱满、籽粒未显时即可采收。采收后按一定规格包扎好，装箱上市。

三、"薄壳山核桃+元宝枫+麦冬"立体示范园营建技术

（一）薄壳山核桃

1. 整地筑垄

秋天对原采伐迹地上残留的树桩、灌木及其他地被物等进行清理，捡去石块、树根等，用挖掘机全面整地，翻挖土壤，深度 1 m 以上，整平后再按南北自然坡向作成宽 12 m、长依自然长度的若干条畦块，最后在每条畦块两侧挖深 1 m 的排水沟。

2. 挖穴定植

优选胸径 8~10 cm 嫁接苗，带土球移植，株行距 8 m×8 m（150 株/hm²），共栽植 1800 株。每栽 4 行主栽品种，栽 1 行授粉树，且主栽品种与授粉品种分别占栽植总量的 80%和 20%。整地作畦后，用挖掘机挖长、宽、深各 1 m 的定植穴；栽植前在穴中垫入腐熟有机肥 30~50 cm 厚后再回填表土，然后按常规栽植方法将带土球苗木轻轻放进穴中，最后将底层土回填穴里；再用挖掘机在树苗根颈周围覆土高于地面 20~30 cm，浇透定根水；随后用 3 根木棍沿树干 1.3 m 处制作三角支架，以防风倒。

3. 栽后管理

定植后，树体采用主干分层形树形管理。在核桃大苗 3.5 m 处定干，将 3.0~3.5 m 处的枝条全部短截，使该区间的枝条均低于主干，去除主干上 3 m 以下所有枝条。结果期后，

保留结果母枝，对徒长枝、抽发新梢进行夏季摘心，改善通风透光条件；每年冬季清除细弱枝、密生枝、无效结果枝芽、枯死枝，修剪多余侧枝，促进小枝分化。以后根据生长情况，逐年提高树干高度，形成更多的结果枝。核桃树形管理也可按自然开心形培养，去除中央领导干，让各个部位都能均匀受光且枝条合理分布。定植后，及时安装全自动喷灌设施，喷头 360°旋转，确保浇灌无死角，较干旱季节早晚时间段喷灌。薄壳山核桃主要害虫是天牛，成虫期人工锤杀、杀虫灯诱杀；对孵化不久的幼虫用绿色威雷 150 倍液喷干；老熟幼虫蛀入木质部深处时，向蛀道内注射氨水或用磷化锌毒签插入蛀道内熏杀，然后用黏泥封堵蛀孔口。

（二）元宝枫

1. 栽植与修剪

元宝枫与薄壳山核桃采取带状混交方式，株行距设计 8 m×4 m，栽植密度 315 株/hm^2，共栽 3780 棵。元宝枫的整地、起苗、栽植情况与薄壳山核桃基本相似。元宝枫年生长期约 200 d，顶端长势较弱，侧芽旺盛，剪断顶芽后侧枝更旺盛。栽植 2 年后，在生长期疏除主干竞争枝及下部过大枝；休眠期修枝强度掌握在 1/2 树高，或根据园林绿化造型需要，在枝下高达 2.5~3.0 m 时对树冠进行修剪，保持圆满不偏冠；直径 2 cm 以上剪口涂抹凡士林油。

2. 施肥管理

每年树叶变色前即将进入休眠期至翌年 2 月，分别施农家肥 20 kg/株、饼肥 1.5 kg/株为佳，或增施过磷酸钙、复合肥等；每年 3 月中旬、5 月中旬分别施尿素 0.5 kg/株，幼树期施肥量可减至 0.2 kg/株，促进发芽、开花坐果和果实膨大；结果后，7 月、8 月上旬再追施 1~2 次，每次施尿素 0.5 kg/株、钾肥 0.2 kg/株；成年大树在距离主干 1.5 m 以外至树冠垂直投影以内区域，每年采取一次性多点追肥尿素 1.0 kg/株。

3. 害虫防治

吉丁虫：冬春时节，用利刀将伤口处老皮刮去，挖除幼虫；成虫羽化前，剪去虫枝、枯枝集中烧毁；幼虫危害期，在被害处涂刷 80%敌敌畏乳油；成虫羽化盛期，用 10%吡虫啉可湿性颗粒 1000 倍液喷干，封杀即将出孔的成虫。天牛防治参照薄壳山核桃。

（三）麦冬

1. 整地栽植

在薄壳山核桃、元宝枫栽植好后，选晴天傍晚或阴天，按行距 20 cm 横向开 5 cm 深沟、株距 8 cm 栽苗 3 株，苗根垂直紧靠沟壁，覆土、压紧、踩实，使苗株直立稳固，栽后立即浇定根水。

2. 田间管理

栽后 15 d 及时拔除死苗并补栽，松土除草 1 次，此后每隔 30 d 选晴天除草 1 次；10 月后浅松土，勿伤根。每年 7 月追施尿素 225 kg/hm^2、腐熟饼肥 750 kg/hm^2；8 月上旬追施尿素 225 kg/hm^2、腐熟饼肥 1200 kg/hm^2；11 月上旬再分别追施尿素 150 kg/hm^2、饼肥 750 kg/hm^2、过磷酸钙 750 kg/hm^2，以促进块根肥大。麦冬喜阴湿，立夏后蒸发量大，要及时灌水；冬春若遇干旱，立春前灌水 1~2 次。

3. 病虫害防治

黑斑病是麦冬主要病害，雨季发病严重。选用健壮无病植株，栽植前用 1∶1∶100 波尔多液浸苗 5 min；初发期，在清晨露水未干时撒草木灰 1500 kg/hm^2；发病期间，喷洒 65% 代森锌 500 倍液，每 10 d 喷 1 次，连续 3~4 次；雨季及时排水，降低湿度。

根结线虫：结合整地，施 20%甲基异硫磷乳剂 4.5 kg/hm^2，均匀翻入土中。蛴螬：8~9 月发生时，用 90%敌百虫 200 倍液喷杀。

参 考 文 献

范明明, 张嘉裕, 张湘龙, 等, 2020. 麦冬的化学成分和药理作用研究进展[J]. 中医药信息, 37(4): 130-134.

巩文忠, 邢家仲, 2016. 麦冬及其栽植与病虫害防治技术[J]. 现代园艺(9): 93.

国家药典委员会, 2020. 中华人民共和国药典[M]. 北京: 中国医药科技出版社: 162-163.

刘玉洋, 卢江杰, 王慧中, 等, 2017. 浙麦冬主产区种质资源遗传多样性评价[J]. 浙江农业科学, 58(12): 2146-2149.

余林, 2021. "薄壳山核桃＋元宝枫＋麦冬"立体示范园营建技术[J]. 安徽农学通报, 27(18): 68-69.

赵丹, 戴维, 罗德木, 等, 2017. 麦冬-玉米-豇豆高效立体套作栽培技术[J]. 现代农业科技, (24): 80-81.

第十一章 乌 药

第一节 乌药概况

一、植物来源

乌药，又名旁其、矮樟根、天台乌药，《中国药典》（2020年版）收载的乌药是樟科（Lauraceae）山胡椒属（*Lindera*）植物乌药 *Lindera aggregata*（Sims）Kosterm.的干燥块根。全年均可采挖，除去细根，洗净，趁鲜切片，晒干，或直接晒干。

二、基原植物形态学特征

乌药为常绿灌木或小乔木，高可达5 m，胸径4 cm；树皮灰褐色；根有纺锤状或结节状膨胀，一般长3.5～8 cm，直径0.7～2.5 cm，外面棕黄色至棕黑色，表面有细皱纹，有香味，微苦，有刺激性清凉感。幼枝青绿色，具纵向细条纹，密被金黄色绢毛，后渐脱落，老时无毛，干时褐色。顶芽长椭圆形。叶互生，卵形，椭圆形至近圆形，通常长2.7～5 cm，宽1.5～4 cm，有时可长达7 cm，先端长渐尖或尾尖，基部圆形，革质或有时近革质，上面绿色，有光泽，下面苍白色，幼时密被棕褐色柔毛，后渐脱落，偶见残存斑块状黑褐色毛片，两面有小凹窝，三出脉，中脉及第一对侧脉上面通常凹下，少有凸出，下面明显凸出；叶柄长0.5～1 cm，有褐色柔毛，后毛被渐脱落。伞形花序腋生，无总梗，常6～8花序集生于一1～2 mm长的短枝上，每花序有一苞片，一般有花7朵；花被片6，近等长，外面被白色柔毛，内面无毛，黄色或黄绿色，偶有外乳白内紫红色；花梗长约0.4 mm，被柔毛。雄花花被片长约4 mm，宽约2 mm；雄蕊长3～4 mm，花丝被疏柔毛，第三轮的有2宽肾形具柄腺体，着生花丝基部，有时第二轮的也有腺体1～2枚；退化雌蕊坛状。雌花花被片长约2.5 mm，宽约2 mm，退化雄蕊长条片状，被疏柔毛，长约1.5 mm，第三轮基部着生2具柄腺体；子房椭圆形，长约1.5 mm，被褐色短柔毛，柱头头状。果卵形或有时近圆形，长0.6～1 cm，直径4～7 mm。花期3～4月，果期5～11月。

三、生长习性

乌药喜温暖湿润，阳光充足，雨水充沛的亚热带气候条件。较耐严寒，最适生长温度为20～35℃，最低能耐零下20℃的低温；喜湿润，耐旱，年降水量1000～1800 mm、无霜期150～210 d生长良好；喜肥沃土壤，较耐瘠薄，以肥沃、透气性好且富含腐殖质的弱酸性土壤为宜；光照充足时植株生长强健、繁茂，长期在荫蔽环境下生长不良。

四、资源分布与药材主产区

乌药资源产浙江、江西、福建、安徽、湖南、广东、广西、台湾等省区。生于海拔200~1000 m向阳坡地、山谷或疏林灌丛中。越南、菲律宾也有分布。浙江天台是"中国乌药之乡"、道地主产区，目前种植面积4000亩，总产量1000 t。"天台乌药"为国家地理标志产品，已获地理标志证明商标，2018年2月入选新"浙八味"之一。乌药嫩叶列入新食品原料目录。

乌药生产周期较长，8~10年才可采收，因疗效显著，市场需求不断扩大，野生资源已经无法满足药材需求，近年来各地均开展人工栽培驯化。乌药根有纺锤形块根、直根和老根3种形态，在药材资源方面，呈纺锤状的块根比较有限，直根产量最大但不可供药用，老根无药用价值。

五、成分与功效

近代研究表明，乌药中主要有倍半萜、生物碱、倍半萜二聚体、黄酮类和酚酸类等化合物，特别是对乌药醚内酯和去甲异波尔定等特征性成分研究较为深入。《中国药典》（2020年版）规定，乌药的检测标准为：按干燥品计算，含乌药醚内酯（$C_{15}H_{16}O_4$）不得少于0.030%，含去甲异波尔定（$C_{18}H_{19}NO_4$）不得少于0.40%。

《中国药典》（2020年版）记载的乌药性味辛、温，归肺、脾、肾、膀胱经。功能与主治为行气止痛，温肾散寒；用于寒凝气滞，胸腹胀痛，气逆喘急，膀胱虚冷，遗尿尿频，疝气疼痛，经寒腹痛。现代药理学研究表明，乌药不仅具有抗菌、抗病毒、抗炎镇痛、抗氧化、抗肿瘤等广泛的药理活性，还对消化系统、心血管系统、糖尿病肾病、肝脏以及中枢神经系统等方面有显著的调节和保护作用。

第二节 乌药规范化栽培模式

乌药为常绿灌木或小乔木，其规范化栽培模式主要包括天台乌药生产技术等。

浙江省天台县行政区域内栽培的天台乌药（台乌药），呈纺锤形，按传统工艺加工而成，具有"色黄白、气芳香、味微苦、清凉感"的品质特征。此技术内容主要基于现行浙江省地方标准《天台乌药生产技术规程》（DB33/T 696—2018），具体内容如下所述。

（一）产地环境

应选择生态条件良好，远离污染源并具有可持续生产和发展能力的天台县行政区域内的生产区域。环境空气质量应符合GB 3095规定的二级标准；土壤环境质量应符合GB 15618规定的二级标准；灌溉水质量应符合GB 5084规定的旱作农田灌溉水质量标准。

（二）苗木培育

1. 苗圃选择

1）苗圃选址

应选择地势平坦，交通方便，排水良好，有水源，地下水位在 1 m 以下，无积水，环境质量符合要求的地方。土层厚一般不少于 30 cm，土质疏松，pH 4.6～5.3，土质疏松肥沃的黄壤土（或红黄壤土）做苗圃地。

2）山地育苗

选择土层深厚、肥力好、坡度小于 25°的中下部阳坡。

3）耕地育苗

选择土层深厚、结构疏松、富含有机质、排水良好的耕地。

2. 育苗准备

1）整地

育苗前应整地，深耕细整，清除草根、石块，地平土碎。

2）施基肥

结合整地，每 667 m^2 施入腐熟栏肥 1000 kg，或腐熟饼肥 250 kg，或复合肥 50 kg，将肥料翻拌入土层并整平畦面。

3）作苗床

整地后分畦做床，床宽 1.5 m（净床面宽 1.2 m，步道宽 0.3 m）、床高 20 cm，苗床长度视苗圃地而定。

3. 播种育苗

1）种子准备

天台乌药一般在每年霜降前后 20 d 采摘核果。采收时，选取块根生长良好、粗壮的植株作为采种的母株。核果采摘后，在流水中轻轻搓去果肉，然后洗净种子，用流水法剔除变质及不饱满的种子，用 0.3%的高锰酸钾浸种消毒 30 min，晾干。种子千粒重 80 g±4 g。

2）种子贮藏

湿沙混藏，用丝网袋装袋，每袋 5 kg 左右，置于室外沙埋 50 cm 以下，期间需勤检查，保持一定湿度。于 2 月底至 3 月上旬种子少部分发芽时取出播种。

3）播种

采取条播或散播形式。条播：在整平的苗床上用 15 cm 宽的木板压出播种沟，深 2 cm，种沟间距 20 cm。将种子均匀地播在沟内，播种后盖土，厚度 2～3 cm，以不见种子为度，并稍加镇压，播种量每 667 m^2 为 5～6 kg。散播：苗床整平后，按上述播种量均匀撒布种子后覆土。覆土后均需覆盖切割成 3～4 cm 长的短稻草或蕨类草等。

4. 苗期管理

1）遮阳

种子出苗后、小苗幼期生长需遮阳，6 月上中旬，可用 50%～70%遮阳率的遮阳网架网遮阳，网高 2.3 m 左右。9 月，选阴天或雨天揭去遮阳网。

2）水分管理

苗圃地土壤发白时及时浇水、补水，浇水选择早上和傍晚进行，使苗圃始终保持湿润状态。多雨季节要及时排水，尤其是在出苗和幼苗时期，防止圃地积水。

3）间苗和定苗

按株行距 5～10 cm 进行间苗和定苗。拔除生长过密、生长不良和受伤、感染病虫害的幼苗，使幼苗分布均匀，同时，对过于稀疏地段进行补栽。间苗和补栽选择阴雨天进行。

4）施肥管理

提倡使用有机肥，肥料使用应符合 NY/T 394 规定。

幼苗萌芽后、小苗移栽 20 d 后，配合除草，施追肥，每 667 m² 用尿素 3～10 kg，氯化钾 1～5 kg 掺水浇施，先稀后浓，后期控肥。

5）除草

采用人工除草的方法，掌握除早、除小的原则。中耕要浅锄，勿伤苗根，并把沟土培到苗床上。

5. 苗木出圃

1）苗木质量

出圃苗木宜选择生长健壮、长度适中、根系膨大完整、无检疫性病虫害的苗木，苗高 20 cm 以上、地径 0.3 cm 以上。

2）出圃时期

宜在春季 3 月至 4 月出圃。

3）起苗和检疫

选择晴天或阴天起苗，若遇干旱应提早 1～2 d 浇水。就地移栽者可带宿土定植。外运时，应在运输前按 GB 15569 规定的程序进行检疫并附植物检疫证书。

4）苗木包装

将已起出分选好的裸根苗木截枝干，留 15～20 cm 高度或保留 70%枝叶为宜，根系修剪后蘸以浓泥浆（加入菌肥），以不见根的颜色为度。每 50～100 株为一捆，放入铺有湿稻草或清洁湿苔藓的草束中央，将苗四周的稻草包住整个根系和主干，然后捆紧，包装过程中，不能使根系干燥。

（三）种植技术

1. 园地选择

见苗圃选址。

2. 整地

整地一般在 10 至 12 月进行。地势平缓、土层深厚、肥力好的地块宜采用带状整地；荒山荒地和林下种植的地块，根据郁闭度大小及林木分布情况，在林中空地采用穴状整地。穴状整地应尽量连成带状或小带状。挖穴规格长 40 cm×宽 40 cm×深 30 cm，除净杂草、树根、石块、杂物等，再施基肥，每穴 5 kg 腐蚀有机肥。

3. 定植

每年 2 月至 3 月。按照株行距 1.5 m×1.5 m，每 667 m² 约 300 株进行定植。苗木植入穴中后回填土深度应为盖住根部上 2～3 cm，提苗保证苗木与土壤密接。定植后及时浇透定根水。

4. 田间管理

一般在 5 月至 6 月和 8 月至 9 月各锄抚 1 次，进行松土、除草和苗木培土、扩穴、埋青。自第 2 年开始，结合抚育进行施肥，每年 1 次，施肥方法是在苗枝干的基部挖穴，每穴均匀施入 100～200 g（逐年增加）复合肥，再覆土填平。种植 3～4 年后，可根据幼树生长情况进行适当修剪、整枝，每年 1 次。达到一定的郁闭度后，应及时进行抚育间伐。

5. 病虫害防治

根据病虫害发生规律和预测、预报，采取综合防治方法，坚持"预防为主，防治为辅"和"局部防治、生物和物理防治为主，大面积防治和化学防治为辅"的原则，对可能发生的病虫害做好预防，对已经发生的病虫害及时除治。

1）白粉病和黑斑病

具体防治措施如下：

（1）控制幼苗密度，苗期增施钾、磷肥。

（2）控制苗圃环境，做到圃内无杂草；栽培地要加强通风排湿，清沟排水。

（3）幼苗期间将石灰粉与草木灰以 1∶4 的比例混合均匀，每 667 m^2 苗床撒施 100～150 kg；或在出苗期每隔 10 d，用 0.5% 的波尔多液或波美 0.3°～0.5° 石硫合剂喷洒幼苗。

（4）发现病苗及病株及时清除。并用竹醋液 200 倍喷治，隔 7～10 d 喷一次，连续喷 3～4 次。

2）樟梢卷叶蛾、樟叶蜂、樟巢螟

当幼虫出现时，用 0.5 kg 闹羊花或雷公藤粉末加水 75～100 kg 制成浸泡液喷杀。

3）樟天牛

以人工捕抓摘除虫巢和施药结合进行。冬季结合施肥深翻树冠下土壤，以冻死土中越冬结茧幼虫。

4）其他病虫害防治

其他防治根据实际情况采取具体方法，农药使用参照 NY/T 393 规定。

（四）采收

1. 采收时间

定植后 6～8 年时开始采收，采收时间以冬季为宜。

2. 采收方法

采收时将天台乌药整株连根挖出，然后除净根部泥土，剪除块根、及时除去须根，洗净，风干，置通风干燥处贮藏。

若需连续种植，则将剪除块根后的植株及时采用剪根修枝等措施，重新定植回去，缩短天台乌药收获期。

参 考 文 献

陈芳有，刘洋，谢丹，等，2023. 乌药化学成分及生物活性研究进展[J]. 中国中药杂志，2023，48(21)：

5719-5726.

国家药典委员会, 2020. 中华人民共和国药典[M]. 北京: 中国医药科技出版社: 79-80.

李士敏, 孙崇鲁, 周根, 等, 2021. 不同形态乌药根的特征图谱比较及多成分含量测定[J]. 中国现代应用药学, 38(20): 2548-2553.

邢梦雨, 田崇梅, 夏道宗, 2017. 乌药化学成分及药理作用研究进展[J]. 天然产物研究与开发, 29(12): 2147-2151.

浙江省种植业标准化技术委员会, 2018. 天台乌药生产技术规程: DB33/T 696—2018[S].

第十二章 栀　子

第一节　栀子概况

一、植物来源

栀子，又名黄栀子、山栀子等，《中国药典》（2020年版）收载的栀子为茜草科（Rubiaceae）栀子属（Gardenia）植物栀子 Gardenia jasminoides J. Ellis 的干燥成熟果实。9~11月果实成熟呈红黄色时采收，除去果梗和杂质，蒸至上气或置沸水中略烫，取出，干燥。

二、基原植物形态学特征

灌木，高0.3~3 m；嫩枝常被短毛，枝圆柱形，灰色。叶对生，革质，少为3枚轮生，通常为长圆状披针形、倒卵状长圆形，长3~25 cm，顶端渐尖或短尖而钝，基部楔形或短尖，两面常无毛，上面亮绿，下面色较暗；侧脉8~15对，在下面凸起，在上面平；叶柄长0.2~1 cm；托叶膜质。花芳香，通常单朵生于枝顶，花梗长3~5 mm；萼管倒圆锥形或卵形，长8~25 mm，有纵棱，萼檐管形，膨大，结果时增长，宿存；花冠白色或乳黄色，高脚碟状，喉部有疏柔毛，冠管狭圆筒形；花丝极短，花药线形，伸出；花柱粗厚，柱头纺锤形，伸出，子房直径约3 mm，黄色，平滑。果卵形、近球形、椭圆形或长圆形，黄色或橙红色，长1.5~7 cm，直径1.2~2 cm，有翅状纵棱5~9条；种子多数，扁，近圆形而稍有棱角，长约3.5 mm，宽约3 mm。花期3~7月，果期5月至翌年2月。

三、生长习性

栀子喜温暖向阳，湿润；喜光又要求避免强烈阳光直射。生长在向阳地的植株矮壮，发棵大，结实多；生长在阴坡地段的植株瘦高，发棵小，结果少。栀子适宜在以排水良好、肥沃疏松而较湿润的砂质壤土或黏质壤土生长，是典型的酸性土壤指示植物。栀子在3月中旬叶腋开始萌动抽生新枝，此时部分老枝开始脱落，4月中旬至5月上旬孕蕾，5月下旬至6月中旬开花，7~9月枝条抽生旺盛，同时果实逐渐膨大，10月下旬果实成熟。

四、资源分布与药材主产区

栀子资源在我国分布于江苏、浙江、安徽、江西、广东、云南等地。生于海拔10~1500 m

处的旷野、丘陵、山谷、山坡、溪边的灌丛或林中。国外分布于日本、朝鲜、越南、老挝、柬埔寨、印度等地。

栀子主产于浙江、江西、湖南、福建等地。丽水市野生栀子较多，各县均有分布，栽培基地主要集中于青田、景宁等县。据农业部门中药材业务线数据，2021年全市栀子种植面积977亩，投产面积820亩，产量85.17 t，产值93.83万元。

五、成分与功效

现代研究发现，栀子化学成分复杂，主要有环烯醚萜类、二萜类、黄酮类和有机酸酯类等。其中，栀子苷是从栀子中分离得到的一种环烯醚萜苷类化合物，具有抗感染、免疫调节和抗氧化等多种药理作用。《中国药典》（2020年版）规定，栀子的检测标准为：本品按干燥品计算，含栀子苷（$C_{17}H_{24}O_{10}$）不得少于1.8%。

《中国药典》（2020年版）记载的栀子性苦，寒，归心、肺、三焦经；功能与主治为泻火除烦，清热利湿，凉血解毒，外用消肿止痛；用于热病心烦，湿热黄疸，淋证涩痛，血热吐衄，目赤肿痛，火毒疮疡；外治扭挫伤痛。现代医学研究表明，栀子具有泻火除烦、清热利尿、凉血解毒等功效，常用于治疗自身免疫性疾病、糖尿病和肝脏损伤等。

第二节 栀子规范化栽培模式

栀子是多年生经济作物，一般栽后三四年挂果，其规范化栽培模式主要为栀子栽培技术和黄栀子、一年生矮秆经济作物、油茶套种轮作技术。

一、栀子栽培技术

（一）选地、整地

选好栀子的种植地和整好地是为栀子高产打下坚实的基础，高产栀子种植地应选择坐向南、东西向的山坡地或平地，要求土质深厚、肥沃疏松、排水良好的土壤，确保环境不受污染。对过分贫瘠的土地要先改良后建园。整成水平条带，按1∶1.5 m的株行距每667 m²栽440株，挖30 cm见方的栽植穴，每穴施腐熟粪肥4 kg拌土回填待植。

（二）育苗

以种子繁殖为主。

1. 选种

选择饱满、色深红的成熟果实，连壳晾干作种，播种前用剪刀将种子果皮剪开，挖出种子在热水中搓散，然后将下沉的充实种子，置通风处晾去过多水分即可播种。

2. 播种

将种仁均匀地撒播在已备好的苗床上，然后盖上一层1~2 cm厚的草木灰与磷肥拌和的营养土，再盖一层稻草，每 667 m² 需种子 4～5 kg，可育苗 6～7 万株。日常育苗约 10 万株。

3. 苗期管理

出苗后，揭去覆盖物，保持苗床湿润。及时除去杂草，疏苗和过密苗。追肥用 1%～3% 腐熟畜粪水泼 2～3 次。

（三）田间管理

1. 定植

幼苗 1 年后高达 25～30 cm，茎粗 0.3 cm，将上部留 6～7 cm 截顶。在立春至清明每穴 1 株，填土压实后浇定根水。

2. 中耕除草

定植后每年冬季全垦，春夏秋锄草。可以结合套种豆科作物，一是作绿肥，二是保湿除草。

3. 整形整枝

定植后将树修成树冠开扩的自然开心形，具体做法是：定植后第 1 年将主干离地面 20 cm 以内的萌芽抹除，作为定干高度。在生长的梢中选取 3～4 个生长方向不同的强壮的培养成主枝，第 2 年再用上述方法培养 3～4 个副主枝。使树冠外圆内空，枝条疏朗，通风透光，调节了生长、发育、抽枝、开花、结果之间的平衡关系，减少了养分无用的消耗，增加了结果面积，提高了产量。结果后，主要是去掉垂枝、葡伏枝、重叠枝、逆行枝。

4. 科学施肥

定植后 1～2 年，植株处于营养生长期，施肥以 N 肥为主，P、K 为辅。结果后以 P、K 为主，N 视情况而定。结合中耕除草每年施肥 4 次，在树冠外围开环沟施下。①春肥：3～4 月每 667 m² 施 25 kg 尿素和 50 kg 饼肥。②壮果肥：5～6 月增施 P、K 肥，控制 N 肥，每 667 m² 施复混肥 50 kg。③促秋梢肥：通常在立秋前进行，每 667 m² 施厩肥 2000 kg 拌 30 kg 饼肥、5 kg 尿素开环沟施下，以促进秋梢生长和花芽分化。④越冬肥：主要是补充栀子结果后所消耗的大量养分、恢复植株长势，有助于花芽分化和避免隔年结果现象，从而增加植株抗寒力。

5. 保花保果

在栀子开花盛期，喷 0.5%硼砂，谢花 3/4 时喷 10 mg/L 2,4-D 和 0.3%尿素、0.2%磷酸二氢钾的混合液，每隔 10～15 d 喷 1 次，连喷 2 次，可促进栀子生长，加速细胞增殖，减少果柄离层的形成，从而提高坐果率。

（四）病虫防治

危害栀子的害虫主要有天蛾幼虫、蚜虫、卷叶螟、跳甲虫，多发生在 5～10 月，可用乐果、敌百虫等菊脂类农药 1500～2000 倍液喷雾防治，或人工捕捉。不能用有机磷农药。采果前 1 个月不可使用农药。

（五）采收加工

栀子栽后 2～3 年开花结果，11～12 月果实开始成熟，当果皮呈黄红色时即可分批采收，选择晴天采收，采收的栀子不要堆沤，应及时放通风摊开，分期分批用甑蒸上气，然后晒干或烘干即可。采收要适时，早栀子、晚栀子都有欠佳，以中栀子中色红黄、皮薄、饱满、干燥、无杂质为佳。

二、黄栀子、一年生矮秆经济作物、油茶套种轮作技术

利用黄栀子种植行距空间套种轮作一年生矮秆经济作物如菜豆、西瓜、花生、辣椒等，然后再套种高产油茶，是提高单位面积产出，解决多年生经济作物种植周期长、前期无收入、抚育要投入问题的有效办法。

（一）茬口安排

黄栀子栽后前4年，可在行距间选择菜豆、西瓜、花生、辣椒等进行套种轮作，第5年套种高产油茶，第10年清除黄栀子外根和靠近根的茎，平整土地，在油茶行距间可继续套种轮作以上一年生矮秆经济作物两三年，增加经济效益。

（二）山地选择

选择坡度15°以下、避风向阳的丘陵山地，土质疏松、肥沃，排灌良好，土壤呈酸性的砂壤土或红、黄壤土。

（三）栽培技术

1. 黄栀子

1）苗木繁殖

采用种子繁殖方式。10～11月选摘生长饱满、红黄色、无破损、无病虫害的果实连壳晒干作种。播种前剪开果皮，取出种子，在清水中浸泡5～6 h，搓洗后将沉底饱满种子捞出用纱布滤干。播种育苗分春播与秋播，春播雨水前后进行，秋播秋分前后进行。选择较肥沃苗圃地，二犁二耙、重施基肥，起垄作床，床面细平。每667 m²用滤干种子3.00 kg拌干细沙（土）或草木灰30.00 kg撒播或条播，播后薄土盖子，再盖稻草。出苗后揭除稻草。苗床除草三四次，结合除草第1次每667 m²施10%的人畜粪水1000 kg；第2次每667 m²施45%尿素5.00 kg；第3次每667 m²施45%三元素复合肥10.00 kg，做好苗床保湿，苗高30.0 cm以上出圃移栽。

2）整地

全垦，除去杂木树兜，按1.3 m×2.0 m株行距挖穴，穴长宽深33.0 cm，每穴用腐熟的农家肥15.00 kg加45%的三元素复合肥1.00 kg拌匀填入穴内，待栽。

3）栽植

12月至翌年3月树苗未发芽前带土移栽，每667 m²栽250株左右，遇晴天气温高，适当剪去上端枝叶，栽后浇定根水。

4）除草施肥

栽后4～6月抚育一两次，结合锄草松土用10%的人粪尿和豆饼水灌根。第2年前期以

施氮肥为主，中后期以施磷钾肥为主，秋后不施肥。伏旱严重多浇水，浇足水。之后每年进行三四次除草追肥，每次抽梢施肥一次，开花盛期用 1%硼肥+0.5%尿素+0.2%磷酸二氢钾混合液叶面喷施，每隔 15 d 喷施一次，共喷 2 次，同时适当施加采果肥。

5）整形修剪

5~7 月黄栀子萌芽后，在幼树距地 20.0 cm 处剪截、定主干，夏梢抽发每株选留三四个生长方向不同的壮芽培养成主枝，第 2 年夏梢抽发再在每条主枝上选留 3~5 个着生方位不同的壮芽培养成副主枝，依次延伸至顶梢，其余芽全抹除。以后每年均要剪去枯枝、病枝、弱枝、细枝，疏密保稀，以利通风透光。

6）主要病虫害防治

5~8 月发病前，用 50%甲基托布津 1000 倍液喷雾防治褐斑病，每隔 10 d 喷一次，连喷两三次。介壳虫、蚜虫、食叶虫等，每 667 m² 用瓢甲敌（20%高氯·马拉硫磷）30~50 g 兑水 30.00 kg 喷雾防治。

7）收获与加工

10~11 月，当果实表皮呈红黄色时，选晴天露水干后采摘，成熟一批采收一批，及时晒干或烘干。

2. 一年生矮秆经济作物套种轮作

黄栀子栽后前 4 年，在行距间选择一年生矮秆经济作物如菜豆、西瓜、花生、辣椒等逐年进行套种轮作，套种密度和间距应根据当年黄栀子树势大小与其套种作物互不遮阴为准，栽培管理同其他山地套种作物。

3. 油茶

1）品种选择

选择审定的优良品种，如'赣无 16 号''赣石 84-8''长林 3 号'等。

2）培育壮苗

壮苗标准为一年优良家系苗高 20.0 cm，二年嫁接苗高 25.0 cm，容器杯苗高 10.0 cm，基径粗 0.4 cm，根系完整、无损伤、无病虫害。

3）挖穴

冬、春季在黄栀子行距中线每隔 3 m 挖穴，穴长宽深为 50.0 cm，每穴用腐熟的农家肥 25.00 kg 加 45%三元素复合肥 1.00 kg 拌匀后填入穴内，待栽。

4）移栽

在黄栀子栽后第 5 年 11 月下旬至翌年 2 月上旬树苗带土移栽，每 667 m² 栽 110 株左右，栽时嫁接苗接口稍高于土面，栽后浇定根水。

5）抚育

一般抚育 3 次，第 1 次 5 月，第 2 次 8 月，第 3 次结合冬季施肥进行深垦。

6）修剪

11 月至翌年 2 月，在茶树 50.0 cm 处定主干，第 2 年保留两三个强壮分枝为主枝；第 3 年在继续培养主枝的基础上，将其上的强壮春梢培养为侧枝群。采果后至春梢萌动前将位置不当的枝条疏掉，尽量保留内膛结果枝，对于连续挂果枝要从基部剪去，在旁边另选强壮枝进行培养。

4. 肥料选择

在有机蔬菜种植过程中，关于肥料的选择是十分严格的。首先，人们要选择专门的生产肥料，要求这些肥料绿色、无公害。比如，选用粪便、植物肥料、草木灰及绿色肥料等，使肥料的有机性得以提升。其次，肥料不能立即在有机蔬菜中施用，需要进行严格把关，如堆肥，即在肥料施用前 2 个月进行消毒处理，然后使堆肥充分发酵，以降低病虫害发生率，最后，施肥。有机蔬菜的施肥必须严加管控。第一，要加强施肥量控制，施足底肥，为土地补充多种元素，使土壤条件得以改善，以免土地板结。第二，施肥过量又会造成烧根现象，使有机蔬菜产量降低。因此，在选择有机蔬菜肥料前，应确保科学施用，尽可能考虑土地与植物实际需要。第三，要做到及时追肥，如当蔬菜有 3～5 片叶时，尽量将肥料均匀施于菜地中，可以开沟进行条施，也可以穴施，并及时浇足水。

5. 病虫草害防治

病虫害防治工作其实早在选种阶段就已经开始，这可为后期防治工作提供很大方便。具体防控蔬菜病虫害时，主要采取预防为主、防治结合的策略。一方面，在虫害防治过程中，主要有人工、物理和生物防治方法。其中，人工方式就是人工除虫，对被虫害侵蚀的叶片进行摘除处理。生物防治则是为害虫天敌提供有利的栖息条件或直接投放天敌。比如，青蛙既能捕捉害虫，也能增加农民收益。物理防治则是根据害虫习性规律设置诱捕器，或设立一些产床，引诱害虫生产，然后进行全面消灭。另一方面，在病害防治过程中，可以对有机蔬菜施用石灰粉等物质，也可以选用一些无公害药剂进行防控。比如，可以在种植基地周围种植小叶桉，因为这种植物会释放出氨气，对有害物质有一定的阻挡作用，所以可以达到预防病害的目的。

参 考 文 献

卜妍红, 陆婷, 吴虹, 等, 2020. 栀子化学成分及药理作用研究进展[J]. 安徽中医药大学学报, 39(6): 89-93.
国家药典委员会, 2020. 中华人民共和国药典[M]. 北京: 中国医药科技出版社: 259-260.
罗小翔, 程士良, 2016. 栀子丰产栽培技术[J]. 现代园艺, (7): 166.
吴政元, 2019. 黄栀子、一年生矮秆经济作物、油茶套种轮作技术[J]. 江西农业, (2): 1, 5.
武剑宏, 2018. 栀子的栽培与利用[J]. 内蒙古林业调查设计, 41(1): 21-22.
姚敦瑞, 2017. 中草药黄栀子栽培技术探析[J]. 南方农业, 18(11): 5-6.

第十三章 黄　精

第一节　黄精概况

一、植物来源

黄精，又名千年运、山姜，《中国药典》（2020年版）收载的黄精为百合科（Liliaceae）黄精属（*Polygonatum*）植物滇黄精 *Polygonatum kingianum* Coll. et Hemsl.、黄精 *P. sibiricum* Red.或多花黄精 *P. cyrtonema* Hua 的干燥根茎。按形状不同，习称"大黄精""鸡头黄精""姜形黄精"。春、秋二季采挖，除去须根，洗净，置沸水中略烫或蒸至透心，干燥。目前，华东地区栽培的黄精以多花黄精为主，浙江、安徽等省也有部分地区栽培黄精，滇黄精未有规模化栽培。本章介绍以多花黄精为主。

二、基原植物形态学特征

黄精：根状茎圆柱状，由于结节膨大，因此"节间"一头粗、一头细，在粗的一头有短分枝（《中药志》称这种根状茎类型所制成的药材为鸡头黄精），直径1～2 cm。茎高50～90 cm，或可达1 m以上，有时呈攀援状。叶轮生，每轮4～6枚，条状披针形，长8～15 cm，宽（4～）6～16 mm，先端拳卷或弯曲成钩。花序通常具2～4朵花，似成伞形状，总花梗长1～2 cm，花梗长（2.5～）4～10 mm，俯垂；苞片位于花梗基部，膜质，钻形或条状披针形，长3～5 mm，具1脉；花被乳白色至淡黄色，全长9～12 mm，花被筒中部稍缢缩，裂片长约4 mm；花丝长0.5～1 mm，花药长2～3 mm；子房长约3 mm，花柱长5～7 mm。浆果直径7～10 mm，黑色，具4～7颗种子。花期5～6月，果期8～9月。

多花黄精：根状茎肥厚，通常连珠状或结节成块，少有近圆柱形，直径1～2 cm。茎高50～100 cm，通常具10～15枚叶。叶互生，椭圆形、卵状披针形至矩圆状披针形，少有稍作镰状弯曲，长10～18 cm，宽2～7 cm，先端尖至渐尖。花序具(1～)2～7（～14）花，伞形，总花梗长1～4（～6）cm，花梗长0.5～1.5（～3）cm；苞片微小，位于花梗中部以下，或不存在；花被黄绿色，全长18～25 mm，裂片长约3 mm；花丝长3～4 mm，两侧扁或稍扁，具乳头状突起至具短绵毛，顶端稍膨大乃至具囊状突起，花药长3.5～4 mm；子房长3～6 mm，花柱长12～15 mm。浆果黑色，直径约1 cm，具3～9颗种子。花期5～6月，果期8～10月。

三、生长习性

黄精生长的自然环境一般在山地灌木丛及林缘处，海拔 180～3600 m 处，具有喜阴、怕寒、耐寒的特性。

四、资源分布与药材主产区

黄精主要分布于我国浙江、福建、四川、贵州、湖南、广西等地。近年来丽水市庆元县、景宁县、松阳县、遂昌县等黄精种植基地规模扩大，主要种植模式为毛竹林、杉木、香榧等林下仿生态种植模式，此外景宁县开展了高海拔大田稻草覆盖种植，增产效果显著。

五、成分与功效

近代研究表明，黄精的化学成分主要为多糖、皂苷、黄酮、木脂素、氨基酸以及微量元素、挥发油等。《中国药典》（2020 年版）规定，黄精的检测标准为：按干燥品计算，含黄精多糖以无水葡萄糖（$C_6H_{12}O_6$）计，不得少于 7.0%。

《中国药典》（2020 年版）记载的黄精性味甘，平；归脾、肺、肾经；功能与主治为补气养阴，健脾，润肺，益肾；用于脾胃气虚，体倦乏力，胃阴不足，口干食少，肺虚燥咳，劳嗽咳血，精血不足，腰膝酸软，须发早白，内热消渴。现代医学研究表明，黄精具有抗肿瘤、抗氧化、免疫调节、降血糖、抑菌抗炎等功效。

第二节 黄精规范化栽培模式

黄精为多年生植物，种植时间较长，其规范化栽培模式有大田栽培和林下栽培 2 种模式，主要包括多花黄精栽培技术、山地黄精规范化栽培技术、林下黄精高产栽培技术。其中，林下栽培有"锥栗-黄精"、"锥栗-黄精-三叶青"、"上锥栗-中石斛-下黄精"、"杉木-黄精"、"阔叶林-黄精"、"松木-黄精"、"毛竹-黄精"、"油茶-黄精"、"香榧-黄精"和"厚朴-黄精"等 10 多种复合经营模式，但种植技术大同小异。

一、多花黄精栽培技术

（一）种苗培育

1. 实生苗培育
1）种子采收与处理
9 月上中旬，多花黄精浆果果实由青色变青黑色时即可采收。将采回后的果实放在阴凉处，喷水淋湿，上盖一层遮阳网，让其逐渐变软，待85%以上的果皮变软后，即可水洗取种，晾干砂藏。

2）种子催芽

根据多花黄精种子量，在室内靠墙或大棚内靠边，选10~15 m²，先在地上铺一层约10 cm厚的砂，再将1份种子与3份砂（砂用70%甲基托布津可湿性粉剂1000倍液喷湿消毒）混装至种子袋，按照一层湿砂（厚度10 cm）、一层种子袋摆放。种子袋放置最多不超过5层，最上层种子袋上覆盖15 cm厚的湿砂，最后盖一层遮阳网保温保湿催芽。

3）播种

冬季12月或翌年2月上旬，多花黄精种子有少量萌动时，从种子袋内取出种子，带砂播种。将砂藏催芽的多花黄精种子撒播在大棚内的苗床上，上覆2 cm厚混合基质（珍珠岩：蛭石：泥炭=1：1：2），喷50%多菌灵可湿性粉剂1000倍液消毒，做好出苗前保温、保湿和管理工作。

4）苗期管理

播种后到3月底，约15%的多花黄精种子发芽出土，此期要控制好棚内温湿度。6月底前，种子出苗约达30%，此时应加强棚内多花黄精苗床除草、水肥和温湿度管控。5月中旬后，每15 d喷施1次5‰的叶面肥。6月后，可用5‰的叶面肥浇灌多花黄精苗，施肥3~4次。6~8月，因温度高、湿度大，多花黄精苗可能会发生叶斑病和蚜虫等，要做好幼苗的病虫害防控工作。每15 d用25%多菌灵可湿性粉剂+10%氯氰菊酯的混合液1500倍液喷施防控。经过精心管理和培育，第2年底多花黄精苗高达15 cm以上，每株叶片5片以上，地下块茎平均≥1.2 cm×1.0 cm，产苗量（Ⅰ级、Ⅱ级）可超过120000~200000株/667 m²，其中Ⅰ级苗高≥25 cm，叶片7片以上，地下块茎≥1.5 cm×1.2 cm，苗量约占总产苗量的50%以上，即可出圃栽植。

2. 种茎苗培育

选择生长健壮、顶芽明显、无病虫害的2~3年生多花黄精块茎作为种茎。每节带1~2个芽和1段老茎作为1个种茎栽植。栽前伤口用25%多菌灵可湿性粉剂1000倍液杀菌处理，晾干后栽植。

（二）多花黄精苗栽植与管理

1. 种植

1）时间

3~5月或9~11月。多花黄精种子苗、野生苗和种茎均可种植。

2）密度

田地多花黄精栽植株行距25 cm×30 cm，5000~5300株/667 m²；林地田地多花黄精栽植株行距30 cm×30 cm，4500株/667 m²（土地利用率60%~65%）。

3）栽植

用小锄头在苗床上按株行距挖穴，将多花黄精种子苗根（种茎芽向上）放入穴中，覆土3~4 cm厚，以盖住苗根或块茎为好，压紧并浇1次透水。

2. 生长季节管理

1）除草与间种

4～5月除草2～3次。除草要做到"除草、除小、除了"。6月初，可在多花黄精行间种植玉米、高粱等植物，为多花黄精遮阴。间种玉米密度：在多花黄精苗床两边分别种植2行玉米，玉米株间距离为80～100 cm。

2）施肥

结合除草沟施复混肥（有机肥：复合肥=2∶1），每株15～20 g，施后用土盖住肥料。

3）覆盖

苗地除草或施肥后，用稻壳（锯木屑）覆盖，厚度2 cm以上。覆盖后夏天可减少草害，降低地温，保持土壤水分；冬天可保持地温，防止冻害。

3. 兽害、病虫害防控

1）兽害防控

要防止猪、羊等家畜进入多花黄精种植地损坏多花黄精苗。

2）病虫害防控

（1）叶斑病。4～6月发病，先在受害叶叶尖出现椭圆形或不规则形、外缘呈棕褐色、中间淡白色的病斑，随后向下蔓延，使叶片枯焦而死。防治方法：多花黄精叶长齐后，喷等量式波尔多液防治，每7～10 d喷洒1次，连喷3～4次。

（2）根腐病。雨后高温高湿，根部腐烂，营养不能供应，整株死掉。防治方法：可用铜制剂或甲霜噁霉灵喷雾预防，发病时用甲霜噁霉灵或铜制剂进行灌根防控。

（3）地老虎、蛴螬。用90%敌百虫晶体1000倍液浇灌防治。

4. 疏花摘蕾

疏花摘蕾能促进多花黄精营养生长，有利于叶片进行光合作用，制造的有机物质向根茎转移、积累，提高块茎产量。如不准备采收多花黄精种子，可于每年5月下旬和6月中旬分2次摘除多花黄精花蕾或花序。

二、山地黄精规范化栽培技术

（一）选地整地

地块的选择是决定黄精能否健壮生长的首要因素。黄精喜阴，但不能完全不见阳光。可以选择林下开阔地带、有遮阴条件避免阳光直射的平地及上层透光充足的林缘。首选土层深度≥30 cm，保水能力强，土质肥沃疏松，土壤中性偏酸性，有机质含量高的壤土。栽种前结合深翻施入基肥，每亩施腐熟农家肥2000 kg，整平耙细做畦。畦宽1.2 m，畦沟宽40 cm，四周挖深50 cm的排水沟。最后耕翻晒垡，杀灭土壤中些虫卵、病菌和杂草种子，减轻病虫草害。

（二）繁殖移栽

生产多采用根茎繁殖，但长时间根茎繁殖易导致品种退化。种子繁殖成本低但耗时较长，多用于培育幼苗。

1. 根茎繁殖

3月下旬或晚秋时节，选择直径2 cm以上、长势较好且芽头完整的植株根茎。将先端幼嫩部分截成5～7 cm根段，保证每段上有2～3个节，切口用草木灰消毒。在畦面开横沟，沟深7～9 cm，行株距（25～30）cm×（12～15）cm，平放1段种根，注意芽眼朝上，覆盖约7 cm的细肥土，再盖细土至畦面。稍加镇压，栽后3～5天浇1次水，提高成活率。于晚秋栽种的，为了确保其安全越冬，在土壤封冻前覆盖一些草或牲畜粪。

2. 种子繁殖

选择生长健壮母株的地块，加强水肥管理，促进果实生长，使其籽粒饱满。当浆果变黑成熟时采集，果实放在塑袋中发酵10 d后，搓去果皮及果肉，将种子淘洗干净、摊平、阴干。沙藏能够打破种子休眠，提高种子发芽率和出苗整齐度，因此，冬前将种子进行湿沙低温处理。第2年3月下旬至4月上旬气温回暖时进行播种，每亩播种量3～4 kg。按行距15 cm，将种子均匀地撒入浅沟内，覆盖约2 cm细土，压实并浇1次透水，畦面盖稻草或树叶保湿，有条件的用塑料棚覆盖，昼揭夜覆。当幼苗长到8 cm左右，拔去弱小的幼苗，按株距6～7 cm定苗，确保幼苗有足够的生长空间，培育1年后即可移栽到大田。

3. 移栽

春栽或秋栽均可，当地春季气温回升较快，3月下旬移栽最佳。在整理好的田块上，按行株距25 cm×（15～20）cm挖穴，穴深10 cm左右，穴底施入1把土杂肥，每穴栽2株种苗，覆土压平浇定根水，再次进行封穴，栽后3～5天浇1次水，成活率可达90%以上。

（三）田间管理

1. 中耕除草

黄精生长早期根系吸收能力较弱，为了防止土壤中的营养物质被杂草吸收，分别于4月、6月、9月、11月各进行1次中耕除草，中耕不仅除去杂草，还增加土壤透气性，提高土壤质量。除草时做到除早、除小、除净，避免损伤植株根部，除草时可适当培土，防止植株倒伏。

2. 适时追肥

在前3次中耕后每亩施30 kg氮肥，第4次冬肥要重施，每亩施用有机肥1500 kg，与复合肥100 kg混匀后，开沟施入行间，覆土盖肥并培土，以提高化肥转化率，促进根的生长。

3. 水分管理

黄精对水分的需求量较大，但也不宜过多，田间保持湿润即可。干旱时及时浇水，积水时及时排水，以免沤根腐烂，影响黄精正常生长。

4. 间作遮阴

黄精在遮阴条件下才能正常生长，阴蔽度不高的田块，可在畦梗上间作玉米、高粱等高秆作物，既能起到遮阴效果，又能增加种植户经济收入。

5. 修剪打顶

黄精以地下根状茎入药，生殖生长阶段漫长，消耗大量营养。在花蕾形成前期及时将其摘除，阻断养分向生殖器官运输，使养分向地下根茎积累，达到增产目的。

（四）病虫害防治

预防为主，综合防治，以生物、物理防治为主，化学防治为辅。

1. 叶斑病

黄精易感染叶斑病且反反复复，很难根治。叶斑病是一种真菌性病害，4~5月开始发病，8~9月发病达到顶峰，高温高湿是叶斑病流行的主要原因。病害从茎干基部叶片开始，叶尖最初出现褐色斑点，逐渐扩大成不规则形或椭圆形，中间淡白色，外缘棕褐色，和健康组织接触的地方有明显黄晕，形状酷似眼睛。病斑不断蔓延，整个叶片枯焦而死，严重时可导致全株叶片枯萎脱落。

防治方法：前茬收获后及时清理田块，将病残体和枯枝叶带出田块集中烧毁，再将土壤翻；加强水肥管理，提高植株自身抗病力；发病初期喷50%退菌特1000倍液，每7~10 d喷1次，连喷3次；发病后喷施50%甲基托布津可湿性粉剂600倍液，每5~7 d喷施1次，连喷3~4次。

2. 蛴螬

蛴螬幼虫啃食幼苗嫩茎和根部，造成断苗或根部浮空，导致幼苗死亡，危害严重，成虫危害幼苗及根状茎。

防治方法：轮作倒茬，黄精和油菜、麻类等直根系作物轮作，虫害可以明显减轻；整地时每亩用3 kg辛硫磷均匀撒入土中，消灭土壤中的成虫或虫卵，从源头上减少虫害；若发生虫害，利用成虫趋光性、趋化性，用黑光灯、性诱剂等对蛴螬成虫（金龟子）进行诱杀，也可用80%敌百虫可湿性粉剂1000倍液灌根。

（五）采收加工

用根茎繁殖栽培的黄精，2~3年即可收获，种子繁殖于栽后3~4年收获。最佳采收时期为晚秋至早春萌发前，选择在阴天或多云天气进行。当茎上的叶子完全脱落时，挖出根茎，抖净泥土和杂质，去掉茎叶，去除须根及因病变导致的疤痕，用清水洗干净。

作药用时可放在蒸笼内蒸10~20 min，蒸至透心后，取出烘干或边晒边揉至全干，即为商品药材，一般每亩可产干货400~500 kg。

三、林下黄精高产栽培技术

（一）选地整地

选择湿润肥沃、土质疏松的土壤环境进行黄精种植工作，避免土壤固结而影响种子的破土情况。同时，要检测土壤中的细菌微生物含量，判断是否要晾晒土壤，通过阳光消灭细菌。同时应提前翻土，适当耙松土块，并检查土壤深处是否存在其他植被的根茎，及时移除。并根据黄精的形态特点确定栽种间距，完成起垄、作畦操作。

（二）合理栽种

在林下种植工作模式下，可用于栽种黄精的技术方法有两种，具体特点及操作流程如下所述。

1. 依靠根茎培育黄精

依靠根茎培育黄精的方法是将进入生长期的黄精根茎挖掘出来，将幼嫩处截段，每段3～4节，按行距23～25 cm，株距11～16 cm，深5 cm插入整地中，然后覆土3～4 cm，轻轻压实后浇第一次水，之后每7 d浇水1～2次，主要根据气候干燥情况来判断浇水频率和浇水量。并做好施肥工作，保证根茎能吸收充足的营养，茁壮生长。

2. 采用播种技术培育黄精

使用播种技术种植黄精操作难度相对较低，但由于不同地区的气候环境不同，实际种植时容易出现种子出芽率低的问题。要提升林下种植水平，达到高产栽培目标，就需要提前对种子进行处理。一般要提升种子的抗病害能力，可以将种子与杀菌类的药物混合搅拌。注意控制药物比例，选择合适的药物品种。同时，应将种子与沙土混合，埋在背阴处的土坑中，等气候适宜再开始林下种植工作，取出种子播撒在种植地中。可在种植地种植一些枝叶茂密的植物，以达到庇荫的目的，提升发芽率。

（三）基础管理工作

1. 去除杂草

去除杂草主要使用除草剂，但现有的除草剂中大都含有较多的农药成分，这些农药成分渗入土壤中，会被黄精的根茎吸收，进而使黄精的品质降低，影响黄精的药效发挥，同时影响人们的身体健康。而且现有的除草剂也不能完全有效清除所有的杂草，使用成本也较高，因此可以采用人工拔草的方式，适当对土地进行中耕，为黄精营造良好的生长环境。

2. 水肥管理

黄精生长时对水分需求量较大，而且生长过程需要保证营养充足。因此，在林下大面积种植黄精时，应按时做好洒水施肥工作。要关注气象变化情况，人工浇水时避开雨季，避免水量过多造成洪涝问题，可以提前挖掘灌水排水渠道。施肥工作通常与浇水任务同步进行，要选择无公害肥料，并优选复合肥。在施肥时，为了避免灼伤根系，要控制好肥料浓度与用量。

3. 病虫害防治

1）黑斑病

黑斑病是黄精在种植时的主要病害之一，是一种真菌性病害，主要为害叶片，病原可在土壤和病残体上越冬，待气温回升时侵入感染。一旦感染该病症，会在叶片上发现病斑，斑点大小、形状都不一致，颜色为紫色或红色。如果不及时展开病害防治工作，会导致叶片萎缩，进而影响植株的健康生长状态，通常在阴雨天气下感染该病害的概率比较高。应提前做好土壤晾晒工作，并科学控制植株的栽种间距，保证通风效果良好。如果植株已经遭遇病害，在感染初期可在叶片喷施先正达健壮2000倍液，每7 d喷施1次，连续喷施2～3次即可。

2）叶斑病

叶斑病与黑斑病类似，也是一种真菌性病害，肉眼可见叶片颜色变浅，出现大量褐色病斑，大多是椭圆形，大量病斑的结合导致叶片开始枯萎，最终导致全株叶片枯萎脱落。黄精黑斑病与叶斑病的防治方法相同。发病较重时可适当加入40%苯醚甲环唑2500倍液，均匀喷雾。

3）炭疽病

炭疽病是很多植物的常见病害，分布范围极广，主要为害叶片、果实。在黄精感染该病后，叶片的顶尖和边缘处开始出现红褐色病斑，随着病情发展，病斑扩大，颜色变为黑褐色。病斑区域常常会穿孔脱落，危害极大，病情严重时，整个植株的叶片全部腐烂而死。炭疽病也可采用防治叶斑病的方法。

4）灰霉病

灰霉病不仅会体现在叶片部位，对植株根茎和花苞的生长状态都会产生不良影响，容易造成植株腐烂，进而死亡。叶片染病，先从下部叶片的叶尖或叶缘开始，产生近圆形或不规则形水渍状病斑，后病斑逐渐扩展至直径1 cm或更大，病斑由褐色变为灰褐色或紫褐色，有时产生不规则轮纹。天气潮湿时，病斑上长出灰色霉层。叶柄、茎秆上的病斑呈长条形，水渍状为暗绿色，后转变褐色，凹陷、软腐，往往引起茎枝折断或植株倒伏，幼茎受害则为害更大，常突然萎蔫或倒伏。花器染病，花蕾、花瓣变褐腐烂，表面产生灰色霉层，病部有时可延伸到花梗。发病后期，在病组织内部产生1 mm大小的黑色颗粒状小菌核。发病较重时可适当加入50%异菌脲1500倍液、80%嘧霉胺2000~3000倍液、50%腐霉利2000~3000倍液、38%唑醚·啶酰菌胺2000倍液，均匀喷雾。

5）疫病

黄精疫病具有突发性强和病程短的特点，常在多雨季节发生，种植过密、湿度过大易发生该病害。茎秆受害时，受害部位脱水缢缩，基部受害可使部分植株倒伏。病原继续扩展则导致根部腐烂。茎秆基部或芽部受害时，呈褐色，病斑会蔓延到茎叶上，随着病害范围扩大，病斑颜色也会发生改变。一般在后期颜色偏绿，受侵害的病株表面还会生长出菌丝。疫病在发病前或发病初期可用悦帆欣彤乐组合3000倍液，每7 d喷施1次，连续喷施2~3次即可。发病较重，可再次均匀喷施悦帆欣彤乐组合1500倍液。

6）蚜虫

蚜虫以桃蚜和棉蚜为主。春末夏初，气温迅速上升，降水量较少，此时黄精刚发芽，嫩叶和花是蚜虫繁殖和栖息的主要位置。蚜虫以吸食叶子的汁液为生，会造成叶片小、发黄，且植株矮小的问题。蚜虫大量繁殖会导致植物顶部的叶和花大量脱落，严重时导致植株死亡，造成减产。在感染初期可在叶片喷施隆施3000倍液，每7 d喷施1次，连续喷施2~3次即可。蚜虫较重时则可喷施隆施1500倍液，着重喷洒在被害虫侵害的部位。

7）红蜘蛛

被红蜘蛛侵袭，叶片会出现灰白色或淡黄色小点，严重时全叶呈灰白色或淡黄色，干枯脱落，缩短结果期，影响黄精产量。在感染初期可在叶片喷施24%联苯肼酯2000~3000倍液，每隔15 d喷施1次，连续喷施两次即可。发病较重时，采用24%联苯肼酯1500倍液，每隔10 d喷施1次，连续均匀喷雾两次即可。

4. 注意事项

苗期、花期可用隆施防治蚜虫和蓟马。采用健壮药剂，一药可防多病，包含黑斑病、叶斑病、炭疽病、灰霉病、根腐病等，同时还能促使根系发达，植株强壮，防治死苗，多次使用抗病强，使黄精块茎大。苗期、花期要掌握好叶面肥使用技术，用正品海藻酸（海优美）效果最佳，可促进植物光合作用，使叶面宽大、厚实、浓绿，生根防死苗，保花保果。需注意在看见花芽时，结合高磷、钙（磷钙宝）叶面肥使用，促进花芽分化，后期种子多，籽粒大。阴雨天气要预防叶斑病、炭疽病、疫病、根腐病的发生，可采用健壮+悦帆欣彤乐组合使用。

（四）及时疏枝

在黄精长势比较旺盛的情况下，如果营养条件有限，应先保证主枝干能获得更多营养，生长更为粗壮。需要根据茎叶上生长出的分枝数量和花芽的数量，考虑是否要疏枝、剪花，及时摘除多余的花芽、枝叶。关键要控制摘除的大小，尽量减小伤口的覆盖面积，避免伤口在外部环境因素影响下出现腐烂现象，从而引发病害问题。

（五）采摘

黄精成熟后要统一采摘，主要采摘植被的根茎，通常应带土挖掘，以免根茎破损，影响经济价值。同时摘除茎叶后将泥土洗净，采用蒸干的方式处理根茎并集中晾晒。加工完成后，才能进行销售。

参 考 文 献

方旭, 2022. 山地黄精规范化栽培技术[J]. 西北园艺(综合), (1): 36-37.
国家药典委员会, 2020. 中华人民共和国药典[M]. 北京: 中国医药科技出版社: 319-320.
李亚霖, 周芳, 曾婷, 等, 2019. 药用黄精化学成分与活性研究进展[J]. 中医药导报, 25(5): 86-89.
刘跃钧, 曾岳明, 叶征莺, 等, 2022. 多花黄精栽培技术研究进展[J]. 中国现代中药, 24(4): 715-720.
南红亮, 2022. 林下黄精高产栽培及病虫害防治技术探讨[J]. 种子科技, (3): 94-96.
叶永青, 2022. 多花黄精栽培技术[J]. 安徽林业科技, 48(1): 38-39.

第十四章 食 凉 茶

第一节 食凉茶概况

一、植物来源

食凉茶，又名石凉撑、黄金茶、香风茶等，《浙江省中药炮制规范》（2015年版）收载的食凉茶是蜡梅科（Calycanthaceae）蜡梅属（*Chimonanthus*）植物柳叶蜡梅（*Chimonanthus salicifolius* S. Y. Hu）或浙江蜡梅（*C. zhejiangensis* M. C. Liu）的干燥叶。夏、秋二季采收，洗净，切段，阴干或低温干燥。本章介绍以柳叶蜡梅为主。

二、基原植物形态学特征

柳叶蜡梅为半常绿灌木，高达3 m。小枝细，被硬毛。叶对生，叶片纸质或薄革质，呈长椭圆形、长卵状披针形、线状及披针形，长2～16 cm，先端钝或渐尖，基本楔形，全缘，上面粗糙，下面灰绿色，有白粉，被柔毛；叶柄被短毛，花单生叶腋，稀双生，淡黄色；花被片15～17片，外花被数片，椭圆形，边缘及背部被柔毛，中部花被片线状长披针形，先端长尖，被疏柔毛，内花被片披针形，长卵状椭圆形，雄蕊4～5枚，心皮6～8个。果托梨形，长2.3～3.6 cm，先端收缩，瘦果长1～1.4 cm，深褐色，被疏毛，果脐平。花期11～1月，果期翌年5月。

三、生长习性

柳叶蜡梅主要生于丘陵、山地灌木丛中或稀疏林内，尤其喜欢生长在有石壁下、土质松散的地带。对光照的要求随着树龄的不同而变化，幼苗喜阴，需要70%～80%的荫蔽，忌烈日直射，在荫蔽条件下生长快，在强光下生长受抑制，成龄树在较多阳光下才能正常生长。生长适宜温度为12～35℃，最适宜温度为18～30℃。植株在月平均气温12℃以上才开始生长，12℃以下生长缓慢，-10℃低温未见冻害。该植物能耐-15℃的短期低温。

柳叶蜡梅在每年3月底开始萌芽，4～9月生长速度比较快，植株生长旺盛，株高、地径、鲜重都明显增长，进入10月份，柳叶蜡梅生长变缓，11月份开始，叶片开始变化脱落，植株叶腋处开出淡黄色小花，花期11～1月，果期翌年5月。

四、资源分布与药材主产区

蜡梅属植物的分布广泛，柳叶蜡梅主要分布于浙江丽水、衢州、金华，江西上饶，安徽寿宁等。

畲药是浙江省中药材中具有鲜明地方特色和民族特色的特殊品种。食凉茶被评为"畲药第一味"，目前产业属于起步阶段，国内外市场需求量不断上升，市场缺口逐年加大。据不完全统计，食凉茶的种植面积已近千亩，主要分布在江西省婺源县、玉山县，浙江省开化县、松阳县、景宁县等地。2014 年 4 月，国家卫计委根据《中华人民共和国食品安全法》和《新食品原料安全性审查管理办法》有关规定，批准了柳叶蜡梅为新食品原料，使其在食品方面的深加工研发与后续营销有了法律许可，更为食凉茶的规模化种植、工业化生产和深加工开发开辟了广阔的发展空间。

五、成分与功效

对食凉茶的化学成分进行研究发现，其总挥发油产率较高（可达 2%），以烯烃类物质为主，其次是有机酸类、醇类、酯类、酮类等，此外，还富含萜类、黄酮类、香豆素类、生物碱和甾体等非挥发性化学成分和多种维生素、微量元素和氨基酸等营养成分。《浙江省中药炮制规范》（2015 年版）规定，其挥发油含量不得少于 2.0%（mL/g）。

《浙江省中药炮制规范》（2015 年版）记载的柳叶蜡梅具有祛风解表、清热解毒、理气健脾、消食止泻的功效，主治风热表证、脾虚食滞、泄泻、胃脘痛、吞酸等症状。临床主要用于治疗因感受风寒引起的肚痛、肚胀、腹泻，或因饮食不当而引起的消化不良、腹部胀痛等症，还用于防治感冒和流行性感冒，民间使用发现其具有良好降脂降糖作用。柳叶蜡梅还具有抗菌、抗炎、止泻、降压降脂、抗肿瘤等活性。

第二节 食凉茶规范化栽培模式

柳叶蜡梅属于多年生灌木，其规范化栽培模式主要为柳叶蜡梅生产技术。浙江省丽水市景宁畲族自治县是全国唯一的畲族自治县，食凉茶作为"畲药第一味"，在浙江丽水生态种植较多。此技术内容主要基于现行丽水市地方标准《柳叶蜡梅生产技术规程》（DB3311/T 31—2019），具体如下所述。

一、产地环境

柳叶蜡梅宜选择平地或坡度小于 25°的向阳缓坡地，海拔低于 800 m。选择土层厚度 40 cm 以上，pH 值 5.5~6.5，排灌方便，肥沃湿润的泥灰岩土壤、砂质壤土或富含腐殖质的砂质黑壤土，忌水，雨水过多引起根腐叶烂。

二、技术要点

（一）种苗繁育

柳叶蜡梅是多年生深根性灌木，萌芽力强，分蘖多，栽后投产年份长。柳叶蜡梅的繁殖和栽培主要分为实生播种和扦插或分株的无性繁殖两种方式。

1. 实生播种

柳叶蜡梅的种子种皮坚硬，表面有一蜡质层妨碍了种子吸水膨胀，因此种子播种前需要进行处理。

一般方法：将种子和干沙混合，装在口袋中揉搓，以破坏其种皮的蜡质层，再把种子筛出。然后用 40～60℃的温水浸种（种子：水比例为 1∶2），浸种时间 4～5 天，中间需换凉水 3～4 次，使种子充分吸水膨胀，发芽率 60%～75%。

碱性溶液处理法：将干藏的种子用 60℃的热水浸种，数分钟后，将水温控制在 40～50℃；用氨水（1∶50）或碱与水（1∶100）或少量的加酶洗衣粉，加入后搅动数分钟，当碱或洗衣粉全部溶解时即可停止搅动，然后每隔 3～4 h 搅动 1 次，经过 24 h 左右，当种子表面的蜡质层可以搓掉时，流水洗净再浸种催芽，发芽率 75%以上。

酸性溶液处理法：用 98%浓硫酸处理干藏的种子 0.5～1 h，然后流水洗净，再用 40℃温水浸泡 72～86 h，其间用 20℃左右清水换洗几次，发芽率 60%～70%。

赤霉素处理：将干藏的种子用 40～60℃的热水浸种 30 min 左右，捞出的种子置于 0.02%赤霉素溶液中浸泡 24 h，捞出晾干立即播种。赤霉素溶液可取市售赤霉素粉剂 20 mg/包，加少许 75%酒精溶解后，加蒸馏水（或冷开水）至 1000 mL。发芽率达 75%以上。

2. 扦插繁殖技术

每年的 4～6 月和 10 月。选择生长健壮无病虫害的半木质化枝条，剪成具有 2～3 对叶的插穗，扦插前用激素吲哚乙酸（IAA）2000 mg/L 在插穗基部速浸 10 s，按株行距 5 cm×10 cm 扦插到珍珠岩插床上。扦插后要立即覆盖遮光率为 70%的遮阴网，1 个月内，白天 2 h 喷水 1 次，生根(30 天)至出圃前 4 h 喷水 1 次，并每周用 0.25%尿素液肥进行一次叶面喷施。扦插 60 天后揭除遮阴网并每天上午开棚通风 2 h。

3. 分株繁殖技术

该方法简单、可靠，较为常用。柳叶蜡梅一般根际周围萌蘖性强，将带根的萌蘖植株从母体上用利刀或钢锯分开移栽，分株时尽可能多带须根，一般可在 9～10 月或 3～4 月间进行，经实验证明分株繁殖成活率可在 90%以上。

（二）种苗生产技术

1. 播种

选择土层深厚、排水良好的砂壤土作苗圃地，施有机肥作底肥。整地深耕 25～30 cm，达到地平、土碎，除去石块、草根。每亩施 3%的敌百虫 2 kg 防治地下害虫。苗床高 20 cm、宽 60 cm，由南而北自定长度。苗床整平后打小宕，每排 3 个，每行间隔 18 cm。用 0.5%

高锰酸钾消毒床面并及时覆盖地膜，2天后掀开地膜即可播种。每小宕播2粒饱满种子，播后盖上草木灰厚约2 cm，以不见种子为度，稍压平后，盖稻草保墒。播后用水泡沟，水不宜深，让苗床慢慢润湿，2天后放去泡沟水。夏播，采种后一星期即播；春播在3月。播后约30天出苗，出苗后揭草。

2. 幼苗管理

春播出苗后3天，喷一次0.3%的多菌灵水溶液。此时苗木根系分布很浅，要常喷水，保持苗床湿润。4～7月每半月拔草一次，拔草时避免将幼苗带出，结合除草、松土、补苗（每宕只留1株壮苗），初期施稀薄人粪尿，每10天一次，连施两次；5～6月后，可施尿素，每亩施5 kg（兑水500 kg）浇施，20天浇一次，连浇3次；8月底以后停止施肥，以利于苗木木质化。夏播出苗后，不必喷施多菌灵，但要注意浇灌保湿，做好松土、除草工作，一星期后可施1%的氮肥，每亩施3 kg。

3. 定型修剪

通过打破苗顶端优势，刺激腋芽萌发，促进侧枝生长，达到增加分枝、培养骨架、塑造树形的目的。一般进行2次即可。第一次定型修剪在定植后进行，距地25～30 cm剪去顶端；第二次定型修剪高度为距地45～50 cm。

（三）种植技术

1. 整地挖穴

10°以下坡地种植的，全垦整地，坡度在10°以上的可开垦成水平带。按株行距（株距1.1～1.3 m，行距1.3～1.5 m）挖好定植穴，穴径40 cm，深40 cm，每穴施入有机肥1～2 kg，并与土拌匀。

2. 种植方法

每年3～4月或10～11月，选择30 cm以上生长健壮的成品苗，将苗下部侧枝和叶片剪除后放入定植穴。定植应避开中午高温强光时段。栽植时，先将表土垫于穴底与基肥混匀，根系舒展，泥土分层压实，浇足定根水，待水渗完后再覆土，在植株周围培成龟背形。

3. 保苗补苗

栽种初期，如遇干旱天气及时浇水保苗，保持土壤湿润。久雨不晴，应及时排除积水。植后次年3月、4月，及时补苗。

4. 除草

5月和11月各进行一次人工除草，除草时应避免伤及根系。

5. 追肥

种植时遇干旱季节应浇水保苗，苗木定植时施腐熟有机肥，亩施500 kg，生长过程中每年5月和11月修剪后各施一次有机肥，每次亩施有机肥300 kg。肥料使用应符合NY/T 394《绿色食品 肥料使用准则》的规定。

6. 修剪

（1）修剪时间：5月或11月进行修剪。

（2）留茬高度：5月修剪留茬高度40 cm，11月修剪留茬高度20 cm。

（3）修剪方法：用修剪机进行修剪，同时将病虫枝条、弱枝和过密的枝条剪除。

7. 病虫害防治

柳叶蜡梅病虫危害少，仅有少量白蚁。农药合理使用应符合 NY/T 393《绿色食品 农药使用准则》的规定。

白蚁防治：在繁殖蚁迁飞时（4~6月）用联苯菊酯或氯菊酯1000~1500倍液喷杀（或浇灌蚁道），安全间隔期7天。

炭疽病防治：每年3~11月可见炭疽病发生，以9月以后最为严重。发病初期用50%托布津可湿性粉剂，或50%多菌灵可湿性粉剂1000倍液，每7~10天一次，连续2~3次。

三、采收和加工

（一）采收条件及方法

4月下旬至5月采摘长度6 cm以内的一芽一叶或一芽二叶用于茶制品加工；7~10月采摘老叶用于食品、保健品和药材深加工，剔除枯叶、茎梗、杂质，盛装工具以透气性好的竹篓、筐为宜，不紧压，采后及时送至加工厂。食凉茶不同修剪时间及食药用途见表14.1。

表14.1 食凉茶不同修剪时间及食药用途分述表

处理	3月	4月	5月	6月	7月	8月	9月	10月	11月	12月	1月	2月
		萌芽生长期				生长成熟期				休眠期		
冬季修剪		食用（制珠茶）				药用（制中药饮片）				修枝留茬 20 cm		
夏季修剪		食用（制珠茶）		修枝留茬 20 cm		药用（制中药饮片）						

（二）产地加工

茶制品的加工要经过摊放、杀青、揉捻、做形、拣剔、干燥等工序。食品、保健品和药材深加工要经过去杂、抢水洗、切段、阴干或低温干燥等工序。

（三）包装储藏

采用食品级材料密封包装，存放于阴凉干燥通风处。

参 考 文 献

程科军，李水福，2007. 整合畲药学[M]. 北京：科学出版社：6-44.
程科军，潘俊杰，陈正道，等，2019. 柳叶蜡梅生产技术规程：DB3311/T 21—2019[S]. 丽水：丽水市市场监管局.
程文亮，李建良，何伯伟，等，2014. 浙江丽水药物志[M]. 北京：中国农业科学技术出版社：126.
雷后兴，李水福，2007. 中国畲族医药学[M]. 北京：中国中医药出版社：307-308.
孙丽仁，何明珍，冯育林，等，2009. 山蜡梅叶的化学成分研究[J]. 中草药，40(8)：1214-1216.
王伟影，毛菊华，王发英，等，2017. 基于一测多评法研究畲药食凉茶黄酮类物质动态变化规律[J]. 中草药，48(12)：2532-2537.
浙江省食品药品监督管理局，2015. 浙江省中药炮制规范[M]. 北京：中国科技医药出版社：13-14.
中国科学院中国植物志编辑委员会，1998. 中国植物志 第23卷 第1册[M]. 北京：科学出版社：66.

第十五章 白 及

第一节 白及概况

一、植物来源

白及，又名白根、甘根、白给，《中国药典》（2020年版）收载的白及是兰科（Orchidaceae）白及属（*Bletilla*）地生草本植物白及 *Bletilla striata* （Thunb. ex A. Murray）Rchb. f.的干燥块茎。夏、秋二季采挖，除去须根，洗净，置沸水中煮或蒸至无白心，晒至半干，除去外皮，晒干。

二、基原植物形态学特征

白及为草本、地生植物。植株高18～60 cm。假鳞茎扁球形，上面具荸荠似的环带，富黏性。茎粗壮，劲直。叶4～6枚，狭长圆形或披针形，长8～29 cm，宽1.5～4 cm，先端渐尖，基部收狭成鞘并抱茎。花序具3～10朵花，常不分枝或极罕分枝；花序轴或多或少呈"之"字状曲折；花苞片长圆状披针形，长2～2.5 cm，开花时常凋落；花大，紫红色或粉红色；萼片和花瓣近等长，狭长圆形，长25～30 mm，宽6～8 mm，先端急尖；花瓣较萼片稍宽；唇瓣较萼片和花瓣稍短，倒卵状椭圆形，长23～28 mm，白色带紫红色，具紫色脉；唇盘上面具5条纵褶片，从基部伸至中裂片近顶部，仅在中裂片上面为波状；蕊柱长18～20 mm，柱状，具狭翅，稍弓曲。花期4～5月，果期7～9月。

三、生长习性

白及喜温暖、阴湿的环境，如野生山谷林下处。稍耐寒，长江中下游地区能露地栽培。耐阴性强，忌强光直射，夏季高温干旱时叶片容易枯黄，宜排水良好含腐殖质多的砂壤土。忌水湿，若土壤水分过多，白及块茎容易腐烂；白及对土壤的要求比较严格，疏松且肥沃的土壤适宜生长，砂质土壤生长最佳；土层厚度35 cm左右。

白及常生长于较温润的石壁、苔藓层中，常与灌木相结合，或者生长于林缘，草丛，有山泉的地方，亦生于海拔100～3200 m的常绿阔叶林下，栎树林或针叶林下。白及生长的石头均是砂岩类，这样白及才能吸收到毛管水，从而牢牢地吸在上面。

四、资源分布与药材主产区

白及资源分布于我国陕西南部、甘肃东南部、江苏、安徽、浙江、江西、福建、湖北、湖南、广东、广西、四川和贵州。在北京和天津也有栽培。朝鲜半岛和日本也有分布。以我国贵州产量最大，质量最好。

目前，全国白及工业以及药用需求至少在 3000 t 以上，但白及野生资源已相当稀少，现以人工栽培为主。近 10 多年来，浙江省和国内其他地区先后推广应用了白及块茎苗、组培苗和种子直播苗等 3 种种苗快繁技术，使白及种植成本快速降低、种植面积急速扩大，白及迅速从稀有濒危植物发展成为常见易栽植物，同时也导致白及产地收购价格大幅下降，种植效益由盈转亏。

五、成分与功效

近代研究表明，白及中主要有含白及甘露聚糖，由 4 分子甘露糖和 1 分子葡萄糖组成葡配甘露聚糖。并含抗菌活性化合物 4,7-二羟基-1-对羟苄基-2-甲氧基-9,10-二氢菲等。《中国药典》（2020 年版）规定，白及的检测标准为：按干燥品计算，含 1,4-二[4-(葡萄糖氧)苄基]-2-异丁基苹果酸酯（$C_{34}H_{46}O_{17}$）不得少于 2.0%。

《中国药典》（2020 年版）记载的白及性味苦、甘、涩，微寒。归肺、肝、胃经。功能与主治为收敛止血，消肿生肌。用于咯血，吐血，外伤出血，疮疡肿毒，皮肤皲裂。研究表明，白及具有止血、消毒、抗炎、杀菌的作用，还能起到保护胃黏膜、抗癌的作用，在临床上应用很广。

第二节 白及规范化栽培模式

根据白及的生长特性和对环境的要求，其规范化栽培可因地制宜，主要有浙江白及规范化大田、林下种植技术，林下套种栽培技术，大田间套作和绿肥还田栽培技术，以及白及-经济林协同发展技术等。

一、浙江白及规范化大田、林下种植技术

浙江是白及的重要产区之一，此技术内容主要基于现行浙江衢州地方标准《白及生产技术规程》（DB3308/T 052—2018），具体内容如下所述。

（一）选地

选择在生态条件优良，具有可持续生产能力的农业生产区域。距离城市生活区、工矿企业和交通要道 5 km 以上，环境空气质量符合 GB 3095—2012 中的二级标准。自然水源

丰富或便于引水灌溉，水质符合 GB 5084 的规定。土壤环境质量符合 GB 15618—2008 中的二级标准。基地选择土质疏松、排水良好的大田、阴凉林下坡地等。

1. 大田种植

选择海拔 600 m 以下的熟化梯田，要求比较肥沃疏松、pH 值 5.5～7.0 的砂壤土或腐殖质壤土。禁选低洼排水不良的田块、连片雨季易积水的平原区域水田。前茬旱作为好，刚种水稻的水田不适宜马上种白及。

2. 林下种植

在海拔 600 m 以下的区域，选择坡度 25°～35°的阴坡林下地块，要求比较肥沃疏松、pH 值 5.5～7.0 的沙壤土或腐殖质壤土。

（二）种苗繁育

1. 选种

选取生长健壮、无病虫害的白及种株，采其成熟蒴果作为组培苗种源；或在实生块茎苗定植三年以上、驯化苗定植四年以上的田块，选择长有当年生鳞茎和鳞芽，假鳞茎直径 1.5 cm 以上，且根须发达无虫蛀无采挖伤者的白及块茎直接用于大田、林下等栽培。

2. 培育

成熟或经后熟的蒴果，用 75%酒精浸泡的棉球均匀地擦拭表皮两次，然后浸泡于浓度为 0.1%的升汞溶液里 10 min，再用无菌水冲洗 3 次，用吸水纸吸干蒴果表面的水分。在无菌条件下用解剖刀切开步果，将种子均匀撒到培养基内。利用植物组织培养技术培育白及的实生苗、类（拟）原球茎诱导苗和不定芽诱导苗。当年 10 月中旬至次年 5 月中旬，组培苗假鳞茎直径达 0.3 cm 以上时，小心取出组培瓶苗，用清水洗净培养基后，室内摊开晾干至根系发白。

3. 运输

种苗用洁净、无污染、透气的塑料筐或纸箱等包装。种苗运输时，不能堆压过紧；气温超过 30℃时，路上运输种苗易发黄，应避开高温时段，选择早、晚装运。调运种苗应符合 GB 15569 有关规定。

（三）驯化苗培育

1. 驯化准备

选择连栋钢管大棚或单体钢管大棚等进行栽植。可选用泥炭土∶珍珠岩∶蛭石=5∶3∶2 或砂壤土∶菇料∶谷壳=5∶3∶2 的配方。菇料、谷壳须堆制半年以上，待充分腐熟后方可使用。

2. 移植

苗床畦宽 1.2 m，畦高 8 cm，畦沟宽 40 cm。移植前用 50%甲基托布津可湿性粉剂 800 倍液泡根 3～5 min。移植行距 10 cm，株距 15 cm，上覆盖 0.5～1 cm 厚基质。

3. 环境控制

移植后 2 个月内，透光度控制在 30%～40%，3 个月后，透光度控制在 50%；移植后 6 个月内，保持土壤湿润，空气湿度控制在 55%～65%，6 个月后干湿交替；夏季高温季节，控制在 35℃以内。

4. 施肥

新叶长出后，每 10 天用 0.2%的磷酸二氢钾加 0.05%尿素叶面喷施一次。

5. 病虫草害防治

遵循"预防为主、综合防治"的原则；及时防治蝼蛄、蟋蟀、老鼠、烂根等；移植 2 个月之后，及时拔除杂草。

6. 出圃

假鳞茎 0.8 cm 以上，生长健壮，根系发达，无病虫为害。起苗时保持种苗的完整性，防止根系芽头损伤，并按大小整理存放。调运种苗应符合 GB 15569 有关规定。

（四）栽植

1. 整地

1）大田栽培

大田前一季作物收获后，每亩施有机肥 1000～1500 kg，或 15∶15∶15 三元复合肥 50 kg，翻入土中作基肥，翻耕深 30 cm 以上，栽植前再浅耕一次，把土整细、耙平。畦宽 100～120 cm、深 30 cm、沟宽 40 cm 田间主排水沟深度在 50 cm 以上。

2）林下栽培

选择疏密适宜的林地，林下透光率 30%～50%；将林地、山坡地整成水平带；每亩施有机肥 800～1200 kg 或三元复合肥 40 kg，然后深翻 25 cm 以上，整碎耙平土壤。

2. 定植

1）定植时间

10 月中下旬至 11 月中下旬，3 月底至 5 月初。

2）定植要求

选择阴天或阳光弱时进行。定植时要求种苗顶芽芽尖向上，舒展根系，避免损害顶芽须根。定植后，稻草覆盖畦面，浇透定根水。注意种植宜浅。大田驯化苗定植按行距 25 cm、株距 20 cm、深 5 cm，实生块茎苗定植按行距 40 cm、株距 20 cm、深 8 cm。林地根据具体立地条件确定定植密度。

（五）田间管理

1. 间苗与补苗

定植后，检查发现瘦弱病虫株、缺株等，及时补苗。

2. 肥料管理

定植前重施基肥，定植后合理追肥，按照 NY/T 496 进行施肥。定植第 1 年可不追肥。定植第 2 年起，每年 4 月上旬至 7 月中旬，结合中耕除草施肥 3～4 次，每次亩施 15∶15∶15 三元复合肥 7～10 kg。

3. 水分管理

7～9 月高温干旱时，在早、晚适当浇水，以保持土壤湿润为度。多雨季节要及时清沟排水，严防积水。有条件定植后覆盖稻草或谷壳。

4. 光照管理

大田种植可选用玉米等高秆植物套种遮阴。按南北向作行向，于4月中旬直播于两行白及苗之间，每畦播一行，株距0.3 m，建议选用饲料玉米品种，播后1周齐苗，6月上旬玉米长高后起遮阴作用，8月下旬玉米成熟收获后仍保留玉米植株继续遮阴，直至白及地上茎叶枯萎后将玉米植株拔除。

5. 中耕除草

定植后1~2月内，勤加除草，见草即拔。定植2月以后，可视杂草长势情况安排除草。6月份白及生长旺盛期，除草结合搂松畦面，浅锄以免伤根伤芽。7~8月视情除草。种植第二年的，在3~4月出苗后，第一次除草，在6月白及生长旺盛期，要及时除尽杂草。7~8月视情除草。

（六）病虫害防治

1. 主要病虫害

主要病害有根腐病、炭疽病等；主要虫害有蛴螬、蜗牛等。

2. 防治原则

遵循"预防为主，综合防治"的植保方针，优先采用农业防治、物理防治、生物防治，合理使用高效低毒低残留化学农药，将有害生物危害控制在经济允许阈值内。

3. 防治措施

1）农业防治

采用优良抗病品种和无病种苗；加强生产管理，合理密植，合理灌溉，科学施肥；保持排水通畅；采取轮作；林下套种的定期修剪疏伐林木，加强通风，提高抗病能力。

2）物理防治

采用杀虫灯、黏虫板、糖醋液等诱杀害虫。

3）生物防治

保护和利用天敌，控制病虫害的发生和为害。应用有益微生物及其代谢产物防治病虫。

4）化学防治

农药使用按GB/T 8321（所有部分）和NY/T 1276规定执行。选用已登记的农药，或经农业、林业等研究或技术推广部门试验后推荐的高效、低毒、低残留的农药品种，轮换用药；优先使用植物源农药、矿物源农药及生物源农药。

（七）采收与初加工

1. 采收

1）采收时间

实生块茎苗定植三年以上、驯化苗定植四年以上，10月份后地上茎叶枯萎时，选择晴天采挖。

2）采收方法

用条锄小心地将根茎连土一起挖出，除掉茎叶；需要选用实生块茎种苗的，选择长有当年生鳞茎和鳞芽，假鳞茎直径1.5 cm以上，根须发达无虫蛀无采挖伤者的白及块茎。

2. 初加工

1）初加工场地

白及产品初加工的场地平坦，室内外环境清洁卫生，水质符合 GB 5749 的规定。

2）初加工

将块茎单个摘下，在清水里浸泡 40~60 min，剥去粗皮；取生活饮用水，加温烧沸后放入白及并不断搅动，约 5~10 min 煮至内无白心时，取出冷却，去除须根，晒干或≤70℃烘干；再放入撞笼里，来回撞击，撞去未除尽的粗皮与须根，呈光滑、洁白的半透明体，筛去灰渣碎末。

二、林下套种栽培技术

以白及喜阴、忌强光的生长特性为基础，充分利用林下土地资源和植株高矮不同所形成的不同生态位，实现各层次空间生态位光、气、热、肥资源的充分利用。林木（树）为白及提供遮阴，落叶在冬天可为白及提供保暖，树叶腐烂后为白及提供营养物质，实现物质能量循环，提高生态系统的多样性和稳定性，提高生态和经济效益。同时，在生产过程中，可将白及种植与林树抚育相结合，在同片土地上同时管理两类作物，可大幅降低劳动力投入，减少化肥农药的使用，提高生产效率，实现"以药养林、以短养长"的复合经营，以及"不向农田抢地，不与虫草为敌，不惧山高林密，不负山青水绿"的生态农业发展要求。目前白及的仿生套种模式主要有厚朴、杉木、毛竹、无患子及桃、梨、橘、茶等经济植物。

（一）选地整地

林下仿生套种栽培时，宜选择坡度小于 20°的山坡中下部、坡向朝南或东南的地块，山顶或上部应有水源，尤以阔叶乔木林下栽培最好，并调整林下透光率，以 40%~60%为宜。空气质量应符合 GB 3095 规定的二级标准，水质应符合 GB 5084 规定，土壤应符合 GB 15618 规定。已种过的地，应轮作 2 年以上。种植前，清除林地内的老枝、病枝、弱枝和机械损伤枝以及 2 m 以下的侧枝，使林分郁闭度达到 0.5~0.7。对选取的地块进行平整，深翻 30 cm，耙平，每亩（667 m^2）施腐熟的有机肥 1500~2000 kg，根据地块坡向山势作畦，畦面宽 100~120 cm，高 15~20 cm，长度根据地块而定，开好畦沟、围沟，以雨后地块无积水为宜。用 400~600 倍高锰酸钾溶液进行土壤消毒，均匀喷洒于表土，然后用塑料薄膜覆盖密封 7~10 天，揭膜备用。

（二）种苗繁育

药用白及应严格选用《中国药典》记载的植物基原，即选用紫花三叉大白及品种（类型）作种源，其他白及不宜作为药用白及种植。

1. 分株繁殖

通常以假鳞茎的分株形式为主。白及收获时，选择当年生无虫蛀、无病害和无采挖伤的具有老秆及嫩芽的假鳞茎作种苗，将假鳞茎分切成小块，每块至少带 1～2 个芽，切口平滑，切口晾干或沾草木灰后栽种，随挖随栽。白及种块茎可来源于分株繁殖或种子繁殖。分株繁殖方法简单，易操作，生产周期短，一般种植 3～4 年就可采收，但用种量大。

2. 种子直播

常温下将白及种子在 0.5 mg/L 的萘乙酸水溶液中浸泡 5～12 h，取出用吸水纸吸干，放置在滑石粉与萘乙酸的质量比为 10000：1 的混合物中，混合物与种子体积比为 50：1，充分拌匀后播种在育苗盘上，待植株长出 4～5 片真叶，假鳞茎长 1.2～1.8 cm 时，作为成品苗进行移栽种植。种子直播技术要求高，虽然用种量大幅减少，但需种植 7～8 年才能采收。

3. 组培繁殖

以蒴果、块茎、侧芽或茎尖为外植体，经无菌处理后，接种于以 MS 或 1/2MS 为基础的培养基上，于温度 24℃±2℃、光照强度 2000～2500 lx、光照时间 12 h/d 的条件下诱导分化成原球茎或愈伤组织，进而通过增殖继代培养得到试管苗。继代培养控制在 3～5 代。将组培瓶苗移放置 70%遮阴炼苗棚苗床上进行瓶内炼苗 5～7 d，进而在驯化基质上驯化 1～2 个月即可移栽种植。

（三）栽植

白及移栽以每年 3～4 月以及 10～11 月为宜。用假鳞茎作种时，按照株行距 20 cm×30 cm，开深 8～10 cm 沟，每穴放 1 个种茎，芽嘴向外，用土回填，与畦面齐平。用组培苗或种子实生苗作种时，按照株行距 15 cm×25 cm，开深 8～10 cm 沟，每穴放 1 株种苗，用土回填，稍用力压实。移栽时应注意保护顶芽和须根，移栽后要浇透 1 次定根水。

（四）田间管理

1. 间苗与补苗

定植当年，应根据种苗的生长情况，拔除长势弱、有病虫害的幼苗，并及时补栽空缺部分。补苗后浇透定根水。

2. 中耕除草

及时除草，每年中耕除草 4 次，以免造成草害。第 1 次在 3～4 月，第 2 次在 5～6 月生长旺盛期，第 3 次在 8～9 月，第 4 次在倒苗后。中耕时应浅锄，以不伤根为宜。

3. 追肥

白及为喜肥植物，稳定、足量、持续的养分供应对促进白及健康生长和块茎膨大意义重大。施肥应结合中耕除草，以有机肥为主。栽植后第 1 年，冬季倒苗后，每亩施有机肥 800～1000 kg。栽植后第 2 年，每年施 3 次肥料。第 1 次在齐苗期，每亩施 45%硫酸钾型复合肥 10 kg，第 2 次在生长旺盛期，每亩施草木灰 100 kg，第 3 次在冬季倒苗后，每亩施有机肥 800～1000 kg。

4. 灌溉排水

及时排灌。生长期应保持林分湿润，遇连续干旱天气，可早晚喷雾以免干旱影响植株生长；多雨季节应及时清沟排水，以免田间积水造成块茎腐烂。

5. 摘蕾

及时摘蕾，以免影响块茎膨大造成减产；如用于花朵观赏，也应在花谢后及时摘除果实，利于块茎膨大，实现高产。

6. 越冬保护

白及不耐寒，0℃以下及遇到低温霜冻时，地下块茎可能冻伤或冻死。因此，白及秋栽后覆盖一层5~10 cm稻草或树叶，不仅具有保温防冻效果，还具有保墒、压草、增肥及改善土壤结构、促进块茎膨大等多重作用，是白及实行生态种植的主要环节，更是保护地下块茎不受低温霜冻为害的重要措施，对山区、高海拔地区的白及种植尤为重要。

（五）病虫害防治

白及常见病虫害为根腐病、褐斑病、地老虎、蛴螬等。病虫害防治应遵循"预防为主，综合防治"的原则，优先选用农业防治、物理防治、生物防治等绿色生态防控措施，实行水旱轮作、田园清洁、合理施肥、及时病株拔除等措施。必要时可采取化学防治，但必须遵循最低有效剂量原则，科学、规范和合理选用高效低毒、低残留、低风险的化学农药，将有害生物危害控制在经济允许阈值内，将农药残留降至标准范围内。严格禁止选用国家规定的63种剧毒、高毒化学农药用于白及病虫害防治。

1. 根腐病

根腐病叶呈萎蔫状，后期干枯至死。假鳞茎呈褐色干腐，皮层易剥落、无味，维管束组织变黑褐色，从尾部向上蔓延，褐色逐渐变浅，严重时尾部变成表皮壳。优先采用物理或者生物源药剂进行防治，化学防治按照NY/T 393规定执行。根腐病发病初期可选用100亿CFU/g的枯草芽孢杆菌1000倍液喷雾防治，也可用福美双1500倍液灌根处理。

2. 炭疽病

炭疽病主要发生在叶片上，危害叶缘和叶尖，发病初期，叶片出现黑色斑点，叶片边缘呈淡褐色。发病严重时，黑色斑点周围组织变成黑色或灰绿色，叶片枯黑死亡。炭疽病发病初期可选用50%咪鲜胺锰盐或25%咪鲜胺可湿性粉剂1000~1200倍液喷雾，连续2~3次，每次间隔7~10 d。

3. 地老虎

地老虎表现为幼虫咬食或咬断白及幼苗及嫩芽，造成缺苗断垄。春秋季危害较重。地老虎发病时，按糖：醋：酒：水3：4：1：2的比例，加入少量乐斯本配制诱杀剂，装进诱杀盆，白天盖好，晚上打开诱杀幼虫。

4. 蛴螬

蛴螬主要危害植株根部，咬断幼苗或咬食块茎，造成缺苗断垄、根茎部空洞，或造成块茎残缺，染菌腐烂。春秋季为害严重。蛴螬可采用物理或生物防治，如用黑光灯诱杀成虫。

（六）采收与加工

白及以栽种后第4年的9~10月茎叶自然枯萎后采收为佳。采挖时先清除地上残茎枯叶，用尖锄在距离植株40~50 cm处开始向中心处挖取，切勿伤及块茎。挖出后除去根须根、残茎和泥土，选留种茎后即可加工。加工时，将块茎分成单个，清水中浸泡 1 h，洗净表面泥土，置沸水中煮或蒸至无白心，晒或烘至半干，除去外皮和残留须根，晒干。或放撞笼里，撞去粗皮与须根，使之成为光滑、洁白的半透明体，筛去杂质。也可趁鲜切成厚度为 1～3 mm 的薄片，干燥即可。

三、大田间套作和绿肥还田栽培技术

利用白及幼苗期忌强光直射、种植 2 年后需较充足的阳光生长特性，在白及种植前 2 年，间套作草本植物或藤本植物，即可利用草、藤本植物为白及遮阴，提高白及种植的抗风险能力，同时白及又可为草本或藤本作物保持根部水分，提高抗旱能力。并可兼顾长短收益，是一种较经济科学的生态种植模式。

（一）选地整地

大田间套作栽培时，宜选择土层疏松深厚、富含腐殖质、排水良好、土壤 pH 值为 5.5～7.5 的砂壤土、夹砂土地块栽培，不宜在排水不良、黏重的土壤栽种，忌连作，应水旱轮作 2 年后再接茬种植。整地作畦，改善生长环境，促进高产稳产。白及为浅根系植物，其块茎（假鳞茎）和根系大多分布在表土层 10～20 cm 处，因此，整地时需翻耕 25 cm 左右，拣除石块、杂草、树根等，后在土面均匀施羊粪等腐熟有机肥 22.5～30.0 t/hm²，或采用有机-无机缓释专用肥（N 17%、P_2O_5 8%、K_2O 8%）3.0～3.8 t/hm²，再翻匀、整细、耙平，作宽 100～150 cm、高 25 cm 的畦，四周排水沟宽 30 cm。

（二）间套作不同模式技术要点及其特点

目前报道的适宜与白及间套作的草本作物有紫苏、牛蒡、黄精、玉米、萝卜等，适宜与白及间套种的藤本作物有瓜蒌、金银花、钩藤、何首乌等。在间套作的过程中需做好除草、水肥管理和病虫害防治，2～3 年后采挖白及。

1. 白及与草本作物套种

（1）白及与紫苏：按 3000 株/亩移栽白及苗，苗间撒播紫苏种子，保持遮阴率在 50% 左右，3 年后采收白及。此法遮阴保水，病虫害少，土地利用率高，兼顾长短收益；但产量低，田间管理成本高。

（2）白及与牛蒡：按行距 60 cm、株距 40 cm 种植牛蒡，来年将白及种于牛蒡行间，3 年后采收白及。此法遮阴保水，土地利用率高，兼顾长短收益；但透光性差，田间管理成本高。

（3）白及与黄精：白及行间种植黄精，50%透光率的遮阳网遮阴，3 年采收白及和黄精。此法土地利用率高，兼顾长短收益，经济效益好；但需投入遮阴设备，肥力不足，保水性差，种植成本高。

（4）白及与云木香：在 50 cm 宽厢面上同时种植白及和云木香，白及行间距 30 cm，云木香呈三角形穴播于白及间，3 年后采收白及。此法遮阴保水，病、虫、草害少，土地利用率高，兼顾长短收益；但肥力不足，田间管理频繁。

（5）白及与石斛：大棚内将白及以30 cm行间距种植地床上，将铁皮石斛悬挂于白及上方，采用辅助设施提供适宜的温度、湿度光照，3年采收白及。此法高产、高效，可实现观光农业；但需搭建大棚及温控等设备，种植成本极高，白及品质降低。

（6）白及与玉米：宽100~130 cm的厢面种4行白及，白及厢间播种玉米，3年后采收白及。此法遮阴保水，肥力足，土地利用率高；但经济效益不显著，受农药影响较大。

（7）白及与萝卜：白及种植头1年，在行间种植白萝卜，年底采收萝卜，第3年采收白及。此法可抑制草害，提高白及苗存活率，拔萝卜时起到松土的作用；但萝卜遮阴效果不佳，后期须投入遮阳网，成本较高。

（8）白及与西红柿或茄子：用菌渣、草木灰、中药渣等混合发酵制成基质，将白及以30 cm行间距种植于基质上，行间轮种茄子和西红柿，3年后采收白及。此法绿色、有机、高效，实现废物利用；但种植成本较高，技术不够成熟，推广面积小，对白及品质还未可知。

2. 白及与藤本中作物间套种

（1）白及与瓜蒌：将2年瓜蒌苗按种植量的50%种植于田间，瓜蒌成活后，起厢，搭架，将白及苗移栽瓜蒌下，4年后收获白及。此法遮阴保水，草害少，土地利用率高，肥力足；但遮阴率过高，影响白及品质及产量。

（2）白及与金银花：以1 m行距将金银花种植于田间或缓坡地，存活后，将白及苗移栽至金银花下，3~4年后采收白及。此法遮阴保水，草害少，土地利用率高，兼顾长短收益；但肥力不足，频繁采摘金银花会影响白及品质及产量。

（3）白及与钩藤：按50 cm行距种植钩藤，待钩藤出苗返青后，起厢，次年将白及苗移栽至钩藤行间，3年后采收白及。此法遮阴保水，肥力足，抗风险能力强，土地利用率高，兼顾长短收益；但遮阴率过高，影响白及的品质及产量。

（4）白及与何首乌：按50 cm行距种植何首乌，等何首乌出苗返青后，起厢，搭架，次年将炼苗、驯化后的白及苗移栽至何首乌厢面上。3年后同时采收何首乌与白及。此法遮阴保水，肥力足，土地利用率高，同时采收减少劳动力成本；但无法兼顾长短收益，抗风险能力差。

（5）白及与地瓜：地瓜块茎按25 cm的行间距种植，将白及苗移栽至地瓜行间，3年后采收白及。此法遮阴保水，草害少，土地利用率高；但肥力不足，地瓜采收对白及影响较大。

（6）白及与葡萄：用菌渣、草木灰、中药渣等混合发酵制备植基质，将葡萄以2 m的行距种植于基质上，待葡萄成活后，将炼苗、驯化后的白及苗以30 cm行间距种植于葡萄下，3年后采收白及。此法绿色、有机、高效，实现废物利用，兼顾长短收益；但种植成本较高，技术不够成熟。

四、白及-经济林协同发展技术

白及与经济木本植物进行套种，可利用2种植物高矮不同，形成不同的生态位，实现各层次空间生态位光、气、热、肥资源的充分利用。经济林为白及提供遮阴，落叶在冬天可为白及提供保暖，树叶腐烂后为白及提供营养物质，实现物质能量循环，提高生态系统的多样性和稳定性，提高了生态和经济效益。该种植模式符合"不向农田抢地，不与虫草为敌，不惧山高林密，不负山青水绿"的生态农业要求。种植户在同一片土地上可同时管理2种经济作物，双倍收益。但需要农户做好长远规划，兼顾长期利益与短期效益，而且对茶树、果树使用农药会影响白及品质。

（一）白及与茶树

以2 m的行距种植茶树，待茶树成活后，将炼苗、驯化后的白及移栽至相邻2行茶树中间，2~3年后采收。此法遮阴保水，土地利用率高，兼顾长短收益；但采茶活动会影响白及生长，受农药污染的风险大。该协同技术主要应用于湖南长沙地区。

（二）白及与花椒

花椒苗种植于田间或荒地，1年后，将白及苗移栽花椒树苗行间，3年后采收。此法遮阴保水，虫害少，土地利用率高，经济收益显著；但遮阴率过高、采收花椒等人为活动会影响白及产量。应用于安徽六安地区。

（三）白及与橡胶

种植橡胶时留出1.5 m左右的保护带，中间种植白及，3年后采收白及。此法遮阴保水，操作简单，增加收益和土地利用率；但后期橡胶林遮阴率过高，影响白及生长；适宜性较差。应用于云南普洱地区。

（四）白及与冬桃

以3 m的行间距种冬桃苗，定根后，将白及移栽至桃树下，3年后采收。此法遮阴保水，光照适中，生产成本低，土地利用率高，兼顾长短收益；但肥力不足，田间管理频繁，冬桃农药影响白及。应用于贵州安顺地区。

（五）白及与刺梨

选择50%左右荫蔽度的金刺梨品种，按大田种植密度的80%种植，将白及苗移栽至行间，3年后采收。此法光照适中，可提高产量，增加土地利用率，提高经济收益；但肥力不足，受农药污染的风险大。应用于贵州遵义地区。

（六）白及与无患子

田间或缓坡上以3 m的行间距种植无患子苗，定根后，将白及苗移栽至株间和行间，5年后采收白及。此法遮阴保水，肥力足，土地利用率高，抗风险能力强；但无患子遮阴率逐年升高，影响白及生长速度，减少产量。应用于贵州黔西南等地。

（七）白及与吴茱萸

田间或荒坡上种植吴茱萸，次年将白及苗移栽行间，5年后采收白及。此法遮阴保水，增加经济效益，病、虫、草害少；但吴茱萸遮阴率高达70%以上，白及生长缓慢，周期长。应用于江苏镇江地区。

（八）白及与宣木瓜

选50 cm高的宣木瓜苗，按大田种植密度的80%种植，将白及苗移栽至宣木瓜行间，5年后采收白及。此法遮阴保水，兼顾长短收益；但宣木瓜采收早于白及倒苗期和块根生长期，影响白及生长，种植周期长。应用于江苏镇江、安徽亳州等地。

（九）白及与覆盆子

将白及苗以30 cm行间距种植，在行间种植覆盆子，及时补苗、除草，4年后采收。此法遮阴保水，病、虫、草害少，经济效益好；但覆盆子遮阴率逐年升高，采摘覆盆子影响白及生长速度，产量降低，种植周期长。应用于安徽宣城地区。

参 考 文 献

陈娅娅, 杨琳, 吴明开, 2013. 白及生长发育特性分析[J]. 湖北农业科学, 52(7): 1593-1595.

广西壮族自治区市场监督管理局, 2021. 白及栽培技术规程: DB45/T 2266—2021[S].

郭秀芝, 彭政, 王铁霖, 等, 2020. 间套作体系下种间互作对药用植物影响的研究进展[J]. 中国中药杂志, 45(9): 2017-2022.

国家药典委员会, 2020. 中华人民共和国药典[M]. 北京: 中国医药科技出版社: 106-107.

毛土有, 赵明宏, 廖秀, 等. 浙江地区白及草害生态绿色防控技术[J]. 现代农业科技, (13): 94, 99.

衢州市质量技术监督局, 2018. 白及生产技术规程: DB3308/T 052—2018[S].

吴明开, 张坤菊, 杨丽丽, 等, 2018. 贵州白及生态种植技术[J]. 农技服务, 35(3): 33.

张进强, 周涛, 肖承鸿, 等, 2020. 白及生态种植模式与技术原理分析[J]. 中国中药杂志, 45(20): 5042-5047.

张燕君, 孙伟, 何艳, 等, 2018. 白及属植物资源评价与可持续利用的现状与展望[J]. 中国中药杂志, 43(22): 4397.

赵明宏, 俞春英, 江建铭, 2022. 白及生态高效种植技术[J]. 浙江农业科学, 63(8): 1699-1707.

中国植物志编委, 1999. 中国植物志[M]. 第17卷. 北京: 科学出版社, 1-50.

第十六章　米仁（薏苡）

第一节　米仁（薏苡）概况

一、植物来源

薏苡仁，又名米仁、薏苡、薏珠子，《中国药典》（2020年版）收载的薏苡仁是禾本科（Poaceae）薏苡属（*Coix*）植物薏米 *Coix lacryma-jobi* L.的干燥成熟种仁。秋季果实成熟时采割植株，晒干，打下果实，再晒干，除去外壳、黄褐色种皮和杂质，收集种仁。

二、基原植物形态学特征

薏米为一年生草本。秆高1～1.5 m，具6～10节，多分枝。叶片宽大开展，无毛。总状花序腋生，雄花序位于雌花序上部，具5～6对雄小穗。雌小穗位于花序下部，为甲壳质的总苞所包；总苞椭圆形，先端成颈状之喙，并具一斜口，基部短收缩，长8～12 mm，宽4～7 mm，有纵长直条纹，质地较薄，揉搓和手指按压可破，暗褐色或浅棕色。颖果大，长圆形，长5～8 mm，宽4～6 mm，厚3～4 mm，腹面具宽沟，基部有棕色种脐，质地粉性坚实，白色或黄白色。雄小穗长约9 mm，宽约5 mm；雄蕊3枚，花药长3～4 mm。花果期7～12月。

三、生长习性

薏苡适应性强，生育期一般是130～180 d。从种子萌发到新种子形成可分为幼苗期、分蘖期、拔节期、孕穗期、抽穗开花期和成熟期。

薏苡种粒大胚乳多，外壳坚硬。种子萌发要求湿润的土壤条件，应以深播为宜。种子在4～6℃开始吸水膨胀，当吸水达到自身干重的50%时即开始发芽，土壤含水量在30%、土温15℃时最为适宜，播后15～20 d出苗，苗期生长缓慢。

薏苡的分蘖从三叶期开始，一般出苗后3周左右就进入分蘖期，分蘖期为30～45 d。薏苡的分蘖力很强，地下1～5节都有分蘖能力，通常2～4节分蘖力最强，一般在幼苗长出5～6片叶时第一个蘖芽就会伸出叶鞘，最先产生的分蘖还能形成二级分蘖，分蘖的多少与播种时节、土壤肥力、水分、密度及品种有关。肥沃、湿润的土壤环境有利于分蘖，一般气温在24～26℃分蘖多而快，适期早播、适当稀植产生的分蘖多。

幼苗长出8～10片叶子即进入拔节期，一般小苗出土50 d左右进入拔节盛期，进入拔节期后,地上基部茎节开始生出气根。

当薏苡的雌雄小穗从平头状剑叶露出时即进入抽穗开花期,抽穗后 10~15 d 就开花。因分枝抽穗先后不一,株花期持续 30~40 d。雌雄子穗的花期为 3~4 d,雌小穗比雄小穗提早 3~4 d 抽出和开放。花期连雨或过分干旱将影响受粉。

灌浆时期如果温度过低会造成秕粒增多,临近成熟阶段要求干燥条件,完熟的薏苡种子果柄易折断,要注意适时采收。

四、资源分布与药材主产区

薏米资源在我国东南部常见栽培或野生,产于辽宁、河北、河南、陕西、江苏、安徽、浙江、江西、湖北、福建、台湾、广东、广西、四川、贵州、云南等省区;生于温暖潮湿的十边地和山谷溪沟,海拔 2000 m 以下较普遍。分布于亚洲热带、亚热带,如印度、锡金、缅甸、泰国、越南、马来西亚、印度尼西亚、菲律宾等国家。

薏米在中国种植历史悠久,在漫长的农业发展过程中逐步形成以下四大核心产区:以兴仁市为代表的贵州产区、以师宗县为代表的云南产区、以西林县为代表的广西产区和以浦城县为代表的福建产区。其中贵州产区为全国薏苡道地产区,是全国薏苡种植核心区域,常年种植面积保持在 5 万 hm^2 左右,占全国种植面积 80% 以上,核心产区兴仁市被中国粮食行业协会授予"中国薏仁米之乡"称号,薏苡已成为当地的特色杂粮产业。

五、成分与功效

近代研究表明,薏苡仁含有脂肪酸及酯类、多糖、三萜、生物碱、甾醇等活性成分,其中油脂含量在 5% 左右,主要为甘油三酯类成分,占薏苡仁油脂 85% 左右。《中国药典》(2020 年版)规定,薏苡仁的检测标准为:按干燥品计算,含甘油三油酸酯($C_{57}H_{104}O_6$)不得少于 0.50%。

《中国药典》(2020 年版)记载的薏苡仁性味甘、淡,凉,归脾、胃、肺经。功能与主治为利水渗湿,健脾止泻,除痹,排脓,解毒散结;用于水肿,脚气,小便不利,脾虚泄泻,湿痹拘挛,肺痈,肠痈,赘疣,癌肿。现代药理研究表明,薏苡仁具有抗肿瘤、镇痛抗炎、调节糖脂代谢、增强免疫、降血压、抗氧化、抗衰老、美白等功效,也可作为药膳辅助疾病的治疗。

第二节 米仁(薏苡)规范化栽培模式

米仁(薏苡)属于一年生草本植物,其规范化栽培模式主要包括浙江、安徽、福建等地的薏苡规范化种植技术以及烟后薏苡高产栽培技术等。

一、浙江省薏苡种植技术

浙江省薏苡主产地在缙云县、泰顺县、永嘉县等地，质量上乘，此技术内容主要基于现行浙江省地方标准《薏苡种植技术规程》（DB33/T 858—2012），具体内容如下所述。

（一）产地环境

选择生态条件良好，远离污染源的农业区域。空气符合 GB 3095—1996 规定的二级标准；灌溉水符合 GB 5084—2005 规定的旱作农田灌溉水质量标准；土壤符合 GB 15618—1995 规定的二级标准。

（二）种植技术

1. 选地
选避风向阳，排灌方便、土壤肥力中等的壤土或砂壤土。

2. 开沟整地
播种前 10~20 d 用 41%草甘膦 150~250 mL 兑水 30~40 kg 喷雾，除草后及早翻地，开沟做畦，畦宽 260 cm，畦沟深 25 cm，腰沟 25 cm，围沟 30 cm。

3. 种子准备
1）选种
选择高产稳产'浙薏 1 号'等优良品种，种子质量标准见表 16.1。

表 16.1 种子质量标准

项目指标	标准
纯度（%）	≥95
发芽率（%）	≥80
净度（%）	≥99
含水量（%）	≤13

2）种子处理
晒种 1 d 后将种子在常温水中浸 12 h，然后在沸水浸 2~3 s 后迅速捞起，用种子重量 0.5%的 50%多菌灵可湿性粉剂拌种。

4. 栽培方式
1）直播
（1）时间：5 月 20 日~6 月 5 日。
（2）密度：株行距 70 cm×80 cm，每 667 m² 种植 1100~1200 穴。
（3）方法：用小锄头按 70 cm×80 cm 距离挖穴，穴深 3 cm。每穴播 3~4 粒种子，深度 2~3 cm，用种量为 0.5 kg/667 m²，播种后覆土。

2）育苗移栽

（1）苗床：做成宽100～150 cm，高15 cm的畦，采用湿润育苗方法。

（2）播种：5月上旬播种，采用整畦撒播法，播种量30 kg/667 m²，播后施1500 kg/667 m²焦泥灰并覆土。

（3）追肥：苗高5～7 cm，叶龄6～8叶时进行除草。除草后施稀薄人粪尿1000 kg/667 m²。

（4）间苗：拔去小苗弱苗，每667 m²保持400株基本苗。

（5）移栽：播种后35 d，苗高25～30 cm，叶龄9～11叶时移栽。移栽株行距为70 cm×80 cm，每穴栽2株。

5. 施肥

1）施肥原则

施用的农家肥应经无害化处理。化肥的施用应遵循最小有效剂量原则，按照NY/T 496规定合理施肥，控制硝态氮肥，实行磷钾肥配施。

2）施肥总量

薏苡按280 kg/667 m²目标产量计算，需纯N 25 kg、P_2O_5 6.25 kg、K_2O 15 kg，三者比例为1∶0.25∶0.6。

3）种肥

直播的在播种后，育苗移栽的在移栽时，施焦泥灰2000 kg/667 m²、过磷酸钙20 kg/667 m²。

4）苗肥

在4～5叶期结合除草间苗施稀薄人粪尿1000 kg/667 m²、尿素20 kg/667 m²、过磷酸钙5 kg/667 m²。

5）穗肥

苗高50 cm，叶龄10～11叶时，施稀薄人粪尿1000～1500 kg/667 m²、尿素28 kg/667 m²、过磷酸钙15 kg/667 m²和氯化钾22 kg/667 m²。

6）粒肥

开花期用磷酸二氢钾100～200 g/667 m²，加50～100 kg/667 m²水制成0.2%浓度进行根外喷施。

6. 田间管理

1）间苗补苗

直播苗长出3～5片真叶后进行间苗补苗，每穴留2株苗。

2）除草

在苗高30 cm时进行第1次除草；苗高60 cm时进行第2次除草。

3）水分管理

苗期、穗期、花期和灌浆期应有足够的水分，遇干旱应在傍晚及时灌水，保持土壤湿润，雨后或沟灌后应排除畦沟积水。

4）人工辅助授粉

开花期选择晴天上午10～12时，每隔3～4 d人工赶花。

5）摘除脚叶

7月下旬至8月初，拔节停止后，摘除第1分枝下脚叶和无效分蘖。

7. 病虫害防治

1）病虫害防治原则

贯彻"预防为主，综合防治"的植保方针。以农业防治为基础，提倡生物防治，按照病虫害的发生规律科学合理使用化学防治技术。化学防治应严格按照GB/T 4285、GB/T 8321（所有部分）、NY/T 1276的要求，做到对症下药，适时用药；注重药剂的轮换使用和合理混用；对化学农药的使用情况进行严格、准确的记录。

2）主要病虫害

黑穗病、叶枯病；玉米螟、黏虫。

3）农业防治

（1）选种：选用抗病性好的矮秆品种。

（2）轮作：选择2年以上未种过薏苡的田块，与非禾本科作物轮作。

（3）加强田间管理：及时清除病株病叶和有虫枝叶，带出田外烧毁；薏苡收获后，清洁田间，将残株落叶集中销毁。

4）物理防治

6~10月成虫发生期，每2 hm² 设置1盏杀虫灯或用糖醋液盆诱杀玉米螟、黏虫成虫；或每667 m² 插设2~3个稻草把，引诱黏虫成虫产卵并灭卵。

5）生物防治

保护和利用天敌，控制病虫害的发生和为害。

6）化学防治

（1）黑穗病：播种前用70%甲基硫菌灵可湿性粉剂或50%多菌灵可湿性粉剂按种子量的0.5%拌种，也可用50%多菌灵可湿性粉剂500倍液泼浇进行土壤消毒。

（2）叶枯病：发病初期喷施50%多菌灵可湿性粉剂500倍液或50%代森锰锌可湿性粉剂500倍液，每隔7~10 d喷1次，连续喷2~3次。

（3）玉米螟：心叶期用3%辛硫磷颗粒剂3 kg加细土15 kg配成毒土或用90%敌百虫1000倍液灌心叶，也可用苏云金杆菌（Bt）乳剂300倍液灌心叶。

（4）黏虫：幼虫期用90%敌百虫可溶性粉剂800倍液、20%除虫脲胶悬剂10 mL兑水12.5 kg喷雾。

8. 收获

80%颗粒黄熟时收割，收割后将薏苡植株竖放3~4 d待后熟后再脱粒。

二、安徽省薏苡种植技术

安徽省薏苡种植技术，因存在气候差异，与浙江省种植技术存在差异。此技术内容主要基于现行安徽省地方标准《薏苡栽培技术规程》（DB34/T 2775—2016），适用于皖南、皖西南山区旱地薏苡的种植，具体内容如下所述。

（一）田地选择

以平地或光照充足、坡度小于15°缓坡为佳，要求土层深厚、土壤肥力中等以上，土壤质地为壤土或砂壤土，排水方便，产地环境应符合 NY/T 391 的相关规定。

（二）播种

1. 种子准备

选择分蘖力强、着粒密度高、成熟期较一致的丰产单株作为种株。自留地方品种每三年宜提纯复壮一次。种子质量标准参照表 16.1。

晒种 1 d 后将种子在 60℃温水浸泡 10～15 min，再用布袋包好置于 2%～5%的生石灰水中浸泡 2 d，取出用清水漂洗、去秕，沥干后播种。对于地下害虫较严重和黑穗病多发地区可选择市售包衣种子。

2. 整地施肥

施有机肥或腐熟农家肥 30～45 t/hm²、钙镁磷肥 750 kg/hm²，每隔 2 m 开沟，沟深 20～30 cm。平地田块配套围沟，沟深 30 cm。

3. 穴播

1）时间

4 月上旬至 5 月初，宜早不宜迟。

2）密度

行距 40 cm，株距 35 cm，播种量为 45～55 kg/hm²。

3）方法

作畦并平整畦面，用锄头退步挖穴，穴深 3～4 cm。每穴播 4～5 粒种子，覆土。宜用农家土粪灰盖种以促进种子发芽。

4. 育苗移栽

1）育苗

撒播育苗，播种量 525 kg/hm² 左右，苗期结合除草，施稀薄人粪尿或尿素水肥。每 1 m² 保持 400 株基本苗。

2）移栽

播种后 35 d，苗高 15～20 cm、叶龄为 6～7 时移栽。每穴栽 3～4 株，行距 40 cm，株距 35 cm，浇足定根水。

（三）田间管理

1. 间苗补苗

直播苗高 10 cm 左右，长出 3～5 片真叶时进行间苗、补苗，每穴留壮苗 2～3 株。

2. 中耕除草

苗高 20～30 cm 和苗高 40～50 cm 时进行浅中耕除草，促进分蘖和根系生长，防止倒伏。

3. 水分管理

苗期、拔节期、穗期、花期和灌浆期保证足够水分，遇旱及时灌 2 次透水。雨水过多时要清沟排水。

4. 追肥

以平衡施肥为原则，肥料的使用应符合 NY/T 496 的要求。

苗高 10 cm 时结合中耕施入粪水肥 15 t/hm²；苗高 35 cm 或孕穗期施入粪水肥 22.5 t/hm²；花期前，叶面喷施 2%磷酸二氢钾溶液。

5. 辅助授粉

花期每隔 3～4 d 人工赶花。上午 10～12 时，两人相隔数畦横拉绳或用竹杆，顺畦沟同向走动，振动植株上部，使花粉飞扬，以辅助授粉。

（四）病虫害防治

1. 防治原则

遵循"预防为主，综合防治"的原则，优先采用农业措施、物理防治和生物防治。必要时可采用化学防治，但应符合无公害生产要求。

2. 农业措施

选用当地抗病性好的矮杆品种，与非禾本科作物轮作；及时清除病株病叶和有虫枝叶，带出田外烧毁；收获后，清洁田间，将残株落叶集中销毁。

3. 物理防治

玉米螟或黏虫成虫发生期，利用杀虫灯诱杀或性诱剂捕杀。

4. 生物防治

保护和利用当地有益生物，合理使用生物制剂防治虫害。

5. 化学防治

在虫害较严重而其他措施未能有效控制时，选用高效、低毒、低残留量的环保型源农药进行防治，并严格按照 GB 4285 和 GB/T 8321 要求执行。

采收前 21 d 内不喷施任何化学药剂。

（五）采收

植株下部叶片转黄，80%籽粒变黑褐色时收割。割下的植株集中立放 3～4 d，促其后熟。

三、福建省薏苡种植技术

薏苡是福建优势特色杂粮作物之一，栽培区域主要集中在南平、三明、莆田、龙岩等地，其中浦城、宁化、仙游金沙三地的薏苡现已成为国家地理标志保护产品。福建省薏苡种植技术具体如下所述。

（一）产地环境

产地环境应符合 NY/T 5010 的规定。

（二）选地与整地

1. 选地

宜选择避风向阳、排灌方便，耕作层 15 cm 以上壤土或砂壤土。

2. 开沟整畦

播种前 10～20 d，先耕地除杂后开沟整畦。整畦前先开沟施基肥。单行种植连畦带沟宽 100～110 cm，双行种植连畦带沟宽 160～180 cm。

（三）播种

1. 种子准备

1）选种

根据种植区域，选择高产稳产适宜福建省种植的优良品种（福建省认定品种：'龙薏 1 号'、'浦薏 6 号'、'仙薏 1 号'及'翠薏 1 号'，各品种适宜区域参见表 16.2）。种子质量标准参照表 16.1。

表 16.2　福建主栽薏苡品种种植方式

品种	适宜海拔（m）	适宜播期	适宜株行距（株距×行距）	播种密度（穴/667 m²）	播种量（kg/667 m²）
'龙薏 1 号'	400～1000	4 月中下旬至 5 月下旬	70 cm×90 cm	1000～1200	0.5～0.75
'浦薏 6 号'	300～600	4 月下旬至 5 月下旬	60 cm×70 cm	1660～1800	0.5～0.75
'仙薏 1 号'	400 以下	7 月上旬	50 cm×80 cm	1660～2000	1.0～1.5
'翠薏 1 号'	300～800	5 月中下旬至 6 月初	40 cm×（100 cm～110 cm）	1500～1660	0.75～1.0

2）种子处理

浸种催芽：播种前 1 周左右晒种 1～2 d 后浸种催芽。用 60℃温水浸种 30 min，捞出后用 5%生石灰水浸泡 24～48 h，取出清水洗净后在温度 27～30℃、湿度 70%～80%的条件下催芽至露白后播种。

2. 播种方式

1）直播

（1）时间：4 月中旬至 7 月上旬播种，随海拔升高适当提早播种。各品种适宜播种期参见表 16.2。

（2）密度：株行距（40～70）cm×（80～110）cm，或采用宽窄行种植，种植 1000～2000 穴/667 m²。各品种播种密度参见表 16.2。

（3）方法：穴播，穴深 3～5 cm，每穴播 5～6 粒种子，用种量为 0.5～1.0 kg/667 m²，各品种具体用量参见表 16.2，播种后盖细土 2～3 cm 压实。

2）育苗移栽

（1）苗床：畦宽 100～150 cm，高 10～15 cm。

（2）播种：比直播时间提前 10～15 d，整畦撒播，播种量 45～50 g/m²，播种后覆土，保持苗床湿润。

（3）间苗除杂：幼苗 3 叶 1 心或苗高 7～9 cm、土壤湿润时间苗。去密留疏，拔去小苗、弱苗、病苗和杂草，每 1 m² 保持 400 株基本苗。间苗后追施 0.2%～0.4%的尿素水溶液。

（4）移栽：播种后 25～35 d，苗高 15～20 cm，叶龄 6～7 叶时移栽。株行距与直播相同,每穴 3~4 株。

（四）施肥

1. 施肥原则

施用的农家肥应经堆沤与无害化处理。化肥的施用应按照 NY/T 496 规定合理施肥,磷钾肥配施,控制氮肥。有机肥和磷肥全部用作基肥,70%的氮肥、50%的钾肥作追肥。

2. 施肥总量及比例

薏苡按 280 kg/667 m² 目标产量计算,需要纯 N 15~20 kg/667 m²、P_2O_5 8~10 kg/667 m²、K_2O 12~16 kg/667 m²,三者比例为 1:0.5:0.8。

3. 基肥

整地开沟时,施农家肥 1000~1500 kg/667 m²、纯 N 5~6 kg/667 m²、P_2O_5 8~10 kg/667 m²、K_2O 6~8 kg/667 m²。

4. 苗肥

4~5 叶时,结合除草间苗,或移栽后 10 d 左右,施纯 N 1~2 kg/667 m²、K_2O 1 kg/667 m²。

5. 分蘖肥

7~8 叶或苗高 30~40 cm 时,施纯 N 3~5 kg/667 m²、K_2O 2~3 kg/667 m²。

6. 穗肥

15~16 叶时,施纯 N 5~6 kg/667 m²、K_2O 3~4 kg/667 m²。

7. 粒肥

开花期用 KH_2PO_4 0.1~0.25 kg/667 m² 或 $Na_2B_4O_7$ 0.25~0.5 kg/667 m²,加 50~100 kg/667 m² 水后进行叶面喷施。

（五）田间管理

1. 间苗补苗

直播苗长出 3~5 片真叶,土壤湿润时间苗补苗。每穴留壮苗 2~4 株,去多补少。

2. 中耕除草

第 1 次中耕除草,结合间苗进行；第 2 次除草,在苗高 25~35 cm 进行浅耕；第 3 次除草,在苗高 40~50 cm、植株封行时进行,结合培土,以浅锄为主。

3. 水分管理

苗期、穗期和灌浆期要及时灌水,勤灌水、灌足水,保持土壤湿润,雨后或沟灌后应排除畦沟积水。分蘖后期应排水搁田,收获前 10 d 停止灌水。

4. 摘除脚叶

苗株拔节停止后,摘除第 1 分枝以下的脚叶和无效分蘖。

5. 人工辅助授粉

开花期,每隔 3~4 d,选择无风、晴天上午 10:00 至 12:00,用竹杆或绳索等工具振动植株上部,人工扬花 3~4 次。

（六）病虫害防治

1. 防治原则

贯彻"预防为主，综合防治"的植保方针。使用农药应符合 GB/T 8321（所有部分）的规定。应用以农业防治为基础，物理防治、生物防治优先，合理化学防治为辅的绿色防控技术。

2. 主要病虫害

主要病害为黑穗病、叶枯病；主要虫害为玉米螟、黏虫。

3. 农业防治

1）合理轮作

水旱轮作或与非禾本科作物轮作，避免连作。

2）清洁田园

及时从基部拔除病株、有虫株，带出田间深埋；收获后，将植株、落叶等集中处理。

4. 物理防治

6～10 月成虫发生期，每公顷设置 1～2 台小型太阳能诱虫灯或 15～30 个糖醋液盆诱杀玉米螟、黏虫成虫；田间每公顷悬挂玉米螟、黏虫性息素及配套诱捕器各 75～90 个，或插设 30～45 个稻草把，引诱黏虫成虫产卵并灭卵。

5. 生物防治

应用生物源农药，保护和利用天敌，控制病虫害的发生和为害。

6. 化学防治

1）黑穗病

播种前用 70%甲基托布津可湿性粉剂或 50%多菌灵可湿性粉剂按种子量的 0.5%拌种。扬花期采用 40%苯醚甲环唑或爱苗 1500 倍液喷雾防治，每隔 5～7 d 喷 1 次，连续喷药 2～3 次。

2）叶枯病

发病初期，每隔 7～10 d 用 3%中生菌素可湿性粉剂或 1%申嗪霉素 1000 倍液喷雾防治，连续喷 2～3 次。

3）玉米螟

心叶期用苏云金杆菌（Bt）乳剂 300 倍液，或 60 g/L 乙基多杀菌素悬浮剂 1500 倍液，或 1%甲氨基阿维菌素苯甲酸盐乳油 2000 倍液灌心叶。

4）黏虫

用 25%灭幼脲悬浮剂 1500 倍液，或 60 g/L 乙基多杀菌素悬浮剂 1500 倍液，或 1%甲氨基阿维菌素苯甲酸盐乳油 2000 倍液喷雾防治黏虫幼虫，施用 2～3 次，每次间隔 7～10 d。

（七）采收

当叶子呈枯黄色，70%～80%籽粒成熟时收割，田间脱粒后立即晾晒，翻晒至含水量≤13%即可加工或进仓。

四、烟后薏苡高产栽培技术

福建省宁化县薏苡栽培历史悠久，但传统的耕作是利用山地、旱地或沙滩地旱作，一年一季。烟后栽培薏苡可利用烟垄种植，能提高复种指数，降低生产成本，增加收入。薏苡新品种"翠薏1号"是从宁化县地方薏苡品种中经系统选育而成的新品种，2014年通过福建省农作物品种认定，用其作烟后薏苡栽培，表现良好，具有株型较紧凑、分蘖力较强、丰产性好、株粒数多、结实率高、百粒重大、病虫害轻、产量高、品质好、抗性强等优点。具体烟后薏苡高产栽培技术如下所述。

（一）适时播种

烟后薏苡的播种期应将烤烟终采期和薏苡安全齐穗期综合考虑。随着烤烟收购政策上三叶不再收购，福建省宁化县烤烟终采期在6月下旬。'翠薏1号'生育期长，在宁化县要在9月20日前安全开花，且烟后薏米必须育苗移栽，故应在6月5日前播种，秧龄控制在25~30 d。

（二）培育壮苗

1. 机耕起垄，精细整地

选择较肥沃的砂质壤土作苗床，用烟草起垄机机耕起垄，两垄并成一畦作苗床。苗床地一定要干，起垄后使土粒松散，便于整畦和播后盖种，在机耕前每 667 m² 施入腐熟猪牛栏粪 1000~2000 kg。畦面要整平、整细，有利于播后盖土均匀，出苗整齐。

2. 催芽后播，促进薏苡出苗整齐

播种前将薏苡种子晒 1 d，并用清水精选种子，然后用强氯精消毒，再用清水浸种 1 d。传统的方法是用清水浸 1 d 后就播，但出苗不齐，有2个方面原因：①薏苡种子成熟度不一；②6月初往往遇到播后连续天晴，若播后盖土太深则分蘖节提高、苗弱小，若播后盖土太浅则难以吸收土壤水分，导致发芽慢。故烟后薏苡应催芽后播，用清水浸种 1 d 后，装入编织袋滤干，放在室内 36 h 左右就可发芽，发芽期间每隔 5 h、6 h 观察 1 次，及时浇水补充水分，薏苡壳不过干则不浇水。'翠薏1号'的种子粒大、芽较细，当 2/3 薏苡种子的芽长到 0.5 cm 时就要播种，否则容易断芽。

3. 稀播匀播，培育多蘖壮苗

'翠薏1号'作烟后栽培分蘖期短，要在秧地争取培育多蘖壮苗。一要稀播、匀播，秧地一般每 667 m² 播 12~15 kg 为宜；二是盖土要薄，播后盖土 1~2 cm，尽量盖得均匀；三是使用多效唑促早分蘖，播后半个月每 667 m² 用 15%多效唑 80 g 兑水 60 kg 喷施，喷后 2 d 每 667 m² 用人畜尿 500 kg 或 15 kg 复合肥加水泼浇。

（三）移栽

1. 机耕起垄，减少中耕次数

传统的方法是直接利用原有烟垄，不机耕，于烤烟采收后移除烟茎，垄顶整平后穴栽，但播后 7~10 d 就须锄草，整个生长期要中耕除草 3 次。而利用烟草起垄机顺着原有烟垄起垄 1 遍，播后 20 d 后才中耕除草，整个生长期只要中耕除草 2 次。机耕路好的田块建议进行机耕，机耕起垄可减少 1 次中耕，节约了劳动力成本。

2. 栽足基本苗，确保有效穗

烟后薏苡由于受高温季节和时间限制，有效分蘖时间较短，不能过多依靠分蘖，必须栽足基本苗，确保达到高产穗数。宁化县烤烟的烟垄连垄带沟一般为 1.1 m 左右，沟宽 20 cm，可单行种植，有利于田间通风透光和农事操作，穴距 20~25 cm，每 667 m² 挖 2400~3000 穴，每穴栽插 3 株苗。

3. 提高移栽质量，确保成活率

烟后薏苡于 6 月下旬至 7 月上旬移栽，移栽时气温较高，常遇连日晴天，影响了移栽成活率，而高成活率是保证烟后薏苡产量的关键因素之一，故要提高移栽质量，确保成活率。由于'翠薏 1 号'植株较高，故挖穴要深，穴深达垄高一半左右有利于培土。栽要浅，争取薏苡早生快发、低节位分蘖多、结实率较高。尽量选择阴天和小雨天移栽，晴天要下午移栽。过夜苗和超龄苗长根慢、返青慢、成活率低、分蘖率低，故不栽过夜苗、超龄苗。移栽当天下午浇足定根水，如遇天气连日晴天，第 2 天下午可再次穴浇，确保成活和生长整齐。

（四）田间管理

1. 中耕除草，培土

烟后薏苡分蘖期较短，一般中耕除草 2 次，移栽后 7 d 左右进行补苗，确保全苗均匀生长。第 1 次中耕除草在移栽后 20 d 左右结合追肥进行；第 2 次中耕除草在苗高 60~80 cm 时，植株封行前进行，此时正值拔节期，可结合追肥进行培土，以促进根系生长和防植株倒伏。由于'翠薏 1 号'植株较高，培土高度要培 10 cm 左右。

2. 水分管理

'翠薏 1 号'耐旱性强，烟后水源不足的田块也可种植。拔节前不卷叶可以不灌水，有利于控制杂草数量、提高土壤通气性；拔节后期至抽穗期每隔 5 d 灌 1 次跑马水，做到"有水孕穗、足水抽穗"；灌浆期保持田土湿润；灌浆期后不再灌水，并注意清沟，达到干田收获。

3. 肥料管理

'翠薏 1 号'需肥量大，耐肥性强。烟地余留肥料较多，烟后薏苡比单季薏苡的施肥量要少些，以施基肥为主，基肥以有机肥为主。种植时每 667 m² 施入有机复混肥 50 kg 于穴内；移栽后 10 d 左右每 667 m² 用 7.5 kg 复合肥兑水浇施促齐苗；移栽后 20 d 左右每 667 m² 用复合肥 15 kg 兑水浇施促壮苗；后期看苗施肥，防止徒长、倒伏。

4. 化控技术

'翠薏 1 号'植株高大，需进行化学调控，降低植株高度。拔节中前期每 667 m² 可用 10%多效唑 60~120 g 兑水 60 kg 喷施，利于粗根壮秆，以提高抗倒伏和抗逆能力。

5. 病虫害防治

通过科学施肥、增施有机肥和磷钾肥等栽培措施，提高植株抗性，减少病虫害发生，减少用药次数,实现薏苡高产、优质、高效的目标。'翠薏1号'栽培中病虫害发生较少、较轻,主要有黑穗病、叶枯病和螟虫。防治方法:①薏苡拔节后期摘除部分脚叶,一般摘除3~4片脚叶,利于通风透光,粗壮茎秆,减少叶枯病和螟虫等病虫害;②发现黑穗病可拔除整株或整穗,减轻病害传染;③药剂拌种,用20%粉锈宁乳油10 mL加少量水拌种10 kg,混拌均匀,摊开晾干后播种,可减少黑穗病;④及时掌握病虫情报,对症下药,尽量减少用药次数,适时喷施高效、低毒、低残留的杀虫农药,每667 m^2 用10亿PIB/g棉铃虫核型多角体病毒可湿性粉剂75~100 g兑水喷雾防治螟虫。

(五)适时采收

'翠薏1号'易落粒,薏苡籽粒成熟不一致。其原因是薏苡的花为总状花序,由上部叶鞘内成束腑生或顶生,每个叶鞘内成束腑生1个小穗,每株小穗6~10个,1株穗抽完需20 d左右,造成薏苡籽粒成熟不一致,故确保薏苡田间生长整齐度是提高烟后薏苡产量的另一关键因素。始花后60 d每隔2~3 d观察落粒情况,生产实践中以田间观察有80%籽粒变色、硬化、充实饱满,顶生的籽粒开始落粒作为成熟标志,即可开始收割。脱粒后的籽粒还须经5~7 d的晴好天气翻晒方可足干。

参 考 文 献

安徽省农业标准化技术委员会, 2016. 薏苡栽培技术规程: DB34/T 2775—2016[S].
敖茂宏, 宋智琴, 2022. 海拔对薏苡主要农艺性状及营养品质的影响[J]. 浙江农业科学, 63(7): 1526-1529.
福建省农业农村厅, 2020. 薏苡栽培技术规程: DB35/T 1917—2020[S].
国家药典委员会, 2020. 中华人民共和国药典[M]. 北京: 中国医药科技出版社: 393-394.
雷春旺, 2014. 薏苡新品种"翠薏1号"特征特性及烟后高产栽培技术[J]. 福建农业科技, (9): 34-36.
李晓凯, 顾坤, 梁慕文, 等, 2020. 薏苡仁化学成分及药理作用研究进展[J]. 中草药, 51(21): 5645-5657.
林荣鹏, 2016. 薏苡的栽培管理技术[J]. 吉林农业, (3): 115.
齐立文, 宋晓亭, 2020. 社区共有理念下遗传资源惠益分享的模式构建——以兴仁薏仁米为例[J]. 贵州省党校学报, (3):70-76.
浙江省种植业标准化技术委员会, 2012. 薏苡种植技术规程: DB33/T 858—2012[S].

第十七章 菊 米

第一节 菊米概况

一、植物来源

菊米，又名甘菊、野菊、甘野菊，《浙江省中药炮制规范》（2015年版）收载的菊米是菊科（Asteraceae）菊属（*Chrysanthemum*）植物甘菊 *Chrysanthemum lavandulifolium*（Fisch. ex Trautv.）Makino 的干燥头状花序。秋、冬二季花未开放时采收，微火炒后干燥或杀青干燥。

二、基原植物形态学特征

甘菊为多年生草本。茎密被柔毛，下部毛渐稀至无毛。叶大而质薄，两面无毛或几无毛；基生及中部茎生叶菱形、扇形或近肾形，长 0.5～2.5 cm，两面绿或淡绿色，二回掌状或掌式羽状分裂，一至二回全裂；最上部及接花序下部的叶羽裂或 3 裂，小裂片线形或宽线形，宽 0.5～2 mm；叶下面疏被柔毛，有柄。头状花序径 2～4 cm，单生茎顶，稀茎生 2～3 头状花序；总苞浅碟状，径 1.5～3.5 cm，总苞片 4 层，边缘棕褐或黑褐色宽膜质，外层线形、长椭圆形或卵形，长 5～9 mm，中内层长卵形、倒披针形，长 6～8 mm，中外层背面疏被长柔毛。瘦果长约 2 mm。

三、生长习性

甘菊是短日照植物，喜凉爽湿润气候，较耐寒和瘠薄，适应性较广，抗逆性较强，对环境条件没有严格的要求。

甘菊是浅根性作物，须根系多数分布在 10 cm 左右的表土层，整地时须实行精耕细作，促使根系向深度和广度伸长。

甘菊是旱地作物，容易生杂草，应在菊米生长的前、中期进行次人工除草，并及时打顶，控制顶端优势。

甘菊喜湿又怕涝，梅雨季节必须及时排除积水，防止菊苗受涝引起烂根死苗。进入秋季，常遇干旱无雨，此时菊米现蕾需要大量水分，要及时做好保苗保蕾工作，促使菊米高产、稳产。

四、资源分布与药材主产区

甘菊资源在我国分布于东北、河北、陕西、甘肃、湖北、湖南、江西、四川、云南、浙江等地。在日本也有分布。

菊米全国主产区在浙江省遂昌县，为中国菊米之乡，全县菊米基地主要分布在石练、大柘、湖山、金竹、妙高、王村口、蔡源、黄沙腰等乡镇。目前，遂昌菊米种植面积为1.01万亩，总产1050 t，总产值2873万元，成为本地农民增收致富的一项重要的特色产业。现如今菊米生产已形成一种产业，并带动了浙江金华、衢州等周边县、市和湖南等外省菊米种植业的发展。菊米还远销比利时、日本等地，市场前景良好。

五、成分与功效

菊米中主要有黄酮类、挥发油、氨基酸等化合物，其药理作用主要由黄酮类成分发挥。《浙江省中药炮制规范》（2015年版）规定菊米的检测标准为：按干燥品计算，含3,5-O-二咖啡酰基奎宁酸（$C_{25}H_{24}O_{12}$）不得少于0.70%。

《浙江省中药炮制规范》（2015年版）记载的菊米性味苦、辛，微寒，归肝、心经。功能与主治为清热解毒；用于疗疮痈肿，目赤肿痛，头痛眩晕。现代药理学研究表明，菊米具有降血压、降血脂、抑菌的作用，对心律失常、心肌缺血等症状也有一定的疗效。

第二节　菊米规范化栽培模式

菊米属于多年生草本植物，其规范化栽培模式主要包括浙江省菊米栽培技术、四季豆套种菊米高效栽培技术等。

一、浙江省菊米栽培技术

浙江省是菊米道地产区，主产于遂昌等地，此技术内容主要基于现行浙江省地方标准《菊米生产技术规程》（DB33/T 668—2017），具体内容如下所述。

（一）基地要求

1. 产地环境质量

环境空气污染物浓度应符合 GB 3095 的要求。农田灌溉用水水质应符合 GB 5084 的要求。土壤环境质量应符合 GB 15618 的要求。

2. 基地选择

选择耕层深厚、地力肥沃、质地砂壤、排灌方便、远离污染的平地或缓坡地。提倡轮作倒茬或水旱轮作，连作田块种植前可参照 DB33/T 965 进行土壤消毒。

（二）育苗

1. 品种选择

宜选用当地传统地方品种，或经选育鉴定（认定）的优良品种。

2. 育苗材料

选用生长健壮，无病虫害的枝条，按 10～15 cm 长度剪取枝条。提倡使用脱毒健康种苗。

3. 苗圃选择

宜选择地势较平坦，肥沃且排水良好，中性或微酸性的砂质壤土地块。

4. 苗床准备

结合深耕，每亩（667 m²）施入腐熟的农家肥 1000 kg 或符合 NY/T 525 要求的有机肥 400 kg。按畦面宽 110～120 cm、畦高 20 cm、沟宽 30 cm 整出扦插苗床，四周建排水沟。

5. 育苗扦插

春插在 4 月中下旬进行，密度 5 万～6 万株/亩（667 m²）；秋插在 11 月中下旬进行，密度 8 万～10 万株/亩（667 m²）。深度为枝条的 1/3，插后压实浇透水。提倡春插。

6. 苗圃管理

保持苗床湿润，适时浇水。成活后及时追肥，以浇施为主，浓度控制在 0.2% 以下。人工除草 1～2 次。秋插苗床应搭小拱棚覆膜保温，翌年 3 月后，晴天练苗 3～4 次。

7. 菊苗出圃

选择健壮无病虫，苗高 15～25 cm，具 2～3 个分枝的菊苗出圃。春插菊苗一般在 6 月中下旬出圃，秋插菊苗一般在 4 月上旬出圃。起苗移栽时苗床要先浇透水。

（三）大田栽培

1. 整地作畦

根据茬口安排，冬前深翻冻垡或夏季前茬收后立即深翻晒垡，耕深 25～30 cm。平地于移栽前 2～3 d，将土壤耙细耙匀、作畦，畦宽 100～150 cm，畦高 20～25 cm，沟宽 30 cm。缓坡地宜按每行大于 1.5 m 标准做水平带，内做竹节沟，防止水土流失。

2. 移栽定植

宜选择雨后阴天或晴天傍晚进行。如遇少雨天气，土壤不够湿润时需浇定根水。

3. 定植密度

土壤肥力高的田块宜适当稀植，单行，株距 35～40 cm，每穴 2～3 株。土壤肥力低的田块宜适当密植，双行，株距 25～30 cm，每穴 3～4 株。

4. 肥料使用

1）施肥原则

根据土壤肥力和目标产量，按照 NY/T 496 的规定进行合理平衡施肥。施肥时以有机肥为主，防止偏施重施氮肥。

2）基肥

结合深翻施足基肥，一般每亩（667 m²）施用腐熟农家肥 2000～2500 kg、符合 NY/T 525

要求的有机肥 1000 kg 或饼肥 200 kg。

3）追肥

栽后每隔 10～15 d 施 1 次分枝肥，每次用复合肥（N-P_2O_5-K_2O 比例为 15-15-15）5 kg。打顶时，结合除草每亩（667 m^2）施复合肥（N-P_2O_5-K_2O 比例为 15-15-15）15 kg。9 月中旬现蕾期每亩（667 m^2）施复合肥（N-P_2O_5-K_2O 比例为 15-15-15）10 kg，并看苗情用 0.2% 磷酸二氢钾进行根外追肥。

5. 水分管理

雨季及时清沟排水，做到雨停水干。干旱时浇水保苗，现蕾期注意灌水，保持土壤湿润。

6. 中耕除草与培土

移栽后 20～25 d，中耕除草并培土 5～7 cm。后期视杂草生长及危害程度，适时除草。有条件的地方可铺草或地膜覆盖。

7. 摘心打顶

苗高 30 cm 时，开始摘心打顶，以后视生长情况适时进行，7 月上旬前完成。后期长势过旺时，可于 8 月中旬进行 3～5 次修剪，修剪以圆弧形为宜。

（四）病虫害防治

防治原则遵循"预防为主，综合防治"的植保方针，优先采用农业防治、物理防治、生物防治措施，辅以安全合理的化学防治措施。

1）农业防治

提倡轮作，实行间作，合理密植，科学灌溉，平衡施肥，培育壮苗，及时中耕除草和清除病叶、挖除病株等。

2）物理防治

利用灯光等诱杀害虫。

3）生物防治

利用信息素等诱杀害虫。使用井冈霉素 A 等生物农药防治根腐病和叶枯病。

4）化学防治

农药的安全使用按 NY/T 1276 的规定执行。根据防治对象，合理选用高效、低毒、低残留农药，优先选用 NY/T 393 中允许使用的脂溶性农药，现蕾后不得使用吡虫啉、啶虫脒等高水溶性农药。适期用药，最大限度减少化学农药施用；准确掌握用药剂量和施药次数，选择适宜药械和施药方法，严格执行安全间隔期，注意农药轮换使用。

（五）采收

1. 采收时间

10 月中下旬至 11 月上旬，选择晴天露水干后分批采收。

2. 采收要求

选择含苞未放的花蕾进行采收，采大留小，分批采摘。提倡用针梳式菊米采摘器等机械进行采摘。注意保持菊米完整，不夹带杂物。

二、四季豆套种菊米高效栽培技术

浙江省遂昌县地处浙江西南山区,位于钱塘江、瓯江源头,域内光、热、水、土资源丰富,生态环境优越,非常有利于农作物轮、套作模式的创新和推广。四季豆是遂昌县蔬菜主栽品种,而遂昌县更是全国菊米的主产区。为充分利用土地资源,增加单位面积产出效益,利用作物的互补作用,探索出四季豆套种菊米高效栽培技术,经示范种植每亩产值超过1万元,经济效益显著。四季豆套种菊米高效栽培技术具体如下所述。

(一)茬口安排

四季豆3月底至4月初直播,5月初四季豆搭架后将菊米苗移植到四季豆行间,或将老茬上长的新枝穗扦插到四季豆行间,6月底四季豆采摘结束,10月中旬开始采收菊米,10~15 d采收结束。

(二)四季豆栽培技术要点

1. 整地做畦施足基肥

1)整地做畦

直播前先整好地,每畦宽150 cm,比不套种的宽20 cm,两畦之间留宽30 cm、深20~25 cm的畦沟。

2)施足基肥

可结合整地作畦,在畦中间每亩施腐熟栏肥2000~2500 kg或饼肥100~200 kg、钙镁磷肥30~50 kg、石灰50~75 kg,石灰可在翻耕前施入,也可在做好畦后撒在畦面,但均需与泥土拌匀;或者结合播种每亩穴施50~75 kg三元复合肥、20~30 kg钙镁磷肥,并做到一层肥料一层土。

2. 直播

每畦播2行,穴距控制在45 cm左右,每穴播2~3粒种子,每亩用种量1.5 kg左右,播后覆盖1~2 cm厚的焦泥灰。另需培育一部分"预备苗"用于补苗。

3. 田间管理

播种后7~10 d要进行查苗、补苗及间苗工作,一般每穴留2株健壮苗即可,可同时进行中耕培土、除草。

4. 搭架引蔓

搭好四季豆架材,是本栽培模式的关键措施。播后25 d左右豆苗长至30~50 cm时,必须抢晴天进行一次中耕、除草;同时将准备好的直径粗为2~3 cm、长250 cm小竹竿或小木杆在2畦之间的畦沟上搭成"人"字形支架,在支架的交叉处横放一根架材作横梁,用绳扎紧,把"人"架互联起到防风作用。架搭好后及时按逆时针方向引蔓上架。

5. 肥水管理

在施足基肥的前提下,一般在出苗后7 d和20 d左右时间,结合中耕培土和提蔓,看秧苗长势，每亩用三元复合肥 5～10 kg，各追施一次肥水。四季豆第一花序嫩荚长出 3～5 cm 时，每亩用三元复合肥 10～15 kg 追施开花结荚肥，采摘盛期每隔 10 d 左右追施一次肥水，每次每亩施高钾型复合肥 10 kg。整个结荚期需供给充足的肥水，中后期除根部追肥外，可用 0.2%磷酸二氢钾进行叶面喷施。

6. 整枝摘叶

当四季豆采摘到植株主蔓的 3/4 时，及时摘除下部衰老叶、病虫为害叶片，结合打顶，以加强植株的通风透光，促进新叶的生长、侧枝的抽发、腋芽的萌发和花芽的发育。同时，采摘时要注意保护好原花序和嫩荚。

7. 病虫害防治

遵循"预防为主，综合防治"的方针，优先运用频振式杀虫灯、昆虫性诱剂、生物农药等物理生物防治技术，病虫发生初期选用低毒高效化学农药防治。如炭疽病可用 10%世高水分散粒剂 3000 倍液喷雾防治；锈病、菌核病可用 15%粉锈灵可湿性粉剂 1000～1500 倍液或 20%腈菌唑乳油 1500～2000 倍喷雾防治；根腐病可用 70%敌克松 500 倍液进行浇根；蚜虫可用 10%"一遍净" 2000 倍液喷雾；豆野螟掌握"治花不治荚"的原则，在现蕾期用 5%抑太保乳油 1500～2000 倍液或 2.5%菜喜乳油 2000～3000 倍液进行喷治；潜叶蝇可用 5%抑太保乳油 1500～2000 倍液或 1.8%虫螨光乳油 2000～3000 倍液进行防治。

8. 适时采收

四季豆一般在花后 10～12 d 就可采收上市，在采收盛期，应坚持每天采 1 次。同时要做好分级包装，以提高豆荚的商品性。

（三）菊米栽培技术要点

1. 移栽或扦插

5 月上旬四季豆搭架引蔓后，在经过培育的上年预留（留新种面积 10%即可，因为到 4 月底每丛老茬能长出几十株新苗）的老茬上新长的菊苗中挑选高 30 cm 左右健壮苗带根移栽，移栽结束时要距地面 10～15 cm 剪去嫩梢。对上年的老茬必须挖去重栽，以利优质高产；也可选取上年根茬上新长的健壮茎枝，剪成 10～15 cm 长的短穗，直接扦插到四季豆行间，并在 1 周内注意浇水，保持土壤湿润，以利菊苗成活。

2. 种植密度、施肥

1）种植密度

考虑到四季豆套种菊米农事操作等因素，每畦只种 1 行，丛距 30～40 cm，每丛栽（插）2～3 株苗或茎穗。

2）施肥

根据无公害生产要求，菊米生产控制化肥使用量，在四季豆播种时施足基肥。在四季豆生产结束后及时清园并进行中耕除草追肥，有条件的可每亩用 150～200 kg 腐熟的人粪尿兑水浇施，或施用 80～120 kg 的商品有机肥，还可以在菊苗生长前、中期，结合中耕除草，每次各施三元复合肥 15～20 kg。施肥原则是：少施多次，可在露水干后撒施。遇连续干旱应将复合肥兑水浇施。在大田种植注意少施氮肥。

3. 防治病虫害

菊米在生产过程中有霉病、锈斑病、叶瘤病、蚜虫、小绿叶蝉、尺蠖、卷叶虫等病虫害为害，但对菊米的生长和产量影响不大，应以预防为主，并采取农业、物理、生物等技术进行综合防治。比如 6 月份梅雨季节做好菊园开沟排水工作，能有效预防因涝而诱发的霉病与锈病的发生；根据蚜虫的趋嫩特性结合对菊苗进行打顶与修剪可以有效防治蚜虫为害；菊苗喜湿怕涝，及时除草追肥，培育壮苗，提高菊苗抗逆能力是农业防治病虫害的最好措施。9 月中旬菊米开始现蕾后禁止使用化学农药防治菊米病虫害，以确保菊米产品质量安全。

4. 打顶修剪

菊苗生长有顶端优势，为控制菊梢徒长，促进多分枝多结蕾，培育幅面较大的菊米采摘蓬面，既方便使用菊米采摘器采摘菊米节省采摘用工，又增加菊米单产，所以在菊苗长至 25～30 cm 时必须于距地面 15 cm 左右进行人工打（摘）顶，在菊苗长至 35～40 cm 时必须于距地面 30 cm 左右用茶叶修剪机进行修剪，第一次修剪后 20 d 左右在剪口以上约 10 cm 进行第二次修剪，以此类推在 8 月 15 日之前应再进行 3～5 次轻修剪，之后应停止修剪。

5. 抗旱保苗

菊苗晒不死，但遇旱情菊苗生长会受阻，植株不壮，培育不出基本采摘蓬面或在结蕾时缺少水分，会严重影响菊米产量和品质；出现旱情时，一定要每隔 10 d 左右引水灌跑马水，即在畦沟水满后一昼或一夜就应排除积水。

6. 适时采收

菊米花蕾成熟期受气温高低影响，一般年份在 10 月 15～20 日开始采摘。高山地区气温低于 15℃，花蕾成熟快。采摘标准是含苞待放时，采摘方法是采大留小，采摘用具是使用菊米采摘器。刚采的菊米青蕾提倡用箩筐或塑料筐运送，防止堆压，运送到加工厂后应及时摊青，预防发热捂黄变质。优质青蕾的标准是：粒大色青、无花无叶、无枝梗、无杂质、无碎粒、无霉变（捂黄变黑）。

参 考 文 献

韦宝余, 王陈华, 张善华, 2016. 遂昌县四季豆套种菊米高效栽培技术[J]. 农业科技通讯, (2): 199-201.
熊春华, 周苏果, 沈忱, 等, 2014. 响应面法优化提取菊米黄酮及抗氧化活性研究[J]. 中国食品学报, 14(7): 118-123.
张善华, 朱金星, 王杰, 等, 2015. 浅析遂昌县菊米产业发展存在的问题及对策[J]. 浙江农业科学, 56(6): 847-848.
浙江省食品药品监督管理局, 2015. 浙江省中药炮制规范[M]. 北京: 中国医药科技出版社: 264-265.
浙江省种植业标准化技术委员会, 2017. 菊米生产技术规程: DB33/T 668—2017[S].
朱兴一, 黄伟飞, 谢捷, 等, 2013. 菊米活性成分提取及应用研究进展[J]. 林业实用技术, (3): 39-41.

第十八章 西红花

第一节 西红花概况

一、植物来源

西红花，又称藏红花、番红花，《中国药典》（2020年版）收载的西红花是鸢尾科（Iridaceae）番红花属（*Crocus*）植物番红花 *Crocus sativus* L.的干燥柱头。10～11月中下旬，晴天早晨采花，于室内摘取柱头，晒干或低温烘干。

二、基原植物形态学特征

番红花为多年生草本。球茎扁圆球形，直径约3 cm，外有黄褐色的膜质包被。叶基生，9～15枚，条形，灰绿色，长15～20 cm，宽2～3 mm，边缘反卷；叶丛基部包有4～5片膜质的鞘状叶。花茎甚短，不伸出地面；花1～2朵，淡蓝色、红紫色或白色，有香味，直径2.5～3 cm；花被裂片6枚，2轮排列，内、外轮花被裂片皆为倒卵形，顶端钝，长4～5 cm；雄蕊直立，长2.5 cm，花药黄色，顶端尖，略弯曲；花柱橙红色，长约4 cm，上部3分枝，分枝弯曲而下垂，柱头略扁，顶端楔形，有浅齿，较雄蕊长，子房狭纺锤形。蒴果椭圆形，具三钝棱。种子多数，球形。花期10～11月。

三、生长习性

西红花喜温暖、湿润的气候，较耐寒，怕涝，忌积水，属短日照植物；适宜于冬季较温暖的地区种植。在较寒冷地区生长不良，当年尚能开花，次年不能开花。要求土质肥沃、排水良好、富含腐殖质的砂质中性壤土。幼苗能耐-10℃左右低温；开花气温14～20℃，土温14～15℃为宜；地上部分生长适宜温度为15℃。生长后期（2～4月），如气温在15～20℃，持续时间越长，越有利于球茎生长发育。花芽分化适宜温度24～27℃，花芽分化至成花，需一个由低到高、由高到低的变温过程，但不宜低于24℃或高于30℃。

西红花每年秋季栽种，春末枯萎休眠，全生育期约210 d。于9月上旬萌芽。芽有花芽与侧芽之分，花芽先于侧芽萌发。叶与芽鞘同步生长。10月下旬开花，由花芽芽鞘内抽出淡紫色花，每个花芽开1～8朵。球茎大小决定花芽数、花朵数及产量。球茎越大，花芽数越多，开花数越多。花期约20 d，朵花期2～5 d，株花期2～8 d。花期集中，盛花期10 d的产量约占总产量的60%。花期受气候影响会提早或推迟。

四、资源分布与药材主产区

西红花原产于西班牙、希腊等南欧各国以及伊朗等地，在印度、日本等国家也有种植。我国首次栽培的西红花是经印度传入我国西藏的，因此称为藏红花。在我国，西红花主要产地有西藏、浙江、江苏、山东等。我国西红花原料的主要进口国是伊朗，伊朗是世界上最大的西红花生产国，全年产量约为 200～300 t，占全球总产量的 70%～80%。目前我国西红花的产量为 20 t 左右，约占全球市场需求的 20%。近年来，随着国产西红花上市，促使我国药用长期依赖国外进口的局面有所改变。

五、成分与功效

西红花中主要成分含番红花苷、番红花酸二甲酯、番红花醛等。《中国药典》（2020 年版）规定，西红花的检测标准为：本品按干燥品计算，含西红花苷- I（$C_{44}H_{64}O_{24}$）和西红花苷- II（$C_{38}H_{54}O_{19}$）的总量不得少于 10.0%，含苦番红花素（$C_{16}H_{26}O_7$）不得少于 5.0%。

《中国药典》（2020 年版）记载的西红花性味甘，平。归心、肝经。功能与主治为活血化瘀，凉血解毒，解郁安神。用于经闭癥瘕，产后瘀阻，温毒发斑，忧郁痞闷，惊悸发狂。现代药理研究表明，西红花具有抗抑郁、抗糖尿病、抗炎、抗氧化、抗脑缺血等药理作用。

第二节　西红花规范化栽培模式

西红花属于多年生草本植物，其规范化栽培模式主要包括西红花-水稻水旱轮作规范化栽培技术、西红花-玉米套种规范化栽培技术、大棚环境下西红花种球立体繁殖技术等。目前，浙江省逐步推广西红花-水稻水旱轮作规范化栽培模式。

一、西红花-水稻水旱轮作规范化栽培技术

西红花喜温暖、湿润的气候，较耐寒，适宜在上海、浙江等地种植，但西红花又怕涝，忌积水，忌连作，浙江等地夏季高温多雨，空气湿润，地下水位高，易导致田间夏季休眠期西红花种球发霉腐烂，所以宜采用西红花-水稻水旱轮作规范化栽培技术，在 5 月采挖种球，在室内完成种球夏季休眠及花芽分化、开花等生殖生长过程。采挖种球后栽种水稻，可保证土壤养分的均衡利用，避免其片面消耗。因此，实施西红花-水稻水旱轮作技术，既可充分利用土地资源，又可改良土壤，防止连作障碍。

浙江省西红花-水稻水旱轮作规范化栽培模式具体内容如下所述。

（一）产地环境

西红花-水稻水旱轮作适宜于冬季较温暖的地区，在较寒冷地区生长不良，当年尚能开

花，次年后不能开花。要求土质肥沃、排水良好、富含腐殖质的砂质中性壤土，土壤 pH 以 6.0～7.0 为宜。环境温度与西红花生长习性相符为宜。

（二）球茎田间培育

1. 整地

前作水稻收获后，一般每 667 m^2 施有机肥 500～1000 kg 作底肥，进行多次翻耕，耙碎土块，清理残根，然后平整土地，使土块充分细碎疏松。起沟整平作畦，畦宽 1.20～1.30 m，沟宽 0.25 m，深 0.25 m 为宜，开好横沟。

2. 球茎定植

栽种前剥除球茎苞衣，留足主芽，除净侧芽。西红花球茎用种量、栽种密度、深度因球茎大小不同而有差异，一般用种量为 4500～7500 kg/hm^2，行距为 18～25 cm，株距为 10～20 cm，深度为 5～10 cm，具体数据见表 18.1。球茎栽入大田后，开好开深四沟，将沟中的泥土敲碎覆盖于畦面。适时早栽，以延长球茎在田间的生长时间，有利于早发根展叶，促使西红花根粗叶茂。

表 18.1　西红花球茎用种量和栽种密度、深度

等级	用种量（kg/hm^2）	行距（cm）	株距（cm）	深度（cm）
一级	6750～7500	25	18～20	8～10
二级	6000～6750	22	17～19	6～8
三级	5250～6000	20	14～16	5～6
四级	4500～5250	18	10～13	5～6

3. 稻草覆盖

西红花种植后，及时进行稻草秸秆还田。一般用稻草覆盖畦面，每 667 m^2 干草还田量 300～350 kg。

4. 抹芽除草

球茎各节上着生多数侧芽，均能形成小球茎（子球茎）。为了使养分集中于主芽生长，促使形成大球茎，必须抹除四周的侧芽，只留 1～2 个主芽。抹除侧芽在室内采花期间需进行三次。第一次在 9 月下旬，第二次在 10 月中旬，第三次在采完花丝以后。球茎膨大盛期，应及时松土除草，防止土壤板结，促进球茎肥大。

5. 灌溉排水

种植期与生长期正值干旱少雨季节，应注意灌溉保墒。球茎开花后水分消耗大，栽后应及时浇水。一般种植 20 d 左右出苗前灌 1 次出苗水，入冬前灌 1 次防冬水，3～4 月若遇春旱，还应及时灌水。若遇久雨大水，则要及时疏沟排水，以防积水，造成球茎腐烂，叶片发黄，导致植株早枯。

6. 球茎采收

当西红花叶片全部枯黄时，选晴天且土壤呈半干状时采收。先清除畦面杂草，从畦的一端按次序进行挖掘。起获的球茎应该去掉泥土并薄摊畦面，然后运回室内，薄摊在阴凉、

干燥、通风处。西红花球茎外观新鲜饱满、无伤疤、无病斑和虫斑、无检疫性病虫害。西红花球茎质量等级见表18.2。低于三级标准的球茎一般当年不能开花,但可作为繁育用种。

表 18.2 西红花球茎质量等级

等级	净度(%)	单球重(g)	发芽率(%)
一级	≥98	≥35	≥98
二级	≥98	<35, ≥25	≥96
三级	≥98	<25, ≥15	≥95
四级	≥96	<15, ≥8	≥95

(三)球茎室内培育

1. 培育房的要求

室内培育房要求光线充足,南北面开窗,以泥地为佳,同时注意防鼠。室内设置每层相距40~50 cm的钢架或木头架子,便于多层放置培育匾,同时架子之间要留有通道,以便操作管理。

2. 球茎整理分档

西红花球茎在室内摊放一周以后,利用空余时间对球茎进行整理。齐顶端剪去球茎残叶,剥去老根,剔除病斑、虫斑和受伤的球茎。按球茎重35 g以上、25~35 g、15~25 g、8~15 g分成四档,分别进行摊放。

3. 上匾和上架

在地上摊放约20 d后,球茎按分档要求分别上匾,球茎头朝上,放一层。上匾时球茎摆紧,确保主芽垂直向上。装好球茎的匾放到分多层的架子上,每层放一匾,层间距40 cm,底层离地面50 cm左右。

4. 球茎抽芽前管理

球茎上匾上架后,至球茎萌芽前,室内以少光阴暗为主,室温控制在30℃以内,相对湿度保持在60%左右。可采用窗门挂草帘或深色窗帘、搭凉棚、房顶盖草、地面洒水、喷雾或门窗夜开日关等措施,保持室内气温较低,以利花芽分化。

5. 球茎抽芽期管理

西红花球茎在室内培育后,先抽出顶芽,后长出侧芽。顶芽1~3个,多的达到5个,侧芽数个。根据球茎大小不同,合理留芽1~3个,即35 g以上球茎留芽3个,25~35 g球茎宜留芽2个,25 g以下球茎宜留芽1个。球茎萌芽后,当芽长至3 cm时,室内光线要逐步放亮,但应避免直射光的照射。要根据芽的长度调控室内光线强弱,即芽过长要增加光线亮度,过短则减弱光线亮度。同时,匾要经常上下左右互换位置,使各匾所处的生长环境基本一致。一般主芽长度控制在20 cm以内。

6. 球茎开花期管理

西红花球茎萌芽后约50 d开花。如果室内温度低,可在早上8时后,将匾移至室外阳光下,边采花边抹侧芽。开花期注意光、温、湿调控,室内光线要求明亮,若光线不足,要用人工照明的方法增强室内亮度，促使开花正常。开花适温为 15~18℃，相对湿度保持 80% 左右。

（四）采收与加工

1. 采收

西红花的花朵将开时是最佳的采收时间，当天开放的花当天采收。先集中采下整朵花，采摘时断口宜在花柱的红黄交界处，然后再集中剥花，剥花用手指掐去花瓣，取出花丝。

2. 加工

当天采下的花丝当天烘干，将花丝均匀薄摊在纸上，并在花丝上盖一层透气性较好的纸，放在 40~50℃ 的文火中烘 3~5 h 至干。鲜花丝提倡用烘房或烘箱统一烘干，不宜晒干和阴干。

（五）储藏与运输

将干燥后的西红花置棕色瓶或铁盒内避光密闭保存，置于阴凉黑暗处。西红花花丝应存放在干燥、阴凉、通风的仓库，需避光、防潮、密闭保存，商品安全水分 9%~12%。一般保质期两年，真空包装三年，冷库储藏温度 2~5℃。

运输工具或容器应具有较好的通气性，以保持干燥，并应有防潮措施，尽可能地缩短运输时间。同时不应与其他有毒、有害、易串味物品混装。

二、西红花-玉米套种规范化栽培技术

西红花-玉米套种规范化栽培技术适用于河南等偏北方地区。河南地处暖温带至亚热带、湿润至半湿润气候过渡区域，四季分明，春季干燥多风，冬季寒冷雨雪少，秋季晴和日照足，夏季炎热降水相对充足，利用玉米等高秆作物遮阳，辅助疏浚沟渠、滴溉喷溉等农业措施可以保障田间休眠期西红花种球安全越夏及花芽正常分花、开花。

西红花-玉米套种规范化栽培技术具体操作如下所述。

（一）田块选择

选择地势高燥、阳光充足、排灌方便、疏松肥沃、地下水位低、含腐殖质丰富的砂壤土田块，前茬作物以豆类、玉米为佳，未使用化学除草剂。前茬作物大豆收获后施入充分腐熟的农家肥约 45 t/hm^2，翻耕整细耙平，清理田间杂物。

（二）种球处理

西红花种球异地引种。按留大去小、留强去弱原则，抹除种球上部分侧芽，并分级分档沙藏。单个质量 8 g 以下球茎主芽当年不开花，作为培育种球使用。可开花种球分为大、中、小三级分档抹除侧芽，大档 30 g 以上者保留 3 个健壮侧芽，20~30 g 球茎保留 2 个健壮侧芽，小档 8~20 g 球茎保留 1 个健壮侧芽。种植前种球用 50% 多菌灵 1000 倍液浸种

20 min 消毒杀毒。

（三）种植方法

结合整地施充分腐熟的农家肥 15.0~22.5 t/hm²。10 月中下旬开沟露地种植，株行距为 20 cm×20 cm，沟深 10 cm，球茎芽头向上，覆土约 5 cm。选用 20~30 g 保留 2 个健壮侧芽的种球种植。种植初期，喷洒杀真菌剂三唑酮混合杀细菌剂农用链霉素稀释溶液。种植后浇足水，保持土壤湿润，入冬前冬灌，开春后春灌，注意排涝。第二年 2 月中旬进入返青期，3 月进入旺盛生长期，每隔 10 d 叶面喷施 0.2% $K_2H_2PO_4$ 溶液 1 次，连续 3 次，5 月上旬地上部分叶片完全枯萎，进入夏季休眠期，不采挖种球。5 月下旬，采用种肥同播方式足墒机耕播种玉米品种'郑单 1002'（审定编号：国审玉 2015017），留苗密度 6 万株/hm²。9 月收获玉米，10~11 月收获西红花。第三年 5 月仍不采挖种球，西红花和玉米田间管理与上年度相同。第四年 5 月采挖种球，更换田块进行轮作倒茬。

（四）水分管理

西红花耐旱忌涝，注意保持土壤湿润，但不可积水，及时疏浚沟渠排除田间积水，防止球茎腐烂。空气湿度以 70% 左右为宜，过干容易叶片干枯，影响球茎正常生长。干旱季节，以滴灌、喷灌、沟灌为主，不可大水漫灌。

（五）中耕除草

西红花属于须根系浅根植物，根系多分布于土层下 10 cm。2 月返青期中耕松土，注意不可伤害球茎根部，适宜深度为 2~3 cm。除草以人工为主，手工拔草，全程不可施用任何除草剂，前茬作物也不可施用除草剂。

（六）病虫害防治

西红花大田生长期间温度较低，病虫害发生率较低，一般不需要施用农药防病治虫。防治病虫害主要是及时清理田间遗留植株、落叶、残根等，疏浚田间积水。春季注意防治蚜虫，以防感染病毒病。2~4 月气温低，西红花田块可能发生腐烂病、枯萎病等，可用 25% 多菌灵 500 倍液喷洒在植株根部预防。

（七）种球采挖

晴天土壤墒情适宜时采挖种球，阴凉处摊开晾晒 7 d 左右，淘汰病虫伤疤和机械损伤球茎，去除枝叶残根，按大、中、小三级分档，于通风干燥、阴凉少光处沙藏或架藏。

（八）药材采收

西红花开花集中，盛花期短，要及时采收。当花瓣半开、柱头外露伸出花瓣、色泽红而鲜艳、气味芬芳时，集中采收整朵花后剥花。当天采花、当天剥花、当天取花丝，不可过夜。剥花取丝时，用手指撕开花瓣，取出花柱上部与柱头，在花丝分叉点掐断，取红色花柱，花丝以身长、色紫红、味辛者为佳。花丝在 40~50℃条件下烘干至含水量 10%，保持干燥、通风、避光储藏。药材西红花品质以身长，色紫红，滋润而有光泽，黄色花柱少，味辛凉者为佳。

三、大棚环境下西红花种球立体繁殖技术

西红花喜土质肥沃、排水良好、富含腐殖质的砂质中性壤土，忌连作。在大棚环境下立体栽培适宜采用基质栽培，可以满足西红花的生长条件。

西红花大棚立体种植技术具体操作如下所述。

（一）搭架方式与种植模式

根据大棚栽培环境特点以及西红花冬季生长对光照、温度、灌水等的特殊要求，同时考虑植株管理和操作便利，设计出"品"字架，即按"品"字架构，采用 3 层搭架种植，第一层离地 60 cm，第二层比第一层高 40 cm，第三层再比第二层高 40 cm，第一、二层种 1 g 以下的子球，按株行距为 4 cm×4 cm 进行排种，第三层种植 1 g 以上 6 g 以下的子球，按株行距为 6 cm×6 cm 进行排种，整个架宽 104 cm。"品"字栽培架下以种植耐阴或喜阴类经济植物为宜，可种植草菇或蕨菜，夏秋季可种植西瓜或番茄，大棚还可种植菜豆和藤本蔬菜。

从西红花生长效果来看，采用这种搭架方式，第二、第三层西红花的生长情况和产量品质明显优于平地栽培，而且在温湿度控制环境下可以达到"秋提前、夏延后"，延长西红花的生育期及地上部叶片的养分转移，有利于球茎发育，达到良好的复壮与繁育效果。

（二）栽培基质配比

根据西红花根系属须根系、根层分布浅、对孔隙度要求高等生长特性，不同基质对植株定植后成活率和营养生长的影响，结合生产成本考虑，筛选出最适宜西红花种球立体栽培的基质配比为东北泥炭：松鳞=2：1。泥炭比例过高会导致孔隙度不够，影响根系生长。松鳞比例过高容易引起缺水缺肥，增加管理难度。同时松鳞市场价格较高，增加生产成本。而珍珠岩成本虽然低，但使用后基质孔隙度低，根系透气性不佳，容易造成直接经济损失。研究表明，东北泥炭和松鳞的比例在 2：1 以下的，定植存活率可高达 98.2%以上，当东北泥炭和松鳞的比例在 3：1 时，定植存活率明显下降，叶绿素含量也减少，差异明显。说明松鳞含量高，基质孔隙度高，定植存活率也较高。定植成活率高，主要是因为根系生长情况良好，进而植株生长势好，叶绿素含量也随之增加。

（三）基质栽培的灌溉与施肥系统

灌溉与施肥通过一个滴灌管道系统完成，分定量泵和计算机施肥两种方式。定量泵成本较低，便于安装，适宜小规模和简单生产模式。计算机灌溉具有自动控制功能，性能可靠，尽管价格昂贵，但对于大规模种球生产必不可少。使用前要进行水质分析，灌溉管道应置于栽植袋下。用流量为 1~2 L/hm^2 的滴头，通过延长管导向头，将滴灌头伸进栽植槽

内。滴灌系统运转的正常与否取决于过滤的有效性,流量及每次滴灌量都要严格控制。

(四)大棚栽培温湿度的控制

生长期应保持植株周围最低温度为 11～17℃,当温度高达 20～25℃时,应注意棚内通风。子球发育期基质的最低温度应高出环境最低温度 2℃,但基质的最高温度不得超过 18℃。温度的控制可通过加温设施来实现。增加光照是西红花促进生长发育的有效措施。人工光源可采用白炽灯（10 W/m²）。夜间光照每小时补充 25 min。供光时间可从 12 月开始期直到 2 月中旬。光照过长会引起发育过量,由此造成病虫滋生。可通过动态方式(排气机)或静态方式(两端打开或顶棚打开)实现通气。棚内最佳相对湿度应保持在 70%～80%。当湿度过大时,通过加温和换气来调节;当湿度过小时,通过喷雾机或雾化系统来增湿。

(五)养分管理措施

西红花喜肥性强,但根系不耐盐。定植前施足底肥,可以用工厂生产的有机肥,或者农家饼肥,适当加入控释肥,使后期养分管理更加容易些。西红花根系对盐分十分敏感,尤其是苗期,所以上层 5～8 cm 基质要减少肥料用量,以免发生烧苗现象。有机肥主要混用到中下层基质。进入旺盛生长期,应及时进行施氮肥和复合肥。开春后每月施用一次复合肥,共施 3 次。西红花不喜大肥,会引起植株徒长倒伏。追肥可以通过面喷施或滴灌方式施用,或直接撒在土面再喷洒水,加速肥料溶解进入土壤,使植株处于最佳营养生长状态,促进子球发育。土壤处于微酸性(即 pH 值 5.6 以下)时,不能施用磷酸盐肥料,过磷酸盐肥料更不宜施用,会引起叶尖枯焦,严重时甚至枯死。

(六)病虫害防治

西红花的主要病害是真菌类病害和病毒病,真菌类病害往往在高温高湿的环境下迅速感染根部、鳞茎及叶片。防治方法：①基质消毒,并严格防止连作;注意种球消毒,应于子球种植前用多菌灵 0.17%药液浸种。②注意避免栽培基质及空气过分潮湿,生长旺期尽量勿向叶面浇水,当叶片存有露水或温度大时,避免栽植棚内的气温突然升部。③及时喷施百菌清、代森锰锌等杀菌剂进行预防。④及时发现并拔除畸形、花叶、弯曲的病株,有病残体要及时深埋划焚毁,避免大面积传染。

(七)种球采收

球茎的采收时间在第二年 5 月中旬进行,选干燥、晴朗天气将整个植株小心挖起,切忌碰伤球茎表面。采后剪去残、枯叶,尽早晾晒,置于通风干燥处。晾晒时间根据当地气候而定,一般 1 周左右。晾晒过程中不断翻动种球,使种球彻底晾干,挑出有病斑的球茎,防止霉烂。球茎充分晾晒干燥后,按大小进行分级。

(八)种球储藏

种球分级后用 50%多菌灵 0.33%药液或 70%甲基托布津 1%药液(液温 49℃)浸泡 30 min,可防止储藏期间感病。经过处理的种球应在阴凉通风处迅速晾干,晾干过程中要经常翻动。种球晾干后将种球装在有孔的容器里,放在架子上,保持阴凉和通风,避免阳光照射。为了保持球茎的干燥,用木架分层放置,防止堆置,每层间距35~40 cm,放球4~6层,种球整齐排放,保持通气。储藏室要经常检查种球状况,发现病烂球应及时剔除,并喷药防止蔓延。夏季温度较高,可向地面洒水降温,防止发热霉烂。

参 考 文 献

邓世峰, 王先如, 张安存, 等, 2019. 长江中下游地区西红花—水稻轮作模式探讨[J]. 江西农业, (14): 7, 10.
国家药典委员会, 2020. 中华人民共和国药典[M]. 北京: 中国医药科技出版社: 135.
江石平, 朱婉萍, 2019. 西红花抗糖尿病活性成分及作用机制研究进展[J]. 浙江中医杂志, 54(09): 697-699.
江雪, 刘梦璠, 刘华, 等, 2021. 西红花的资源分布及抗肿瘤研究进展[J]. 世界科学技术—中医药现代化, 23(9): 3251-3263.
刘兵兵, 董艳, 姚冲, 等, 2022. 中国西红花的资源开发研究概况[J]. 中国现代应用药学, 39(13): 1783-1788.
吕晓芳, 刘凌云, 2020. 缙云西红花产业现状及效益提升的思考[J]. 浙江农业科学, 61(8): 1537-1538, 1541.
饶君凤, 吕伟德, 王根法, 2012. 浙江省西红花商品种球繁育与立体栽培技术[J]. 林业实用技术, (7): 23-25.
杨红旗, 鲁丹丹, 安素妨, 等, 2021. 河南省西红花"二改一"栽培模式探索[J].农业科技通讯, (11): 283-286.
中华中医药协会, 2021. 西红花-水稻水旱轮作生态种植技术: T/CACM 1375.55—2021[S].
周琳, 杨柳燕, 李青竹, 等, 2020. 西红花栽培、繁育和采后管理研究进展[J]. 中国农学通报, 36(13): 82-88.

第十九章 菊 花

第一节 菊花概况

一、植物来源

菊花，我国十大名花之一，又名鞠、秋菊、菊华、九华、小白菊、小汤黄、杭白菊、滁菊、白菊花、绿牡丹等，《中国药典》（2020年版）收载的菊花为菊科植物菊 Chrysanthemum morifolium Ramat.的干燥头状花序。9～11月花盛开时分批采收，阴干或焙干，或熏、蒸后晒干。药材按产地和加工方法不同，分为"亳菊""滁菊""贡菊""杭菊""怀菊"。根据花的颜色不同，菊花又有黄菊花和白菊花之分，婺源皇菊（简称皇菊）是黄菊花的一种。《中国植物志》中收录为菊花，拉丁名修订为 Chrysanthemum × morifolium (Ramat.) Hemsl, Flora of China 中未收录该物种。

二、基原植物形态学特征

菊花为多年生草本植物，高60～150 cm。茎直立，分枝或不分枝，被柔毛。叶卵形至披针形，长5～15 cm，羽状浅裂或半裂，有短柄，叶下面被白色短柔毛。头状花序直径2.5～20 cm，大小不一，单生或数个集生于茎枝顶端；因品种不同，差别很大。总苞片多层，外层绿色，条形，边缘膜质，外面被柔毛；舌状花白色、红色、紫色或黄色。花期9～11月。雄蕊、雌蕊和果实多不发育。

亳菊 呈倒圆锥形或圆筒形，有时稍压扁呈扇形，直径1.5～3 cm，离散。总苞碟状；总苞片3～4层，卵形或椭圆形，草质，黄绿色或褐绿色，外面被柔毛，边缘膜质。花托半球形，无托片或托毛。舌状花数层，雌性，位于外围，类白色，劲直，上举，纵向折缩，散生金黄色腺点；管状花多数，两性，位于中央，为舌状花所隐藏，黄色，顶端5齿裂。瘦果不发育，无冠毛。体轻，质柔润，干时松脆。气清香，味甘、微苦。

滁菊 呈不规则球形或扁球形，直径1.5～2.5 cm。舌状花类白色，不规则扭曲，内卷，边缘皱缩，有时可见淡褐色腺点；管状花大多隐藏。

贡菊 呈扁球形或不规则球形，直径1.5～2.5 cm。舌状花白色或类白色，斜升，上部反折，边缘稍内卷而皱缩，通常无腺点；管状花少，外露。

杭菊 呈碟形或扁球形，直径2.5～4 cm，常数个相连成片。舌状花类白色或黄色，平展或微折叠，彼此粘连，通常无腺点；管状花多数，外露。

怀菊 呈不规则球形或扁球形，直径1.5～2.5 cm。多数为舌状花，舌状花类白色或黄色，不规则扭曲，内卷，边缘皱缩，有时可见腺点；管状花大多隐藏。

皇菊 呈近球形或不规则球形，其花朵颜色金黄、花蒂呈绿色、花心比较小、气味芳香、花瓣均匀且不散朵。

三、生长习性

菊花喜阳光，忌荫蔽，较耐旱，怕涝。喜温暖湿润气候，亦能耐寒，严冬季节根茎能在地下越冬。花能经受微霜，但幼苗生长和分枝孕蕾期需较高的气温。生长适温18～21℃，最高32℃，最低10℃，地下根茎耐低温极限一般为-10℃。花期最低夜温17℃，开花期（中、后）可降至15～13℃。喜地势高燥、土层深厚、富含腐殖质、轻松肥沃而排水良好的砂壤土。在微酸性到中性的土中均能生长，而以 pH 6.2～6.7 较好，忌连作。秋菊在每天 14.5 小时的长日照下进行茎叶营养生长，每天 12 小时以上的黑暗与 10℃的夜温则适于花芽发育，但品种不同对日照的反应也不同。菊花开过花后的当年生地上部分会死亡，只保留根的生命力。

四、资源分布与药材主产区

菊花在我国分布广泛，尤以北京、南京、上海、杭州、青岛、天津、开封、武汉、成都、长沙、湘潭、西安、沈阳、广州、中山为主，从世界范围看，中亚、地中海周边以及南非地区是菊花许多种类的盛产地。

菊花作为药用茶用兼备的药材，产需丰富，据调查显示，近十年我国对菊花的年需求量在 4500～5500 t。《中国药典》（2020 年版）将菊花药材按产地和加工方法不同分为五种，分别是"亳菊""滁菊""杭菊""贡菊""怀菊"，其中亳菊主要产于安徽亳州，花朵较松，容易散瓣；滁菊主要产于安徽滁州，花瓣最为紧密；杭菊主要产于杭州桐乡，朵大瓣宽；贡菊主要产于旅游胜地安徽黄山风景区与国家级自然保护区清凉峰之间；怀菊主要产于河南北部。

近年来，皇菊在中国南方多地广泛栽培生产，因其个大形美、口感清香甘甜被誉为菊花中的上品，价格也较其他菊花昂贵，主要有两大主产区江西和安徽（江西婺源、江西修水、安徽休宁、安徽歙县），现已在浙江、福建、江苏等地得到推广。

五、成分与功效

菊花中含有挥发油、黄酮、多糖、有机酸、氨基酸以及微量元素等多种化学成分，《中国药典》（2020 年版）规定，菊花药材的检测标准为：按干燥品计算，含绿原酸（$C_{16}H_{18}O_9$）不得少于 0.20%，含木犀草苷（$C_{21}H_{20}O_{11}$）不得少于 0.080%，3,5-O-二咖啡酰基奎宁酸（$C_{25}H_{24}O_{12}$）不得少于 0.70%。

菊花味甘苦、性微寒，归肺、肝经；具有散风清热，平肝明目，清热解毒的功效；可用于风热感冒，头痛眩晕，目赤肿痛、眼目昏花、疮痈肿毒。近代研究表明，菊花还具有抑菌、抗炎、保肝、降血压、抗肿瘤、抗氧化的药理作用，在临床上，常用于治疗高血压、肺炎、支气管炎、流感等疾病。

第二节　菊花规范化栽培模式

菊花属于多年生草本植物，其规范化栽培模式主要包括杭白菊种植技术，亳菊种植技术，滁菊种植技术，贡菊种植技术，饮用菊花与绿肥间套作栽培技术，安徽、浙江、江西等地的皇菊规范化种植技术，特级皇菊栽培技术，香榧套种皇菊栽培技术等规范化栽培技术。

一、杭白菊种植技术

杭白菊是浙江省传统道地药材"浙八味"之一，主产于浙江桐乡、江苏射阳、湖北麻城等地，以茶用为主。此技术内容主要基于现行浙江省地方标准《杭白菊生产技术规程》（DB33/T 2443—2022），具体内容如下所述。

（一）产地环境

选择地势较高、耕层深厚、地力肥沃、排灌方便、黏壤土或砂壤土、远离污染的地块种植，pH 以 5.5~7.0 为宜。宜水旱轮作，连作田块种植前按照 DB33/T 965 的要求进行土壤消毒。

产地灌溉水质量应符合 GB 5084—2021 中旱地作物的基本控制项目要求。产地土壤环境质量应符合 GB 15618 中基本项目的风险筛选值要求。产地空气质量符合 GB 3095—2012 中环境空气污染物基本项目二级浓度限值。

（二）菊苗繁育

1. 品种选择

宜选用经选育审定（认定）的优良品种，如小洋菊、早小洋菊、金菊系列等，宜使用脱毒健康种苗。

2. 育苗方法

杭白菊常用育苗方式有根蘖育苗、扦插育苗和脱毒育苗三种。

根蘖育苗　选择地势较高、肥沃且排水良好、生长健壮高产的杭白菊种植田块留种。采收结束后，于离地 2~3 cm 处割除菊茎。清除枯枝落叶和杂草后覆盖一层松土和草木灰，厚度以高出根茎 2~3 cm 为宜。翌年幼苗出土后，每亩（667 m^2）施农家肥 200 kg，株高 15~25 cm 时用于移栽定植。

扦插育苗　3~5 月，可选择 8~12 cm 长、顶端保留 2~3 张全叶的枝条用于扦插育苗。宜选择直径为 8~10 cm，高 8~10 cm 的营养钵进行育苗。可选用自制营养土或商品基质育苗。装钵前，调节水分，以手捏成团、落地即散为宜。装钵时，要求钵面平整、高低一致，排放时紧密齐整。扦插前1 d，将营养钵浇透水。扦插后宜在大棚内进行繁育。适时浇水，保持基质湿润。

脱毒育苗　按照DB33/T 2272的要求进行脱毒生产用苗的繁殖。繁殖年限控制在3～4年。

（三）大田栽培

1. 整地起垄

定植前7～10 d，结合施基肥深翻整地起垄。垄面宽100～150 cm，垄高20～25 cm，沟宽以30 cm为宜。宜机械化整地起垄。

2. 移栽定植

定植时间　宜在4月中上旬至5月上旬，选择阴天或晴天傍晚进行。采用穴栽或开定植沟方式进行，以垄中定植为宜。定植后浇足定根水。

定植密度　可采用单行双株或双行单株种植，株距20～30 cm，穴（沟）深8～10 cm，每穴1～2株，以每亩3500～5000株为宜。

（四）肥料使用

根据土壤肥力和目标产量，按照NY/T 496的规定进行合理平衡施肥。施肥时重施基肥，轻施苗肥，追施分枝肥，重施蕾肥。前期以有机肥、无烟草木灰或农家肥为主，后期以速效肥为主。

基肥　结合深翻施足基肥，每亩施用腐熟农家肥1000～1500 kg、无烟草木灰1000 kg、符合NY/T 525要求的有机肥1000 kg或饼肥100 kg，定植时施过磷酸钙50 kg。

苗肥　活苗后每亩施用农家肥50～100 kg，兑水浇施。

压条肥　压条前进行人工除草、松土，每亩施有机肥500 kg、尿素10～15 kg。

分枝肥　每次摘心打顶后每亩施复合肥（N-P_2O_5-K_2O比例为15-15-15）10～15 kg。

花蕾肥　现蕾期每亩施复合肥15～20 kg，可视生长状况继续追施一次。

根外追肥　苗期、现蕾后及开花前施用0.2%磷酸二氢钾或微量元素肥料进行根外追肥1～3次。

（五）水分管理

雨季及时清沟排水，干旱时浇水或沟灌抗旱，宜喷灌抗旱。现蕾期注意灌水，保持土壤湿润。

（六）中耕除草

移栽后10～15 d，中耕除草并培土5～7 cm。后期视杂草生长及危害程度，适时除草。宜铺稻草或覆盖黑地膜。

（七）植株管理

压条　①第一次压条：苗高35～50 cm时，将枝条向两边拔倒在地面上，每隔8～12 cm，压一泥块，保证枝条与地面充分接触。②第二次压条：待新侧枝长到30~40 cm时，将枝条由密处压向稀处，其余同第一次压条。压条时间不超过7月下旬。

摘心　压条后，待新梢长到10~15 cm时进行摘心；以后视生长情况适时进行，8月下旬前完成。摘心时选择晴天进行，摘下的顶芽全部带出种植地。

立护栏　现蕾后，在垄四周每隔50~100 cm处插竹片或木棒等，并用绳子进行固定。

（八）病虫害防治

遵循"预防为主，综合防治"的植保方针，优先采用农业防治、物理防治、生物防治措施，辅以化学防治措施。

1. 农业防治

宜水旱轮作，优先选择脱毒种苗，合理密植，科学灌溉，平衡施肥，培育壮苗，及时中耕除草和清除病叶、挖除病株，采收后彻底清园等。

2. 物理防治

灯光诱杀　每15~30亩悬挂一盏杀虫灯，灯管下端距地面垂直高度以1.5 m为宜。

色板诱杀　每亩悬挂黄色或蓝色黏虫板30张以上，分布均匀。黏虫板底端以高出菊苗5~10 cm为宜。

3. 生物防治

天敌释放　引入异色瓢虫等天敌防治蚜虫。

生物农药使用　使用井冈霉素A等生物农药防治根腐病和叶枯病。

性诱剂诱杀　每亩悬挂夜蛾类性诱捕器2~4个，诱捕器下端距地面垂直高度1.2~1.5 m。根据有效期定期更换诱芯。

4. 化学防治

杭白菊的主要病虫害有叶枯病、根腐病、病毒病、蚜虫、夜蛾类害虫等。根据防治对象，选择登记农药。不得使用禁用农药和剧毒、高毒农药。适期用药，最大限度减少化学农药施用。准确掌握用药剂量和施药次数，选择适宜药械和施药方法，严格执行安全间隔期，注意农药轮换使用。农药的安全使用按NY/T 1276的规定执行。主要病虫害化学防治技术见表19.1。

表19.1　主要病虫害化学防治技术

防治对象	农药名称	制剂用药量	使用时间及方法	每季最多使用次数	安全间隔期（d）
蚜虫	20%啶虫脒可溶粉剂	12~16 g/667 m²	发生初期喷雾使用	2	21
蚜虫	25%吡蚜酮可湿性粉剂	25~30 g/667 m²	发生初期喷雾使用	3	14
斜纹夜蛾	5%甲氨基阿维菌素苯甲酸盐水分散粒剂	4~5 g/667 m²	卵孵盛期或低龄若虫期喷雾使用	1	7
根腐病	98%棉隆微粒剂	30~45 g/m²	喷雾	1	—

（九）采收

10月中旬至11月下旬，宜选择晴天露水干后采收。

二、亳菊种植技术

（一）产地环境

种植基地应生态环境良好，附近没有化工厂或其他有污染物排放的工厂，远离主要公路 50 m 以上，空气、灌溉水及土壤应符合相应质量标准。大田种植应选肥沃疏松、排水良好的壤土或黏壤土。

（二）育苗

1. 育苗地选择

选择地势较平坦，肥沃而排水良好的砂壤土或壤土，深翻，整平，做畦。畦宽 100～120 cm、高 15～20 cm、沟宽 30 cm。

2. 母株选择与处理

选择健壮、无病虫、具有亳菊典型性状的单株留作母株，埋土越冬，供早春繁殖。

3. 繁殖方法

分为扦插和分株两种方法，以扦插为宜。

（三）种植技术

1. 整地

春季整地，每亩施 2000～2500 kg 经无害化处理的有机肥，深翻 25 cm 左右，精细平整作畦。畦高 20～25 cm、畦宽 70～80 cm、沟宽 30 cm。

2. 密度

按行距 40～50 cm，株距 40～50 cm，双行种植，每穴 1～2 株。

3. 定植

定植最佳时间是 4 月中下旬，不宜过迟。选择阴天或晴天傍晚，移栽时需浇透定根水。

（四）田间管理

1. 摘心打顶

共 2～3 次，第一次在定植后 20～25 d，当植株长到 20 cm 高时在离地 15 cm 左右摘心；第二次约 6 月中旬，枝条保留 10～15 cm 打顶；第三次只是在后期长势过旺时才需要。摘心打顶必须在 7 月底前完成，每次摘心打顶均需选择晴天进行，摘下的顶芽全部带出菊花地销毁。

2. 中耕除草

缓苗后要及时中耕除草。全年 3～5 次，第一、二次锄草宜浅不宜深，以后各次宜深不宜浅。后期除草时要培土壅根，保护根系防倒伏。菊花封行后停止中耕除草。

3. 水分管理

雨季注意清沟沥水，防止受涝烂根；夏秋季节干旱时，要及时浇水抗旱；孕蕾期不能缺水，灌溉用水应符合 GB 5084 的水质要求。

4. 肥料管理

基肥　结合整地时施入，每亩施用经无害化处理的有机肥 2000～2500 kg 或饼肥 100 kg。

追肥　5～7 月份，分 2 次施尿素。第一次菊花栽种活苗后进行，第二次结合摘顶后进行；8 月底至 9 月初菊花孕蕾时每亩施氮磷钾复合肥 50 kg；10 月现蕾时以磷、钾为主施一次叶面肥。

（五）病虫害防治

1. 农业防治

选用健壮植株，培育健壮菊苗；实行轮作，加强土、肥、水管理；保持田间清洁卫生，及时清除田间杂草、病残体、前茬宿根和枝叶；秋冬深翻冻垡。

2. 物理防治

利用害虫的趋避性，使用灯光、色板、性激素等诱杀；人工捕杀；繁苗时采用防虫网隔离。

3. 生物防治

保护和利用菊地中竹瓢虫、蜘蛛、草蛉、寄生蜂等有益生物；使用生物源农药。

三、滁菊种植技术

（一）种苗选择

种苗应选择健壮、无病虫植株，株高 20 cm 左右，木质化三分之一以上，茎秆紫绿色，直径 0.3～0.5 cm，叶 7～9 片。扦插苗和脱毒苗株高 20 cm 左右，须根在 10 条以上。

（二）大田整地

移栽滁菊的大田，应选择排水条件良好，土质结构疏松肥沃，中性或微酸性（pH 6.5～7）的沙质土壤。

移前施足基肥，每公顷农家肥不少于 1000 kg，翻耕 25 cm 左右。精细整地，墒高 20～25 cm，墒宽 160～180 cm，沟宽 30 cm。没有前茬作物的地块，可于年前秋、冬季深耕一次，使土壤风化，减少病虫基数。

（三）移栽

移栽时间　分株苗在 3 月中旬至 4 月中旬，扦插苗在 4 月中旬至 5 月上旬。选择雨后阴天或晴天的傍晚为好。移栽时需浇足定根水。另外，栽前可将植株顶部剪去 5～8 cm，有利分枝早发、多发，提高产量。

移栽密度　按行株距（45～50）cm×（35～40）cm 每穴定植 1 株。如与早玉米、大豆、蔬菜等作物间作时，行株距为 60 cm×40 cm。

（四）中耕除草

整好地移栽前，可喷施一次除草剂，以控制前期杂草，待移栽一个月后，尤其在雨过天晴要及时锄草松土培根，一般要锄草3～4次。第一、二次宜浅不宜深，第三、四次宜深不宜浅，后期除草要培土壅根，保护根系，防倒伏。

（五）打顶

除在移栽前打顶外，当第一分枝长到20 cm左右时应及时打顶，控制株高，促进第二分枝发生，依次类推，最多打顶2次。打顶应在7月底前完成。

（六）科学追肥

以优质农家肥、有机肥为主。5～7月，分三次施腐熟淡粪水，第一次在栽种活苗后，以后结合打顶进行；8月中旬可适当追施一次多元复合肥，以促进花芽分化，提高有效花数，每667 m²追施10～20 kg。

（七）采收

每年11月上旬开始采收。以管状花开放呈金黄色时为准，选择晴天露水干后采收。

四、贡菊种植技术

（一）园地选择

黄山贡菊的园地宜选择地势平缓、土壤肥沃、土质疏松、排灌性强的砂壤土，一般选择海拔300～600 m处。不宜选择低洼地方，因为低洼处易积水导致根系腐烂，不利于贡菊的生长。黄山贡菊喜暖耐寒，是一种短日照植物，因此在选择园地的同时，需考虑光照时间，一般每日光照为7～9 h。

（二）精细整地

选择好园地后，要进行20～30 cm的深翻，以保证贡菊生长的土壤含水量。及时清除园地里的杂草、石块、垃圾等杂物，平整园地。为了避免黄山贡菊种植后出现干旱等情况，可挖垄宽约70 cm、垄距约40 cm的排水沟。根据歙县当地黄山贡菊种植习惯以及土质情况，合理施加基肥以满足贡菊对土壤肥力的需要。

（三）繁育

苗木繁育与黄山贡菊品质具有密切联系。在选择育苗时，应选择长势旺盛、根系发达、颜色艳、无病虫害的母本。黄山贡菊的繁育方式主要有分株、扦插、埋根3种繁殖方法。分株法，即于4月中旬左右将菊花蔸萌发的苗一根根地分开埋入地下，待苗长至2.0 cm左右时进行分株移栽；扦插法，即将萌发的粗壮苗剪至约10 cm长，插入湿润的土中；埋根法,即在采摘黄山贡菊花后,除去花箕,将花兜分兜后埋入土中,浇足肥水以保湿,翌年3月追加淡粪水,以促进花苗出土。

(四)栽植管理

一般于4~5月栽植菊花苗,栽植密度约5万株/hm²,栽植时遵循穴大根舒、不窝根不吊空、扶正打实的原则。菊苗缓苗后,锄地松土以控制水肥,使根向下生长,发展根系。同时注意清除杂草,为了避免倒伏,需进行一定程度的培土。菊苗根系生长消耗大量的养分,需及时补充肥力,一般在栽植时、打顶时、花蕾形成时追加肥料。菊花生长期为了促进主干生长粗壮、减少倒伏、增加分枝及花蕾,需进行1~3次的打顶,一般选择晴天进行打顶。同时,对生长过于密集的枝条、细弱的枝条、病枝条进行修剪。

(五)病虫害防治

黄山贡菊常见的病害有白粉病、叶枯病、白绢病等,常见的虫害有蚜虫、地老虎、蚂蚁、卷叶虫等。由于化学防治影响黄山贡菊的品质,因此坚持以农业防治为主,慎用化学防治。在农业防治上,一是进行品种轮换,选择健康的无病苗,均衡施肥、中耕除草和栽植密度适中;二是进行覆盖地膜,不仅能够减轻病虫害,还能抗旱保墒,提高贡菊品质;三是及时清除有病植株及病死株,避免感染周围健康植株。同时保证贡菊管理,营造一个贡菊生长的舒适生态环境。在化学防治上,应对症下药,不可盲目乱用药,并轮换用药,按照用药的说明要求定时、定量、准确用药。剧毒农药、高残留的农药禁止使用。使用新研制的高效、低毒、低残留的新农药。采摘期前15 d就应停止施药,确保菊花无农药残留,保持黄山贡菊品质优良的品牌。

(六)采收

10月底至11月底采收。当头状花序顶部舌状花开放70%以上时,选择晴天露水干后采收。

五、饮用菊花与绿肥间套作栽培技术

(一)产地环境

种植基地生态环境良好,远离主要公路和化工厂等污染性企业,需要肥沃疏松、排水良好的壤土或黏壤土。空气、灌溉水及土壤应符合相应标准。

(二)品种选择

菊花品种　贡菊、皇菊、金丝皇菊、黄菊、金丝皇菊、杭白菊等。

绿肥作物品种　间作豆科绿肥品种为饭豆、竹豆等;套作豆科绿肥品种为毛叶苕子、光叶苕子,禾本科绿肥品种为黑麦草、鼠茅草等。

（三）种植

1. 整地

春季菊花移栽前，用机械或人力翻耕，同时翻压毛叶苕子、光叶苕子、黑麦草、鼠茅草等绿肥。耙细土壤，并使土壤平整，再开沟作畦，畦宽 30 cm，畦高 20 cm，沟宽 30～50 cm。

2. 种植期

菊花　每年 4～6 月份。

绿肥作物　间作绿肥饭豆、竹豆等在菊花种植后 10～15 d 播种；套作绿肥毛叶苕子、光叶苕子、黑麦草、鼠茅草等播种期在 10 月中上旬。

3. 种植密度

菊花　行距 60～80 cm，株距 20～40 cm，每穴 1～2 株。

绿肥作物　饭豆、竹豆每亩播种量 2～3 kg，根据畦间的沟宽度条播，行距 10～15 cm；毛叶苕子、光叶苕子每亩播种量 3～5 kg，黑麦草、鼠茅草每亩播种量 1～1.5 kg，根据畦间的沟宽度条播，行距 10～15 cm。

4. 种植方式

菊花　采用作畦分株扦插移栽方式种植于每畦中间，选择雨后阴天或晴天傍晚扦插移栽；遇少雨天气，土壤不够湿润，移栽后应浇定根水。

绿肥作物　采用条播方式种植于菊花畦间沟内，也可采用撒播方式均匀种植在畦间沟内。每亩用 2～3 kg 钙镁磷肥拌种，播种后覆盖浅土，覆土深 1～2 cm。

（四）田间管理

1. 翻压

毛叶苕子、光叶苕子、黑麦草或鼠茅草在下茬菊花种植前 15～30 d 就地翻压还田。气温高，分解快，翻压宜迟，相反，宜早翻压；土质黏重宜早翻压，土壤疏松肥沃可适当推迟。饭豆、竹豆不翻压，9～10 月份自然枯萎，当生物量大时，可以刈割就地覆盖行间。

采用干耕深翻方式翻压，深度 15～20 cm，翻压前，先用割草机将植株打碎，然后翻压。翻压时做到不让绿肥露出土面。

2. 摘心打顶

第一次在移栽时或移栽后的 20～25 d；第二次约 6 月中旬；第三次 6 月底至 7 月上旬；第四次在后期长势过旺时。五月后移栽的扦插苗摘心打顶次数相应减少。

贡菊第一次离地 5 cm 左右摘去，黄菊、金丝黄菊、皇菊、金丝皇菊、杭白菊第一次离地 15 cm 左右摘去，以后各次保留 10～15 cm，摘去上部顶芽。摘心打顶须在 7 月底前完成，每次摘心打顶须在晴天进行，摘下的顶芽全部带出菊花地销毁。

3. 中耕除草

人工除草，每年 1～2 次。

4. 水分管理

要求排水通畅，地面不渍水。春季雨水多时经常清沟，排除积水，保持土壤干爽。夏秋季节干旱时，要及时浇水抗旱。

5. 肥料施用

基肥一般在移栽前配合翻耕整地施用，每亩施用腐熟无害化有机肥 1000～1500 kg。缺磷土壤每亩增施 20～30 kg 钙镁磷肥，主枝修整后追施化肥，N、P_2O_5、K_2O 施用量均为 3.75～7.50 kg。孕蕾期喷施 0.2%～0.3%磷酸二氢钾溶液。

6. 采收与清茬

采收　选择晴天露水干后采收，菊花植株顶部头状花序的中心小花 70%散开时，开始采收花朵，不采露水花和雨水花。每年 10 月底至 11 月初进行第一次采摘，称头花，之后每隔 6～7 d 将标准花采下，直至采摘完毕。

清茬　采收后，菊花残茬全部挖出、移除，不留残茬。

（五）主要病虫害防治

由于与饮用菊花间套作栽培，不得使用和混配化学合成的杀虫剂、杀菌剂、杀螨剂、除草剂和植物生产调节剂。

绿肥病害主要有白粉病、菌核病、褐纹病等，虫害主要有蚜虫、潜叶蝇、蓟马、黏虫等；菊花病害主要有叶枯病、霜霉病等，虫害主要有蚜虫、蛴螬、地老虎等。

绿肥和饮用菊花要及时清除杂草和病虫害，避开天敌高峰期，利用绿肥化感作用、灯光、色板、机械捕捉、性诱剂、释放天敌等驱赶消除害虫。

六、安徽省皇菊栽培技术

安徽盛产皇菊。此技术内容主要基于现行安徽省地方标准《皇菊栽培技术规程》（DB34/T 2857—2017），具体内容如下所述。

（一）产地环境

无公害饮用菊花生产的产地环境条件应符合 NY/T 5010 的规定。

（二）土壤准备和整理

土壤准备　选择地势较平坦，肥沃而排水良好，酸碱度为中性或微酸性，前茬没有种植皇菊的砂质壤土，深耕，每 667 m^2 施入腐熟的农家肥 3000 kg。

土壤整理　苗床畦面宽 110～120 cm，畦高 15～20 cm，沟宽 30 cm，四周挖排水沟。

（三）育苗

1. 皇菊育苗

分为分株育苗和扦插育苗二种。

2. 种苗越冬

种苗选取和处理　11 月底至 12 月上旬，选取生长健康无病虫害的皇菊，离地面 3～4 cm

处短截，并清理干净枯枝落叶，集中掩埋。

原地保存　对根兜进行就地埋土，埋土高度 10～15 cm。

苗床保存　将根兜起出，按行距 20～25 cm 栽植于畦上，覆土 3～5 cm，压实。

3. 分株繁殖

每年 3 月至 4 月初，待种苗上的幼苗长至 3～4 片叶时，将从根兜处长出的小苗连根起出，进行定植。

4. 扦插繁殖

扦插苗床的消毒：将整理好的土壤用百菌清或多菌灵进行消毒，一周后覆盖地膜。

扦插时间　4～5 月。

插穗剪取　选用健壮、无病虫当年生枝条，在枝条中上部剪取插穗，插穗长 8～10 cm。

插穗处理　插穗先用百菌清消毒，再用生根剂处理，百菌清、生根剂处理按照使用说明进行。扦插行距 20～25 cm，株距 6～7 cm 插于准备好的育苗畦上，压实并浇透水。

扦插管理　保持苗床湿润，及时清除杂草，20 d 左右生根。

5. 苗木出圃标准

健壮无病虫，叶色浓绿，叶片 4～5 片，茎粗 1.0～1.5 cm，株高 10～15 cm。

（四）定植

定植密度　采用单行种植，株距 50～60 cm，每穴 1 株。

定植时间　分株苗在 3 月至 4 月初定植，扦插苗 5 月底前定植。

定植方法　选择雨后阴天或晴天傍晚，定植深度以根茎处埋入地下 2～3 cm 为准，定植后及时浇定根水。

（五）田间管理

摘心　待植株长至 10～15 cm 左右时，每株保留 3～4 片功能叶进行摘心。在新发侧枝长到 5 cm 再进行摘心。摘心必须在 7 月底前完成。至采花前摘心 1～3 次。每次摘心应选择晴天进行，摘（剪）下的顶芽全部带离田间销毁。

中耕除草　及时清除杂草，15～20 d 除草一次，全年 4～5 次，除草后立即浇一次透水。

搭支架　在植株旁用竹竿等支撑材料搭支架，防倒伏。

水分管理：雨季注意清沟沥水，夏秋季节要及时浇水，孕蕾期不能缺水，灌溉用水应符合 GB 5084 的水质要求。

施肥　时间为 4～5 月。参照 NY/T 496 的规定。农家肥等有机肥料施用前应经无害化处理，微生物肥料应符合 NY/T 227 要求。

追肥　9 月份孕蕾时每 667 m² 施复合肥 50 kg，10 月现蕾时喷施 1 次 0.1%～0.3% 磷酸二氢钾叶面肥。

（六）病虫害防治

1. 农业防治

选用健壮植株，种植前进行种苗消毒；和小麦，大蒜等实行轮作。清除前茬皇菊宿根和枝叶。秋冬深翻，减轻病虫害危害基数。

2. 物理防治

及时清除杂草，15~20 d 除草一次，全年 4~5 次，除草后立即浇一次透水；病叶及时摘除并集中销毁；利用害虫的趋避性，使用灯光、色板、异性激素等诱杀，或有色地膜等拒避害虫；采用防虫网等材料控制虫害，或采用人工捕捉害虫。

3. 生物防治

保护和利用菊地中的瓢虫、蜘蛛、草蛉、寄生蜂、鸟类等有益生物；使用生物源农药，如微生物农药和植物源农药；采用防虫网等材料控制虫害，或采用人工捕捉害虫。

4. 化学防治

农药使用符合标准 GB 4285 和 GB/T 8321；引种时进行植物检疫，不得将重要病、虫随种苗带入或带出；采收前 20 d 停止使用化学农药。

（七）采收

采收时期　10 月下旬~11 月底。

采收标准　种植区当皇菊植株顶部头状花序的中心小花 70% 散开时，开始采收花朵。

采收次数　一般分 3 次。第 1 次采摘直径在 5 cm 以上的绣球状特级皇菊，第 2 次采摘直径在 3~5 cm 左右的绣球状优质皇菊，第 3 次全部采完。

七、浙江省皇菊栽培技术

浙江省是菊花的重要产地之一，其中皇菊栽培主要在丽水、杭州、温州等地，质量上乘。浙江省皇菊栽培技术具体如下所述。

（一）产地环境

皇菊花生产选择海拔 1000 m 以下，无污染源或污染物含量控制在允许范围之内的农业生产区域。产地环境条件应符合 NY/T 5010 的规定。

（二）扦插育苗

扦插时间　4 月至 6 月上旬。

扦插方法　选择生长健壮、无病虫害的当年生枝条，剪取中上段 5~8 cm 长的部分扦插到 50 目的育苗穴盘中，扦插基质为泥炭和珍珠岩（珍珠岩：泥炭=3：1）。

抚育管理　扦插后覆盖遮光率 50% 的荫网，10 d 内，利用定时喷雾装置，晴天白天每 1 h 喷水 1 次，每次喷雾时间持续 1~3 min，阴雨天视情减少喷雾次数；扦插后第 11 天至出圃前每天上午 10：00 和下午 15：00 各喷水 1 次，并每周用 0.25% 尿素液肥进行一次叶面喷施。

（三）扦插育苗

1. 种苗选择

扦插后 20~35 d，生长健壮、根系发达、无病虫害的成品苗。

2. 种植地选择

宜选择质地疏松肥沃，立地开阔，通风、向阳、排水良好的地块。选择微酸性或中性的沙质轻壤土，pH值为5.5~7.0。

3. 整地

4月中旬，深翻耕25 cm左右，精细平整作畦，畦高20~25 cm，畦宽70~80 cm，沟宽25~30 cm。冬季闲置田块，可于年前冬季进行一次深翻耕。

4. 种植密度

按株行距50~60 cm，单株错行种植（呈三角形种植），每穴1株。

5. 移栽

皇菊移栽种植最佳时间为5~6月。选择雨后阴天或晴天傍晚移栽，及时浇定根水。

（四）栽培管理

1. 打顶

皇菊栽培需打顶3次，第一次打顶在移栽前2 d进行，剪去上部顶芽，保留3~4片叶，以后各次剪去各分枝上部顶芽，保留枝条底部3~5片叶；第二次打顶在移栽后30 d进行；第三次打顶在第二次打顶后30 d左右进行。移栽较迟的扦插苗打顶次数相应减少。

打顶选择晴天进行，剪下的顶芽全部带出菊花地。

2. 除草

全年安排4~5次对皇菊地块进行人工除草，不应使用化学除草剂。

3. 抹花芽

时间　8月下旬至采收前半个月。

方法　根据培育皇菊花的大小分1~6次进行抹花芽，保留每个开花枝条上开花花芽，抹去多余的花芽。以培育大花为主的，每个开花枝条保留1~3个花芽；以培育小花为主的，视情抹除部分花芽。

4. 肥水管理

水分管理　雨季注意清沟排水，防止受涝烂根，夏秋季节干旱时，要及时浇水抗旱，孕蕾期不能缺水，灌溉用水应符合GB 5084的水质要求。

施肥　采用基肥加追肥进行施肥，结合整地时，每株种植穴内施入复混有机肥（茶籽饼：菜籽饼：硫酸钾=1：4：0.1）作基肥，每667 m^{2}施用100 kg。8月上中旬花芽分化前追肥一次，追肥使用复混有机肥（有机肥：尿素：硫酸钾=13：2：3），每667 m^{2}用量90 kg，追肥采用穴施。

5. 覆膜

皇菊移栽后，为防止杂草生长应及时覆盖反光膜，反光膜应连同畦面和排水沟一起覆盖，并用塑料地钉将反光膜接头钉紧。

（五）病虫害防治

皇菊病害以叶枯病、霜霉病为主；虫害以蚜虫、地老虎、绿盲蝽、斜纹夜蛾等为主。病虫害以预防为主，采取综合防治措施，农药使用应符合GB/T 8321（所有部分）。

（六）采收

1. 时间

10月下旬至11月底。皇菊花瓣70%左右散开时，开始采收花朵。选择晴天露水干后采收，不采露水花和雨水花。

2. 方法

当花朵达到采摘标准时即开始采摘，分批多次循环采摘，直至采摘完毕。采花时将好花、次花分开放置，注意保持花形完整，剔除泥花、虫花、病花，不夹带杂物。

八、江西省皇菊栽培技术

皇菊起源于江西，主产地在奉新、修水、婺源等地，这些地方的水、光、热条件充足，没有人为污染，很适合皇菊生长。江西省皇菊栽培技术具体如下所述。

（一）种植前准备

1. 田块选择

金丝皇菊作为阳性喜光花卉，适宜在气候凉爽、通风透光的环境中生长。对土壤要求不严，但中性、富含腐殖质、疏松肥沃、排水透气性良好的砂质土壤为最佳。最忌水湿，土壤湿度过大则生长不良，若夏季雨水过多形成积水，则易烂根死亡。黏性重的土壤和低洼地不宜种植，忌连作。

2. 整地及土壤消毒

种植前深翻25 cm左右，结合整地亩施腐熟农家肥2000 kg、钙镁磷肥50 kg，将肥料翻入土中做基肥。将土耙细作畦，畦宽90 cm，沟宽30 cm、深30 cm。地整平后在畦面覆盖黑色地膜，可保肥保水且减少后期除草工作量，但要确保膜内不积水。为减少金丝皇菊生长期间的病虫害发生，伴随施基肥亩撒施3%辛硫磷颗粒剂1.5 kg和50%多菌灵可湿性粉剂0.5 kg进行土壤杀虫、消毒，可预防根腐病、茎腐病、叶枯病、灰斑病、蛴螬、小地老虎等病虫害。

（二）皇菊种植

1. 繁殖方法

有分株繁殖和扦插繁殖两种方法。分株繁殖是在11月采收菊花后，将菊花茎干平地面割除，选择生长健壮、无病害的植株，施一层土杂肥，保暖越冬（或将其根全部挖出，重新栽植在一块肥沃的地块上，施一层土杂肥，保暖越冬），翌年4月菊花幼苗长至15 cm高时分株栽植于大田。一般一亩分株繁殖苗可栽15亩左右的大田。扦插繁殖一般在2月中旬至3月下旬育苗，苗龄1个月左右移栽。

2. 移栽

扦插苗在3月中旬至4月下旬移栽，分株苗在4月移栽，每亩移栽2000株左右，最多不超过 2400 株。选阴天或晴天的傍晚,在整好的畦面上,每畦栽植两排,按株、行距各 50 cm 挖穴,穴深 6 cm,然后选择根系发达的植株栽植,扦插苗每穴栽 1 株,分株苗每穴栽 1~2 株。栽后覆土压紧,浇足定根水,盖膜移栽的要用土封好移植穴不能透气。若苗子较大,可将顶芽摘除,以减少养分消耗,提高成活率。起苗前 1~2 d,对幼苗喷洒 50%多菌灵可湿性粉剂 800 倍液进行杀菌。

(三) 田间管理

1. 中耕除草

露地栽植的金丝皇菊,生长期间要加强中耕除草,一般每年进行 5 次,在 5、6、7、8、9 月各一次,按照"除早、除小"的原则,避免杂草影响金丝皇菊植株的长势。由于皇菊根系分布较浅,中耕除草时宜浅,避免损伤根系。若出现根系裸露情况,应及时培土,以防止倒伏。盖膜移栽皇菊的田块,要用手拔除蔸下的杂草,用除草剂清除沟内杂草,但要求施药后 3 d 内不下雨。

2. 水分管理

金丝皇菊怕积水,若夏季雨水过多形成积水,则易烂根死亡。要加强排水管理,每次下雨前后检查,确保排水畅通,但在花期如遇干旱要及时浇水。

3. 适时追肥

金丝皇菊喜肥,在土壤肥沃的地块生长势更强,因此,在施足基肥的情况下,还应根据不同生长期进行追肥。露地栽植的,一般追肥两次,第一次在植株整枝和中耕除草后进行,亩施人畜粪水 1500 kg 或 45%硫酸钾复合肥 25 kg,第二次是在孕蕾期叶面喷施 0.2%~0.3%的磷酸二氢钾溶液,以促进开花整齐,提高产量。对于基肥足盖膜移栽的菊花田块,分枝肥可不施,但如果后期缺肥,应于 8 月中下旬在下小雨时或雨后在沟内亩撒施复合肥 25 kg。金丝皇菊应少施氮肥,否则成干花率低,花质量差。

4. 剪苗

金丝皇菊应在 5 月中下旬选择晴天或阴天进行一次剪苗,植株高度自地面留 2~3 cm 高即可。以后保留 3~5 个生长强壮的分枝,抹去其余较弱的分枝,有利于保证开花时间及质量。否则,分枝过多,营养不良,花头变得细小,会影响菊花的产量和质量。

5. 搭架

经过一次剪苗的植株分枝多,开花时花朵量大,并且集中在顶部,遇到下雨天气容易倒伏,并影响植株内的通风透光,因此,应在畦面搭支架,防止倒伏。

6. 病虫害防治

金丝皇菊忌连作,一般情况下,做好种苗、移植土壤的消毒工作后,很少出现病虫为害情况。金丝皇菊花的主要病虫害是根腐病、枯萎病、叶斑病、蛴螬、小地老虎、蚜虫、斜纹夜蛾等。防治方法是移栽前处理菊苗和栽种穴,移栽后雨季要及时排除田间积水,发现病株要及时拔除,并根据病虫害发生情况适当采用化学方法进行防治,以减少后期开花季节的病虫害发生。

（四）采收

金丝皇菊开花时间较长，但采花时间较为集中，主要在11月上旬。待花朵开放3/4时，选晴天早上露水干后进行采收。采收后要及时加工，防止腐烂、变色。

九、特级皇菊栽培技术

皇菊以成品花形态及直径大小分为特级、一级、二级、三级。其中成熟鲜花呈绒球状，直径超过6 cm，色泽娇黄艳丽、无缺边角、颜色亮黄、花瓣平直、花心散开，烘干后每朵质量约1.3 g，浓香馥郁、颜色黄艳、滋味甘醇，为特级花。安徽省歙县溪头镇是黄山贡菊主要产地之一，花农通过多年种植经验总结出"三分四打头，五月、六月控水流，七月、八月多水肥，九月开个大绣球"（月份按农历算），溪头镇花农创造性提出"搞特级"，通过提升有机肥比例、合理进行水分管理等关键技术，大大提高皇菊特级花的比例和成品花的数量，让每株皇菊基本能生产10～12朵特级徽州皇菊，使特级皇菊由原来产量（7.5 kg/hm²）不足提高到375 kg/hm²，大大提高了经济效益。具体特级皇菊栽培技术如下所述。

（一）选地

根据皇菊的生长特点，选取土质疏松、有机质丰富的微酸性黄红壤作为生长土壤，土地具有排水、排气性好，水源方便，阳光充分等特征，可以使特级皇菊根部生长旺盛，达到壮苗目的，并对肥水吸收能力强，抗病虫害能力强。生产前期排涝、后期花蕾生长需水方便，满足特级皇菊生长阶段各种需求。

（二）施肥管理

皇菊属于莲座型，根系发达，需肥量大，合理施肥很重要。

1. 基肥

根据土壤肥力，1 hm²使用7500 kg有机肥打底，保证根系生长旺盛；经过腐熟（有条件采用商品有机肥）并掌握使用时间，合理追肥和叶面施肥。基肥中有机质充分的，菊花颜色漂亮，黄酮含量高。

2. 追肥3次

移栽时，1 hm²施入复合肥450 kg，以高氮低磷为主，提高植株抗病力；打顶时，挖穴深施入复合肥300 kg加商品有机肥300 kg，促进根系生长；追肥，1 hm²使用450 kg复合肥，促进花蕾生长。

3. 叶面追肥

皇菊叶面追肥需要根据皇菊的长势进行合理调配，如氨基酸对花滋味形成、黄腐殖酸对抗逆性形成等。追肥对于特级花批量形成，及开花后的持续壮大作用很大。

（三）水分管理

根据特级皇菊对水分的需求，按照前期做好排水抗病，中期轻度烤苗，后期湿润长花的原则，做好水分管理。

梅雨季节，水分多、温度高，也是病菌高发期。保持健康的植株对特级花生产至关重要，根系的损伤直接导致花蕾形成慢、小，影响特级花的数量，要做好开深沟，及时排除多余的水分。水分对花芽分化和开花也有影响。中期（梅雨过后）控制水分能促进菊花花芽分化，适度干旱可使皇菊植株减少对氮的吸收，有助于光合产物的积累。花蕾如黄豆大时，保证土壤50%左右水分，促进花瓣的成长，不仅要根部供水，还需通过叶面施肥等形式实现叶面直接供水，促进花蕾开放。

（四）田间管理

1. 前期促壮苗

选择优质苗移栽，高度15 cm以下的壮苗，密度为22500～30000株/hm^2；及时做好水肥管理和病虫害管理，使用定根肥，保证苗粗壮有力。

2. 搭建丰产架，做好修剪和枝条整理

特级花的修剪分为3次，刚长出2～3对叶片就要进行打顶修剪，修剪后需要保留底部的一对叶片，保留3个芽头，芽头大小均匀，且方向分开，接着采用大肥、大水促进生长；长至约30 cm时进行二次修剪，按照4朵4个方位；植株高约50 cm进行第三次修剪，以3-3-3或3-3-4最佳。

3. 疏花果

菊花枝杆的顶端和枝杆上会同时长出多个花蕾，如果不进行疏蕾，会导致花朵小且杂乱无章。按照丰产架控制菊花的朵数，每条枝杆的顶端只开一朵菊花，可以有效保证产出饱满丰硕且颜色鲜艳的特级花。疏蕾工作在9月末开始，可以用手指或镊子钳去不需要的花蕾，仅留其中最大、最粗壮的。

4. 分级分批采

采花时间为11月5～10日第一次采收，主要采摘特级花，按照要求对所有符合要求的特级花进行采摘。用食指和中指夹住花柄，向怀内折断，结合采摘对部分小蕾进行摘除，约可采特级花20%。同时，喷洒适量水，推动二次花的采摘。7 d后再次采摘，先按要求采摘特级花，边采边分级，同时做好水肥管理，约5～8 d后，下霜前可分级全部采摘。

十、香榧套种皇菊栽培技术

皇菊和香榧对土壤的要求高度一致，香榧林内套种皇菊形成的地表覆盖对香榧起到遮阴效果，能显著降低香榧根系地表温度，减少夏季高温对香榧叶片的灼伤。皇菊生产中的整地、施肥、水分管理、病虫害防治等多个生产工序与香榧生产管理时间上基本一致，能实现二者生产的融合，节省香榧各项生产成本，综合效益明显。香榧套种皇菊栽培技术具体如下所述。

（一）产地环境

宜选择海拔800 m以下、排灌方便、土壤疏松、pH值在5.5～6.5、郁闭度0.5以下的阳坡香榧园。产地空气、土壤质量应符合 GB 3095、GB 15618 的要求。

（二）种苗选择

应选择生长健壮，茎粗 0.2 cm 以上，株高 15 cm 以上，无病虫害分株苗或扦插苗。

（三）栽植技术

1. 整地
首次栽培：春季或秋冬季离香榧树冠滴水线外侧 30 cm 以上深翻 25 cm 并作畦，畦高 20～25 cm。
连作栽培：按照首次栽培要求进行整地，连作不超过 3 年。

2. 栽植密度
行距 50～60 cm，株距 30～40 cm。

3. 栽植时间
分株苗 4 月至 5 月上旬，扦插苗 5 月至 6 月上旬。

（四）田间管理

1. 摘心打顶
移栽后 20～25 d，离地 15 cm 剪去，以后每隔 25～30 d 摘心 1 次，共 2～3 次，每次向上增高 5～15 cm。长势过旺时，应增加摘心打顶次数，选择晴天进行。

2. 中耕除草
5～9 月人工锄草培土 2～3 次。

3. 水分管理
雨季及时清沟排水，干旱时浇水。灌溉用水应符合 GB 5084 的水质要求。

4. 施肥管理
基肥　每 667 m^2 施腐熟有机肥 1000～1500 kg，或饼肥 200～300 kg。
追肥　第 1 次在菊花栽种后 7～10 d，其他几次结合摘顶后进行，每 667 m^2 用 100～150 kg 0.2%尿素水浇施。
孕蕾肥　8 月底至 9 月初菊花孕蕾时每 667 m^2 施复合肥（N：P：K=15：15：15）25 kg，采用沟施法，施肥覆土，少量多次。
现蕾肥　10 月现蕾时喷施 1 次 0.3%磷酸二氢钾。
香榧施肥　香榧施肥方法参照 DB33/T 340，减少追肥 1 次，肥料使用应符合 NY/T 496 规定。

（五）主要病虫害防治

1. 主要病虫害
皇菊主要有褐斑病、锈病、白粉病、白绢病、叶枯病、霜霉病等病害及菊蚜虫、棉铃虫、菜青虫、红蜘蛛（螨虫）、蛴螬、地老虎等虫害。
香榧主要有细菌性褐腐病、紫色根腐病、茎腐病、绿藻等病害及香榧瘿螨、蚧类、白蚁等虫害。

2. 物理防治

人工捕捉害虫，使用灯光、色板等诱杀。

3. 生物防治

应保护和利用瓢虫、蜘蛛、草蛉、寄生蜂、鸟类等有益生物，减少对天敌的伤害；宜使用微生物农药和植物源农药等生物源农药。

4. 化学防治

香榧病虫害化学防治方法见表19.2；化学农药使用应符合GB 8321的规定。

表19.2 香榧主要病虫害防治方法

病虫种类	危害习性、症状	防治方法
香榧瘿螨	1年发生5~9代。越冬卵于翌年4月底至6月上旬孵化。随新梢生长，危害部位逐步上移，从4月底到10月中旬均发生危害，全年盛发期在5~7月	3月下旬用10%的吡虫啉乳油加5倍柴油，涂刷树干离地50 cm的部位；重点在5~7月，用15%达螨灵乳油2500~3000倍液，或螺螨酯乳油4000倍液喷杀
蚧类	种类较多，主要有矢尖蚧、白盾蚧、角蜡蚧等，成虫、若虫群聚于叶、梢、果实表面等处吸食汁液，使受害组织生长受阻，严重时导致落叶，植株枯死	3月下旬用10%的吡虫啉乳油加5倍柴油，树干离地50 cm的部位刮去表皮后涂刷；5月中下旬用25%噻嗪酮1500倍液
金龟子类	4月啃食新梢	3月下旬至4月上旬用10%吡虫啉可湿性粉剂2500倍液或1%甲维盐1000~2000倍液喷雾防治
白蚁类	危害根部及树身	在蚁路上用白蚁专用诱杀包诱杀
根腐病	4月初病原菌自幼根或伤口侵入，7~8月为发病盛期，发病时先幼嫩细根染病，后扩展到粗根，染病根皮层腐烂，木质部呈紫褐色，幼树或苗木感染后，生长停顿，树叶萎蔫	整地时用生石灰土壤消毒。挖除病株与根际土壤，并喷浇5%~10%硫酸铜溶液防止蔓延
茎腐病	3月开始发病，为害苗木，主要发生于茎部，发病初期病斑呈水渍状，黄褐色或紫褐色，病皮稍肿皱，皮层组织腐烂，后期树皮干缩，枝条枯死	注意排水改土，保持土壤通透性；做保护圈遮阴或根际复草遮阴，防止茎基暴晒和外伤；发病后及时扒开根际表层土壤，清除病菌生存土壤。预防用50%扑海因800倍液，治疗用50%速克灵（腐霉利）1500倍液，施佳乐（40%嘧霉胺）100倍液
细菌性褐腐病	4月底或5月初，幼蒲表面出现针头大小的油渍状斑点，使表皮呈块状的褐色病斑。表皮在青绿色渐变为灰黄色，幼果易脱落。5月中下旬为发病顶峰，病蒲开始脱落，产生残蒲僵子	4月底和6月各喷施1次5%菌毒清500倍液，20%甲克菌清2500倍液，402抗生素1000倍液，72%农用链霉素5000倍液喷雾
香榧绿藻	绿藻大多发生在香榧树老叶上，新叶危害较轻，香榧绿藻的发生率为51%~61%，以轻度发生为主。梅雨季节绿藻容易发生，6月中下旬至7月上中旬为发病盛期	整枝修剪，保持榧林通风透光，平地榧园开沟排水，降低空气湿度；6月初用晶体石硫合剂800倍液防治，10~15 d后再喷1次

（六）采收

1. 采收时期

应在花朵管状花（即花心）开放至70%~90%时。

2. 采收要求

采花时应保持花形完整，剔除泥花、虫花、病花和杂物。

参 考 文 献

安徽省市场监督管理局, 2024. 地理标志产品 亳菊: DB34/T 4882—2024[S]. https://std.samr.gov.cn/db/search/stdDBDetailed?id=228984A12BB10B7AE06397BE0A0A0CD0.

安徽省质量技术监督局, 2017. 皇菊栽培技术规程: DB34/T 2857—2017[S]. https://dbba.sacinfo.org.cn/stdDetail/89e02142ff2db8cd16cd06fc1a359569.

程春雪, 2016. 黄山贡菊高产栽培技术[J]. 现代农业科技, (11): 118.

国家药典委员会, 2020. 中华人民共和国药典[M]. 北京: 中国医药科技出版社: 145-146, 323-324.

江西省市场监督管理局, 2022. 饮用菊花与绿肥间套作栽培技术规程: DB36/T 1464—2021[S]. https://std.samr.gov.cn/db/search/stdDBDetailed?id=CC2E8B8FCC28AE74E05397BE0A0A316F.

江幸福, 刘悦秋, 张蕾, 等, 2018. 绿肥害虫发生与防控研究现状与发展趋势[J].植物保护, 44(05): 61-68.

江幸福, 刘悦秋, 张蕾, 等, 2018. 绿肥害虫发生与防控研究现状与发展趋势[J]. 植物保护, 44(5): 61-68.

孔凡玉, 庞雪莉, 曹建敏, 等, 2020. 金丝皇菊——不仅仅是茶饮[J]. 生命世界, (8): 26-29.

冷从学, 平国伟, 李兴冉, 等, 2017. 修水金丝皇菊无公害栽培技术[J]. 中国农技推广, 33(9): 39-40.

李琛泽, 2021. 南和县白蜡与药用菊花间作造林技术[J]. 现代农业科技, (23): 101-102.

丽水市市场监督管理局, 2021. 皇菊栽培技术规程: DB3311/T 189—2021[S]. https://dbba.sacinfo.org.cn/stdDetail/235d8ddd1f075144427a4fa44260f044787ad8fe0aab666bb8e8e85f8aa88352.

丽水市市场监督管理局, 2021. 香榧套种皇菊栽培技术规程. DB3311/T 184—2021[S]. https://dbba.sacinfo.org.cn/stdDetail/235d8ddd1f075144427a4fa44260f044356964aa3aa00ae07e286535770ce8f0.

王冬梅, 2020. 金丝皇菊的开发利用与栽培技术[J]. 农技服务, 37(12): 78-79.

王红, 2022. 白蜡种苗栽培技术及病虫害防治研究[J]. 种子科技, 40(8): 106-108.

王明辉, 陈展鹏, 蔡正军, 等, 2020. 湖北大别山道地药材夏枯草-菊花绿色高效轮作栽培模式研究[J]. 中国现代中药, 22(11): 1863-1865, 1887.

魏玲玲, 张志军, 陈婷, 等, 2021. 野菊花化学成分及其生理活性的研究进展[J]. 江苏调味副食品, (2): 1-3.

叶劲青, 2021. 提高特级皇菊产量关键技术研究[J]. 农业技术与装备, (10): 163-164.

浙江省市场监督管理局, 2022. 杭白菊生产技术规程: DB33/T 637—2022[S]. https://std.samr.gov.cn/db/search/stdDBDetailed?id=DD9E6D6CE4D09BD9E05397BE0A0AA68C.

中华人民共和国国家质量监督检验检疫总局, 中国国家标准化管理委员会, 2008. 地理标志产品 滁菊: GB/T 19692—2008[S]. https://std.samr.gov.cn/gb/search/gbDetailed?id=71F772D75A33D3A7E05397BE0A0AB82A.

周衡朴, 任敏霞, 管家齐, 等, 2019. 菊花化学成分、药理作用的研究进展及质量标志物预测分析[J]. 中草药, 50(19): 4785-4795.

第二十章 温郁金

第一节 温郁金概况

一、植物来源

温郁金（药材名）名黑郁金、姜黄子，《中国药典》（2020年版）收载的温郁金为姜科（Zingiberaceae）姜黄属（*Curcuma*）植物温郁金（植物名）*Curcuma wenyujin* Y. H. Chen et C. Ling 的干燥块根。同时，其基原植物温郁金的干燥根茎则通过不同的炮制方式制成其他两种药材：根茎于冬季茎叶枯萎后采挖，洗净，除去须根，趁鲜纵切厚片，晒干，即为片姜黄；根茎于冬季茎叶枯萎后采挖，洗净，蒸或煮至透心，晒干或低温干燥后除去须根和杂质，即为温莪术。

二、基原植物形态学特征

株高约1 m；根茎肉质，肥大，椭圆形或长椭圆形，黄色，芳香；根端膨大呈纺锤状。叶基生，叶片长圆形，长30～60 cm，宽10～20 cm，顶端具细尾尖，基部渐狭，叶面、叶背均无毛；叶柄约与叶片等长。花葶单独由根茎抽出，与叶同时发出或先叶而出，穗状花序圆柱形，长约15 cm，直径约8 cm，有花的苞片淡绿色，卵形，长4～5 cm，上部无花的苞片较狭，长圆形，白色而染淡红，顶端常具小尖头，被毛；花萼被疏柔毛，长0.8～1.5 cm，顶端3裂；花冠管漏斗形，长2.3～2.5 cm，喉部被毛，裂片长圆形，长1.5 cm，纯白色而不染红，后方的一片较大，顶端具小尖头，被毛；侧生退化雄蕊淡黄色，倒卵状长圆形，长约1.5 cm；唇瓣黄色，倒卵形，长2.5 cm，顶微2裂；子房被长柔毛。花期：4～5月。

三、生长习性

温郁金属于亚热带植物，性喜温暖气候，怕严寒霜冻。

光：温郁金对光照敏感，强光对其生长不利，故在栽培过程需创造条件让植株稍有荫蔽的环境。

温度：温郁金喜欢温暖的气候，对严寒的抵抗力很弱，希望在全年无霜期250 d左右的中低海拔区域生长，在气温降至-3℃以下时易受冻害致死。

水分：温郁金要求生长在湿润的土壤，干旱对块根和植株的生长不利，尤其是在幼苗期必须保持土壤湿润，否则植株生长不良或易造成缺水枯苗；同时，温郁金块根含水量大，若田间排水不畅而积水，也会发生烂根危害。

土壤：种植温郁金的土壤宜选用土层深厚、疏松湿润、透水良好的中性或偏酸性的土壤，以沙质壤土或冲击土为好，尽可能做到一年一轮换。

海拔：温郁金主要产区的海拔一般在 50~800 m 之间。温郁金喜温暖湿润气候，常生长于排水良好的疏林下，适宜在热带与亚热带地区栽培。最适宜生长的温度为 20~30℃，年降水量要求在 1000~1500 mm 左右。

温郁金为多年生草本植物，冬季地上部分枯萎，进入休眠状态，等到第二年春季萌发新植株，继续生长。

温郁金主要依靠分株繁殖和分切根状茎繁殖，种子繁殖较少。

四、资源分布与药材主产区

温郁金为浙江省著名道地药材"浙八味"之一，主产温州、丽水等浙南地区。温郁金是浙江省瑞安市特产，中国国家地理标志产品。温州地区瑞安市陶山镇为温郁金重要种植区域，是我国温郁金药材唯一道地产区，有着"温郁金之乡"的美称。

近年来，由于从温郁金的莪术油中分离出一种新型抗癌活性物质榄香烯，已研制开发成疗效好、副作用小的一种新型抗肿瘤药物，从而促进产区农民种植温郁金。

五、成分与功效

近代研究表明，温郁金富含挥发油，化学成分多样，主要有倍半萜类、单萜类、二萜类和姜黄素类等。

《中国药典》（2020 年版）规定的检测标准为：按干燥品计算，片姜黄含挥发油不得少于 1.0%（mL/g）、温莪术含挥发油不得少于 1.5%（mL/g）；无温郁金有效成分含量检测相关规定。

《中国药典》（2020 年版）收录的以温郁金不同部位为基原的三种药材性味归经和功能主治差异较大：温郁金性味辛、苦，寒。归肝、心、肺经。功能与主治为活血止痛，行气解郁，清心凉血，利胆退黄；用于胸胁刺痛，胸痹心痛，经闭痛经，乳房胀痛，热病神昏，癫痫发狂，血热吐衄，黄疸尿赤。片姜黄性味辛、苦，温。归脾、肝经；功能与主治为破血行气，通经止痛；用于胸胁刺痛，胸痹心痛，痛经经闭，癥瘕，风湿肩臂疼痛，跌扑肿痛。温莪术性味辛、苦，温。归肝、脾经。功能与主治为行气破血，消积止痛。用于癥瘕痞块，瘀血经闭，胸痹心痛，食积胀痛。现代医学研究表明，其具有抗肿瘤、抗炎、抗氧化、抗血栓和保肝等药理作用。

第二节　温郁金规范化栽培模式

温郁金属于多年生草本植物，其规范化栽培模式主要包括：浙江省温郁金标准化种植技术、温郁金 GAP 栽培技术标准操作规程、温郁金良种繁育标准化生产操作规程和温郁金间作套种春季鲜食玉米栽培模式。

一、浙江省温郁金标准化种植技术

浙江省是温郁金道地主产区，主产于瑞安，质量上乘。浙江省温郁金标准化栽培技术具体如下所述。

（一）产地环境

宜选择生态条件良好，无污染源或污染物含量限制在允许范围之内的农业生产区域。环境空气应符合 GB 3095《环境空气质量标准》规定的二级标准；水质应符合 GB 5084《农田灌溉水质标准》规定的旱作农田灌溉水质量标准；土壤环境应符合 GB 15618《土壤环境质量 农用地土壤污染风险管控标准（试行）》规定的二级标准。

（二）技术要点

1. 种茎

应选择抗病性强、丰产性好的品种，如'温郁金1号'，以无病虫害、生长健壮、芽饱满、形短粗的二头（生长在大头上的根茎）、三头（生长在二头上的根茎）作为种茎。老头指生长在母种上的根茎，大头指生长在老头上的根茎。

2. 选地

宜选择阳光充足、土壤肥沃、土层深厚、土质疏松、排水良好的沿江平原、河坝滩地及丘陵缓坡地带的砂壤土，pH 呈中性或微酸性。

3. 整地

种前将土地翻耕 20~25 cm，耙细，拌适量腐熟的农家肥或商品有机肥作基肥，基肥为焦泥灰 5000 kg/亩和充分腐熟的农家肥 1500~2500 kg/亩；筑畦种单行，畦基部宽 90~100 cm，高约 30~35 cm，沟宽 10~20 cm，畦面渐狭至宽 30~35 cm。

4. 播种

1）种植时间

宜在 4 月上旬。

2）种植密度

按单行株距 35~40 cm、越沟行距 100~120 cm 穴植。下种不应过深，穴径 10~15 cm，穴深 6~9 cm。穴底要平。

3）种植方式

每穴倾斜放种茎 1 个，芽朝上，覆土 3~6 cm。用种量为 120~130 kg/亩。

5. 施肥

1）原则

根据 NY/T 496 使用经无害化处理的农家肥为主，化肥的施用应遵循有效剂量原则，控制硝态氮肥,实行磷钾肥配施。

2) 基肥

翻地时施入焦泥灰 5000 kg/亩和充分腐熟的农家肥 1500~2500 kg/亩。

3) 苗肥

齐苗后用腐熟的农家肥 1500 kg/亩、磷酸铵 7.5~10 kg/亩(或过磷酸铵 25 kg/亩)开沟施于株旁,并覆土 2 cm。

4) 追肥

第 1 次追肥在 7 月下旬(大暑前后),施复合肥(总养分≥48%,氮、磷、钾含量各为 16%)75~150 kg/亩;第 2 次追肥在 8 月下旬(处暑前后),施农家肥 1500~2000 kg/亩;第 3 次追肥在 9 月初(白露前三、四天),施腐熟的饼肥或农家肥 1000~1500 kg/亩。

6. 水分管理

高温干旱时早晚灌跑马水。在雨季特别是台风季节要注意及时排除积水。10 月份以后不宜再灌水。

7. 中耕培土

在齐苗后全面松土 1 次,以后每隔半个月中耕培土 1 次,中耕宜浅。植株封行后停止。

8. 病虫害防治

1) 主要病虫害

主要病害有细菌性枯萎病。主要虫害有蛞蝓、蛴螬。

2) 防治原则

遵循"预防为主,综合防治"的植保方针,优先采用农业防治、物理防治、生物防治,合理使用高效低毒低残留化学农药,将有害生物危害控制在经济允许阈值内。

3) 农业防治

选用优良抗病品种和健壮种茎。不宜连作;可与禾本科、豆科、十字花科作物轮作;提倡水旱轮作。合理灌溉,科学施肥。发病季节及时清除病株,集中销毁。收获后清洁田园,保持环境清洁。

4) 物理防治

采用杀虫灯(或黑光灯)、黏虫板等诱杀害虫。整地时发现蛴螬等,及时灭杀。

5) 生物防治

保护和利用天敌,控制病虫害的发生和为害。采用信息素等诱杀害虫。使用乙蒜素等生物农药防治病害。

6) 化学防治

农药使用按 GB/T 8321 和 NY/T 1276 的规定执行。选用已登记的农业或经农业、林业技术推广部门试验后推荐的高效、低毒、低残留的农药品种,避免长期使用单一农药品种;优先使用植物源农药、矿物源农药及生物源农药。不得使用除草剂及高毒、高残留农药;病虫害主要防治方法见表 20.1。

表 20.1　温郁金主要病虫害防治方法

主要病虫害	危害症状	防治方法
细菌性枯萎病	温郁金初发病，植株叶片呈轻微缺水状萎蔫，叶尖、叶缘或叶脉间微微发黄。随着症状不断加重，叶片黄化加重加深，叶面或叶缘或叶尖出现枯死斑，直至整叶枯黄，整株黄化枯死，死后茎基部、块茎常常腐烂。地势低洼积水发病严重	（1）因地制宜选用抗病优良品种 （2）加强栽培管理。可与禾本科、豆科、十字花科作物轮作；提倡水旱轮作。科学施肥，增施磷钾肥，提高植株抗病力；适时灌溉，雨后及时排水 （3）定植前用 80%乙蒜素乳剂 800～1000 倍液浸泡种茎 1～2 h （4）在发病初期用 80%乙蒜素乳剂 800～1000 倍液浇灌植株喇叭口，每株 150～200 mL。每隔 7～10 d 浇灌一次，连续 3~4 次
蝼蛄	主要危害茎、叶，取食叶片成孔洞，取食根、茎、叶，影响植株生长	（1）以草、菜诱集后拾除 （2）用多聚甲醛 300 g、蔗糖 50 g、5%砷酸钙和米糠 400 g（先在锅内炒香）拌和成黄豆大小的颗粒；或每亩用 6%密达颗粒剂 1.5～3.0 kg；间隔一定距离成堆放于田间诱杀
蛴螬	金龟子的幼虫，啃食植物根和块茎或幼苗等地下部分，为主要的地下害虫	（1）幼虫用毒饵诱杀。将麦麸炒香，用 90%敌百虫晶体 30 倍液，将诱饵拌湿或将鲜草切成 3～4 cm 长，用 50%辛硫磷乳油 0.5 kg 加鲜草 50 kg 拌湿，于傍晚撒在畦的周围诱杀 （2）每亩撒施 5%辛硫磷颗粒剂 2 kg

9. 采收

1）收获

12 月中、下旬（冬至前后），地上植株枯萎后选晴天进行。先清理地上茎叶，将根茎及块根全部挖起，分开放置，剔除去年做种的老根茎。

2）留种

（1）应选用适合当地栽培环境的优质、高产、抗病、抗逆性强的审定品种或经鉴定确认的种源。留种地应具备有效的物理隔离条件，应选择品种特性纯正、生长健壮的种茎。

（2）种茎宜用布袋、箩筐、编织袋等符合卫生要求的包装材料包装。包装应符合牢固、整洁、防潮、美观的要求。

（3）选好的种茎应去掉须根，平铺在通风的泥地上，高约 30～50 cm，下垫黄沙，上先盖摘下的须根，再覆 3 cm 厚泥沙，待翌年春分开始发芽，剔除有病的种茎于清明前后下种。运输时，不宜堆压过紧、堆放过高。

二、温郁金 GAP 栽培技术标准操作规程

（一）温郁金生长适宜的生态环境

1. 气候条件

温郁金适宜在阳光充足、温暖湿润的环境中生长。在浙南地区，年平均气温 17℃左右，最低温度不低于-5℃，平均相对湿度 85%左右，年降雨量约 1550 mm，年日照在 1600～1800 h，无霜期 230 d 左右，这种环境中很适应温郁金的生长。

2. 土壤及环境条件

生产基地选择水质、土壤、大气等无污染源的地区，远离公路、铁路、医院等，周围不得有污染源。选土质疏松、排水良好、土层深厚的冲积土、砂壤土。灌溉水质应符合 GB 5084《农田灌溉水质标准》；土壤环境质量符合 GB 15618《土壤环境质量　农用地土壤污染风险管控标准（试行）》二级标准；大气环境应符合 GB 3095《环境空气质量标准》的二级标准。

（二）品种

温郁金主要分布于浙南地区，在温州地区有 1000 多年的栽培应用历史。

（三）选地与整地

产地环境应符合 GB 15618 二级标准。宜选择气候温暖、阳光充足、雨量充沛、土壤肥沃、土层深厚、土质疏松、排水良好的沿江平原、河坝滩地及丘陵缓坡地带的冲积土或砂质壤土，中性或微酸性土壤。

3 月底至 4 月初进行整地。将土地深翻 20～25 cm，耙细，拌适量腐熟的栏肥作基肥，筑畦种单行，畦基部宽 90～100 cm，高约 30～35 cm，畦面渐狭至宽 30～35 cm。

（四）繁殖方法

温郁金主要采用地下根茎进行繁殖，4 月初选择上年留种（无病虫害）的种茎进行栽种。种植密度、深度：按单行株距 35～40 cm、越沟行距 100～120 cm 穴植。下种切忌过深，穴径 10～15 cm，穴深 6～9 cm。

种植方式：每穴倾斜放种茎 1 个，芽朝上，覆土 3～6 cm。用种量为 123.3～126.7 kg/亩。

（五）田间管理

在苗齐后全面松土 1 次，以后每隔半个月中耕培土 1 次，中耕防止伤及根茎要注意渐浅，植株封行后停止。

栽种前应施足底肥，翻地时可施入焦泥灰 5000 kg/亩和充分腐熟的栏肥 1500～2500 kg/亩。齐苗后施入苗肥，用腐熟的栏肥 1500 kg/亩、硫酸铵 7.5～10 kg/亩开沟施于株旁，并覆土 2 cm。在 7 月下旬（大暑前后）进行第 1 次追肥，施入复合肥 50～66.7 kg/亩；8 月下旬（处暑前后）进行第 2 次追肥，施入复合肥 33.3～50 kg/亩。

温郁金生长期内一般宜湿润，特别在 7～9 月生长旺盛期，需要较多水分。如遇干旱天气，应在清晨或傍晚灌水，保持土壤一定的水分。在雨季特别是台风季节要注意及时排水防涝。10 月以后一般不再灌水，以保持田间相对干燥。

（六）主要病虫害及其防治

温郁金在多年的种植过程中，其病害少见，少量的病害主要有叶斑病、根腐病。发病期主要在 6～8 月。采用综合措施进行防治：①发病季节应及时清除病残株，集中销毁，收获后清洁田园，烧毁残枝落叶，消灭越冬病菌。②化学防治应遵循最低有效剂量的原则，禁止使用国家明令禁止的高毒、剧毒、高残留的农药及其混配农药品种。具体方法：可在发病高峰期喷施70%甲基托布津1500倍液或50%多菌灵1500倍液，隔10 d再喷1次，共喷施2次可基本控制病害。

温郁金主要虫害有姜弄蝶、蛴螬、地老虎。防治方法有①农业防治：轮作倒茬，不宜连作，可与禾本科、豆科、十字花科作物轮作。整地时清除枯枝落叶，合理种植，进行科学的田间管理。在满足温郁金生长需求的水分下，保持土壤干燥，防治土壤湿度过大滋生根病及发生虫害。②生物防治：保护和利用天敌，保持天敌和病虫害在比较稳定的生态平衡状态。以抑制病虫害的发生和为害。同时，可使用生物农药多抗霉素、农抗120等防治病虫害。③物理防治：整地时发现蛴螬、地老虎，应及时灭杀；夜间使用灯光诱杀姜弄蝶和金龟子成虫。④化学防治：选用对口药剂是防治的关键。提倡交替用药；宜选一药多治、病虫兼治的防治方法；不应3种以上药剂同时施用或同种药剂连续使用超过2次。具体方法：在姜弄蝶害虫发生期（4~9月），喷施80%敌百虫600倍液或2.5%敌杀死5000倍液，每隔10 d喷施1次，共喷施2次，可基本控制为害；在蛴螬发生期（4~9月）可浇灌48%乐斯本1000~1500倍液进行防治，每隔15 d浇灌1次，浇灌2次可基本控制；地老虎害虫发生在4~12月，用50%辛硫磷1000倍液或48%乐斯本1500倍液浇灌防治，每隔10 d浇灌1次，浇灌2次可基本控制。

（七）留种

温郁金采用根茎繁殖，产区习惯把其根茎分成老头、大头、二头、三头、奶头和小头等6类。老头即母种第1次生出来的根茎，大头是生在老头上的根茎，二头是生长在大头上的根茎，三头是生长于二头上的根茎，奶头、小头依此类推。留种考虑经济成本因素，一般选健壮而芽饱满，形粗短的二头、三头作种，根茎愈短愈好。

选当年生长健壮、无病虫害的母株留种。在冬至前后挖起，选择强壮二头或三头根茎留种。

选好的种茎应去掉须根，平铺在通风的泥地上，高30~35 cm，下垫黄沙，上盖摘下的细须根，再密覆泥沙，待翌年春分开始发芽，剔除有病的种茎于清明前后下种。

（八）采收

冬至前后起土，先清理地上部分，将畦整个铲平（沟畦易位，便于操作），其根茎及块根全部起出，去净须根，洗去泥土，分别加工。采收时注意挖净留在深土部分的块根，避免损失。

三、温郁金良种繁育标准化生产操作规程

（一）环境要求

瑞安地处浙南，阳光充足、温暖湿润，年平均气温17℃左右，常年最低温度不低于−5℃，平均相对湿度85%左右，年降雨量约1550 mm，年日照时数在1600~1800 h，无霜

期230 d左右,很适应温郁金的生长。

土壤宜选择冲积土、砂壤土,中性或微酸性,土质疏松、排水良好、土层深厚,土壤环境质量符合国家二级标准（GB 15618）；基地处于飞云江傍,地势开阔,大气环境质量符合国家二级标准（GB 3095）；基地水源、灌溉水质符合旱作农田灌溉水质量标准（GB 5084）。选择远离公路、铁路、医院等,周围无污染源的地段。

（二）耕地和播种

1. 选地

选择上一年度没有种植过姜科植物的土地,不使用温郁金连作地块；选择肥力较好、土壤松软、排水良好的冲积土、砂壤土地块。

2. 整地

当年度3月下旬至4月初（农历清明前）,将土地深翻20～25 cm,耙细,拌适量腐熟的栏肥作基肥,筑畦种单行,畦基部宽90～100 cm,高30～35 cm,畦面渐狭至宽30～35 cm。翻地时注意打碎大土块,捡出杂草、草根、直径4 cm以上的石块等田间杂物。挖坑深埋杂草和草根,以减少病虫害传播。

3. 基肥

在整地的过程中施加基肥（栏肥：微生物菌液：蛭石粉=5：3：3）,可提高土壤的肥力和保水力,并且提高温郁金幼苗在缺水或积水状态时土壤的调节能力。

4. 选种和播种

1）种子检验

对上一年度良种繁育基地所留1级、2级种子进行检验,挑出霉烂、变质、有冻伤的种子。

2）播种时间

当年度3月20日至4月5日播种最佳（农历清明前连续几个无雨天最佳）。

3）播种密度、深度

按单行株距30～40 cm,越沟行距110～130 cm 穴植。下种切忌过深,穴径10～15 cm,穴深6～9 cm。穴底要平。

4）播种方式

每穴斜放种子1个,芽朝上,覆土3～6 cm。用种量为120～130 kg/亩。

（三）田间管理

1. 中耕除草

在温郁金生长过程中,视杂草长势安排田间除草2～3次,同时与培土相结合,严禁使用化学除草剂。在温郁金植株封行后停止除草。

5月第1次除草,杂草生长旺盛期人工除草,除草与培土结合进行。6月第2次除草,除草后进行追肥（温郁金专用肥：磷酸二氢钾2～5份,普通尿素5～9份,硫包衣尿素5～9份,黄腐酸浓缩液7～12份）。7、8月第3次除草,视杂草生长情况可以考虑再进行人工除草1次。

用锄头铲除杂草，注意不要伤及温郁金地上部分和地下根茎、根系。每次除草后将垄沟中泥土提到垄面培土，培土厚度 7~10 cm。

2. 提纯复壮

除草培土的同时，注意拔除混杂植株、变异植株、生长不良植株和遭受病虫害的植株，共进行 3 次，第 1 次在幼苗期进行，第 2 次在封行前进行，第 3 次在收获时进行。需在不同时期及时除去杂、劣、弱植株，并将拔除的植株移出田间深埋处理，防止再次掺杂的发生。

3. 水分管理

1) 灌溉

温郁金生长期一般宜保持土壤湿润（温州地区降雨量丰富，温郁金在生长过程中很少有灌溉情况发生）。

灌溉应注重水质，符合国家关于农田灌溉水质二级标准（GB 5084）。

7~9 月温郁金生长旺盛期需水量较大，如连续高温晴朗天气则需及时灌水（如干旱土壤水分不足，土壤表面发白超过 5 d 以上时，应及时在早晨或傍晚灌水）。10 月后一般不再灌水，保持田间干燥，利于收获。

灌水以灌跑马水最为经济实用，灌水后 1 h 以垄沟不积水为度。如果出现连续长期干旱情况，可增加灌水次数。有灌溉设施的地块，土壤表面发白超过 5 d 以上时，应及时在早晨或傍晚灌跑马水；没有灌溉设施的地块，在早晨或傍晚用水浇淋，使土壤保持湿润。

2) 排水

温郁金喜湿润，但长时间田间积水导致温郁金在无氧的条件下进行无氧呼吸，根系内部会产生大量的酒精，诱发根腐病。因此，积水不能超过 2 d。

耕地以前（3 月中下旬）整修排水设施；中耕培土时，清除垄沟中杂物使垄沟畅通，为雨季田间排水顺畅打下良好基础。

雨季注意疏通排水沟及时排除田间积水，田间积水不能超过 2 d。

（四）病虫害防治

1. 主要病虫害

病害主要有叶斑病、根腐病，均为真菌性病原菌感染，该类病原菌在高温高湿的环境中易于大量繁殖，故造成温郁金病害多发生在每年生长盛期和高温期的 6~8 月。叶斑病主要发生在叶面上，发病初期表现为叶尖、叶缘出现不规则病斑，褐黑色，继而发展成片状枯萎，枯萎处周边叶面褪绿发黄，最终导致全叶黄化。根腐病主要发生在根部，发病初期侧根呈水渍状，后黑褐腐烂，并向上蔓延导致地上部分茎叶发黄，后期根部腐烂，植株地上部分萎蔫枯死。

虫害主要有姜弄蝶、地老虎、三化螟等，温郁金虫害发生时期主要集中在 4~9 月，发生盛期为 7~9 月，与病害发生盛期基本一致。温郁金地上虫害主要是以姜弄蝶幼虫咬食叶片为害，地下害虫则以地老虎咬食须根或茎基部为害。虫害的发生与气候因子、土壤因子、生物因子、人为因子等环境条件间有密切的联系。道地产区的道地药材种植历史悠久，虫源积累，易造成虫害的大暴发。

2. 防治策略

根据病虫害发生规律和预报，采用综合防治技术，以农业防治为主，辅以生物、物理、机械防治，尽量减少化学农药防治次数，优先使用生物农药，化学农药宜选用高效低毒低残留的农药种类，遵循最低有效剂量原则。

农业防治措施：选择对主要病虫害抗性较好的品种。温郁金不宜连作，前作以禾本科和豆科作物为好，轮作间隔时间1年。发病季节及时清除病残株，集中烧毁；收获后清洁田间，烧毁残枝落叶；栽种前冬季翻耕，杀死越冬虫蛹。加强田间灌溉排水管理。

物理防治措施：用黑光灯诱杀姜弄蝶和三化螟成虫。人工捕杀害虫幼虫和地老虎。

生物防治措施：保护和利用天敌，控制病虫害的发生和为害。用生物农药多抗霉素、农抗120、苏云金杆菌等防治病害。

化学防治措施：温郁金病虫害主要防治药剂及方法，可限制使用的农药品种及方法，禁止使用的化学农药，均可参照国家规定执行。根据病虫害发生情况，选用对口药剂防治，提倡交替用药，合理配药，宜选用一药多治的防治方法。注意：不应3种以上药剂同时使用或同种药剂连续使用超过2次。使用药剂防治应按照《农药合理使用准则》规定执行。

（五）采收

1. 采收期

当年度12月中下旬（冬至前后）起土，先清理地上部分，将畦整个铲平，然后分株采挖。及时运出田间，以减少块茎感病和加速幼嫩根茎木栓化。采收时注意挖净留在深土部分的块根，避免损失。

2. 采收方法

先清理地上枯萎茎叶，将畦整个铲平，然后分株采挖。及时运出田间，以减少块茎感病和加速幼嫩根茎木栓化。

将挖起来的根茎与老头、块根分离，抖去泥土，不去须根。剔除病虫损害的根茎。收获时应防止机械损伤，避免霜冻。

（六）选种

人工选取，挑选有选种经验的人进行选种操作。温郁金是无性繁殖，其种子就是温郁金根茎，形似姜。温郁金种子呈卵圆形块状（俗称大头），侧面有圆柱状的横走分枝（长在大头上的侧根为二头、长在二头上的侧根为三头、长在三头上的侧根为奶头），根系细长。选种时，将1级、2级种子与其他根茎、块根、杂物分开并尽量抖掉泥土。

（七）分级、包装

根据以上检测结果，将温郁金种子分为3个等级（表20.2）。按等级分别对种姜进行包装、称重，并栓上标签。标签上写明收获日期、品种名称、种子等级、生产企业名称、重量、产地、批号、执行标准、保质期、质量指标（纯度、净度、发芽率、水分、千粒重）、栽培要点及产品说明等信息。产品包装件标明生产企业注册的商标。

表 20.2 温郁金种子质量标准

级别	净度（%）	纯度（%）	含水量（%）	成活率（%）	生活力（%）	百粒重（g）	外观
I	≥95	≥99	70~75	≥90	≥85	≥1500	健壮、粗短、芽饱满
II	90~95	97~99	70~75	80~90	80~85	1300~1500	健壮、粗短、芽饱满
III	<90	<97	70~75	<80	<80	<1300	细小、芽长势弱

（八）储藏

将种子按等级分类后分别储藏，按批次划分区域分开储藏，防止混杂。所用器具、场地都必须保持清洁、无污染，并应有防虫鼠害和畜禽的措施。

为了保证良种质量，应该妥当、行之有效地储藏，保证良种正常生理所需储藏条件，减少杂、病、烂，以保持品种特性和旺盛的发芽能力，确保种用品质。良种储藏有以下 2 种方法。室内储藏：将种姜装入透气编织袋中存放于室内干燥处。种姜堆放在隔空板上，厚度 30~35 cm，与地面隔离。室外储藏：在田间起垄高 30~35 cm，并平铺薄层黄沙，将根茎堆放其上，厚度 15~20 cm，上面覆盖泥沙，泥土上再覆盖温郁金茎叶。

储藏期间注意防止发热伤芽，预防鼠害，减少损失。播前良种要求保持新鲜、芽短、芽壮状态。良种储藏期间注意经常检查良种是否发热、霉烂，一经发现，及时处理。

（九）运输

良种应采用清洁、干燥、无异味、无污染的筐、袋等容器装运，包装物上应栓有标签（标签上写明时间、品种名称、数量、种子等级等信息）。使用旧容器装运时，必须用肥皂水或磷酸皂药剂消毒处理。运输时避免机械损伤、混杂，注意防雨、防热。

四、温郁金间作套种春季鲜食玉米栽培模式

浙江省丽水市温郁金种植主要有龙泉市、云和县、莲都区和遂昌县，合理安排间作套种有利于改善土壤肥力，合理配置群体，改善温郁金和玉米的通风透光条件，提高光能利用率，充分发挥边行优势的增产作用，效益显著。

（一）温郁金栽培技术

1. 选地整地

温郁金栽培基地宜选择在水源、土壤和大气等没有污染的环境，整地时间安排在 3 月底到 4 月初，选择晴天将土地深翻 20~25 cm，耙细作成宽度 120 cm 的床面，在作畦时，尽可能保持 25~30 cm 的沟渠作步道，要求沟渠平直、中高边低，有利于沟水畅通，以免积水。温郁金最忌连作，应当选择前作为水稻或油菜、豆类等作物用地，以耕作层深厚疏松的冲击土或沙质壤土为佳。如果选用闲耕地种植郁金，一般要进行翻耕，但不提倡深耕，以免郁金根茎扎得过深。

选好的地段应在冬季进行翻耕，翻耕的土壤经冬季风化，有利病虫害的减少和土壤肥力的提高。种前（3～4月）将土地深翻20～25 cm，耙细，并亩施腐熟农家肥1500～2000 kg或复合肥50～60 kg作基肥，筑畦种单行，畦基部宽90～100 cm，高约20～30 cm，畦面渐狭至宽30～35 cm。

2. 栽种密度

温郁金一般采用穴栽，按行距35 cm、株距30 cm的栽植密度，穴深7 cm，口大底平，行与行间的穴位实行交错排列，每穴1个根茎，种茎芽头向上，放好后覆盖细土2 cm左右。

3. 田间管理

1）中耕除草

一般进行三至五次，与追肥结合。第一次在4月下旬至5月上旬进行，温郁金新芽出土前可用除草一次，以后根据温郁金生长情况，发现有杂草生长就要及时除去，并在每次除草后进行一次追肥。在温郁金生长过程，不能施用除草剂，可以在行间进行中耕除草，以提高工作效率，但中耕宜浅不宜深，以铲表土2～3 cm为宜，因郁金栽种不深，根茎横走，深耕易伤根茎。

2）追肥

在每次中耕除草后要施入速效肥料，促进温郁金的生长发育。在第一、二次追肥时可以氮肥为主，第三次开始要氮磷钾肥搭配，防止营养生长过旺，茎叶徒长，影响块根生长，并且在9月中旬以后就要停止施肥。第一、二次每次每亩用人畜粪尿1500 kg，加水4倍稀释，于早晨或傍晚土温较低时浇施床面土中；第三次每亩用腐熟饼粉50 kg、草木灰100 kg，加少量人畜粪尿拌和均匀，施于植株基部土面，并培土覆盖；以后施肥可用复合肥每亩每次60 kg。

排灌：温郁金栽后如遇连续下雨，则应及时疏沟排水，防止地面积水。在7～9月高温期，如久旱不雨、土壤水分不足时，应在早晨或傍晚时间用稀薄人畜粪尿兑水浇灌，以利土壤保持湿润。

4. 结金期管理

温郁金块根生长过程为结金期，历时70～90 d，从9月初长出块根开始，至11月中旬基本结束。此阶段为温郁金产量形成期，加强田间管理有利于产量提高。应注意以下管理：①进行追肥一次，以钾肥为主，提高地下部位产量，每亩可施钾肥30 kg。②台风来临时，要及时清理田间沟渠，确保旱能灌、涝能排、旱涝保收。大雨过后，及时排除田间积水，防止温郁金陷沟。连阴雨天气，为了防止块茎腐烂，要开好降渍沟；离沟渠比较近的地方，在条件允许的情况下要及时排干沟渠的水，降低地下水位。③10月以后一般不再灌水，保持田间相对干燥。

5. 病虫害防治

根据病虫害发生规律和预报，采用综合防治技术，以农业防治为主，辅以生物、物理、机械防治，化学农药选用高效低毒低残留的农药种类，遵循最低有效剂量原则。

1）农业防治

选用抗病品种，轮作倒茬，不宜连作，可与禾本科和豆科作物进行轮作，轮作间隔时间2年以上。

发病季节及时清除病残株，集中烧毁，收货后清洁田园，烧毁残枝落叶。

栽种前冬季翻耕，杀死越冬虫蛹。

加强田间灌溉排水管理，防治病害滋生。

2）化学防治

（1）病害防治。

叶斑病防治方法：可清除病叶烧毁，或用50%托布津500倍液防治。

软腐病防治方法：注意田间排水，保持地内无积水，发病期浇灌50%退菌特可湿性粉剂1000倍液。

黑斑病防治方法：增施磷钾肥，增强抗病能力，发病时用50%多菌灵800倍或50%甲基托布津1000倍液喷施。

（2）虫害防治。

蛴螬防治方法：人工捕杀；毒饵诱杀，配制方法是将麦麸炒香，用90%敌百虫晶体30倍液拌匀于傍晚撒在姜地周围。

姜弄蝶防治方法：冬季清洁田间，烧毁枯落茎叶，消灭越冬幼虫；人工捕杀虫，幼虫发生初期用90%敌百虫800～1000倍液，或80%敌敌畏1500～2000倍液喷雾毒杀，5～7天喷一次，连续2～3次。

6. 采收与加工

温郁金一般在12月中下旬为采收适期。收获不宜过早，过早块根不充实，炕干率低，影响产量和质量；也不能太迟，迟到雨水节时，块根水分增多，加工干燥后容易起泡，降低品质。

种姜的收获在栽种当年12月下旬至次年2月上旬采挖全株。在挖出的根茎中选择肥大、结实无虫害的母姜、子姜作种。

种姜的储藏堆放在室内干燥通风的地方，厚30～36 cm。储藏期中应防阳光照射，温度增高会引起发热腐烂，并注意防冻，可用砂藏或在低温来临时用草席覆盖。此外，在储藏期间酌情翻堆1～2次，以免发热或提早发芽。

7. 留种

温郁金以根茎繁殖为主。收获时，选择根茎肥大、体实无病虫害的作种，堆储于室内干燥通风处，厚30～40 cm，防日光照射，并翻动1～2次，避免发芽；或抖去附土稍晾后立即下窖，或用砂藏于室内。春季栽种前取出，除去须根，把母姜与子姜分开，以便分期播种。

留种用的块茎切勿受霜冻，以免在储藏时发生霉变。所以，在采挖时，最好采取当天挖当天收，避免过夜受霜冻。

（二）甜玉米栽培技术

1. 品种选择

选用适销对路、高产、优质、抗性强的品种，如'先甜5号''力禾308''华珍''香珍'等。

2. 育苗定植

以 1 月中下旬播种育苗为宜。宜选用半紧凑品种，如'绵单 118'等。采用肥团育苗，按 1000 kg 菜园土加 150 g 尿素、3 kg 过磷酸钙和 300 kg 有机肥混合堆沤 5~7 d 后做成直径为 4~5 cm 的肥团，每团播 1 粒精选种子，播种后及时盖上细土，浇透水后盖上地膜，要求地膜四周一定要压严。播种后 2~3 d 要对育苗床进行温度和水分观察，出苗前苗床温度不超过 35℃，出苗后床内温度控制在 25~28℃之间，如果肥团土表干旱应适当补充水分，并保持土壤湿润，以利于出苗整齐。当玉米苗达一叶时，揭膜炼苗。当玉米苗达 1 叶 1 心时，即可移栽，栽培密度为定植 3000 株/667 m^2。

3. 查苗补苗

当移栽苗成活后要及时查苗，补苗，换去弱小苗，保证苗齐、苗全、苗壮。补苗后及时浇足定根水。

4. 合理追肥

要做到分次施用，重施攻苞肥。苗期，用尿素 5 kg/667 m^2 兑清粪水施用；大喇叭口期重施攻苞穗肥，用碳铵 40 kg/667 m^2 或尿 10~15 kg/667 m^2 兑 2000 kg/667 m^2 猪粪水施用，施后进行中耕培土；抽雄后视苗情补施尿素 3~4 kg/667 m^2 攻粒肥，防止叶片早衰。

5. 人工辅助授粉

玉米隔行去雄、人工辅助授粉可提高单产 5%~10%，特别是在干旱年份，雌雄蕊不协调时人工授粉增产更明显。其方法是：去雄后在玉米抽雄吐丝期选择晴天上午 9~11 时，用木棒在行间摇动植株，隔天进行 1 次，连续 2~4 次。

6. 防治病虫害

主要的病虫害有玉米螟、纹枯病、大斑病和小斑病等，可选用阿维菌素、井冈霉素、苯醚甲环唑等药剂进行防治。

大、小斑病防治方法：50%百菌清、70%甲基托布津、75%代森锰锌任选 1 种用 500 倍液喷雾每隔 7 d 喷施，连续 2~3 次。

纹枯病防治方法：用 20%井冈霉素可湿性粉剂 50 g/667 m^2 兑水 50~60 kg，喷雾防治 2~3 次。施药前要剥除基部叶片，施药时要注意将药液喷到雌穗及以下的茎秆上，以取得较高的防治效果。

锈病：在植株发病初期用 25%粉锈宁可湿性粉剂 500~1500 倍液喷雾，每 10 d 喷 1 次，喷施 2~3 次。

地下害虫防治方法：玉米苗期、幼虫 3 龄前用敌杀死常规喷雾，幼虫 3 龄后用乐斯本等农药拌新鲜菜叶或青草制成毒饵，于傍晚投放在玉米植株四周防治土蚕、毛虫。

玉米螟防治方法：大喇叭口期用杀虫双大粒剂投在玉米心叶内进行防治。

7. 采收

鲜食甜玉米在授粉后 20 d 左右，当花丝变褐色、玉米子粒表面有光泽时即可收获，采收过晚则皮厚渣多，甜度下降。用干净的网袋包装后即可上市。甜玉米采收后可溶性糖含量迅速下降，子粒皱缩，味淡渣多，风味变差，因此应及时销售供食用或加工。

参 考 文 献

陈发军, 陈军华, 2017. 丽水特色中药材生态种植模式[M]. 北京: 中国农业科学技术出版社.

国家药典委员会, 2020. 中华人民共和国药典[M]. 北京: 中国医药科技出版社: 76, 217, 286-287.

李星辰, 尹丽燕, 蔡红, 等, 2023. 温郁金化学成分、药理作用、临床应用的研究进展及其质量标志物的预测分析[J]. 中国中药杂志, 48(20): 5419-5437.

任仙樱, 秦宇雯, 赵祺, 等, 2020. 专用温郁金良种繁育标准化生产操作规程研究[J]. 园艺与种苗, 40(4): 9-12.

吴志刚, 陶正明, 徐杰, 2008. 温郁金 GAP 栽培技术标准操作规程[J]. 浙江农业科学, (2): 165-167.

浙江省质量技术监督局, 2016. 温郁金生产技术规程: DB3311/T 654—2016[S]. https://dbba.sacinfo.org.cn/stdDetail/e579056d3317ff2d8786baf5907f51d7.

郑福勃, 唐筱春, 吴文庆, 等, 2020. 温郁金优质稳产省工节本栽培技术[J]. 江西农业, (20): 76-78.

中国科学院中国植物志编辑委员会, 1981. 中国植物志[M]. 北京: 科学出版社.

第二十一章 华 重 楼

第一节 华重楼概况

一、植物来源

重楼，又名七叶一枝花、七层塔，《中国药典》（2020年版）收载的重楼是百合科（Liliaceae）重楼属（*Paris*）植物云南重楼 *Paris polyphylla* Smith var. *yunnanensis*（Franch.）Hand.-Mazz. 或七叶一枝花 *P. polyphylla* Smith var. *chinensis*（Franch.）Hara 的干燥根茎。秋季采挖，除去须根，洗净，晒干。《中国药典》与 *Flora of China* 中关于重楼基原植物的名称出入较大：*Flora of China* 中将云南重楼收录为滇重楼，拉丁名与《中国药典》同为 *P. polyphylla* Smith var. *yunnanensis*（Franch.）Hand.-Mazz.；*Flora of China* 将拉丁名 *P. polyphylla* Smith var. *chinensis*（Franch.）Hara 的植物收录为华重楼（《中国药典》中称为七叶一枝花），而中文名为七叶一枝花的植物在 *Flora of China* 中拉丁名收录为 *P. polyphylla* Smith。目前，华东山区栽培的重楼基本上以华重楼为主，本章介绍以华重楼为主。

二、基原植物形态学特征

叶 5~8 枚轮生，通常 7 枚，倒卵状披针形、矩圆状披针形或倒披针形，基部通常楔形。内轮花被片狭条形，通常中部以上变宽，宽约 1~1.5 mm，长 1.5~3.5 cm，长为外轮的 1/3 至近等长或稍超过；雄蕊 8~10 枚，花药长 1.2~1.5（~2）cm，长为花丝的 3~4 倍，药隔突出部分长 1~1.5（~2）mm。花期 5~7 月。果期 8~10 月。

三、生长习性

重楼是一种多年草本植物，生长在海拔偏高的山谷、溪涧处，阔叶林下阴湿地段。重楼喜凉爽、阴湿，但不适宜生长在水分含量过高的土壤中，不喜阳光直射。此外，重楼适宜生长在肥沃的砂质土壤或是腐殖质含量较高的土壤环境中。

四、资源分布与药材主产区

华重楼主要分布于江苏、浙江、安徽、江西、福建等地，适宜生长于海拔高度为 400~1500 m 的山地和林地，林地宜选择生长良好的阔叶林、针叶林、针阔混交林等，坡度 30°

以下，坡向选择阴坡或半阴坡。2012年浙江省丽水市庆元县最早开始华重楼种植，全市家种面积从2015年的50亩发展到2022年的7151亩（以庆元、龙泉等地为主），发展势头较为强劲。

五、成分与功效

近代研究表明，华重楼的化学成分主要分为甾体皂苷类、植物甾醇类、黄酮类和脂肪酸类等，其中甾体皂苷类物质是根茎中最重要的药用活性成分。《中国药典》（2020年版）规定，重楼的检测标准为：按干燥品计算，含重楼皂苷Ⅰ（$C_{44}H_{70}O_{16}$）、重楼皂苷Ⅱ（$C_{51}H_{82}O_{20}$）和重楼皂苷Ⅶ的总量不得少于0.60%。

《中国药典》（2020年版）记载的重楼性味苦、微寒，有小毒，归肝经；功能与主治为清热解毒，消肿止痛，凉肝定惊；用于疗疮痈肿，咽喉肿痛，蛇虫咬伤，跌扑伤痛，惊风抽搐。现代医学研究表明，重楼具有镇痛、止血、抗肿瘤、抗氧化、免疫调节等功效。

第二节　华重楼规范化栽培模式

华重楼为多年生草本植物，其规范化栽培模式主要有重楼高效栽培技术、高海拔山区华重楼遮阳避雨设施栽培技术和华重楼杉木林下栽培技术等。

一、重楼高效栽培技术

（一）种子采收处理及育苗

1. 种子的采收及处理

白露过后，待重楼果皮自然开裂、种皮呈绛红色、蒴果裂开时，就可以采集重楼种子。采集的重楼种子需要用草木灰揉搓去掉果肉，然后用清水洗干净，将种子放在1%的硫酸铜溶液中浸泡5 min，也可以放在0.1%的多菌灵溶液中浸泡30 min，对重楼种子进行消毒处理，消毒后用清水冲洗干净，将种、沙按1∶5的比例混匀，然后放在筐内，在筐上方覆盖3 cm厚的草木灰，最后将筐放在阴凉通风处，待翌年春季播种时使用。种子在存放过程中，需要定期喷洒适量的清水，保证细沙处于微微湿润的状态。重楼种子有二次休眠的特性，如果重楼种子的数量不多，可以将种子和细沙按1∶1的比例混合均匀后放在干净的口袋中，放入冰箱内储存2个月，保持温度在5℃左右，然后在温度为20℃左右的室内放置1个月，接着再放在5℃左右的冰箱中储存2个月，利用低温-高温-低温的方式打破重楼种子的休眠状态。通过变温处理、细沙层积处理后的重楼种子，在种植之前放置在100 mg/L的赤霉素溶液中浸泡24 h，彻底打破重楼种子的休眠，从而有效激发种子活力，提升发芽率。

2. 育苗播种

播种前准备好苗床。选择土层较厚、渗水性好、富含腐殖质的酸性或者微酸性土地，土地在翻耕后需要在阳光下暴晒1个月，苗床的宽度为100 cm、高度为20 cm，作业道的宽度为30 cm。整好地后，在土壤表面撒施饼肥和磷肥作底肥，饼肥用量为1500 kg/hm²，磷肥用量为4500 kg/hm²，施肥后半个月即可播种。把经过处理的种子播种在苗床上，每公顷苗床播种15 kg，播种后在上面覆盖2 cm左右的沙土，喷洒足够水分，再覆盖塑料薄膜对土壤进行保湿，每天定时进行通风处理，还需要利用遮阳网进行遮阳，每半个月查看1次，沙土的湿度保持在60%左右为宜。每个月浇灌1次生根水。

3. 出苗后水肥管理

重楼种子只有在高温高湿的条件下才能萌发，最合适的发芽温度为22～25℃，如果温度高于25℃，需要结合实际情况进行通风处理，等到第2年春季温度达到10℃左右时，就可以把塑料薄膜去掉。出苗后，及时进行中耕除草，保持田间土壤湿润。待长出1片类似心形的叶片后，结合实际天气情况定期对叶面进行施肥处理。幼苗生长2年后即可进行移栽。

（二）栽培管理

1. 幼苗移栽

在幼苗移栽到大田前，需要进行整地施肥，即把大田的杂草、杂质清理干净，深耕土壤，每公顷施入有机肥或者腐熟农家肥30000～45000 kg，注意撒施均匀，再向下翻深30 cm，暴晒1个月，可有效杀灭土壤中的虫卵、病菌等。移栽时间一般在冬季种苗枯萎后的11～12月或翌年的1～2月，按照株、行距20 cm×25 cm的规格栽植。重楼的生长需要一定的郁闭度，所以幼苗移栽时一般保持0.8左右的郁闭度，避免幼苗被阳光直接照射而灼伤幼苗。生长2年左右的植株，其郁闭度应该保持在0.7左右，生长4年以后，郁闭度保持在0.50～0.6。在大田内栽植需要安置遮阳网，为了管理方便，遮阳网的高度应在1.8～2 m。移栽完成之后，必须定期监测土壤的湿度，保持充足的水分，有利于植株的正常生长和发育。

2. 田间管理

在幼苗移栽后当年的5月份，需要合理拔除一些密度较大、发育不良及受虫害的幼苗，并及时进行补苗，从而保证每公顷幼苗的田间持有数量。在补苗过程中，需要浇定根水，从而确保幼苗的成活率。在耕地除草时，可以先将幼苗周围的杂草拔掉，然后用小锄轻微松土，避免对幼苗的根和茎造成伤害。通常情况下每年需要进行中耕除草3次以上，在重楼植株生长成型之前每半个月浇1次水，保持土壤湿度在30%～40%。植株在萌发之前对水分的需求量比较小，浇水不能过量，避免根系腐烂。植株萌发后对水分的需求量比较大，需要保证土壤的湿润度，并且进行理沟，确保正常排水。雨季须及时排除积水，避免积水对植株根系造成影响而引起病害。施肥通常以有机肥为主，适量配施复合肥和微量元素，尽可能避免过量使用化肥，以免影响幼苗的正常生长和发育。

3. 病虫害防治

重楼病害较多且蔓延迅速，主要有黑斑病、茎腐病等。重楼病害的发生与环境条件、遮阳网透光率、栽培密度、施肥及田间管理等因素有关。目前，最理想的办法是采用农业综合防治措施辅以化学方法进行防治。一是随时调整遮阳网的遮光率，遮阳网应遮去自然光的60%～70%，如遮阳网透光度过高，会导致田间温度过高，易引起倒苗；若遮阳网的透光度过低，则重楼生长明显受阻，产量下降。二是应及时清除病株残体以防止病害蔓延。三是选高效低残留农药进行病虫害防治，如选用 40%的嘧霉胺 900 倍液或 50%的速克灵 2000 倍液、50%的啶酰菌胺 1200 倍液等，在重楼发病初期进行喷雾，能够有效防治黑斑病。选用 58%的瑞毒霉 600 倍液或者 75%的百菌清 600 倍液在重楼发病初期进行喷雾，能够有效防治茎腐病。四是与禾本科作物进行 3 年以上的轮作。五是冬季清理枯枝残叶，清除病残体并进行消毒处理。重楼虫害发生较轻，主要有地老虎和金龟子及其幼虫蛴螬，为害幼苗的根茎。金龟子可以在夜晚利用成虫的趋光性用火把进行诱杀，蛴螬可在鲜菜叶上洒施敌百虫或敌敌畏进行诱杀。

（三）收获与加工

重楼的生长发育周期比较长，从出苗阶段到植株移栽一般需要 2 年的时间。移栽后一般需要 4～5 年的时间才能收获。每年根茎除了长粗之外，只增加 2 节，如果栽培后短时间内收获，则产量就会大幅度降低，并且重楼的品质较差。收获时，挖出根茎后除去泥土和须根，用清水洗干净，放在阳光下晒干即可得到半成品，可以存储或者直接销售。在采集重楼的过程当中，如果后续需要进行无性栽种，需要先切下一部分作为种栽，再进行相应地处理。

二、高海拔山区华重楼遮阳避雨设施栽培技术

（一）栽培环境选择

应严格按照《中药材生产质量管理规范》（中药材 GAP）的规定选择栽培地，选择远离工业"三废"污染、生态环境良好的地区。栽培地土壤质量和空气质量应达到国家二级标准，灌溉水应符合农田灌溉水质量标准。气候温暖湿润，空气湿度 80.0%～85.0%，年降雨量 1500 mm 以上。土壤为砂质壤土，土层深厚，土质疏松、肥沃，有机质含量高。地势平坦，排灌方便，最好选择海拔高度为 800～1200 m 的山地或大田。

（二）遮阳避雨设施大棚搭建

华重楼野生种源喜荫凉湿润的生长环境，它对生长环境的要求比黄精、白芨的要求更加苛刻，特别是对水分和遮阳度的要求，所以，即使是高海拔地区栽培，也应搭建遮阳避雨设施。棚体结构以单体塑料大棚（GP-622）覆盖处理效果最佳，投资也最经济，没有必要用高投入的连栋塑料大棚（GP-L832）；遮阳度采用 50%遮阳网覆盖最好。

（三）选择优质种苗

选择从庆元、龙泉、松溪、政和等浙南闽北种源野生收购的华重楼种茎，在种植时应进行种茎精选，要求无病虫害、生长健壮的新鲜根茎，每个种茎顶部至少带有 1 个萌芽、由 4～6 节组成、质量在 10～40 g，6 年生以上种茎可将切下的多余老根茎用于鲜销或初加工。

（四）整地移栽

种植前，对种植地块进行开垦平整，全园土壤深翻 30～50 cm，充分打细平整，整成宽（连沟）150 cm、高 30 cm 的高畦，畦长根据大棚长度而定，施入基肥待栽。基肥每亩施入商品有机肥或纯羊粪 1000 kg、磷肥 50 kg。

移栽时间为 9 月上旬至 11 月下旬。种植时，种茎最好随挖随种，应把大小基本一致的根茎种植在一起。条播或穴播均可，行距 30 cm 左右，株距 30 cm，播种深度 8～10 cm，亩种植 7000 株左右，畦面覆盖废菌棒、竹屑或细土等。

（五）田间管理

1. 中耕除草

出苗前应做好清沟排水和防旱灌水。华重楼一般每年中耕除草 3～4 次，未出苗前 1 月中下旬进行第 1 次苗前除草，方法是每亩用 100 mL 乙草胺加 75.7%草甘膦 50 g 兑水 40 kg 喷雾；第 2 次中耕除草在 2 月底至 4 月中旬；第 3 次中耕除草在 5～6 月；第 4 次中耕除草在 10～11 月结合清园进行。在华重楼生长季节，只能用精喹禾灵等除草剂或人工除草。

2. 摘蕾

4～5 月对不预留种子的植株要摘除子房，保留萼片，使光合作用产物流向根茎，提高根茎产量。

3. 追肥

4 月上中旬，结合中耕除草、摘蕾等措施，及时给华重楼追肥 1 次，每株施有机无机复合肥（总养分≥30%，有机质含量≥20%）8～10 g，硫酸钾 2.5～3.0 g。7～8 月根据植株长势，适当在根部追施有机无机复混肥或叶面喷施"黄金钾""海生素""喷施宝"等，以延长功能叶片的寿命，促进根茎膨大。

4. 病虫害防治

目前发现华重楼的主要病害有灰霉病、黑斑病、茎腐病、根腐病等，其中最严重、普遍的是灰霉病、茎腐病，对产量品质影响较大。主要害虫有为害幼苗和根茎的小地老虎、蛴螬等。防治原则为"预防为主，综合防治"。以农业防治、物理防治、生物防治、人工防治为主，化学农药防治为辅。叶斑病、黑斑病、茎腐病等病害在发生初期 3 月底至 5 月中旬可用蜡质芽孢杆菌粉剂加醚菌酯喷雾防治 2～3 次；小地老虎、蛴螬等地下害虫可用辛硫磷颗粒剂防治。

5. 冬培管理

每年 11 月至翌年 2 月华重楼植株地上部分枯死倒苗即进入冬培管理。主要管理内容有清园、施冬基肥、培土等。清园：倒苗后应及时清理地里的枯苗和杂草，并带出园外。施冬基肥：清园后，每亩施入商品有机肥 600 kg 或充分腐熟的厩肥、香菇菌棒废料等有机肥 1500～2000 kg。培土：施肥后，通过清沟、刨坎和就近取土全面覆盖一层，均匀整细耙平，覆土厚度 2～3 cm。

6. 遮阳避雨设施管理

设施管理内容主要包括温度、水分和遮阳度的管理。

（1）温度管理要点。因华重楼较耐寒，所以对低温要求并不敏感，冬季不易受低温伤害。主要根据华重楼正常生长温度和本地低温活动情况，在早春（2~3月）和冬季（12月至翌年1月）低温活动频繁时，适时掌握大棚薄膜开合程度与通风换气时间。

（2）遮阳管理要点。华重楼种植的遮阳度一般要求为 50%~80%，低海拔栽培要求单层8针以上遮阳网（遮阳度70%~80%），高海拔栽培要求单层3~4针遮阳网（遮阳度50%~60%），2~10月（华重楼茎叶枯萎前）都应全程遮阳覆盖。

（3）水分管理要点。华重楼属于喜荫凉湿润性作物，对土壤和空气湿度要求较高，应加强水分管理，经常保持土壤湿润。一般连栋大棚内应1~2 d喷水1次，单体棚内应3~4 d喷水1次；高温干旱季节，连栋大棚内应每天早、晚喷水，单体棚内应每天喷水1次。如遇土壤较干旱或严重干旱，易引起华重楼根茎脱水，甚至干枯死亡。

（六）采收与产地初加工

种子繁育苗移栽6年、块茎繁育苗移栽4年后采收。秋季地上茎枯萎以后至春季萌芽以前采挖最佳，选择晴天采挖。先割除茎叶，在畦旁开挖40 cm深的沟，然后顺序向前刨挖。采挖时尽量避免损伤根茎，保证根茎完好无损。将根茎去净泥土，带顶芽部分可切下用作种苗，其余部分除去须根，用清水洗净，晒干或烘干后，待售。

三、华重楼杉木林下栽培技术

（一）林分选择

依据华重楼的生长习性，宜在海拔400~1200 m、坡度25°以下的杉木林下种植，林分最好是郁闭度0.5以上的成熟林，应选择土壤腐殖质含量丰富、质地疏松、排水良好、偏酸性的砂质壤土和壤土的地带。另外，为便于经营管理及保证华重楼药材的品质，应选择在交通相对方便、远离工业和城市污染源的地方种植。白马山华重楼示范基地，海拔1100~1200 m，该地区位于亚热带季风气候区，温暖湿润，四季分明，年绝对最高温度为29.5℃，年平均温度为12℃，年降水量2000 mm左右，无霜期170~180 d，林分为人工杉木成熟林，林下土层较厚，含有大量腐殖质，立地条件非常适宜华重楼生长。

（二）种植前准备

1. 清理林地

对杉木林分进行间伐，按照"砍小留大、砍密留疏、砍劣留优、照顾均匀"原则砍去过密林木，间伐之后林分郁闭度控制为0.5~0.6之间，以利于光照；然后劈除杉木林下的灌木杂草，清除石块等杂物。

2. 整地施基肥

林地清理结束后，根据林地坡度大小进行全垦或带状整地，因华重楼是浅根性植物，整地深度在20 cm左右即可。结合整地，施充分腐熟的农家肥30~45 t/hm^2，浅锄入土，再将土和肥料充分拌匀，把土整细耙平，筑1.5 m左右宽度的畦，并开好排水沟。

（三）栽植方法

1. 种苗选择

华重楼繁殖主要有种子和块根 2 种繁殖方式。由于种子休眠期较长，一般需 2 年出苗，育苗时间跨度长，用种子繁殖方式培育苗木一般适用于大规模种植；小规模种植多采用块茎切割无性繁殖，在苗圃地培育 2～3 年后用于林下种植。华重楼属多年生草本植物，每年冬季植株枯落，翌年 2 月长出新苗，栽植时应选择生长健壮、带有块根和须根的苗木进行栽植。

2. 种植时间

华重楼实生苗适宜在春季 3～4 月种植，应选择阴天或午后阳光弱时进行栽植。

3. 种植方法

首先在畦面上依照 30 cm×35 cm 的株行距挖穴，穴深 6～8 cm；然后把华重楼苗木植入穴内，栽植时将苗木根系舒展开，因苗木较细嫩，覆土时注意不要用力过猛，并与畦面持平，栽好后浇 1 次定根水。

（四）林间管理

1. 适度遮阳

华重楼生长过程中忌强直光照射，当杉木林内有较大天窗时，就要加盖遮阳网，一般遮阴度控制在 50%左右；没有条件的地方也可采用插树枝的方法遮阴。

2. 中耕除草

华重楼种植后应做到勤除草，防止因杂草争夺养分引起生长不良。由于华重楼根系较浅，生长过程中要求疏松的土壤，因而松土除草时需特别小心，宜浅松土，否则容易伤及根系。

3. 清沟排水

华重楼栽植后应视天气情况再浇水 2～3 次，生长季节要注意控制土壤的水量，雨季应尽快疏沟排水，避免出现积水，否则容易引起烂根，若遇干旱天气，要结合土壤的湿润程度和植株长势进行浇灌。

4. 合理追肥

华重楼具有植株开花、地下块茎便会膨大的生长特点，通常花期在 5～8 月份，此时是华重楼块茎的快速生长期，为保证华重楼生长所需的养分，须在 6 月上旬施充分腐熟的牛羊厩肥 30～45 t/hm^2，再进行培土覆盖；或浇施速效性的力亨水溶肥 75 kg/hm^2 及适量的三元复合肥，水溶肥采用挖环状沟或者施肥枪的方式施肥。另外，还可以适时喷施根大灵，以加速叶面光合作用产物向根部运输，促进根茎快速膨大，增大有效物质含量。

（五）病虫害防治

1. 猝倒病

猝倒病由腐霉菌引起，在幼苗期易发生，通常在春季低温多雨时发病较重。发生初期从茎基部感病，呈水渍状，随后很快向地上部扩展，植株突然倒伏。防治方法：选择无病种苗，清沟排水，病害发生后应尽快除去病株；药物防治可用 50%多菌灵可湿性粉剂 600

倍液+58%甲霜灵锰锌可湿性粉剂600倍液混合后浇淋畦面。

2. 茎腐病

发病初期，叶片、茎基出现水渍状小斑，病斑扩大后，叶尖失水下垂，造成根茎部组织腐烂、倒苗；该病多发生在高温多雨季节。防治方法：冬季植株倒苗后清除枯枝、病叶，并将其集中焚毁；药物防治可用80%代森锌500倍液、75%百菌清600倍液、72%甲霜灵锰锌600倍液等其中一种药液进行喷施防治。

3. 根腐病

发病初期，地上部分出现萎蔫，叶片下垂，块根发软，而后根部出现黄褐色水渍状斑块，直至块茎腐烂，并伴有特殊臭味，后期植株枯死。防治方法：雨季要尽快疏沟排水，避免水淹；药物防治可用50%多菌灵可湿性粉剂500倍液进行喷施，或用生石灰200倍液灌根防治。

4. 黑斑病

发病初期叶尖或者叶基出现圆形或者近圆状病斑，随后蔓延到花轴，造成叶片与茎秆枯萎。防治方法：及时疏沟排水；药物防治可用50%甲基硫菌灵悬浮剂1500~2000倍液进行喷施，或喷施50%扑海因可湿性粉剂1000~1500倍液进行防治。

5. 灰霉病

主要危害华重楼叶片、花蕾及茎秆，病害发生初期呈水渍状斑块，随着病斑的逐渐扩大，后期病部产生灰色霉层。防治方法：注意排水和降低湿度，及时清除病残体，增施有机肥，提高植株抗病能力；药物防治可选用40%嘧霉胺1000倍液、40%明迪（氟啶胺+异菌脲）3000倍液、50%速克灵2000倍液等其中一种药液喷雾。

6. 地下害虫

地下害虫主要有地老虎、蝼蛄等，其在华重楼出苗时咬食危害，咬断植株的根部和嫩苗茎基部，使之呈不规则的凹洞或倒伏。防治方法：可利用害虫趋性使用黑光灯诱杀和人工捕杀，也可用少量樟脑粉兑水喷雾驱赶；药物防治可在成虫发生初期选用50%辛硫磷乳油1000倍液或10%吡虫啉1500倍液喷防，也可在幼虫期用3%辛硫磷颗粒剂150 kg/hm^{2}混细土撒施于重楼植株旁进行诱杀。

7. 地上害虫

地上害虫主要有金龟子、蓟马类等。金龟子幼虫咬食块茎，成虫为害叶片。防治方法：夜间用火把诱捕成虫，或用鲜菜叶喷洒敌百虫放于畦面诱杀幼虫，以控制虫口密度；整地做畦时，撒施5%辛硫磷颗粒剂30 kg/hm^2。

蓟马类主要有花蓟马、瓜蓟马等，不仅为害叶片及花蕾，还会传播病原菌，对华重楼的生长和产量影响较大。防治方法：及时清除畦面杂草和枯枝残叶，利用蓝板诱杀成虫；药物防治可选用5%啶虫脒2000倍液或10%吡虫啉1500倍液进行喷施防治。

（六）采收与加工

1. 块茎采收

华重楼种植3~4年后即可采收，具体采收年份可根据市场行情决定。采收时在11月倒苗后挖取，此时华重楼块茎大部分生长于表土层，采挖较方便。采挖前清除枯枝落叶，再用锄头从植株侧面开挖，以更好地保证块茎的完整，挖好后抖去泥沙及杂质，运至室内摊开待处理。芽头好、根系发达、个头较小的块茎可收贮作为下年用种。

2. 加工

将收回的茎块分级过筛，去掉须根用水洗净，可以晾晒或者阴干，若遇连续雨天，可在50～60℃烘房内烘干，粗大的块茎也可趁鲜切片后再晒干或烘干保存。

参 考 文 献

管鑫，李若诗，段宝忠，等，2019. 重楼属植物化学成分、药理作用研究进展及质量标志物预测分析[J]. 中草药，50(19): 4838-4852.

国家药典委员会，2020. 中华人民共和国药典[M]. 北京：中国医药科技出版社: 271-272.

李建开，刘双泽，2020. 重楼的绿色高产高效栽培技术[J]. 特种经济动植物，23(7): 28-29, 39.

张发根，傅金贤，2019. 浙西南地区华重楼杉木林下栽培技术[J]. 现代农业科技 (14): 82,84.

周雪锋，王声淼，吴剑雄，等，2022. 高海拔山区华重楼遮阳避雨设施栽培要点及技术优势[J]. 农业科技通讯, (2): 270-272.

第二十二章 莲　子

第一节　莲子概况

一、植物来源

莲子，又名藕实、莲实、莲肉，《中国药典》（2020 年版）收载的莲子是莲科（Nelumbonaceae）莲属（*Nelumbo*）植物莲 *Nelumbo nucifera* Gaertn.的干燥成熟种子。秋季果实成熟时采割莲房，取出果实，除去果皮，干燥，或除去莲子心后干燥。

二、基原植物形态学特征

莲为多年生水生草本。根状茎横生，肥厚，节间膨大，内有多数纵行通气孔道，节部缢缩，上生黑色鳞叶，下生须状不定根。叶圆形，盾状，直径 25～90 cm，全缘稍呈波状，上面光滑，具白粉，下面叶脉从中央射出，有 1～2 次叉状分枝；叶柄粗壮，圆柱形，长 1～2 m，中空，外面散生小刺。花梗和叶柄等长或稍长，也散生小刺；花直径 10～20 cm，美丽，芳香；花瓣红色、粉红色或白色，矩圆状椭圆形至倒卵形，长 5～10 cm，宽 3～5 cm，由外向内渐小，有时变成雄蕊，先端圆钝或微尖；花药条形，花丝细长，着生在花托之下；花柱极短，柱头顶生；花托（莲房）直径 5～10 cm。坚果椭圆形或卵形，长 1.8～2.5 cm，果皮革质，坚硬，熟时黑褐色；种子（莲子）卵形或椭圆形，长 1.2～1.7 cm，种皮红色或白色。花期 6～8 月份，果期 8～10 月份。

三、生长习性

莲喜相对稳定的平静浅水，流动水不利于其生长。水深以 20～60 cm 最适宜，若水深超过 1.8 m、时间超过 10 d 以上易致使莲死亡。在不同生长时期，莲对水的要求也不同。

最适宜莲生长的温度为 22～32℃，可耐短时间 40℃以上高温和 0～7℃低温。温度低于 18℃时，不利于莲雌蕊受精，结实率降低。

莲非常喜光，极不耐阴暗，整个生育期需要全光照的环境，要保持光照 8 h/d 以上。

莲喜偏酸性且富含有机质、全氮和有效铁、锰的土壤，土壤厚度 30 cm 以上的泥土极有利于莲的生长；板结、黏重土壤不利于莲生长。

四、资源分布与药材主产区

莲资源包括两个种，分别是开白花和红花的亚洲莲以及开黄花的美洲莲。亚洲莲分布在亚洲和太平洋以北，美洲莲分布在北美的东部和南部、南美的北部。莲在中国已有2000多年的栽培历史，产于我国南北各省，自生或栽培在池塘或水田内。根据农艺性状和基本用途，一般将莲分为3类：藕莲、花莲和子莲。藕莲以产藕为主，花莲以观赏为主，子莲以收获莲子为主。子莲在我国种植面积广泛，主要分布在福建、江西、浙江、湖南、湖北、江苏、河北、台湾等地，为著名观赏及食用植物。

根据地域分布特征，通常包括建莲（产自福建建宁等地）、赣莲（产自江西广昌等地）、湘莲（产自湖南湘潭等地）、宣莲（产自浙江武义等地）等几大品系，年产量超过 1.4×10^7 kg。福建建宁、江西广昌、湖南湘潭由于子莲栽培历史悠久、面积较大，分别被称为"中国建莲之乡"、"中国白莲之乡"和"中国湘莲之乡"。

五、成分与功效

莲是药食两用药材的大品种，包括莲须、莲房、莲子、莲子心、藕节和荷叶等多个药用部位。近代研究表明，莲子中主要有生物碱类、黄酮类、酚酸类、多糖等化合物。《中国药典》（2020年版）中，莲除荷叶和莲子心具有明确的指标成分外，其他四种药材包括莲子、莲房、莲须及藕节均没有指标成分含量测定的质量评价方法。

《中国药典》（2020年版）记载的莲子性味甘、涩，平，归脾、肾、心经。功能与主治为补脾止泻，止带，益肾涩精，养心安神；用于脾虚泄泻，带下，遗精，心悸失眠。现代药理研究表明，莲子具有抗氧化、抗抑郁、抗癌及抗血管生成等多种活性。

第二节　莲子规范化栽培模式

莲属于多年生水生草本植物，其规范化栽培模式主要包括处州白莲栽培技术、建莲栽培技术、广昌白莲栽培技术、春马铃薯-籽莲-兰溪小萝卜高效种植技术、子莲＋泥鳅共生种养模式关键技术、莲田养鱼套种晚稻生态种养技术、子莲套种泽泻生产花薹技术、白莲套作荸荠无公害高效栽培技术、建莲-油菜轮作栽培技术等技术。

一、处州白莲栽培技术

处州白莲产于浙江省丽水市莲都区，自明末开始距今有400多年种植历史，是丽水传统名产，列入浙江省首批农作物种质资源保护名录，获国家地理标志证明商标。处州白莲以"色白、粒大、质绵、味美"为莲中上品，具有良好的食用和药用价值，有着"三粒莲籽一根参"之说，丽水也因此而得"莲城"之美称。处州白莲较耐深水，成熟较晚。一般春分栽培，清明发芽、长叶、生根，小满现蕾，芒种分枝，小暑后盛花，立秋后莲籽开始成熟，同时结藕。处州白莲从出叶到采摘结束约 150 d，栽种当年每 667 m² 产量 60～65 kg，第二、三年每 667 m² 产量 80～90 kg，第四年每 667 m² 产量降至 40 kg 以下。所以一般在第四年要求翻耕栽种。处州白莲栽培技术具体如下所述。

（一）莲田选择

选择交通方便，光照充足，排灌方便，土层深厚，肥力中上，富含高磷、钾、钙的紫泥田。土质以壤土、黏壤土、黏土为宜，土壤 pH 值 6.5～7.0 为宜。

（二）提倡水旱轮作

处州白莲连作，因长期浸水，土壤环境恶化，病虫害易加重，同时也易导致缺素症产生和恶性杂草滋生，造成产量下降。一般来说，种植处州白莲以第二年产量最高，以后逐年下降。通过水旱轮作可以改善土壤理化性状，减少有害生物累积。实践证明，第一、二年种植处州白莲，第三年种植豇豆、西瓜等瓜果蔬菜，第四、五年再种植处州白莲的轮作模式能获得较高的经济效益。

（三）整地施肥

由于处州白莲生育期长，茎叶高大，需肥量大，一般每 667 m² 施腐熟猪牛栏肥或鸡鸭肥 2000～2500 kg，10～11 月份冬翻入土，并灌水越冬。栽藕种前进行耕耙、整平。

（四）选好藕种

从已种植 2～3 年的莲田（母本园）中，选出节间短、粗壮，顶芽似扁鼓形，节间完整、无损伤，且要求有 4 个节间以上，带有 1～2 个子藕的藕作种。

（五）适时栽培

4 月初，有效温度稳定在 12～15℃时栽种，每 667 m² 栽 130 丛左右，密度 2 m×2.5 m，栽种时挖穴 15～20 cm 深，将藕种斜放穴中，顶芽朝下覆土，尾部露出水面，以防灌水烂藕，栽后及时检查是否有浮苗，并及时补救，力争全苗。

（六）田间管理

1. 中耕除草

栽后一个月（立夏）第一次中耕，栽后第二个月（芒种）第二次中耕，但勿翻藕种旁边的泥土。第二、三年的莲田要在 4 月中旬深翻除草，以利白莲生长。

2. 肥水管理

5 月上旬适施苗肥，每 667 m² 施复合肥 10 kg；6 月中下旬重施蕾肥，每 667 m² 施复合肥 20 kg、尿素 5 kg；补施粒肥，在第一次采摘后施尿素 5 kg。莲田在第一次中耕后，每 667 m² 施磷肥 25 kg，盖青蒿 2000 kg。栽后一个月内灌水 15 cm 保温，后灌 5～8 cm 浅水，促芽萌发和立叶生长，7 月后不能断水，利于结实。

3. 病虫害防治

处州白莲虫害较少，前期蚜虫用 10%吡虫啉可湿性粉剂防治，斜纹夜蛾可选用生物农药印楝素 800 倍液、20%氯虫苯甲酰胺悬浮剂 3000 倍液或 100 亿个/g 孢子苏云金杆菌菌粉 2000 倍液交替防治。

4. 摘除老叶

大暑（7 月 22 日左右）后，可适当摘除部分无花立叶，减少营养损耗，提高通风透光度。

5. 适时采摘

当莲蓬出现淡褐色花斑，莲籽种皮稍有变褐色时即可采摘，一般旺期每隔 1 天采摘一次，边采边加工，用莲籽刀剥去种壳，立即曝晒至干，阴雨天采摘的用木炭烘干，并经常翻动，严防烘焦。

二、建莲栽培技术

建莲为福建省三明市建宁县区域内生产的道地药材，是我国三大名莲之一。建莲淡黄白色、粒大、圆整、轻煮即熟、久煮不散、汤色清香气浓、细腻可口。建莲栽培技术具体如下所述。

（一）种植环境

1. 产地环境

产地环境应符合 NY 5331 要求。

2. 气候

年平均温度 16.8℃，≥10℃的积温≥4600℃，日照时数≥1100 h，降水量≥1700 mm，无霜期≥210 d 的地区为适宜。

3. 土壤

宜选用土质疏松肥沃，土壤有机质含量≥1.5%，耕作层深度≥20 cm，pH 值 4.5～7.5，光照充足，排灌方便的水田。

（二）品种

宜选择'红花建莲'、'白花建莲'和'建选 17 号'等。

（三）种苗繁育

1. 种源

以上年的优质莲藕为种源，选择产量高、品质佳且未发生过腐败病的田块为种源田。

2. 越冬管理

提倡在越冬的莲田种植紫云英等绿肥；未种植绿肥的越冬莲田，宜灌水 3～5 cm。严禁牲畜等践踏。

3. 种藕起挖

3～4月，日均气温稳定通过12℃时即可起挖。尽量随挖随栽。

4. 种藕选择

选择藕芽完整、无病斑、无严重机械伤、生长健壮，具有2个完整节间以上，并带有1个顶芽的主藕或子藕为种藕。

（四）栽培技术

1. 定植

'建选17号'品种用藕量1800～2250支/hm^2，'红花建莲''白花建莲'则为3000～3600支/hm^2。2～3支/穴。按藕量做到全田均匀分布。

2. 中耕除草

栽后或翻犁后15～20 d，结合追肥开始中耕除草，拔除莲株间杂草，踩入泥中，并翻动表土。至莲子封行后停止中耕除草。莲子苗期浮萍较多的，宜尽量堆埋或清除出田。

在栽后5～7 d莲子未发苗时，每公顷宜用丁草胺50%乳油1500～1800 g拌细土撒施；或莲田除草剂1500～1800 g，拌细土10 kg左右撒施，用药后3～5 d保持浅水、静水。莲子生长期不应使用化学除草剂。

3. 水分管理

定植后至6月中旬莲田灌水5～10 cm，6月下旬至8月下旬，提高水位至15～20 cm。9月至翌年3月，宜灌浅水3～5 cm。

4. 莲田施肥

1) 基肥

中低肥力田宜施腐熟有机肥3750 kg/hm^2。冬闲田宜在犁田前施腐熟的猪牛粪22500 kg/hm^{2}或人粪尿7500 kg/hm^{2}或菜子饼肥1500 kg/hm^2；冬种紫云英田宜在盛花期撒施生石灰450～750 kg/hm^{2}后翻犁压青。

2) 追肥

根据土壤肥力和建莲生长状况，在立叶期、始花期、盛花期及采摘中后期分6～7次施入，从5月上旬开始每半个月施一次。追肥时期、种类及用量见表22.1。

表22.1 追肥时期、种类及用量推荐方案

追肥时期	追肥时间、种类、用量、用法
立叶期	结合中耕除草进行。5月上旬，新植莲田用碳铵+普钙各150～225 kg/hm^{2}或用莲专肥150～225 kg/hm^2，拌匀后在抱卷叶一侧15～20 cm处深施，深度为入土6～8 cm；5月下旬，第二次深施莲专肥375 kg/hm^2。老莲田均为撒施
始花期	6月中旬，第三次撒施莲专肥600 kg/hm^2
盛花期	7月上旬，第四次撒施莲专肥600 kg/hm^2；7月下旬，第五次撒施莲专肥525 kg/hm^2。8月中旬视莲株长势，补施莲专肥225～300 kg/hm^2，或尿素90～120 kg/hm^2+氯化钾45～60 kg/hm^2

注：①土壤肥力基础好、有机肥用量多、肥效高的莲田，化肥用量可减少20%～30%；②莲专肥指建宁莲科所根据建莲需肥特点和建宁县土壤状况配制的含氮、磷、钾为25%并添加微量元素的复混肥，不排除使用具有同等性能肥料的可能；③留种莲田应重视盛花后期施肥，并酌情增加尿素用量。

5. 病虫害防治

1）防治原则

预防为主，综合防治。优先使用农业防治、物理防治、生物防治，按照病虫害的发生规律和经济阈值，科学使用化学防治技术，有效控制病虫危害。农药施用应执行 GB 4285 和 GB/T 8321（所有部分）的规定。

2）主要病虫害及防治

建莲主要病虫害及防治措施见表 22.2。

表 22.2 主要病虫害及防治措施

病虫名称	防治措施
蚜虫	大量发生危害时，用 3%啶虫脒 1000～1500 倍液或 10%吡虫啉 2000～2500 倍液喷治
斜纹夜蛾	利用三龄前幼虫的群集性，进行人工捕杀，或用昆虫信息素、杀虫灯诱杀成虫；大量发生危害时可选用 Bt 杀虫剂（苏云金杆菌）1000 倍液、20%除尽（虫螨腈）1000 倍液、48%毒死蜱 1500 倍液喷治
食根金花虫	排水后用 225～300 kg/hm^2 茶子饼毒杀，或养黄鳝、泥鳅进行防治
叶（褐）斑病	拔除病株后，健叶用 25%凯润（吡唑醚菌酯）2000 倍液或 10%世高（苯醚甲环唑）2000～3000 倍液喷治。连作莲田做好冬季清园；植藕或发苗前施生石灰 750～1050 kg/hm^2 进行土壤消毒
莲腐败病	①选用抗病品种，无病种藕；②水旱轮作；③发病初期拔除病株，并用绿亨一号（噁霉灵）1500 倍液等药剂防治，控制病害蔓延；④连作莲田做好冬季清园；植藕或发苗前施生石灰 750～1050 kg/hm^2 进行土壤消毒

（五）采收

6 月下旬至 10 月中旬采收。当莲蓬出现褐色斑纹，莲子与莲蓬孔格稍分离，莲子果皮带浅褐色时采摘。

三、广昌白莲栽培技术

广昌白莲为江西省广昌县区域内生产的道地药材，其色白、粒大、味甘清香、风味独特、营养丰富。广昌白莲栽培技术具体如下所述。

（一）种植环境

1. 产地环境

应符合 GB 18406.1—2001《农产品安全质量 无公害蔬菜安全要求》。

2. 气候

常年平均气温 18℃，≥12℃年有效积温 4980℃以上；常年无霜期 270 d，常年平均降雨量 1700 mm。

3. 土壤

土质疏松肥沃，耕作层在 20～50 cm，土壤有机质≥2%，pH 为 4.5～8.5 的土壤均适宜种植广昌白莲。

（二）栽培

1. 品种

选择能体现广昌白莲传统特色的品种，如广昌白花莲、百叶莲、赣莲系列品种、太空莲系列品种以及新选育的品种等。

2. 种苗繁殖技术

分为有性繁殖、无性繁殖。有性繁殖多用于培育新品种和子莲的提纯复壮；无性繁殖为广昌白莲最常用的繁殖方式。

1) 有性繁殖

播种期：日均温度稳定在13℃以上，3~4月份"春播"或当年的7~8月份"秋播"。

选种：选择亲本性状良好、颗粒饱满且无病虫害的成熟莲子播种，严禁选青熟、半熟的莲子作种。

催芽：催芽前应做"破头"处理，一般用枝剪将莲子种脐一端破一小口，露出种皮，注意不要碰伤胚芽，将"破头"的莲子放入15~25℃的清水中浸芽，水深以浸没莲子为宜，每天换水一次，3~5 d可出胚芽。

育苗：育苗前，先作好1.0~1.2 m宽的苗床（长度不限），将长出胚芽的莲子平卧轻按入泥中，株行距10 cm×15 cm，在苗床外插好竹架，用塑料薄膜盖严，整个苗床灌水3~5 cm。如在播种盆内育苗，可先在盆内置肥沃的稀塘泥，泥的深度为盆深的三分之一至二分之一，将已催芽的莲子轻按于泥中，每盆一粒，灌水3~5 cm。

移植：当莲苗长至四片浮叶时，可移苗种植于大田。移植后大田仍灌水3~5 cm，移植密度为大田每公顷9000~10500株（即每亩600~700株）。

2) 无性繁殖

分为分藕繁殖和分藲繁殖。分藕繁殖用于大田栽种，分藲繁殖用于莲田补充缺苗或扩大繁殖。

（1）分藕繁殖。

种源：以上年的宿根莲为种源，选择上年产量高、品质佳且未发生过腐败病的田块为种源田，所栽品种以太空莲品种为主。

越冬管理：提倡在越冬的莲田种植紫云英等绿肥；未种植绿肥的越冬莲田，应灌水3~5 cm。严禁牲畜等践踏。

种藕起挖：3~4月气温稳定，日均气温稳定超过13℃的晴暖天即可起挖。

种藕选择：选择藕苫完整、色泽鲜明、无病斑、未破损、生长健壮，具有3节以上的主藕或2节以上的子藕为种藕。

（2）分藲繁殖。

白莲生长期间的一种繁殖方法。将生长中的藕鞭切成段，繁殖成新株。

3. 栽培技术

1) 移栽

选择阳光充足，水源条件好，排灌方便，有机质含量高，质地疏松肥沃，耕作层30 cm左右，pH 7.5左右的冲积土壤或砂质壤土栽培。忌选山垅田、冷水田、锈水田、山排漏水田及发生过莲腐败病的田块种植。移栽时间为3月底至4月上旬,种植密度株行距2 m×(2~2.5)m,每公顷2250~3750株(即每亩种植150~250株)。

2)中耕除草

当莲鞭抽生立叶时开始中耕除草。先将莲田水排干,拔尽杂草再中耕,一般每隔12~15 d进行一次,至莲株封行时结束。

3)水分管理

莲田灌水原则为"浅-深-浅"。立叶抽生前灌3~5 cm的浅水;6月中旬至7月上旬寒潮来临时水层逐渐加深至10 cm左右;7月中旬至8月底,宜灌16~20 cm深的流动深水;采摘后期至翌年3月,恢复浅灌水,有条件的地方也可灌深水防治莲腐败病的发生。

4)莲田施肥

(1)基肥。

白莲生长前期,即从萌动到长出浮叶这一期间,应选择有机肥为基肥。基肥在白莲移栽前施入,每公顷施腐熟猪牛栏粪37500~45000 kg或人粪尿30000 kg,并撒施生石灰750 kg(即每亩施腐熟猪牛栏粪2500~3000 kg或人粪尿2000 kg,并撒施生石灰50 kg)。在白莲移栽前每公顷一次性施入硼砂30 kg(即每亩2 kg)、硫酸镁90~120 kg(即每亩6~8 kg)、石膏粉120~150 kg(即每亩8~10 kg)。

(2)追肥。

追肥以施用速效化肥为主,根据土壤肥力和白莲生长状况,在立叶期、始花期、盛花期及采摘后期分期施入。

立叶肥:5月上旬莲株长出1~2片立叶时,每公顷施45%尿素15~22.5 kg,硫酸钾15~22.5 kg(即每亩施45%尿素1~1.5 kg,硫酸钾1~1.5 kg),拌匀后在抱卷叶一侧8~10 cm处深施,深度为入土6~8 cm。

始花肥:5月中、下旬每公顷施尿素75 kg,氮磷钾(N15-P15-K15)复合肥150 kg[即每亩施尿素5 kg,氮磷钾(N15-P15-K15)复合肥10 kg]。

花蓬肥:6月上旬至7月中旬,在"芒种""夏至""小暑"三个节气前后,每公顷分别撒施尿素105~120 kg、硫酸钾45~60 kg、氮磷钾(N15-P15-K15)复合肥225 kg[即每亩分别撒施尿素7~8 kg、硫酸钾3~4 kg、氮磷钾(N15-P15-K15)复合肥15 kg]。

壮尾肥:7月底至8月初视莲株长势,每公顷补施尿素75 kg、硫酸钾30~45 kg(即每亩补施尿素5 kg、硫酸钾2~3 kg)。

5)病虫害防治

病虫害防治采取"预防为主、综合防治"的原则,合理采用农业、生物、物理和化学等防治手段,并综合应用。着重防治莲斜纹夜蛾、莲缢管蚜、铜绿金龟子、土蝗及莲腐败病、莲叶斑病、黑斑病等病虫害。农药使用应符合GB/T 8321.7—2002《农药合理使用准则(七)》要求。

4. 采摘

7月初至9月下旬,当莲子八至九成熟,莲壳由青绿色转为浅灰褐色时采收。

四、春马铃薯-籽莲-兰溪小萝卜高效种植技术

马铃薯、小萝卜是浙江省兰溪市的优势作物,生育期短、效益好,适宜免耕栽培,茎叶还田可培肥地力。籽莲是水生作物,一次播种,可多年免于播种,管理方便,茎叶可全量还田,与马铃薯、小萝卜搭配种植时,不仅茬口紧凑、资源利用率高,而且全年实现水旱轮作、免耕节本、茎叶还田,效益突出,是一种可持续发展的高效循环模式。春马铃薯-籽莲-兰溪小萝卜高效种植技术具体如下所述。

(一)茬口安排

春马铃薯在12月中下旬播种,翌年1月中下旬覆盖地膜,4月中下旬视市场行情适期收获;马铃薯收获后翻耕,栽种籽莲或利用上年地下茎萌发,6月底开始收获莲蓬,9月中下旬收获结束;9月底10月初免耕播种兰溪小萝卜,11月初分批采收。

(二)栽培技术

1. 春马铃薯

1)适期播种

选用'东农303''中薯3号'等早熟品种,根据天气情况,12月中下旬利用前作兰溪小萝卜的畦免耕播种。播种时在畦面开播种浅沟。

2)适当密植

播种前将种薯切成每块带2~3个芽眼的薯块,每穴播一块种薯,每畦播4行,每两行播在同一条播种沟内,行与行之间错位播种,穴距20~25 cm,亩栽6000穴左右。

3)施足基肥

亩施猪栏肥2000 kg、复合肥75 kg作基肥;若全部采用化肥作基肥,可亩施复合肥100 kg。将肥料在播种时一次性施于两穴之间,施用时要避免肥料与种薯接触。播种施肥完毕后,将原来覆盖小萝卜的稻草盖在种薯上,并覆土。

4)覆盖地膜

一般在1月中下旬覆盖地膜,以利于提前成熟收获。过早覆膜会导致出苗过早而遭受冻害。覆盖地膜前喷施丁草胺等除草剂封杀杂草。出苗后及时破膜放苗,避免烫伤。

5)收获上市

4月中下旬,当马铃薯具有一定产量(一般在亩产1000 kg以上)时,在市场价格较高时陆续收获上市。因采用免耕覆草栽培,马铃薯生长较浅,揭除覆盖的稻草即可看见马铃薯,收获时非常省力方便。收获后的马铃薯茎叶均匀撒施还田。

2. 籽莲

1)品种选择

选择产量高、品质好、抗病强、适应性广的籽莲品种,以'建宣35''十里荷1号'为主。上一年种过籽莲的田块可利用上年的地下茎萌发,不用重复播种,一般可连续5年

以上而不影响产量。

2）翻耕或播种

马铃薯收获后茎叶还田，田块深翻 20~40 cm，翻耕后耙平，灌水 3~10 cm，全田亩施新鲜生石灰 80~100 kg。新种田块将种茎均匀排布在田内，亩用种量 250 kg 左右；复种田块翻耕后则只需等待新苗萌发。莲子出苗后，根据出苗情况及时去密补稀。

3）科学施肥

基肥以有机肥为主，亩用量 1000 kg 左右，翻耕前施用并深翻入土。在 30%~50% 幼苗长出第 1 片立叶时，亩施硫酸钾复合肥（N-P$_2$O$_5$-K$_2$O 比例为 15-15-15）15 kg 作苗肥。植株长出第 3 片立叶后，分 5~6 次施用花果肥，间隔 10~15 天一次，每次亩施硫酸钾型复合肥 20~30 kg、尿素 10~15 kg。此外，结合花果肥施用硼肥 1~2 次，亩总用量为 0.5 kg。施肥时莲田保持水深 3~5 cm 为宜。

4）水浆管理

苗期水温较低时，田间保持浅水 5~10 cm。当气温达 30℃ 以上时，将水位提高到 10~20 cm。采收结束后排干水（如后作空闲则将水位降至 5~10 cm 越冬），以便于后作即时播种。莲田排灌沟渠需分开，以免传播病虫。稻、莲混栽区，要注意防止施用过除草剂的稻田水流入莲田。

5）病虫害防治

坚持"预防为主，综合防治"的植保方针，以农业防治、物理防治、生物防治为主，化学防治为辅。种藕先用 50% 多菌灵可湿性粉剂 800~1000 倍液浸种 10 min，再堆闷 24 h 后种植；5~6 月份注意及时做好对炭疽病、褐斑病和腐败病的防治工作，发病初期可用 50% 多菌灵可湿性粉剂 800 倍液叶面喷施防治。

6）适期采收

6 月底开始收获新鲜莲蓬，至 9 月中下旬结束。莲叶和茎秆切碎后还田。

3. 兰溪小萝卜

1）免耕播种

9 月底 10 月初，在莲蓬收获后及时清理莲叶和茎秆，选用兰溪小萝卜地方品种牛舌头或枇杷叶免耕撒播，亩用种量为 1.75~2.50 kg。播期越晚用种量越大，10 月初播种的亩用种量以 2.25~2.50 kg 为宜。播种后采用机械开沟，畦宽 150 cm，沟宽 20 cm 左右。

2）合理施肥

基肥亩施进口三元复合肥 15~20 kg，于播种前全田撒施。在生长后期，每采收 1~2 次，亩用尿素 2 kg 撒施或兑水浇施，以促进弱苗生长，肉质根膨大。注意不能施用未腐熟的有机肥，以避免可能造成肉质根表面出现褐色斑点，影响萝卜的外观品质。增施硼肥可有效防治缺硼引起的各种症状，一般亩用硼肥 0.5~1.0 kg 作基肥施入，也可亩用硼肥 100 g 兑水 60 kg 在肉质根膨大期叶面喷施。

3）稻草覆盖

采用稻草覆盖有利于改善小萝卜的品质，提高产量。一般在播种并喷施除草剂后覆盖稻草，厚度掌握在 3 cm 左右。萝卜收获后未完全腐烂的稻草用于覆盖马铃薯。

4）抗旱保苗及清沟排水

对播种早的田块，要重点做好抗旱保苗工作，播后如遇长期干旱，可以沟灌跑马水。在整个生长期间灌水，都要注意切忌灌水上畦面。10月份以后重点做好清沟排水工作。

5）化控

生长前期喷施多效唑对促进肉质根的膨大、提早收获、提高产量具有一定的作用，特别是在播种密度较大的情况下效果尤为明显，可在2叶期以后至肉质根膨大前期（即"破肚"期），用浓度为75 mg/kg的15%多效唑可湿性粉剂喷施。在萝卜生长中后期，若因水肥因素导致叶片徒长，喷施多效唑具有抑制徒长作用和较好的增产效果。

6）病虫草害防除

播后苗前，用禾耐斯防除杂草，要求田间土壤湿润。虫害方面重点做好对菜青虫、斜纹夜蛾、蚜虫的防治工作。病害主要是病毒病、霜霉病、黑腐病，一般发病较轻，如若病情较重，可选用对口农药进行防治。采收前半个月，禁止施用任何农药。

7）分批采收

兰溪小萝卜生长速度较快，从播种到采收的时间较短，应根据加工企业的要求，当萝卜达到企业要求的标准时及时分批采收。一般以单个重20～50 g为宜，注意避免贻误采收适期。萝卜过大，会影响销售价格。

五、子莲+泥鳅共生种养模式关键技术

子莲＋泥鳅共生种养结合模式是在浙江省杭州市余杭区兴起的一种新型提质增效模式，该模式通过在莲田中放养泥鳅，进行种、养殖结合生产。子莲植株较为高大，下部可利用的空间较大，夏季茂密的荷叶遮阴避日并释放氧气，为泥鳅创造了极佳的生长环境，同时通过子莲"吸肥去污"，不仅可以净化水质，也提高了泥鳅的质量；泥鳅作为该模式的中心，其生态位与子莲互补，泥鳅的频繁活动为子莲根部淤泥增氧换气、耘泥施肥、耕田除草，促进莲子品质的提高，实现了促养增质，也有利于土壤保育和调控系统内的种群关系。子莲＋泥鳅共生种养模式关键技术具体如下所述。

（一）茬口安排

3月中旬前完成鳅沟、鳅坑及泥鳅防逃设施等田间工程建设和莲田消毒工作。3月下旬播种子莲，莲种用量90 kg/hm²。4月下旬投放泥鳅苗。9月中旬开始采收莲子，10月中旬采收结束，泥鳅捕捉。

（二）关键技术

1. 莲田选择和田块改造

选择地势平坦、保水性好、水源充足、给排水方便、阳光充足、能防洪防涝的田块；加高加固四周田埂，防止崩塌，田埂高出田面50～60 cm，确保能蓄水20～30 cm；在进出水口设置60～80目防逃网，用水泥板或厚塑料膜立在田埂壁上，用水泥封好板缝，以防泥

鳅逃逸；根据莲田的大小，种植前先在田中开挖"十"字形或"井"字形鳅沟，沟宽、沟深 30～40 cm；在田埂四周或一边挖一个或多个与田沟相通、大小在 1.0～1.5 m³ 的鳅坑，避免采收莲子、莲藕时惊动泥鳅并方便泥鳅抓捕。

2. 莲田消毒

冬季排干田水，清理田间及田埂杂草，冻晒底泥。3 月中旬种植子莲前先进行田块消毒。消毒时水深 10 cm，按 90 kg/hm² 的施用量用塑料容器将生石灰化浆后趁热搅拌进行全田泼洒。消毒后 5～7 d 换水，注入新水后用白鲢或花鲢作为试水鱼检测田水的毒性是否消失，试水鱼生活正常后放养泥鳅苗。

3. 子莲品种选择与种植

子莲品种选用'十里荷 1 号'，杭州地区每年 3 月下旬种植子莲，株行距为 2 m×3 m，种植前按 22.5 t/hm² 的施用量一次性施足腐熟有机肥作为基肥。

4. 泥鳅种苗放养

泥鳅品种选用日本泥鳅。4 月下旬放养，放养时控制水深在 40 cm，选择规格 500 尾/kg，生长整齐、体质健壮的泥鳅苗进行放养，放养量 620 kg/hm²。放养前用 3%～5%食盐水浸洗消毒 10～15 min，轻轻放入莲田，避免鳅苗受伤。

5. 田间管理

1) 中耕除草和施肥控水

大田管理重点抓好中耕除草和施肥控水工作。按浅水长苗，深水开花结实的原则控制水深，遇干旱水位偏低时，要及时补水。6 月深水保温，并及时追施苗肥、花肥和籽肥，少用或不用化肥。追肥以少量多次为宜，避免施肥数量太大造成泥鳅浮头、死亡。

2) 饲养管理

一要合理投食。日本泥鳅饲养管理重在饵料投喂，饵料选用杂食性膨化鱼饵料，泥鳅喜欢夜间觅食，每日应投喂米糠和膨化饵料各 1 次。投饵要坚持"四看""四定"原则，即看季节、看水质、看天气、看泥鳅吃食及活动情况；定时、定点、定质、定量，阴雨、闷热天气适当减少投饵量。米糠投喂时间为 5:00～6:00，投喂量开始时 300 kg/hm²，之后逐步增加，最大投喂量 450 kg/hm²；膨化饵料投喂时间为 16:00～17:00，投喂量 112.5 kg/hm²，之后逐步增加，最大投喂量 225 kg/hm²。日投饵总量控制在泥鳅总体重量的 1%～2%，以散投在四周浅水区为佳。二要调控水质。养殖前期每隔 3～5 天注水 1 次，中后期每隔 7 天注水 1 次，每次换水 20%～30%；同时每隔 15 天用生石灰消毒 1 次，保持池水嫩绿色。

3) 病虫害防治

子莲的病虫害较少，主要有莲缢管蚜。可在有翅蚜发生期间，用天蓝色或黄色黏虫板进行诱杀，也可在若蚜发生期间，用 1%苦参碱水剂 600～800 倍液、3%啶虫脒乳油 1500～2000 倍液、70%吡虫啉水分散粒剂 10000 倍液+1%肥皂水进行喷雾，确保生长健旺。子莲套养泥鳅后害虫减少，可不喷农药或少喷农药。

泥鳅抗病力很强，极少生病，常见病主要有打印病、赤鳍病、寄生虫病等。打印病与赤鳍病可用 1 mg/kg 的漂白粉全田泼洒，24 h 后再泼洒 1 次，以后每隔半月泼洒 1 次，进行预防；寄生虫病可用 0.7 mg/kg 硫酸铜与硫酸亚铁（5:2）合剂溶水后全田均匀泼洒。

6. 莲子采收和泥鳅捕捞

9月中旬开始采收莲子。采摘结束后，应及时清棵，残株可用于堆肥或作饲料，清理出的残株应远离莲田，减少来年病害，防止田水变质伤害泥鳅。

商品泥鳅一般利用尼龙网进行捕捞，捕捞时，选择凌晨时分在水坑里放动物性饵料诱捕泥鳅。可采取捕大留小、适时上市的方法，这样既控制了泥鳅的养殖密度，防止大吃小的现象出现，又可提高经济效益。

六、莲田养鱼套种晚稻生态种养技术

传统的白莲种植主要采收莲子，而莲子往往由于受市场行情波动的影响收益平平。为了提升白莲种植的整体效益，江西省永丰县对莲田的田埂进行加高加固后放养鱼、老莲田（二、三龄莲田）在莲子收获后期插栽晚稻，对莲田实行综合利用。通过白莲与晚稻套种、种植与养殖的有机结合，莲田实现了和谐共生的良好生态效益。不仅莲田的病虫草害减轻了，土壤肥力提高了，生态循环良性化了，经济效益也大为提高。莲田养鱼套种晚稻生态种养技术具体如下所述。

（一）莲田准备

1. 莲田选择

莲田要求耕作层在30 cm左右，且土壤疏松肥沃、有机质含量高、排灌方便、阳光充足，土壤pH值以5.5～7.5为宜，以未发生过莲藕腐败病的田块种植为好。不提倡采用缺水田、山垅田、冷水田、锈水田、漏水田种植白莲。

2. 莲田整地

若用冬闲田作种植田块，应在春节前后完成二犁二耙；若用绿肥田作种植田块，应在白莲移栽前15 d完成一犁，隔2～3 d后再进行一犁一耙，结合犁耙施入充分腐熟的农家肥作基肥。各类莲田整地时每亩施足农家肥2200 kg以上，再进行充分的犁耙，整平田面待栽。在移栽当天或前1 d再进行1次犁耙，做到泥烂田平。

3. 莲田养鱼田块准备

在白莲移栽前20 d，要对莲田块四周外围进行清沟以利排洪，对莲田进行必要的改造：一是田埂加高加厚并加固，田埂加高至55～60 cm，田埂宽35～45 cm并夯实牢固。二是莲田四周内侧开好鱼沟，要求鱼沟宽50～60 cm，沟深40 cm。三是在田块的中心位置挖好鱼池，每亩挖鱼池2～3个，每个鱼池的面积2～3.2 m^2，鱼池深约1 m。鱼池的四边向外开好鱼沟并与围沟相通，以利于鱼的活动。

（二）种藕准备

1. 品种选择

选择适应性广、抗病抗逆性强、优质丰产、农艺性状好的品种。首选太空莲系列品种，其次为'京广1号''赣莲62''广昌白花莲'等品种，并选择节间短且粗壮匀称、顶芽和藕身无损伤、两个藕包一节藕担（未膨大的地下茎）、顶芽完好、无病虫斑的种藕作种。

2. 种藕起挖

在 3 月底至 4 月上旬，当日均气温稳定通过 15℃以上时，选择晴暖天气细心地将种藕挖起，现挖现栽。当天未及时栽完的种藕存放在阴凉处，如存放时间较长时，最好放在水中保存。

（三）白莲定植、管理与加工

1. 种藕定植

1）消毒与移栽

移栽前对种藕进行消毒，用 50%多菌灵可湿性粉剂 500 倍液喷洒种藕，并覆盖薄膜闷种 12 h。当日平均气温稳定通过 15℃以上（约在 3 月底或 4 月上旬），选择晴暖天气挖种藕定植。

2）密度与方式

一般太空莲系列品种每亩种植 200 支种藕，'赣莲 62'及'广昌白花莲'等每亩种植 300 支种藕。种植方式有"品"字形和单株种植两种方式。如采用"品"字形种植，每株栽 3 支，株行距（2～2.5）m×（3.3～4）m，田埂四周一至二圈种藕的顶芽朝向田中央，其余种藕顶芽呈"品"字形并朝向三个方向；如采用单株种植，种藕的顶芽一律朝向田中央，株行距（1.5～1.6）m×（1.8～2.2）m。定植时藕身呈 30°角斜埋入土中，深度为 12～15 cm，再覆泥，藕担露出土面。

2. 莲田管理

1）生长前期管理

主要抓住"两个水位、两次施肥"。一是浅水灌溉和浅施肥水。白莲仅为浮叶（无立叶）时浅水灌溉即可，以水深 3～5 cm 为宜。若生出立叶时要中耕除草，注意不要伤及顶芽，并每亩施用尿素 5～7 kg，施于走鞭 10 cm 附近，切勿全田撒施。二是提升水位加量施肥。当白莲长到 3 片立叶时，水深可升至 10～12 cm，并进行第二次追肥，每亩用复合肥及尿素各 10 kg 混合均匀后撒施于全田，注意要等到露水干了以后施肥，以免烧伤莲叶。

2）生长中后期管理

一是施肥管理。此时气温渐高，白莲生长迅速，当全田莲叶布满 30%以上时，进行第三次施肥，每亩施用复合肥 20 kg 左右；以后约每隔 15 d 施肥 1 次，每亩每次施用复合肥 10 kg；进入大暑节气前后，看苗情酌情补施 1 次肥。二是莲子采收与田间整理。荷叶进入封行期时要摘除浮叶和无花蓬的立叶；进入盛花期后摘去死蕾上的立叶；进入采摘期每采一个莲蓬立即摘除同节上的荷叶，直至采收结束。三是深水养莲和养鱼。养鱼莲田要保持较高水位，达到 15～20 cm 水深，在盛夏炎热天气，水深保持在 20 cm，若有活水灌溉则降温效果更佳。留种田块要浅水越冬。

3）莲田放蜂

每 5～10 亩莲田放养 1 箱蜜蜂，通过蜜蜂采集花粉达到辅助授粉的目的，莲田可增产 20%左右。

3. 白莲采收

成熟的莲蓬要适时采收加工，当莲子与莲蓬孔格之间稍有分离且莲蓬上有褐色斑纹、莲子果皮带紫色时为白莲采收适期。

（四）鱼苗放养与管理

新莲田移栽结束后、老莲田出荷叶时，即可投放鱼苗开始养鱼，并根据养殖计划目标，科学合理搭配鱼的放养比例。

实行成鱼养殖的田块，鱼苗投放可选择以下方式：一是每亩投放10~12 cm规格的鲤鱼70尾，草鱼40尾，鲫鱼50尾，鲢鱼20尾，鳙鱼10尾。二是每亩投放鲤鱼夏花1000尾，鲫鱼100尾，鳙鱼20尾，草鱼45尾等。进行鱼种培育的田块，投放前鱼种大约3 cm，经过放养达到10~12 cm的鱼苗后，作为鱼种再去进行放养。投放比例为每亩草鱼600尾，鲤鱼600尾，鲢鱼100尾，鳙鱼100尾，鲫鱼400尾。

莲田放养鱼苗之后，应加强田间管理。白莲生长早期，鱼苗摄食量不大，不需要投放饵料，田间浮游生物等即是鱼的美味佳肴；鱼苗渐渐长大后可适量投放饵料。一是莲田投放鱼重20%的米皮糠；二是割青草投放莲田；三是田间不进行除草，鱼稍大后自行取食田间杂草，或取食蚜虫等害虫，所以莲田虫害发生较轻。在投放饵料时要实行定点、定时投放。

（五）及时套种二晚

新栽的莲田一般不进行晚稻套种，因晚稻套种后整个莲田第二年就要翻耕重新种植，所以一般选择老莲田或下年度准备重新栽新莲的田块套种晚稻。用于套种晚稻的莲田，务必在7月底8月初栽插完二季晚稻，栽植晚稻宜早不宜迟，其栽培管理措施与常规二晚相同。套种晚稻前须对莲田进行整理，白莲进入生长后期至莲蓬采摘接近尾声时，要逐步整平田面，将残荷败叶、杂草等清除出田或踩入泥中作肥料。以后每摘去一个莲蓬随即摘除该节荷叶枝梗，直至采收结束。

（六）综合管理措施

由于白莲、鱼、晚稻共生期长，协调共生是关键。综合管理原则是：相互兼顾、协调共生、科学管理、相互促进，主要管理措施如下所述。

1. 肥料施用

放养鱼苗的莲田不能施用碳酸氢铵和氯化钾等肥料，否则会造成死鱼；复合肥或复混肥等可以施用，施用后也不会对鱼造成伤害。

2. 病虫害防治

重点防好"一虫一病"，即斜纹夜蛾和腐莲藕腐败病。在施药前先将莲田水排干至泥皮水，使鱼进入到鱼沟和鱼池内之后再喷药。并且尽量选择毒性低、对鱼杀伤力较低的农药，喷药后再恢复到原来的水位。

3. 水位管理

放养鱼要保持较高水层，即水深20 cm左右。如遇上雨季要勤检查田块进水口和出水口，把牢鱼栅防止逃鱼。同时，还要勤检查鱼的生长活动情况，当鱼发生异常情况时，要及时进行处理。成鱼养殖田块，当达到商品鱼标准时要及时捞鱼上市，以利后续鱼的生长。

七、子莲套种泽泻生产花薹技术

江西广昌县具有种植白莲和泽泻的悠久历史和传统习惯，是著名的中国白莲之乡，也是全国三大泽泻种植区之一，以生产地下球茎作药材为主。泽泻花薹（俗称泽泻梗）富含泽泻醇、不饱和脂肪酸和多种微量元素等，营养价值高，烹饪后清香、爽脆，口感独特，是一道营养保健的特色菜肴，广昌县利用莲田秋冬季闲置期，集成熟化子莲套种泽泻生产花薹技术，在基本不影响莲子产量的情况下，每 667 m² 可产菜用花薹约 100 kg。子莲套种泽泻生产花薹技术具体如下所述。

（一）育苗

1. 苗床准备

育苗地应选择光照充足、排灌方便、有机质含量高的田块。整地前排干水，每 667 m² 施入腐熟农家肥 1000 kg 左右或菜枯饼 75 kg，深耕细耙，达到田平泥烂。苗床起畦，畦宽 80 cm、高约 15 cm，成龟背形，沟宽 40 cm 左右，最后每 667 m² 施入三元复合肥 20 kg，并用钉耙搅拌使肥料与表土混合均匀，再用木板趟平床面。2～3 d 后，待表层泥土稍干，再灌水浸泡苗床 1 个晚上即可播种。

2. 播种

筛选上年秋季繁育的饱满优质种子，用 40%福尔马林 80 倍液浸种 5 min，再用清水洗净晾干备用。一般育苗用种量约为 0.8 kg/667 m²，播种期为 7 月下旬至 8 月上旬，选择阴天或晴天 16:00 后播种。播种前把水放干，用畦沟淤泥把苗床低洼处补平后，把晾干的种子均匀撒播在苗床上，再用竹扫帚轻轻拍打苗床，将种子压入表土层。

播种后为防止蚊子幼虫及水蚯蚓（红丝虫）为害，每 667 m² 撒施 3%辛硫磷颗粒剂 2～3 kg，再用 98%噁霉灵原药 2000 倍液均匀喷施苗床预防病害。后在苗床上用竹片架拱棚并覆盖遮阳网，遮阳网距苗床高 20 cm 左右，随着幼苗生长逐渐提高到 50 cm 左右。

3. 苗期管理

播种后 3～5 d 内，傍晚时分灌"跑马水"，薄淹苗床，第 2 天清晨排水，仅保持畦沟内有水，利于种子发芽、长根，也可防止白天水温太高烫伤种子。幼苗出土至 3 片叶片（包括子叶）后，苗床应保持浅水层，以不淹没苗心为宜，下雨天要注意排水。

当幼苗长至 3 叶 1 心时进行第 1 次人工除草、间苗，留健壮苗除弱小苗，保持幼苗间距 3 cm 左右，5 叶 1 心时结合移栽进行第 2 次除草、间苗。期间可根据幼苗生长情况喷施 0.3%磷酸二氢钾液叶面追肥 1～2 次。

（二）大田移栽

1. 套种田选择

宜选用土壤肥沃、排灌方便、保水保肥性强、背风向阳的莲田作套种田。

2. 移栽前准备

9月上旬将莲田水放干，留泥皮水，把已采收莲蓬节位的莲叶莲梗、无花立叶、老叶及受病虫为害严重的叶片全部拔除清理掉，仅留较大花蕾、幼蓬及少量莲叶，每667 m² 施入腐熟厩肥150 kg、复合肥20 kg，人工浅耕平整，做到田平泥烂。每667 m² 用茶籽饼粉3～5 kg 或6%四聚乙醛颗粒剂0.5 kg 拌15 kg 细沙土，均匀撒施杀灭福寿螺。

3. 移栽种植

苗龄达35～40 d 便可移栽，移栽适期为9月上旬，选择无病虫害、根系发达、5叶1心或6叶1心的健壮苗，在阴天或晴天上午起苗，起苗时要连根带泥，当天起苗当天移栽，晴天移栽宜在16:00后进行。移栽时保持浅水层，密度5000株/667 m²，株行距33 cm×40 cm 为宜，每穴1株，以浅栽不倒苗、水不没苗心为准。同时，每移栽6～7行预留1条管理通道，宽约为40 cm。

4. 查苗补缺

移栽4 d 内要进行田间检查，发现有浮苗要及时栽好，倒伏苗要扶正，缺苗应立即取苗补栽。

（三）田间管理

1. 科学管水

移栽后7 d 内，田间保持泥皮水，有条件的可灌流动水，有利移栽苗成活。若遇大雨天气，应提前加深田间水层至7～9 cm，雨后恢复泥皮水，并做好扶苗工作。移栽7 d 后至花薹抽生期若遇寒潮，晴天白天可灌浅水以利提高水温，夜间加深水层保温。

2. 除草和除侧芽

泽泻移栽生长到一定时间后，少部分植株会从基部长出侧芽，消耗养分，这时应结合除草及时抹去泽泻基部的侧芽。一般移栽25 d 后第1次除侧芽，45 d 左右再除1次。

3. 合理施肥

移栽15 d 后开始施肥，以后每隔15 d 施1次，连续施3次，肥料以45%以上的三元复合肥为主，第1次和第3次施用量均为10 kg/667 m²，第2次施用量为15 kg/667 m²。也可根据植株长势喷施0.3%磷酸二氢钾液叶面追肥1～2次。

4. 花薹诱导

移栽30 d 左右时，可喷施1次促花剂，促进泽泻抽生花薹，一般每667 m² 用农用赤霉素10 mL 兑水40 kg 均匀喷施。

5. 病虫害防治

优先采用农业防治、生物防治及生态防治方法控制病虫害，生产绿色无公害泽泻花薹。在实际生产中，为害泽泻的病虫害主要有白斑病、蚜虫、银纹夜蛾及斜纹夜蛾。白斑病可用30%苯甲·丙环唑乳油1200倍液防治，蚜虫可用黄板诱杀或用36%啶虫脒乳油2000倍液防治，银纹夜蛾和斜纹夜蛾用杀虫灯或性诱剂防治，或用25%灭幼脲悬浮剂1500倍液防治。

（四）适时采收

泽泻移栽于大田 30~40 d 开始抽生花薹，40 d 左右（10 月上中旬）即可开始采收。当泽泻花薹露出部分达 15~20 cm（采摘长度为 35 cm 左右）、花穗尚未展开为最佳采收时期。采收遵循先熟先采的原则，每天或隔天采收，采收时用食指沿着花薹茎秆插入基部并侧向稍用力拔断即可。采收时间以清晨为宜，采后及时上市销售。泽泻花薹采收期 40~50 d，一般至 11 月下旬结束。

八、白莲套作荸荠无公害高效栽培技术

白莲套作荸荠是指在白莲生长中后期，即 7 月上旬前拔除莲田老莲叶，仅留部分花蓬（带叶），及时栽植荸荠的一项优质高效栽培技术。该技术结合了两种水生作物共性，便于水分管理，能有效提高单位面积产出，增加经济效益，在我国南方地区值得推广。白莲套作荸荠无公害高效栽培技术具体如下所述。

（一）茬口安排

白莲在气温稳定达到 12℃ 的 3 月中下旬栽植，6 月中下旬开始采摘，9 月底前采摘结束；7 月上旬开始荸荠与白莲的套作，翌年 1~3 月采挖。

（二）品种选择

前作白莲应选择高产稳产、生育期较短、适应性强、农艺性状好的早中熟品种；荸荠选择抗病、优质、高产品种。

（三）田块选择

选择阳光充足、水源条件好、排灌方便、土壤有机质含量高、pH 值为 5.5~7.5 的砂壤土田块种植。

（四）栽培技术

1. 白莲

1）适时耕翻，施足基肥

在移栽前 15~20 d，即 3 月上中旬结合耕翻（深度以 20~25 cm 为宜），每亩施入腐熟猪牛栏粪或厩肥 2500~3000 kg。

2）及时移栽，合理密植

3 月中下旬移栽，移栽前将种藕堆至 2~3 层时用 50% 多菌灵可湿性粉剂 500 倍液喷洒，再覆盖薄膜闷种 12 h，或用 99% 噁霉灵可溶性粉剂 2000 倍液浸种 24 h。移栽时一般每亩栽 200 个顶芽（龙头），种藕以"品"字形排列，顶芽朝向空档栽植，莲株分布均匀，离四周田埂 100 cm，芽向内，以免穿埂。株行距以 150 cm×150 cm 为宜。

3）加强田管，促进早花

莲田追肥要突出一个"早"字，即 5 月初开始每次均结合中耕除草耘田追肥，每隔 15 d 左右进行 1 次。追肥原则是：早施苗肥，重施花蓬肥，增施磷、钾肥。苗肥：一般每亩用三元复合肥（N15-P15-K15）3～5 kg+尿素 1～2 kg，点于莲蔸四周。花蓬肥：初花时，每亩用 45%硫酸钾复合肥 5～8 kg+尿素 3～5 kg，拌匀后全田均匀撒施；盛花后，每次每亩用 45%硫酸钾复合肥 8～10 kg+尿素 4～6 kg，拌匀后全田撒施。巧施硼肥：如基肥未施硼肥，可在盛花期亩用硼砂 0.2 kg，先用 40℃温水充分溶解，然后兑水 45 kg 喷施，每半个月喷施 1 次，连喷 2～3 次；花蕾期亩用硼砂 1 kg 拌细土或化肥撒施。

4）对症下药，防治病虫害

危害白莲的主要病虫害有"二虫二病"，即莲缢管蚜、莲纹夜蛾、莲叶斑病、莲腐败病。莲缢管蚜，每亩用 25%吡蚜酮可湿性粉剂 30～50 g 兑水 25～30 kg 喷雾防治。莲纹夜蛾，利用成虫的趋化性，用糖醋液（糖 6 份，醋 3 份，白酒 1 份，水 10 份，90%敌百虫晶体 1 份）诱杀；或每亩用 90%敌百虫晶体 50 g，先用少量白酒溶解，然后兑水 30～40 kg 喷雾防治。莲叶斑病，先将发病严重的病叶摘除，并带至田外烧毁，然后每亩用 10%苯醚甲环唑水分散粒剂 80 g 兑水 25～30 kg 喷雾防治。莲腐败病，5 月中旬排干莲田水，每亩用 99%噁霉灵可溶性粉剂 500 倍液拌细土或塞蔸，第二天复水，每隔 5～7 d 用药 1 次，连续 4～5 次，防治效果达 90%以上。

5）及时摘叶

为增强莲田通风透光，改善田间小气候，促进莲子成熟，每采收一个莲蓬随即将同一节位上的莲叶摘除，踩入田中。

2. 荸荠

1）育苗（二段育苗法）

一段育苗：每亩大田用种 10 kg，3 月底 4 月初将荸荠种一个紧接一个摆放在 1.2 m 左右已整好的菜园土上（也可选在避风向阳的室内，四周围成一圈，内铺湿稻草 10 cm 左右厚，将种荠芽朝上排列在稻草上，对空叠放 2 层），再用 50%多菌灵可湿性粉剂 500 倍液进行喷洒消毒，然后覆盖稻草保温。每日早晚淋水，保持湿润；10～15 d 后，当芽长到 2 cm 长时，除去上层盖草，继续淋水保湿；20 d 后当叶状茎长到 12 cm 左右长，并有 3～4 个侧芽萌发时，即可移入水秧田。

二段育苗：首先培肥秧田，每亩施腐熟厩肥 1000 kg、三元复合肥（15-15-15）15 kg 做底肥，然后将一段秧苗按株行距 15 cm×15 cm 移栽到水秧田，待荸荠苗长到 15～20 cm 高时，即可定植。

2）大田定植

7 月上旬按株行距 30 cm×50 cm 栽植在莲株与莲株间，每蔸栽 1 丛（3～4 根自然分生的叶状茎），深度 5～6 cm（以叶状茎下部根系入泥立住即可），每亩栽 2500～3000 丛。

3）肥水管理

荸荠追肥分两次：第一次在移栽返青后，于 7 月底施入，每亩用尿素 5～8 kg 或腐熟人粪尿 400～500 kg；第二次施荸荠膨大肥，8 月底当荸荠地上叶状茎颜色加深、分生株的中心株开始抽生花茎时，结合人工除草施入，每亩施尿素 8～10 kg、钾肥 5 kg、钙镁磷肥

10 kg。

水浆管理：荸荠移栽后，灌水 5~7 cm 深，促返青；返青后，保持浅水层 2~3 cm 深，促分株；9 月中旬开始，保持田间水深 10 cm 左右，以抑制过多分株，提早结荸，促进球茎膨大；10 月中旬可断水，12 月初在大田周围起沟滤水，以利采挖。

4）病虫害防治

荸荠常见病害主要有枯萎病、茎腐病、菌核病等，多发生在高温高湿季节，发病早、蔓延快、危害大，都是荸荠毁灭性病害。药剂防治：发病初期用 50%多菌灵可湿性粉剂 500~1000 倍液，或 45%代森铵水剂 100 倍液，或 70%硫菌灵悬浮剂 800 倍液喷雾，每隔 15 d 喷施 1 次，连喷 2~3 次。常见虫害主要有蝗虫、螟虫等，发生时亩用 2.5%溴氰菊酯微乳剂 40~50 mL，兑水 30~60 kg 喷雾防治。

5）收获

翌年 1~3 月陆续采挖上市，采挖后将枯苗踩入泥中并将田面耙平。

九、子莲（建莲）-油菜轮作栽培技术

建莲在福建省建宁县生长期为 4~9 月，休眠期为 10 月至翌年 3 月，由于每年 1 季的莲子种植模式经济效益较低，为充分利用莲子休眠期的温光资源，于 2010 年开始进行建莲与油菜轮作，在不影响莲子产量的同时，提高了复种指数和经济效益。子莲-油菜轮作栽培技术具体如下所述。

（一）选用良种

莲子品种选用产量高、抗性强的'建选 17 号'；油菜品种选用早、中熟品种，如'油研 10 号'等。

（二）适时播种、培育壮苗

油菜播种时间应在 9 月下旬，最迟不超过 10 月上旬。每 667 m^2 大田用种量 100 g 左右，需苗床 133.4 m^2。育苗地宜选择土壤肥沃、向阳、排灌方便的砂壤土或菜园地。精细整地，开沟起畦，施足基肥。畦宽 1.2 m，沟 0.3 m。133.4 m^2 苗床用腐熟猪牛粪 200 kg、45%复合肥 2 kg、磷肥 10 kg、硼砂 0.1 kg 混合后均匀撒在畦面上，匀锄入土中。播种时拌细沙土均匀播种，播后盖土 1 cm，淋透水并保持湿润到 3 叶期，5 叶期后要严格控制肥水，移栽前浇足起苗水，带土移栽。

（三）及时整地作畦

计划种植油菜的莲田于 9 月中旬将莲田中的水排干，9 月下旬将莲田中的莲蓬一次性采收，清理地上部莲叶和莲秆，晒干后集中烧毁，并用起垄机打碎起垄作畦。起垄前施足基肥，每 667 m^2 施优质农家肥 1000 kg、磷肥 20 kg、硼肥 0.5 kg。作畦时，掌握畦面宽 0.6 m、沟宽 0.3 m，畦作好后待栽。

（四）合理密植，科学管理

苗龄达 25~30 d 及时移栽，行距 40 cm，株距 20~27 cm，每 667 m² 栽 1 万株。早施苗肥，返青期施稀粪水 1000 kg 或施尿素 10 kg、氯化钾 5 kg；油菜现蕾抽薹时每 667 m² 施尿素 5 kg、氯化钾 3~4 kg；在苗期和盛花结荚期分别用 0.2%的硼砂液或磷酸二氢钾进行叶面喷施，以提高结实率。油菜主要虫害有地老虎、蚜虫、潜叶蝉等，可用敌敌畏、乐果防治，主要病害有菌核病、霜霉病等，可用托布津、多菌灵等农药防治。

（五）油菜适时收割，并及时灌水打田

油菜盛花期末 30 d 左右，即 4 月底或 5 月初，有 2/3 的角果变成黄色、角果内的大部分种子由绿色变为黄红色时即可收获，收割摊晒 1 d 即进行脱粒，并及时晾晒、加工。

油菜收割后莲田及时灌水，每 667 m² 施优质农家肥 1000 kg、生石灰 50 kg，并用拖拉机打田，此时莲田地下部长有大量的种藕，拖拉机打田同时可去除部分多余的种藕。如果莲田耕作层属于少于 20 cm 的较浅土层，可打一行留一行或全田打一遍后，从其他莲田长出的莲苗移栽至田内，每 667 m² 移栽 20~30 株为宜，移栽选下午 17:00 以后进行，选择带有芽头且刚长出的抱卷叶的莲苗，挖苗时尽量少损伤根系和芽头。

（六）加强莲田田间管理

莲田长出第 1 片立叶时，每 667 m² 施碳酸氢铵 10 kg、磷肥 10 kg 进行塞蔸，并清除莲田中无效立叶。之后每间隔 15 d 施 1 次肥，全年每 667 m² 用氮磷钾复合肥 200 kg，分 7 次施下，其中盛花期施 50 kg。

莲子主要虫害有蚜虫、斜纹夜蛾，蚜虫用 10%吡虫啉 2000 倍液喷施，斜纹夜蛾在 3 龄前采取人工捕捉，雄成虫用性诱器诱杀；主要病害有腐败病、褐斑病，腐败病拔除病株后，用'绿亨 1 号'1500 倍液喷施，褐斑病拔除病株后，用 10%世高 2000 倍液喷施。

最后掌握适时采收，莲子果皮由青色转为浅褐色为采收适期。

参 考 文 献

丁潮洪, 刘庭付, 潜祖琪, 2012. 处州白莲的植物学特性及栽培关键技术[J]. 长江蔬菜, (16): 77-78.
国家药典委员会, 2020. 中华人民共和国药典[M]. 北京: 中国医药科技出版社: 285.
黄得裕, 李忠才, 卢福安, 2012. 子莲-油菜轮作栽培技术[J]. 福建农业科技, (9): 74-75.
黄秀琼, 卿志星, 曾建国, 2019. 莲不同部位化学成分及药理作用研究进展[J]. 中草药, 50(24): 6162-6180.
李思胖, 吴晓琴, 程杰元, 等, 2018. 浠水地区子莲的生物学特性及栽培技术[J]. 现代农业科技, (17): 74, 76.
罗克, 黄启元, 2019. 莲田养鱼套种晚稻生态模式[J]. 科学种养, (2): 58-60.
齐欢欢, 祖明艳, 杨平仿, 2020. 莲子食用价值研究进展[J]. 植物科学学报, 38(5): 716-722.
全国原产地域产品标准化工作组, 2006. 地理标志产品 广昌白莲: GB/T 20356—2006[S].
全国原产地域产品标准化工作组, 2008. 地理标志产品 建莲: GB/T 22739—2008[S].
田漫红, 黄洪明, 吴美娟, 2016. 春马铃薯-籽莲-兰溪小萝卜高效种植模式[J]. 中国农技推广, 32(6): 36-37.

王玉坤, 黄锡志, 庞法松, 等, 2016. 子莲+泥鳅共生种养模式效益及关键技术[J]. 浙江农业科学, 57(10): 1685-1686.

吴政元, 2018. 白莲套作荸荠无公害高效栽培新技术[J]. 科学种养, (3): 32-33.

徐金星, 郑兴汶, 揭志辉, 等, 2019. 子莲套种泽泻生产花薹技术[J]. 长江蔬菜, (24): 61-62.

第二十三章 青钱柳

第一节 青钱柳概况

一、植物来源

青钱柳，又名摇钱树、甜叶树、山沟树、山麻柳、山化树等，《安徽省中药饮片炮制规范》收载的青钱柳是胡桃科（Juglandaceae）青钱柳属（Cyclocarya）植物青钱柳[*Cyclocarya paliurus*（Batalin）Iljinsk.]的干燥叶。秋季采收，洗净，晒干。

二、基原植物形态学特征

青钱柳为乔木，高达10～30 m；树皮灰色；枝条黑褐色，具灰黄色皮孔。小叶纸质；杞侧生小叶近于对生或互生，基部歪斜，阔楔形至近圆形，顶端钝或急尖、稀渐尖；顶生小叶具长约1 cm的小叶柄，长椭圆形至长椭圆状披针形；叶缘具锐锯齿。雄性荑葇花序长7～18 cm，3条或稀2～4条成一束生于长约3～5 mm的总梗上，总梗自1年生枝条的叶痕腋内生出；花序轴密被短柔毛及盾状着生的腺体。雄花具长约1 mm的花梗。雌性荑葇花序单独顶生，花序轴常密被短柔毛，老时毛常脱落而成无毛，在其下端不生雌花的部分常有1长约1 cm的被锈褐色毛的鳞片。果实中部围有水平方向的径达2.5～6 cm的革质圆盘状翅，顶端具4枚宿存的花被片及花柱。花期4～5月，果期7～9月。

三、生长习性

青钱柳为落叶大乔木，树干通直，常处林分林冠上层，自然整枝良好。青钱柳大树喜光，幼苗幼树稍耐荫，喜生于温暖、湿润肥沃、排水良好的酸性红壤、黄红壤之上。青钱柳常与银鹊树、大叶楠、青冈、紫楠、浙江柿、香槐、柳杉、四照花、天竺桂等混生，组成常绿与落叶阔叶林群落。在青钱柳的分布区，由于种子发芽率低，其天然更新能力较弱，很难找到幼树幼苗，通常是通过人工进行育苗。

在自然状态下，青钱柳随着不同海拔高度的温度差异及不同的生态环境，其物候期略有差别。分布范围广，多生于海拔420～1100 m（东部）或420～2500 m（西部）的山区、溪谷、林缘、林内或石灰岩山地，喜生于温暖湿润肥沃土壤。一般3月上旬萌芽，5～6月开花，9月挂果，如古铜钱，约10个果实串生在一起，层层叠叠，颜色碧绿。

四、资源分布与药材主产区

产于安徽、江苏、浙江、江西、福建、台湾、湖北、湖南、四川、贵州、广西、广东和云南东南部。模式标本采自浙江宁波。常生长在海拔 500~2500 m 的山地湿润的森林中。树皮鞣质，可提制栲胶，亦可作纤维原料；木材细致，可作家具及工业用材。

青钱柳研究起步于 20 世纪 80 年代，专注于青钱柳的药用与保健功能的开发利用。2013 年，国家卫计委正式批准青钱柳叶为新食品原料，现今市场上开发的青钱柳保健茶品种多，经济效益较好。浙江省丽水市遂昌县 2013 年开始栽培，现今发展成规模化种植 5000 多亩，充分利用这一宝贵资源以提高当地农民的经济收入。此外，安徽、贵州等地也有少量种植。

五、成分与功效

青钱柳化学成分有很多，目前已分离并获得的主要有黄酮类、多糖类、三萜类、酚酸类和无机元素类等成分。青钱柳中三萜类成分主要有青钱柳苷 I、II、III，青钱柳酸 A，青钱柳酸 B，2α-羟基熊果酸，阿江榄仁酸，齐墩果酸和乌索酸，β-香树脂醇，α-乳香酸，β-香树脂酮，β-乳香酸，青钱柳 D、E、F、G 等多种成分。青钱柳中还含有维生素 A、维生素 E、维生素 C 及色氨酸、肌醇、β-谷甾醇、胡萝卜苷、胡萝卜素、蒽醌、棕榈酸、内酯、硬脂酸等化合物。

青钱柳具有祛风止痒，清热泻火，润燥化痰的功效。性平，味辛，微苦。归脾、胃经。主治皮肤癣疾，消渴燥热等症状。青钱柳还具有降血糖、降血压、降血脂、抗氧化、防衰老、抑菌、抗癌、增强机体免疫力等。

第二节　青钱柳规范化栽培模式

一、青钱柳繁育技术

（一）种子繁育技术

选择干形好、生长健壮、无病虫害危害的母株，10 月中下旬至 11 月中上旬待果实由青转黄时进行采种。选择黄褐色成熟的翅果晒干，搓碎果翅，扬净；清水选种，取下沉种子晾干备用。

用 98%浓硫酸浸泡种子，每隔 1 h 搅动一次。千粒重与浸泡时间应符合表 23.1 的规定。处理后滤出种子，流水冲洗搓去表面黑色碳化物，再将种子在清澈的流水下冲洗 48 h，彻底冲净硫酸。规范处理浓硫酸残液及冲洗种子的废水，防止环境污染。

表 23.1　千粒重和浸泡时间

千粒重	浸泡时间
130～150 g	6～7 h
150～170 g	7～8 h
170～190 g	8～10 h

层积催芽。酸蚀后的种子用 500 mg/L 赤霉素溶液浸种 48 h，每天搅动 2～3 次。用 500 mg/L 赤霉素溶液拌沙，沙子湿度以手握成团但不滴水为宜，将湿沙与种子按体积 3∶1 比例混合。

混沙后的种子置于室内，抹平后表面盖上 2 cm 厚的湿沙。保持室内温度 0～6℃，湿度 55%～60%。每天观察温湿度和表层沙子湿度，表面沙子发白用喷雾器喷水调节湿度，沙子湿度以手握成团但不滴水为宜。

(二) 种苗生产技术

1. 苗圃地选择及整地

宜选择交通方便、地势平坦、排灌通畅、土层深厚、肥沃、微酸性砂质壤土，地下水位≥1 m 的地块。冬季土壤封冻前翻耕，整地深度≥30 cm。冬季冰冻前，结合整地施基肥。以有机肥为主，充分腐熟农家肥或有机肥 1500～2000 kg/hm²，饼肥 1200 kg/hm²，配施钙镁磷肥 375 kg/hm²，翻耕深 25～30 cm。翌年播种前精耕细作后作床。圃地四周开挖排水沟，50～60 cm。翌年春季播种前精细整地。作床，床高 25～30 cm，宽 100～120 cm，步道宽 35～40 cm。

2. 播种

2 月下旬至 3 月中旬，日均温≥15℃、地温≥10℃。采用条播，行距 25～30 cm，沟深 3～5 cm，沟宽 2～3 cm。将经过层积处理的种子均匀撒入播种沟内，覆土 1～2 cm，轻轻镇压，床面覆盖 2～3 cm 稻草或其他覆盖物，浇透水。

3. 苗期管理

播种后 30～40 d，待幼苗基本出齐，分二次揭除覆盖物，间隔约 5 d。幼苗长高至 7～10 cm 开始间苗和补苗，苗木株距为 20～25 cm。6 月底定苗，留苗量 10000～12000 株/亩。中耕除草以人工除草为主，结合除草进行松土。出苗期和幼苗生长初期多次适量浇灌，保持床面湿润；苗木速生期宜适当增加浇水次数和浇水量；9 月中旬开始，逐渐减少浇水次数，维持苗木不干旱即可。苗木速生期追施尿素 3.5～5.0 kg/亩，分 3～5 次进行。6 月初进行第一次施肥，施肥量先少后多。9 月中旬停止追肥。

4. 容器苗培育

选择无纺布容器，规格（口径×高度）为：(8～10) cm ×（10～12）cm。基质配制为黄心土∶珍珠岩∶草炭土∶有机肥（有机质≥45%，$N+P_2O_5+K_2O$≥5%）的体积比为 2∶2∶4∶2 或 2∶2∶3∶3。将装好基质的容器整齐摆放到育苗架或铺有聚丙烯塑料地布的苗床上，容器间保留 3～5 cm 间隙。芽苗移植前 3～5 d，采用 50% 多菌灵可湿性粉剂 800

倍液或 70%甲基托布津可湿性粉剂 800 倍液等浇灌基质进行消毒。

5. 芽苗移植

2 月中下旬，将经过层积的种子与湿沙（体积比为 1∶3）充分混合后撒播于室外沙床上，厚 5~8 cm，上覆 2~3 cm 沙子。保持床面湿润。待芽苗长至 4~7 cm 高时，选阴天、晴天清晨或傍晚起苗。用竹棍距芽苗基部 2 cm 处斜插入根部，向上用力松动沙子，用手轻轻拨出芽苗，整齐堆放在盛有清水的容器内，用湿毛巾盖好备用。修剪芽苗根系，保留根长 3~4 cm。用竹棍在装好基质的容器中心位置左右摇动形成一个小穴，植入芽苗使期根颈部稍低于基质面，用手轻轻按实根部基质。采用喷灌浇透水。用透光率为 50%~70%的遮阳网遮阴。9 月中旬撤除遮阳网。

6. 苗木出圃

休眠期起苗，修根后进行苗木分级。1 年生或 2 年生的出圃合格苗分两个质量等级，应符合表 23.2 的规定。宜随挖随种，否则根系之间需覆盖湿土。

表 23.2　青钱柳播种苗苗木质量分级

质量等级	地径（cm）	苗高（cm）	根系 主根长度（cm）	根系 ≥5 cm 长 I 级侧根数（条）	综合控制指标
I 级苗	≥0.8	≥60	≥20	≥10	充分木质化、苗干通直、顶芽饱满、无病虫害
II 级苗	0.6~0.8	40~60	15~20	8~10	

二、林地仿野生栽培

（一）场地选择及整理

青钱柳喜生于温暖、湿润肥沃、排水良好的酸性红壤、黄红壤，选择海拔 500~1200 m，坡度 25°以下的山地。

定植前 1 个月全面清除林地上的乔灌木、藤本和杂草，块状整地。穴距 1.5~2.0 m，穴宽 50×50 cm，穴深 40~50 cm，宜错位呈"品"字型挖穴。每穴施充分腐熟农家肥 25~30 kg，穴内回填表土 10 cm 左右。

（二）定植方法

青钱柳宜在休眠期定植，适宜时间 11 月底至翌年 3 月上旬，霜冻期不宜定植。种植前，宜修剪，主干保留 25~30 cm，刀口用蜡或树胶涂抹封口，用 200~500 mg/L 的生根粉溶液浸根 30 min。定植回填表土时，树干要直立、根系要舒展，做到一提二踩，树苗与土壤要紧实，浇透定根水，然后在树苗周围做成馒头状高墩，保持穴周围土壤湿润，不积水。

（三）栽后管理

种植 1 个月后，要对林地进行一次检查，发现枯苗、缺苗，宜在种植季节及时补苗，以保证全苗。前三年幼林期，做好补植、除杂灌、扩穴松土、施肥等工作，肥料以有机肥为主，结合松土，环状根施有机肥。每年休眠期进行修剪，宜控制株高2.0 m以内，主干高1～1.5 m，剪除过密枝、细弱枝和病虫枝。

三、大田栽培

（一）场地选择及整理

青钱柳喜生于温暖、湿润肥沃、排水良好的酸性红壤、黄红壤之上海拔500～1200 m。选择排水和透水性良好的大田，新开垦耕地亦可种植，做好起垄和排水沟疏通，预防雨季积水。

全垦整地，按株行距（株距1.5～2.0 m，行距1.3～1.5 m）起垄（垄宽1～1.5 m，垄高20～30 cm），挖好定植穴，穴径50 cm，深40～50 cm，错位呈"品"字型挖穴。宜每穴施充分腐熟农家肥25～30 kg，穴内回填表土10 cm左右。

（二）栽培方法

青钱柳大田种植日常管理与林地种植相通，可参照林地仿野生栽培技术管理。

四、病虫害防治

青钱柳病虫害少见，主要有蜡蝉。采取"预防为主，综合防治"的原则。加强林间检查，及时剪除病虫枝，清除病死株、重病株。

五、采收和加工

（一）采收

3月中下旬至10月上旬，选择晴天露水干后采收青钱柳枝叶，3月中下旬采摘长度5 cm以内的嫩枝叶；4月上中旬采摘长度5～8 cm软枝叶；4月下旬至5月中旬采摘长度8～15 cm轻微木质化枝叶；5月下旬至9月中旬采摘木质化老叶，每次采收总量控制在全树叶量的50%以内。9月下旬至10月上旬叶色尚未变黄前，保留树冠上部1/10～1/5叶片，其余叶片全部采收。采后宜及时运抵加工场所。

（二）产地加工

以青钱柳叶片为原料，尤其嫩叶最佳，可加工成青钱柳茶，其所含的丰富微量元素被人体吸收，能充分发挥保健作用。

参 考 文 献

陈毓, 陈巍, 李锋涛, 等, 2019. 青钱柳化学成分及药理作用研究进展[J]. 畜牧与饲料科学, 40(12): 61-63.
程文亮, 李建良, 何伯伟, 等, 2014. 浙江丽水药物志[M]. 北京: 中国农业科学技术出版社: 111.
蒋向辉, 苑静, 祝军委, 等, 2014. 青钱柳采后加工及提取方法对青钱柳总皂含量的影响[J]. 北方园艺, (23): 120-123.
雷土荣, 方强水, 等, 2010. 青钱柳综合利用及播种育苗造林技术[J]. 安徽农学通报, 16(8): 94-150.
马开, 田萍, 张薇, 等, 2018. 青钱柳叶 HPLC 指纹图谱研究及 9 个成分定量分析[J]. 中药材, 41(8): 1904-1909.
毛菊华, 余华丽, 陈张金, 等, 2021. 青钱柳叶质量控制方法研究[J]. 中国现代中药, 3: DOI:10.13313/j.issn.1673-4890.20200407002.
谢雪姣, 刘国华, 武青庭, 等, 2017. 青钱柳主要化学成分研究进展[J]. 江西中医药, 48(12): 78-80.
中国科学院中国植物志编辑委员会, 1979. 中国植物志[M].北京: 科学出版社: 18-19.
邹荣灿, 吴少锦, 张妮, 等, 2017. 青钱柳的分布、化学成分及药理作用研究进展[J]. 中国药房, 28(31): 4491-4458.

第二十四章 小 香 勾

第一节 小香勾概况

一、植物来源

条叶榕，又名小香勾、小康补、牛奶藤、小攀坡，《浙江省中药炮制规范》（以下简称《炮规》）（2015年版）收载的小香勾是桑科（Moraceae）榕属（*Ficus*）植物条叶榕（*Ficus pandurata* Hance var. *angustifolia* Cheng）或全缘琴叶榕（*F. pandurata* Hance var. *holophylla* Migo）的干燥根及茎。秋、冬二季采挖，洗净，润透，切厚片或段，干燥。《中国植物志》中条叶榕和全缘琴叶榕为琴叶榕（*F. pandurata* Hance）的变种。本章介绍以条叶榕为主。

二、基原植物形态学特征

条叶榕为落叶小灌木，高0.5~1.5 m，小枝，叶柄幼时被白短柔毛，后期变为无毛。叶片厚纸质，狭披针形或线状披针形，长3~13 cm，宽1~2.2 cm，先端渐尖，基部圆形或楔形，上面无毛，下面仅脉上有疏毛，有小乳突，叶柄长3~5 mm，疏被糙毛；托叶披针形，无毛，迟落。隐头花序单生叶腋，隐花果椭圆形或球形，直径5~10 mm，成熟时红色。花期5~7月，果期9~11月。

三、生长习性

条叶榕生于山沟水边，灌丛林下，田梗石缝，路边旷野处，在我国东南部各省常见。对光照的要求不高，喜阴，在荫蔽条件下生长快，生长适宜温度为12~37℃，最适宜温度为18~35℃。植株在月平均气温10℃以上才开始生长，10℃以下生长缓慢，零下低温未见冻害。

条叶榕在每年3月开始萌芽，4~9月生长速度比较快，植株生长旺盛，株高、地径、鲜重都明显增长，进入10月份，条叶榕生长变缓，11月份开始，叶片开始变化脱落。

四、资源分布与药材主产区

条叶榕生于山坡、路旁、旷野间，分布于浙江、江西、福建、安徽、湖北、湖南、广东、广西、四川、贵州、河南等地。条叶榕主要作为药膳材料食用，畲族聚居区为主要产区，其次是浙西南山区及福建、广东地区等，地方上的食用习惯促进了条叶榕的种植生产。

五、成分与功效

条叶榕中含有萜类、黄酮类、香豆素类、甾醇、木脂素和生物碱等，尤其富含萜类化合物，此外还有苯酚类、内酯类等化合物和多种维生素、微量元素和氨基酸等营养成分。

《炮规》记载，条叶榕性味辛、甘，温。归脾、肾经。具有祛风除湿，健脾止泻的功效。具有治疗前列腺炎，风湿痹通，食欲不振，风寒感冒，血淋，带下，乳少等症状。此外小香勾还具有抗炎镇痛、抗肿瘤活性、抗菌活性等方面的作用。

第二节　小香勾规范化栽培模式

条叶榕是多年生深根性灌木，萌芽力强，分蘖多。小香勾的繁殖和栽培主要分为扦插、压条等无性繁殖方式。人工种植模式主要包括林地种植和大田栽培两种。

一、育苗技术

（一）扦插繁殖技术

每年3月至9月，选择生长健壮无病虫害的一年生或两年生枝条，剪成具有1~2对叶的插穗，将插穗基部在浓度为500 mg/L 的激素萘乙酸（NAA）中浸泡5~10 min，再按株行距5 cm×10 cm扦插到珍珠岩苗床上。

扦插后覆盖遮光率70%的荫网，20 d内，白天1 h喷水1次，生根（20 d）至出圃前4 h喷水1次，并每10 d用0.25%尿素液肥进行一次叶面喷施。扦插40 d后揭除遮阴网并准备出圃。

（二）压条繁殖技术

压条方法主要有两种，即苗木压条和利用母株基部枝条进行压条，后者成活率显著高于前者。具体方法为：选择母株基部枝条（80 cm以上），在距母株基部5~10 cm处挖沟，用土把枝条压入沟内，浇透水，35天后即可与母体分离进行移栽。

（三）幼苗管理

扦插苗生根后根系分布浅，要常喷水，保持苗床湿润。4~8月每半月拔草一次，拔草时避免将幼苗带出，结合除草、松土、补苗，初期可施尿素或稀薄人粪尿，每20天一次，连施两次；之后每月施尿素，连浇2次，以利于苗木木质化。

（四）定型修剪

通过打破苗顶端优势，刺激腋芽萌发，促进侧枝生长，达到增加分枝、培养骨架、塑造树形的目的。一般进行 1 次即可。在定植后进行，距地 25～30 cm 剪去顶端。

二、林地种植

（一）场地选择

条叶榕主要生于山沟水边，灌丛林下，对光照的要求不高，喜阴喜湿，对土壤要求不严，微酸性或中性肥沃土壤生长良好，过于干旱地带，植株生长叶片变小，侧枝短而多。年降雨量在 1200～1800 mm，空气相对湿度在 70% 左右的地区，生长发育良好。以排水和透水性良好、土层疏松深厚、肥沃湿润、土壤 pH 为 5.5～6.5 的砂质壤土或富含腐殖质的砂质壤土为好。油茶林、板栗林、香榧林下均可套种。此外，新开垦坡地也适宜种植。

（二）整地种植

20°以下坡地种植的，全垦整地，坡度在 20°以上的可开垦成水平带。按株行距（株距 0.8～1.0 m，行距 1.3～1.5 m）挖好定植穴，穴径 20 cm，深 20 cm，每穴施入有机肥 0.5～1 kg，并与土拌匀。

全年可种，选择 30 cm 以上生长健壮的成品苗，将苗下部侧枝和叶片剪除后放入定植穴。定植应避开中午高温强光时段。栽植时，先将表土垫于穴底与基肥混匀，根系舒展，泥土分层压实，浇足定根水，待水渗完后再覆土，在植株周围培成龟背形。

（三）后期管理

栽种初期，如遇干旱季节及时浇水保苗，植后同年 11 月和 12 月，及时补苗。每年 5 月和 9 月除草，除草时应避免伤及根系。结合中耕除草追肥 2 次，每次施有机肥 200 kg/亩。肥料使用应符合 NY/T 394《绿色食品　肥料使用准则》的规定。

三、大田栽培

（一）场地选择

条叶榕对土壤要求不严，喜微酸性或中性肥沃土壤，喜湿润，选择排水和透水性良好的大田，泥灰岩土壤、砂质壤土或富含腐殖质的砂质壤土为好，做好起垄和排水沟疏通。

（二）整地种植

全垦整地，按株行距（株距 0.8～1.0 m，行距 1.3～1.5 m）起垄（垄宽 1～1.5 m，垄高 20～30 cm），挖好定植穴，穴径 20 cm，深 20 cm，每穴施入有机肥 0.5～1 kg，并与土拌匀。

条叶榕大田种植日常管理与林地套种相通，可参照林地种植的后期管理技术进行管理。

四、病虫害防治

炭疽病防治：每年3～11月可见炭疽病发生，以9月以后最为严重。发病初期用50%托布津可湿性粉剂，或50%多菌灵可湿性粉剂1000倍液，每7～10天一次，连续2～3次。

卷叶蛾防治：卷叶蛾成虫对糖、醋有较强的趋性，成虫白天隐蔽在叶背或草丛中，夜间活动。发生少量时可人工摘除卷叶，将虫体捏死。在幼虫发生期，可用75%辛硫磷1000倍液喷杀幼虫（最好在晚上使用）、或90%敌百虫原药1000倍液喷杀。在成虫发生期，利用糖醋液进行诱杀。

五、采收和加工方式

（一）采收条件及方法

小香勾的叶、根、果均有开发价值。每年5～9月，可以采集小香勾的嫩叶，作为一种野菜销售；9月小香勾成熟果实和收集的落叶，晒干作为药材使用。

（二）产地加工

在10～12月份，可采挖生长2年后的全株或地上部分茎段，经过去杂、抢水洗、切段、阴干或低温干燥等工序实现产地初加工。种植若干年后，可以删砍部分枝干，或隔3～5年结合冬季翻耕施肥，在侧向挖取部分地下根切片，随采随用，或晒干销售。在浙南山区还被用作烹制菜肴的调味品、保健品和制果酱。

参 考 文 献

程文亮, 李建良, 何伯伟, 等, 2014. 浙江丽水药物志[M]. 北京: 中国农业科学技术出版社: 126.
华金渭, 吉庆勇, 朱波, 等, 2015. 条叶榕扦插繁殖试验研究[J]. 现代农业科技, 3: 155, 161.
刘传荷, 伦璇, 夏国华, 2011. 条叶榕的组织培养与快速繁殖[J]. 植物生理学通讯, 46(6): 601-602.
应跃跃, 2011. 小香勾营养价值分析及黄酮研究[D]. 杭州: 浙江大学.
余华丽, 王伟影, 毛菊华, 等, 2015. 畲药小香勾中补骨脂素的定性鉴别与含量测定[J]. 中国药房, 26(6): 815-817.
浙江省食品药品监督管理局, 2015. 浙江省中药炮制规范[M]. 北京: 中国科技医药出版社: 13-14.
中国科学院中国植物志编辑委员会, 1998. 中国植物志 第23卷 第1册[M]. 北京: 科学出版社: 66.

第二十五章 金 线 莲

第一节 金线莲概况

一、植物来源

金线莲，又名金线兰、鸟人参、金线虎头蕉、金线入骨消等，《福建省中药饮片炮制规范》（2012年版）收载的金线莲是兰科（Orchidaceae）开唇兰属（Anoectochilus）植物花叶开唇兰 Anoectochilus roxburghii（Wall.）Lindl.的新鲜或干燥全草，夏、秋季茎叶茂盛时采收，除去杂质，鲜用或晒干。Flora of China 中花叶开唇兰收录为金线兰，拉丁名同为 Anoectochilus roxburghii（Wall.）Lindl.。

二、基原植物形态学特征

花叶开唇兰为多年生草本。植株高 8~18 cm。根状茎匍匐，伸长，肉质，具节，节上生根。茎直立，肉质，圆柱形，具（2~）3~4 枚叶。叶卵圆形或卵形，长 1.3~3.5 cm，上面暗紫或黑紫色，具金红色脉网，下面淡紫红色，基部近平截或圆；叶柄长 0.4~1 cm，基部鞘状抱茎。花序具 2~6 花，长 3~5 cm，花序轴淡红色和花序梗均被柔毛，花序梗具 2~3 鞘状苞片；苞片淡红色，卵状披针形或披针形，长 6~9 mm；子房被柔毛，连花梗长 1~1.3 cm；花白或淡红色，萼片被柔毛，中萼片卵形，舟状，长约 6 mm，宽 2.5~3 mm，与花瓣粘贴呈兜状，侧萼片张开，近斜长圆形或长圆状椭圆形，长 7~8 mm；花瓣近镰状，斜歪，较萼片薄；唇瓣位于上方，长约 1.2 cm，呈"Y"字形，前部 2 裂，裂片近长圆形或近楔状长圆形，长约 6 mm，全缘，中部爪长 4~5 mm，两侧各具 6~8 条、长 4~6 mm 流苏状细裂条，基部具圆锥状。花期（8）9~11（12）月。

三、生长习性

金线莲属喜阴植物，最忌强光直射，尤其喜欢生长在有常绿阔叶树木的沟边、石壁和土质松散的潮湿地带，以及在上层乔木郁闭度 70%~80%、下层植被覆盖度 30%左右、光照约三分阳七分阴的漫射光环境中。

金线莲对温度的适应性较强，适宜生长温度为 20~30℃，耐低温（1~5℃），较高温度（>34℃）时叶片易失水卷曲。

金线莲性喜湿润。人工栽培要让金线莲处于相对湿度在 70%以上的小环境下。

多种类型基质（红壤、黄壤、腐殖土、泥炭土等）适宜金线莲的生长，在偏酸性土壤条件下更易生根。要求在土壤疏松、透气、湿润、坡度15°～30°的缓坡地种植。

四、资源分布与药材主产区

金线莲资源在我国分布于福建、浙江、江西、湖南、广东、海南、广西、四川、云南、西藏东南部（墨脱）。生于海拔50～1600 m的常绿阔叶林下或沟谷阴湿处。日本、泰国、老挝、越南、印度（阿萨姆至西姆拉）、不丹至尼泊尔、孟加拉国也有分布。

金线莲为我国民间珍稀草药，"福九味"之一。近年来，金线莲人工栽培逐步规模化，以福建省栽培面积最大，种植总面积超过1万亩，浙江、广西、云南、广东、贵州、安徽、江苏、湖北等省份也有栽培。目前，市场上流通的品种主要有福建金线莲、广西金线莲、云南金线莲、浙江金线莲等。除福建金线莲外，其他品种价格相对便宜。

五、成分与功效

近代研究表明，金线莲中主要有多糖、黄酮类、生物碱、三萜类和丰富的苷类等成分。其中，金线莲苷是金线莲的特征性成分和主要的活性成分。

《福建省中药饮片炮制规范》（2012年版）记载的金线莲性味甘，凉，微寒；归肺、肝、肾、膀胱经。功能与主治为清热凉血，祛风利湿，解毒；用于肺热咳嗽，咯血，尿血，小儿急惊风，黄疸，水肿，淋证，消渴，风湿痹痛，跌打损伤，毒蛇咬伤。现代用于肝炎，肾炎，膀胱炎，糖尿病，支气管炎，风湿性关节炎等病。

第二节 金线莲规范化栽培模式

金线莲属于多年生草本植物，其规范化栽培模式主要包括金线莲大棚栽培技术、金线莲林下原生态栽培技术、金线莲套袋栽培技术等技术。

一、金线莲大棚栽培技术

金线莲种植大棚一般可分为玻璃温室大棚、连栋钢管大棚和简易大棚3类。大棚走向因地形而异，一般以南北走向为宜，玻璃温室大棚和连栋钢管大棚棚顶及四周先覆盖薄膜再盖遮阳网，便于人工控制棚内温度、光照、湿度，大棚内安装风机、水帘系统及微喷灌系统。简易大棚一般用毛竹进行搭建，棚顶及四周覆盖薄膜和遮阳网，有条件的安装微喷灌系统，棚的四周应挖排水沟，以利排水。金线莲大棚栽培技术具体如下所述。

（一）场地选址

宜选择生态条件良好、水源清洁、排水良好、立地开阔、通风的平地或坡地，坡地坡度宜小于20°，要求周围半径5 km范围内无工业厂矿、无"三废"污染、无垃圾场等其他污染源，并距离交通主干道500 m以外的生产区域。环境空气应符合GB 3095规定的二级标准；水质应符合GB 5084规定的旱作农田灌溉水质量标准；土壤环境应符合GB 15618。

（二）种苗生产

1. 留种

选用适合当地栽培环境的优质、高产、抗病、抗逆性强的审定品种或经鉴定确认的种源。留种地应具备有效的物理隔离条件，且应选择品种特性纯正、生长健壮的组培母株。

2. 组培育苗

选取长势均匀、健壮、达到4～5节的瓶苗，无幼苗或少量幼苗的瓶苗作为母苗，严格控制污染苗、变异苗、玻璃化苗。

3. 接种培养

将处理好的外植体水平放置于已灭菌的培养基上，置于培养室进行培养。培养室的温度保持在24℃±2℃，光照强度1800～2000 lx，光照时间每天14 h，培养时间为4个月，继代控制在3～5代。

4. 出苗

将组培室生产的组培瓶苗移放置于炼苗棚苗床上，进行驯化炼苗15～30 d，利用遮光率为80%遮阳网双层遮阴，温度保持在20～28℃；然后往瓶内灌入少量清水，轻轻取出组培苗，用清水洗净植株基部的培养基后，栽培生长健壮、无污染、无烂茎、无烂根的种苗。

（三）栽培管理

1. 场地准备

金线莲的栽培以大棚设施栽培为宜，对选取的场地进行平整，去除大石块、树枝。开沟作畦，畦宽1.3～1.4 m，高15～20 cm，长度根据地块而定，开好畦沟、围沟，以雨后地块无积水为宜，配备遮阳网、防虫网、种植苗床、微喷灌等设备。

2. 栽培基质准备

金线莲栽培基质包括泥炭土、炭化谷壳、河沙、珍珠岩等。在使用前应用0.5%高锰酸钾溶液进行消毒处理，基质厚度以10～15 cm为宜。可将基质铺设于种植箱内种植，种植箱底部距离地面4～8 cm为宜；也可直接将基质铺设于地面种植。

3. 移栽

浙江、福建、江西等地大棚栽培以3～4月、9～10月种植为宜，按照（3～5）cm×5 cm株行距栽种，移栽时宜浅忌深，以第一条根接触基质为宜。

（四）田间管理技术

1. 光照

通过遮阳网调节透光率，将光照强度控制在3000～5000 lx。

2. 温度

金线莲适宜生长温度为20～32℃。高温和低温季节，应用湿帘、风机、遮阳网等进行人工升降温调节。

3. 水分

栽种后 30 d 内，空气相对湿度保持在 80%～90%，栽种 30 d 后，空气相对湿度保持在 75%～85%，栽培基质含水量控制在 50%～55%。如遇伏天干旱，可在早晚雾喷。多雨季节应及时清沟排水、降低湿度。

4. 施肥

施肥应遵循 NY/T 496《肥料合理使用准则 通则》，控制硝态氮肥，实行磷钾肥配施。栽种 15 d 后，用氨基酸液体肥料 1000 倍液喷施 1 次。栽种 30 d 后，用花宝（N：P_2O_5：K_2O=20：20：20）或磷酸二氢钾 1000 倍液，每隔 15～20 d 喷施 1 次，采收前 20 d 停止施肥。

5. 除草

栽种后应及时除去杂草，禁止使用化学除草剂除草。

6. 病虫害防治

遵循"预防为主，综合防治"的植保方针。首先要加强农业防治，进行场地预处理、清理场地周围的杂物、棚内外严格隔离，保持环境清洁；在每次种植金线莲之前，棚内外全面喷洒杀虫剂、杀菌剂；种植后要经常短时间通风换气，适当降低湿度，减少苗期真菌及细菌性病害发生。一旦发现病虫害症状，应立即采取措施处理，不能延误。在用药时，要对症下药，并选择安全、高效、低毒、低残留的农药，严格按照使用方法使用农药。采收前 1 个月禁止用药。

1) 猝倒病防治

猝倒病是一种土传病害，是由土壤里腐霉菌、镰刀菌危害引起的。在温度高、浇水过多、通气不良的情况下，最容易引发此病。发病初期茎基部出现黄褐色水渍状病斑，后发展至绕茎一周，病部组织腐烂、干枯缢缩呈线状，出现猝倒现象。对于猝倒病应做好预防工作，在种植前要对基质进行充分消毒，在基质中加 500 倍的枯草芽孢杆菌可有效预防猝倒病的发生。一旦有零星发病，可用波尔多（硫酸铜：熟石灰：水=1：1：150）1000 倍液或 64%杀毒矾可湿性粉剂 800 倍液喷洒，以提高防治效果，每隔 7～10 d 喷 1 次，连喷 2～3 次。

2) 根腐病防治

根腐病属真菌性病害，由于根部腐烂，引起植株吸收水分和养分的功能逐渐减弱，最后导致全株死亡。该病为阴雨季节多发病，一般多在 3 月下旬至 4 月上旬发病，5 月进入发病盛期。主要表现为整株叶片发黄、枯萎，幼苗生长期更为突出。因此，幼苗从基部向上部发黄时应及时喷药。对于根腐病的防治，首先要适当控制水分，加强光照，加强棚内通风条件；其次及时清理病株，并用福美双 1500 倍液灌根处理。

3) 茎枯病防治

茎枯病也是一种真菌性病害，初发于茎部表皮或茎基部表皮，病菌侵入到茎心及髓部，导致病部茎干中空易折断，上部枯死。预防茎枯病要在种植前对苗木进行炼苗，增强茎秆硬化程度，使其抗性增强、植株变壮。苗木发病初期喷施 75%百菌清可湿性粉剂 600 倍液或 50%扑海因可湿性粉剂 1000 倍液。

4）炭疽病防治

炭疽病在高温多湿、通风不良的条件下发生。症状主要是叶片上出现深褐色和黑褐色病斑，周围由内向外呈圈状的斑纹，严重时导致整株死亡。对于炭疽病的防治，需加强棚内通风条件，发病时用咪鲜胺1000倍液喷植株。

5）虫害防治

由于设施大棚为封闭管理，并在通风的地方加盖防虫网，因此在大棚内种植金线莲，其虫害相对较少。主要虫害种类及其防治措施为：①地老虎，采用糖醋液（糖：醋：酒：水=3：4：1：2）加少量杀虫剂（乐斯本）进行诱杀；②蜗牛，用除蜗净3号撒在大棚门口及培养架支撑杆周围，对个别蜗牛可采取人工扑捉；③红蜘蛛和螨虫，用1.8%阿维菌素乳油2000～3000倍液喷雾或用诱虫板诱杀。

（五）采收时间和方法

待金线莲栽培4～6个月，植株高度10 cm以上、5～6片叶时即可采收。选择晴天露水干后进行采收。采收时将栽培基质用小铁锹铲松，将金线莲植株连根拔起。

二、金线莲林下原生态栽培技术

金线莲林下原生态栽培是以林地资源为依托，充分利用林地的土壤和温度、光照、水等，模拟营造金线莲野外自然生长环境，促进其有效成分累积和生物量增长的一种栽培模式。金线莲林下原生态栽培技术具体如下所述。

（一）种苗生产

1. 选种

选择适合当地栽培的优质、高产、抗逆性强的组培苗或经鉴定确认的种源。

2. 炼苗

将组培室生产的组培瓶苗放置于与栽培区环境相近似的场地进行炼苗。温度控制在20～28℃，覆盖可调控遮阳网，控制适宜的光照强度，炼苗21～28 d。在春冬两季炼苗时，适当延长至30～50 d，增加通风和光照，提高组培苗适应外部环境的能力。

3. 种苗

栽培苗应选择生长健壮、无污染、无病害的组培种苗。种苗规格见表25.1。合格苗应该在总苗量的90%以上。

表25.1 金线莲种苗规格指标

项目	指标	
	合格苗	优质苗
性状	生长健壮、无污染、无病害	
叶片（片）	≥3	≥4
株高（cm）	≥5.0	≥7.0

续表

项目	指标	
	合格苗	优质苗
茎粗（cm）	≥2.0	≥2.5
整齐度	基本均匀	均匀
检疫对象	不得检出	不得检出

4. 清洗

将炼好的苗从瓶内轻轻取出，用清水把根部的培养基洗净，装至高度不超过 25 cm、铺垫湿毛巾或湿布的塑料筐内，剔除根茎叶有创伤、断根和不合格的组培苗。

5. 消毒

将清洗好的苗浸泡于 0.1%高锰酸钾溶液或杀菌液浸根 1 min，种植苗宜随洗随种。

（二）林下原生态栽培管理

1. 林地选择

宜选择海拔高度 200~800 m、郁闭度为 0.7~0.8、坡度小于 30°的（半）常绿阔叶林、针阔叶林、竹林等，自然通风条件良好，水源无污染，排水通畅，空气湿度良好。根据林分条件，分块选择具有疏松、透气、有机质丰富、团粒结构良好的中性或偏酸性的森林腐殖土为宜。

2. 场地准备

根据林地条件，修建蓄水池，及时配备喷滴灌等灌溉、遮阴设施。做好保水保土工作，忌积水，清除杂草。

3. 整地

整地前，郁闭度＞0.8 的林分，应先清理林地上的枯枝，除去杂草、灌木、藤本等，将郁闭度调至 0.7~0.8。

各林分应按自身特点和坡度等实际情况作适当调整，如坡度＜15°的林地，宜随地形整地，修筑水平带；如坡度在 15°~30°，山脊和陡坡宜保留原有植被，按水平方向整地，每两条种植带之间隔一条生态保护带。整地时，畦面应稍微倾斜，畦面宽 0.5~1.0 m，深翻 20~30 cm，排水沟深宽 20~30 cm，避免积水。

4. 移栽

3月下旬至 5 月下旬。海拔 800 m 以上，宜 4 月下旬至 5 月初移栽。

5. 栽培模式

1）原地栽培

采用单株宽行稀植或搭建林下小拱棚，按照（3~5）cm×（3~5）cm 株行距进行原地栽培，浇足定根水。发现缺苗时及时补栽，补苗宜早不宜晚，补苗后要及时浇水，利于幼苗成活。

2）容器栽培

宜用林下原地腐殖质土或泥炭、沙土、砻糠等堆沤后搅拌均匀的土，移至容器内，种植后浇足定根水。

6. 栽培管理

1）光照

上层乔木郁闭 0.7～0.8，下层植被覆盖 40% 左右，忌强光直射。如光线过强或落叶较多，应离畦面 1.8～2.0 m 高，盖一层透光率为 50% 的遮阳网，并及时清理遮阳网上的落叶。

2）温度

夏季 7～10 月，有条件的可增加喷雾设施或加盖一层透光率 50% 的遮阳网降温；冬季 12 至翌 3 月，宜搭小拱棚于种植地上保温，注意日常通风。

3）湿度

宜选择上午 10:00 前喷灌，浇水宁干勿湿，以保持土壤湿润为宜，持续干旱季节宜选择 17:00 后再喷灌一次。

4）施肥

底肥以沟施腐熟堆肥或厩肥为主，撒入适当的钙镁磷肥和草木灰，慎用化肥。视生长情况叶面喷施 2～4 次磷钾肥。

（三）有害生物防治

1. 主要有害生物类别

茎腐病、白绢病、软腐病、灰霉病、软体动物、地下害虫、蝗虫、螨斯、跳甲、鼠害、蛇、鸟、野猪及杂草等。

2. 综合防治技术

1）防治原则

遵循"预防为主，综合防治"的植保方针，协调应用农业防治、生物调控、物理诱杀、科学用药等绿色防控措施。

2）农业防治

选用优良抗病品种和健壮种茎。做好土壤、肥料、水分管理，改善通风透光条件；做好清园工作，及时清除枯枝落叶、捡除病虫根茎叶；整地时及时灭杀蛴螬、蜗牛等害虫。根据动物为害种类和特征及时做好相应的隔离、驱赶或捕杀措施。

为保证品质，慎用除草剂。每茬中耕除草 3～4 次，春秋季宜采用带状中耕除草，深度 3～5 cm，带宽随种植的行距而定，隔年轮换；夏季宜在植株周围或水平带面适度进行中耕除草，浅锄 3 cm，适度适时抚育拔草。

3）物理防治

人工摘除病虫根茎叶和虫卵；宜用黄板、蓝板、糖醋液、黑光灯、性诱剂、菜叶或青草毒饵诱杀等措施，设置防虫网等设施隔离害虫入侵；在畦面或苗床四周撒生石灰防治有害生物；针对鸟和野猪为害宜设置相应的声光干扰、驱赶设施。

4）生物防治

保护和利用捕食螨、瓢虫和赤眼蜂等天敌生物；采用信息素等诱杀害虫。

5）农药防治

如需临时使用风险可控农药，必须按《农药登记管理办法》第四十六条执行，应在 NY/T 393 中"附录 A　绿色食品生产允许使用的农药清单"范围内。

（四）采收

11~12 月的晴天露水干后，将植株高度 10~18 cm、具 5~6 片叶、种植 6~8 个月及以上的金线莲植株，用小铁锹铲松将其连根拔起，全草采收。挑选、除杂，洗净植株根部附着的泥土等杂物，除去枯叶、红叶、烂叶、病株等。

三、金线莲套袋栽培技术

目前金线莲人工栽培模式主要为林下仿野生栽培和大棚栽培，但林下仿野生栽培容易受高温、暴雨等恶劣气候影响导致死亡率大增，产量和经济效益显著下降；大棚栽培，在种植过程中易受茎腐病等病害危害，对产业造成较大冲击。金线莲套袋栽培技术结合大棚栽培技术和仿野生林下栽培技术优点，可在简易遮阳网大棚或在林下种植，通过隔离套袋种植的方法，有效防治病虫害，具有机动灵活、管理方便、可操作性强等优点，适宜大规模生产。金线莲套袋栽培技术具体如下所述。

（一）种苗的选择及炼苗

种苗应选择在培养室培养 3~4 个月，株高 5.0~6.0 cm，根系发达、健壮组培苗为宜；种苗太高会影响到种植效率，且种植时容易发生倒伏现象。

因金线莲组培苗是在恒温且光线较弱的培养室内生长，所以植株娇嫩，抵抗不良环境的能力较差，组培苗由组培室转到套袋内种植时，由于环境变化太大，移栽时容易造成死亡。因此，在种植前需将金线莲组培苗移到大棚内，温度控制在 30℃以下，光照强度约为 6000 lx，进行炼苗，以增强组培苗移出培养瓶后对大棚环境的适应性，提高种植成活率。炼苗时间一般为 1 个月左右，驯化炼苗后的种苗生长至叶片舒张，茎秆颜色淡红且纤维化程度较高，就可用于移栽。

（二）栽培器具

金线莲套袋种植所用材料相对比较简单，具体所用材料如下：抗紫外线聚乙烯（PE）无滴膜透明塑料袋 16 cm×20 cm，主要用于金线莲种植；包塑铁线支架 80 cm，主要对套袋起支撑作用；PE 扎带 0.4 cm×5 cm，主要用于套袋口的捆扎。

（三）栽培基质

栽培基质（含水量为 60%~80%）选择泥炭土：珍珠岩：营养液=300 L：160 L：45 L，搅拌均匀后装入塑料中；其中每 45 L 营养液成分包含 1000 g 花宝 2 号和 500 g 的枯草芽孢杆菌粉剂，泥炭土为爱沙尼亚或丹麦进口泥炭土，用于金线莲种植的泥炭土必须是新土，如使用二次土，容易导致在种植过程中出现猝倒病。

（四）套袋种植方法

1. 定植

将驯化炼苗后的金线莲组培苗从瓶中苗轻轻取出，把根部的培养基洗净，清洗时避免出现伤根和断根的现象。将组培苗浸泡在稀释 1000 倍的 30%噁霉灵水剂消毒 1 min 后，在阴凉处晾干，然后种植到塑料袋中，每袋加入 2 g 的缓释肥（有效天数：180 d）用扎带扎紧。将种植好的整袋金线莲整齐地摆放到大棚内，1 个塑料袋大约种植 30 株，一般种植 1 年后，金线莲可在套袋内开花。

2. 移栽后的管理

1）光照

光照度是影响金线莲生长及种植过程中重量增加的重要因素。由于金线莲属喜阴植物，其光合作用的光饱和点较低，因此种植前期光照不能太强，大棚采用双层遮阳，使其遮阳率在 75%左右。后期金线莲已经适应大棚环境，且套袋使用时间较长，透光率下降，大棚可改单层遮阳。

2）水分

塑料种植袋内形成的封闭小气候随着外界温度的变化能够自主形成水循环系统，袋内土壤的营养也不会流失，节省了金线莲种植过程中大量的浇水、施肥等工作，大大地节约了人力成本。这也是金线莲套袋种植的优势所在。

3）温度

塑料种植袋内虽然能够形成的封闭小气候，但套袋内的温度却会随着大棚的温度变化而变化。金线莲性喜温凉，最适生长温度在 23~25℃。当气温超过 30℃时，生长会受到抑制；当气温长时间超过 35℃时，套袋内会因蒸腾而使套袋内的湿度过大而导致金线莲出现烂苗的现象。因此，在高温季节，应打开大棚四周的薄膜进行通风散热或进行喷雾降温，以降低大棚内的温度，使金线莲能够安全度过夏天。而在冬天，一般无需加温，只要放下大棚四周的薄膜对大棚进行封闭就可以保证金线莲安全越冬。

4）病虫害防控

金线莲套袋种植在内部形成的完整微气象系统，由于与外界的隔离，可以有效防止金线莲的猝倒病、软腐病、厌霉病等病害的入侵。因此在种植过程中不需要喷洒农药，也不会有农药残余，能够达到绿色食品标准。

5）其他

为避开夏天高温对金线莲种植初期的影响，建议在 9 月到至翌年 4 月对金线莲进行套袋种植。金线莲在套袋内种植 1 年后，基本都会开花，此时即可对金线莲采收上市。

参 考 文 献

陈汉鑫, 2015. 金线莲组培苗设施栽培技术[J]. 南方园艺, 26(1): 60-62.

福建省食品药品监督管理局, 2012. 福建省中药饮片炮制规范[M]. 福州: 福建科学技术出版社: 143-144.

郭永杰, 金浪, 2022. 闽产金线莲产业化发展现状与对策研究[J]. 营销界, (20): 56-58.

孔向军, 吴梅, 徐金晶, 等, 2021. 浙江金线莲生产模式与技术规范[J]. 园艺与种苗, 41(5): 19-20, 86.

刘英孟, 张海燕, 汪镇朝, 等, 2022. 金线莲的研究进展[J]. 中成药, 44(1): 186-192.
罗辉, 2015. 金线莲大棚栽培技术[J]. 福建农业科技, (8): 24-26.
苏菲, 黄作喜, 2020. 金线莲繁殖及栽培技术研究进展[J]. 安徽农学通报, 26(14): 32-35.
王锦玲, 2022. 金线莲套袋种植技术及应用[J]. 福建热作科技, 47(4): 57-59.
吴兴明, 王晋成, 郑鸿昌, 等, 2017. 永安金线莲原生态高效栽培技术[J]. 东南园艺, 5(2): 38-41.
浙江省种植业标准化技术委员会, 2020. 金线莲生产技术规范: DB33/T 2289—2020[S].